DIE ZEIT ZEIT WISSEN EDITION

Faszination Kosmos

DIE ZEIT
ZEIT WISSEN EDITION

Andreas Sentker, Frank Wigger (Hrsg.)

Faszination Kosmos

Planeten, Sterne, schwarze Löcher

Mit einem Nachwort von Rudolf Kippenhahn

Spektrum
AKADEMISCHER VERLAG

Herausgegeben von Spektrum Akademischer Verlag GmbH und Zeitverlag Gerd Bucerius GmbH & Co. KG

Wichtiger Hinweis für den Benutzer

Der Verlag, der Herausgeber und die Autoren haben alle Sorgfalt walten lassen, um vollständige und akkurate Informationen in diesem Buch zu publizieren. Der Verlag übernimmt weder Garantie noch die juristische Verantwortung oder irgendeine Haftung für die Nutzung dieser Informationen, für deren Wirtschaftlichkeit oder fehlerfreie Funktion für einen bestimmten Zweck. Der Verlag übernimmt keine Gewähr dafür, dass die beschriebenen Verfahren, Programme usw. frei von Schutzrechten Dritter sind. Die Wiedergabe von Gebrauchsnamen, Handelsnamen, Warenbezeichnungen usw. in diesem Buch berechtigt auch ohne besondere Kennzeichnung nicht zu der Annahme, dass solche Namen im Sinne der Warenzeichen- und Markenschutz-Gesetzgebung als frei zu betrachten wären und daher von jedermann benutzt werden dürften. Der Verlag hat sich bemüht, sämtliche Rechteinhaber von Abbildungen zu ermitteln. Sollte dem Verlag gegenüber dennoch der Nachweis der Rechtsinhaberschaft geführt werden, wird das branchenübliche Honorar gezahlt.

Bibliografische Information Der Deutschen Bibliothek

Die Deutsche Nationalbibliothek verzeichnet diese Publikation in der Deutschen Nationalbibliografie; detaillierte bibliografische Daten sind im Internet über http://dnb.d-nb.de abrufbar.

Springer ist ein Unternehmen von Springer Science+Business Media
springer.de

08   09   10   11   12   5   4   3   2   1

Planung und Lektorat: Frank Wigger, Andreas Sentker, Bettina Saglio
Redaktion: Dr. Petra Seeker, ps-redaktionsbüro Sinsheim
Copy-Editing: Kerstin Tüchert
Herstellung: Katrin Frohberg
Umschlaggestaltung: Alexandra Kardinar und Volker Schlecht, www.drushbapankow.de
Grafiken: Vera Kassühlke
Satz: TypoDesign Hecker GmbH, Leimen
Druck und Bindung: Stürtz GmbH, Würzburg

Printed in Germany

ISBN 978-3-8274-2001-5

Inhalt

Vorwort

Wir sind vermessen. Etwas mehr als 100 000 Jahre ist *Homo sapiens* auf der Welt. Und doch scheint er überzeugt, er könne die vergangenen 14 Milliarden Jahre erklären, die ganze Geschichte des Universums – von den allerersten unvorstellbar winzigen Sekundenbruchteilen einmal abgesehen. Und wie als trotzige Kompensation für diese Wissenslücke wagt er dann noch einen Blick in die nächsten 100 Trillionen Jahre.

Die Vermessenheit dieser globalhistorischen Himmelsdeutung hält sich jedoch in Grenzen. Sie ist möglich, „weil es Unmögliches gibt“, wie der britische Mathematiker John D. Barrow, einer der Autoren dieses Buches, treffend formuliert. Die kosmologischen Spekulationen sind glaubhaft, weil es Naturgesetze gibt, von denen die Forscher mit gutem Recht annehmen, dass sie nicht nur hier und jetzt gelten, sondern schon immer und höchstwahrscheinlich überall. Weil diese Gesetze bestimmte Abläufe und Ereignisse logisch und andere unmöglich erscheinen lassen, können Wissenschaftler in die Vergangenheit wie in die Zukunft sehen. Und sie tun dies mit wachsender Präzision.

Die Erforschung des Universums ist zwangsläufig ein globales Unternehmen. Nur indem sie große Koalitionen und Kooperationen schmieden, können Astronomen die gewaltigen Instrumente bauen und betreiben, mit denen sie tief ins All – und damit in seine Geschichte – blicken. Nur indem sie die besten Köpfe versammeln, wagen Kosmologen Dinge zu denken, die unserem gesunden Menschenverstand beständig zu widersprechen drohen.

Die Arbeit ist unter vielen Spezialisten aufgeteilt. Astronomen beobachten und vermessen das All mit seinen Sonnen, Monden und Galaxien. Astrophysiker berechnen die mathematischen Grundlagen der Himmelsphänomene. Astroteilchenphysiker suchen nach dem Ursprung der oft noch rätselhaften kosmischen Strahlung. Und Kosmologen erschaffen aus all den Beobachtungen, mathematischen und physikalischen Theorien immer neue Weltbilder – und sehnen sich doch nur nach dem einen, das alles zu erklären vermag.

Die Kosmologie ist ein wissenschaftliches Gebiet, das in seiner Geschichte wie kein anderes von außerwissenschaftlichen Kräften kontrolliert, von Ideologien beherrscht und von religiösen Überzeugungen geprägt wird. Kosmologie ist Weltanschauung im eigenen und tiefen Sinn des Wortes. Und sie ist eine der ältesten und allumfassendsten Wissenschaften überhaupt – auch wenn sie in ihren Anfängen alles andere als globalisiert war: Ägypter, Inder, Chinesen oder Babylonier, jede Kultur schuf sich ihr eigenes Weltbild.

In Europa herrschte lange Zeit das Bild eines Kosmos vor, in dessen Mittelpunkt der Planet Erde ruhte, um den sich wie selbstverständlich Sonne und Mond, Sterne und Planeten drehten. Es war Nikolaus Kopernikus, der – zunächst zaudernd und erst in seinem Todesjahr 1543 öffentlich und explizit – das geozentrische Weltbild verwarf und die Sonne in den Mittelpunkt unseres Planetensystems rückte.

Es war nach ihm Galileo Galilei, der vor 400 Jahren ein Teleskop baute, um damit in den Himmel zu schauen (und die Thesen von Nikolaus Kopernikus zu beweisen). Der italienische Mathematiker, Physiker und Philosoph wird zu einem der Begründer der modernen Wissenschaft, die der Natur nicht mehr mit Staunen und Glauben, sondern mit Beobachtung, Theorie und Experiment begegnet – und mit Instrumenten.

Seither haben Forscher zur Beobachtung und Erklärung kosmischer Phänomene gewaltige Anstrengungen unternommen, die der Physiker und Redakteur Max Rauner für die ZEIT beispielhaft zusammengestellt hat: Im mexikanischen Arecibo haben sie ein Radioteleskop gebaut, die größte Schüssel der Welt, die schon als Kulisse für einen James-Bond-Film diente. In der chilenischen Atacama-Hochebene installieren sie in 5 200 Meter Höhe ein Teleskop, das in manchen Himmelsrichtungen alle drei Minuten eine neue Galaxie entdecken soll. Am Südpol versenken Astroteilchenphysiker Lichtdetektoren einen Kilometer tief im Eis, in Argentinien stehen auf einer Fläche von der Größe des Saarlandes Tanks, um kosmische Teilchen zu messen. In der Nähe von Pisa, bei Hannover und in Louisiana schießen Laser Hunderte Meter weit durch Vakuumröhren, um Gravitationswellen zu empfangen. Im Erdorbit drängen sich Forschungssatelliten, die das All auf allen Frequenzen vom Infrarot bis zum Röntgenlicht durchmustern.

Es ist, wie Max Rauner schreibt, der größte Lauschangriff auf das Universum, den es jemals gegeben hat. Aber er erfolgt auch präziser denn je. Denn aus all ihren bisherigen Beobachtungen, Daten und Theorien haben die Astronomen und Kosmologen eine Schöpfungsgeschichte zusammengestellt, die inzwischen weitgehend akzeptiert ist.

– Am Anfang war der Urknall. Raum, Energie und Materie des Universums waren auf einen unendlich kleinen und heißen Punkt konzentriert. Ein „davor" konnte es nicht geben, weil auch die Zeit im Urknall begann.

– In Bruchteilen der ersten Sekunde dehnte sich der Raum. Nach 100 Sekunden bildeten sich die ersten Atomkerne, nach 100 Millionen Jahren entstanden die ersten Sterne, nach 9 Milliarden Jahren unsere Sonne. Aus einer Staubscheibe, die um die Sonne kreiste, bildeten sich die Erde und die anderen Planeten unseres Sonnensystems.

Erst spät – 13,7 Milliarden Jahre nach dem Urknall – tritt der Mensch auf den Plan. Und er beginnt, nachzudenken. Über Vergangenheit und Zukunft und die unendlichen Weiten des Alls.

Faszination Kosmos ist wie *Rätsel Ich, Planet Erde* und *Phänomen Mensch*, die ersten drei Bände der ZEIT WISSEN Edition, ein Buch mit einem einzigartigen Ansatz. Es vereint prominente Autoren der unterschiedlichen Fachrichtungen, macht zentrale Positionen der Wissenschaft verständlich und zeigt den aktuellen Stand dessen, was Astronomen, Astrophysiker und Kosmologen heute über das Weltall und seine Geschichte wissen.

Der in Bagdad geborene britische Physiker Jim Al-Khalili erklärt das Phänomen der Zeit. Der Bochumer Astrophysiker Johannes Feitzinger nimmt uns mit durch unsere Heimatgalaxie, die Milchstraße. Mit dem Londoner Astronomen Michael Rowan-Robinson geht die Reise weiter zum Andromeda-Nebel, unserer Nachbargalaxie. Der NASA-Wissenschaftler Jim Bell schickt uns „Postkarten vom Mars", aktuelle Landschaftsaufnahmen der Roboterfahrzeuge *Spirit* und *Opportunity*. Und der deutsche Astronaut Ulrich Walter erklärt uns, warum es außerirdisches Leben geben kann – auch wenn wir mit großer Sicherheit nie grüne (oder andersfarbige) Männchen zu sehen bekommen.

Den Beiträgen der Wissenschaftler haben wir Reportagen, Analysen und Interviews namhafter Autoren von ZEIT und ZEIT WISSEN zur Seite gestellt. Sie ordnen die wissenschaftlichen Positionen in das Gesamtbild ein, zeigen ökonomische und gesellschaftliche Zusammenhänge auf, lassen Widersprüche und Dispute sichtbar werden, machen die Erforschung des Weltalls lebensnah, lebendig und erlebbar. Und so wird die Geschichte des Universums weiter gehen: Es dehnt sich weiter aus – immer schneller. In 20 Milliarden Jahren wird unsere Galaxie mit der benachbarten Andromeda-Galaxie durcheinander wirbeln. In 100 Milliarden Jahren werden alle anderen Galaxien außer Sichtweite sein, in 100 Trillionen Jahren verglühen die letzten Sterne.

Bis dahin gibt es noch viele Rätsel zu lösen: Nur vier Prozent des Universums bestehen aus gewöhnlicher, sichtbarer Materie. 96 Prozent sind völlig unbekannt. Forscher reden von „Dunkler Energie" und „Dunkler Materie". Wer einen Teil davon findet, bekommt den Nobelpreis. Versprochen!

Hamburg und Heidelberg,   *Andreas Sentker*
Mai 2008   *und Frank Wigger*

In diesem Buch werden Ihnen neben den Grundtexten verschiedene Arten von Zusatzinformationen begegnen, die meist in der Randspalte platziert oder auch als Kästen eingefügt sind: kurze Porträts wichtiger Forscher, Erläuterungen ausgewählter Fachbegriffe sowie Fotos, Grafiken und Tabellen, die einzelne Sachverhalte veranschaulichen, ergänzt um gelegentliche Literaturhinweise und Internet-Links. Diese Zusatzelemente treten im Buch immer nur einmal auf. Sie lassen sich aber leicht über den Index lokalisieren, denn alle in diesen Zusatzelementen enthaltenen Stichwörter sind dort durch kursive Seitenzahlen markiert (neben den steilen Seitenzahlen für die Grundtexte). Sollten Sie also in einem bestimmten Beitrag eine biographische Notiz und oder eine Worterläuterung vermissen, finden Sie sie wahrscheinlich an anderer Stelle des Buches.

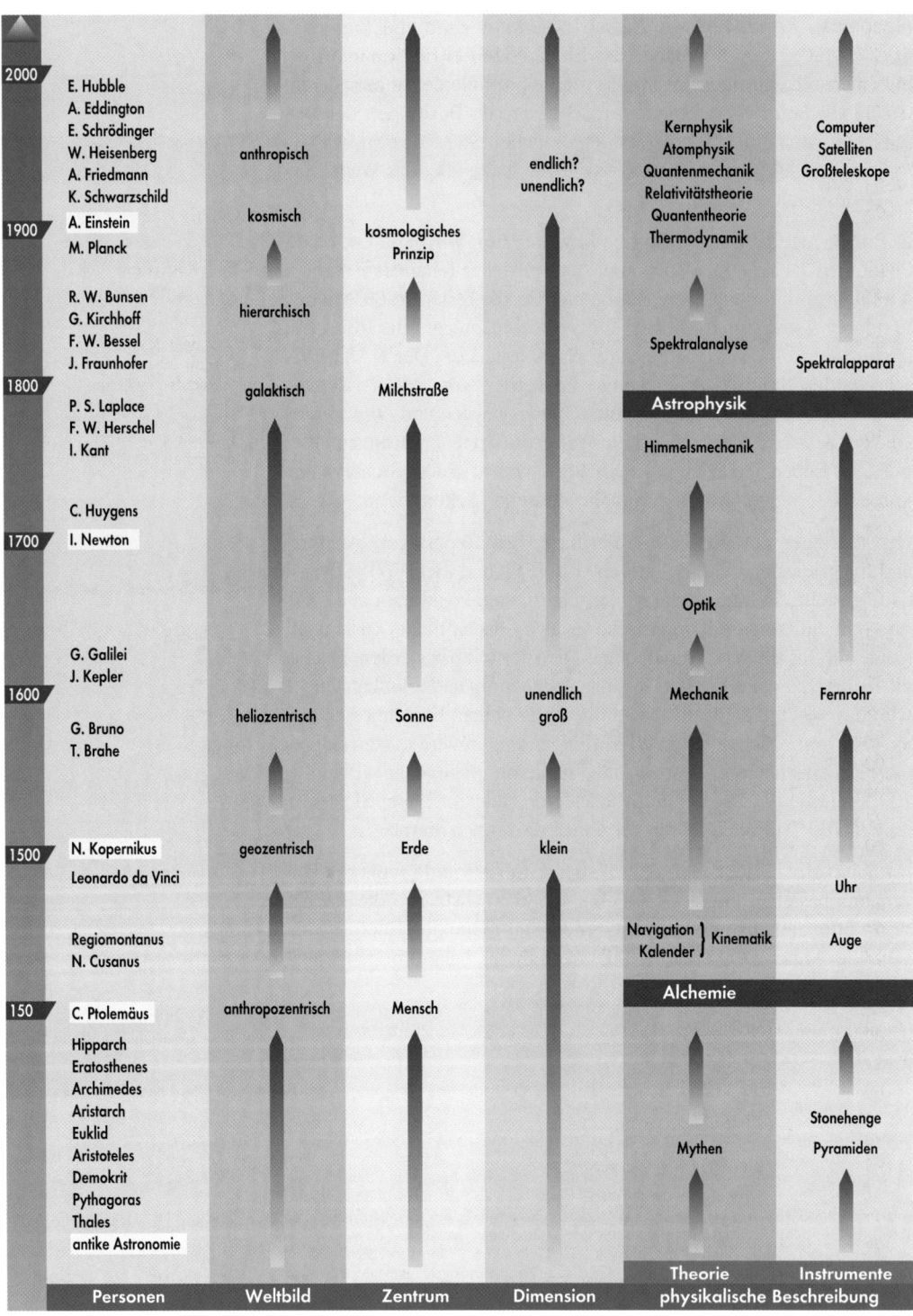

Zeittafel zur Entwicklung der Astronomie und des astronomischen Weltbildes.

4 000 v. Chr.	Zeitrechnung nach einem Sonnenjahr mit 365 Tagen (Ägypten)
um 2 750 v. Chr.	Die Babylonier geben den Sternbildern erstmals Namen
6 Jh. v. Chr.	Lehre von der Kugelgestalt der Erde durch die Pythagoreer
400 v. Chr.	Demokrit deutet die Milchstraße als eine Anhäufung von Sternen
350 v. Chr.	Aristoteles erkennt die Kreisförmigkeit des Erdschattens bei einer Mondfinsternis und leitet daraus die Kugelgestalt der Erde ab
220 v. Chr.	Erste Messung des Erdumfangs durch Eratosthenes
140 v. Chr.	Hipparch erstellt den ersten Fixsternkatalog
150 n. Chr.	Ptolemäus begründet das geozentrische Weltbild
1460	Erste Zweifel an dem geozentrischen Weltbild durch Purbach und Müller aus Königsberg
1543	Kopernikus veröffentlicht in seinem Buch *De revolutionibus orbium coelestium* die Theorie des heliozentrischen Weltbildes
1600	Giordano Bruno betrachtet das heliozentrische Weltbild als unumstößlich. Er geht davon aus, dass das Weltall unendlich sei und aus unendlich vielen Sonnen, Planeten und sogar Lebewesen besteht. Für seine Thesen wird er durch die Inquisition verurteilt und auf dem Scheiterhaufen verbrannt
1609	Johannes Kepler veröffentlicht seine Planetengesetze
1610	Galileo Galilei entdeckt die vier Jupitermonde Europa, Io, Ganymed und Kallisto sowie erste Einzelheiten auf der Mondoberfläche und Sonnenflecken. Er vertritt das heliozentrische Weltbild, muss aber vor der Inquisition widerrufen
1665	Erste Beschreibung der Planetenrotation durch Giovanni D. Cassini
1687	Isaac Newton veröffentlicht seine *Philosophiae Naturalis Principia Mathematica*
1706	Edmond Halley entdeckt die Wiederkehr von Kometen
1782	Friedrich Wilhelm Herschel erstellt einen Doppelsternkatalog und entdeckt die Eigenbewegung der Sonne
1809	Karl Friedrich Gauß veröffentlicht seine grundlegenden Methoden zur Berechnung von Planetenbahnen in seinem Werk *Theoria motus corporum coelestium*
1851	Léon Foucault erbringt den experimentellen Beweis für die Erdrotation
1859	Gustav Kirchhoff und Robert Bunsen entdecken das Prinzip der Spektralanalyse
1887	Max Wolf begründet die Himmelsfotografie
1900	Max Planck begründet die Quantenphysik
1905	Einstein formuliert die Spezielle Relativitätstheorie
1923	Edwin Hubble bestimmt die Entfernung von Spiralnebeln
1930	Pluto wird als 9. Planet entdeckt
1932	Karl Guthe Jansky empfängt Radiostrahlung aus der Milchstraße
1957	Der erste Erdsatellit *Sputnik* wird von der UdSSR gestartet
1964	Entdeckung der kosmischen Hintergrundstrahlung durch Arno A. Penzias und Robert W. Wilson
1969	Neil Armstrong und Buzz Aldrin betreten als erste Menschen den Mond (*Apollo 11*)
1973	*Pioneer 10* verlässt als erste Raumsonde das Sonnensystem
1978/79	Erforschung des Planeten Neptun und seiner Monde durch die Raumsonde *Voyager 2*
1980/81	Erforschung des Planeten Saturn durch *Voyager 1* und 2
1981	Erster Raumflug einer Space Shuttle
1989	Erkundung der kosmischen Hintergrundstrahlung durch den Satelliten COBE, Bestätigung der Urknall-Theorie
1990	Die NASA schießt in Zusammenarbeit mit der ESA das Weltraumteleskop Hubble ins All
1995	Start des Sonnenobservatoriums SOHO
1997	Start der Saturnsonde *Cassini*
1997	Das Marsmobil *Sojourner* der *Pathfinder*-Mission beginnt mit den Untersuchungen der Marsoberfläche
1998	Installation der ersten Module der ISS (Internationale Raumstation) im Weltall
2006	Der 1930 entdeckte Pluto verliert seinen Status als Planet und wird von der Generalversammlung der Internationalen Astronomischen Union (IAU) zum Zwergplaneten zurückgestuft

Einige Meilensteine der Astronomiegeschichte.

Als **Jim Al-Khalili** zehn oder elf Jahre alt ist, entdeckt er die Zeit – und mit ihr sehr viele Fragen: Hat die Zukunft jetzt gerade schon begonnen oder ist noch immer Vergangenheit? Wie ist die Zeit überhaupt entstanden? Wie vergeht sie?

Der Physiker Al-Khalili wird am 20. September 1962 in Bagdad geboren. Sein irakischer Vater arbeitet dort als Ingenieur, seine britische Mutter als Bibliothekarin. Er wächst gemeinsam mit seinem Bruder und zwei Schwestern im Irak auf, bevor die Familie 1979 nach Großbritannien zieht. Er studiert an der Universität von Surrey und kehrt nach einem längeren Forschungsaufenthalt am University College London als Dozent dorthin zurück.

Heute ist Jim Al-Khalili Professor für Theoretische Physik an der Universität von Surrey im britischen Guildford und hält dort Vorlesungen zur Quantentheorie, Relativitätstheorie, Mathematik und Kernphysik.

Wie ist es, in ein Schwarzes Loch zu stürzen? Lohnt es sich, den Rand des Universums zu suchen? Gibt es Zeitmaschinen? Das sind Fragen, die den theoretischen Physiker Jim Al-Khalili heute umtreiben. Mit seinen Antworten fasziniert er ein breites Publikum.

1998 überträgt ihm die größte britische Physikervereinigung, das Institute of Physics, das ehrenvolle Amt des „School Lecturers". Er reist durch das ganze Land und hält vor Hunderten von Schülern Vorlesungen über Wurmlöcher.

Jim Al-Khalili – ein großer Popularisierer? „Ich mag das Wort ‚popularisieren' nicht", sagt der Brite. „Es klingt so herablassend. So schmeichelhaft es für die Wissenschaftler ist, von der Gesellschaft für geistig überlegen gehalten zu werden, so sind sie doch ganz gewöhnliche Menschen, die lediglich viel Zeit dafür aufgewendet haben, um den jeweiligen Fachjargon, abstrakte Begriffe und mathematische Formeln zu erlernen. Die Schwierigkeit liegt darin, diese in Worte zu fassen, die man auch ohne Vorstellung begreifen kann."

Das ist die Kunst, die Al-Khalili beherrscht. Für sein öffentliches Engagement für die Physik wird er vielfach für Ehrungen nominiert und mit Preisen ausgezeichnet, unter anderem mit dem Public Awareness of Physics Award 2000 und dem Michael Faraday Prize for Science Communication 2007. Seit 2006 hat er in Surrey den neugeschaffenen Lehrstuhl für Public Engagement in Science inne.

Jim Al-Khalili

Die Zeiten ändern sich

Von Jim Al-Khalili

Mithilfe der Zeit sorgt die Natur dafür, dass nicht alles
gleichzeitig passiert.

John A. Wheeler (1911–2008), amerikanischer Physiker

Was ist Zeit?

Eines wollen wir gleich klarstellen: Egal, was Sie auch gelesen oder
gehört haben, niemand weiß genau, was Zeit eigentlich ist. Über das
Wesen der Zeit ist, vor allem in den letzten Jahren, so viel geschrieben worden, dass ich in diesem Beitrag schwerlich etwas Originelles
dazu beitragen kann, das nicht bereits anderswo diskutiert wurde.
Das ist aber auch nicht mein Ziel. Ich habe nicht das Bedürfnis, nach
dem Durchforsten einer ganzen Anzahl ausgezeichneter (und auch
einiger nicht so guter) Bücher zum Thema Zeit mit einer neuen
„Sichtweise" oder bislang unbekannten Argumenten, kurz mit meiner eigenen Theorie der Zeit aufzuwarten. Natürlich ist viel von dem,
was über die Zeit geschrieben worden ist, purer Nonsens, aber vieles,
was sich zunächst wie Nonsens anhört, erscheint durchaus sinnvoll,
wenn man etwas genauer darüber nachdenkt.

Das Thema Zeit beschäftigt mich nicht erst heute, sondern hat mich
schon als Kind fasziniert. Das gilt sicher nicht nur für mich, sondern
wahrscheinlich für die meisten Menschen. Das Dumme ist, dass ich
im Vergleich zu dem, was ich mit zehn Jahren über die Zeit wusste,

---

■ Was ist eigentlich ... ■

Zeit, Grundbegriff zur Erfassung der Bewegung von Materie. In der vorrelativistischen Physik wurde die Zeit
nach Isaac Newton als absolute, d. h. unabhängig von der Materie und deren Veränderungen gleichmäßig verfließende Zeit angesehen, die einer eindeutigen Früher-Später-Relation genügt. Dieser Irrtum wurde durch Albert Einstein stufenweise beseitigt: zunächst durch die Relativierung der Gleichzeitigkeit als Folge der endlichen Ausbreitungsgeschwindigkeit des Lichts und die sich hieraus ergebende untrennbare Verknüpfung von Raum und Zeit zur Raumzeit der Speziellen Relativitätstheorie (1905) und anschließend
durch die Verknüpfung der Geometrie der physikalischen Raumzeit mit der Materieverteilung und deren Bewegung in der Allgemeinen Relativitätstheorie. Obwohl für raumartig getrennte Ereignisse keine eindeutige
Früher-Später-Relation angegeben werden kann, ist dies für zeitartig getrennte Ereignisse und insbesondere die Punkte einer Weltlinie möglich; für diese ist daher eine Zeitrichtung (Zeitpfeil) festgelegt. Die Rich-
tungseigenschaft der Zeit ist physikalisch noch keineswegs verstanden. Bisher erwiesen sich alle grundlegenden dynamischen Gesetze der Physik als von der Zeitrichtung unabhängig, sie sind invariant gegenüber der
Zeitumkehr $t \rightarrow -t$.

bis heute noch nicht viel weiter gekommen bin. Ich weiß, dass die Zeit in vielen physikalischen Gesetzen eine fundamentale Rolle spielt, ich habe viele philosophische Thesen über die Vergänglichkeit der Zeit, die Richtung des Zeitverlaufs oder auch darüber kennen gelernt, ob Zeit tatsächlich existiert oder eine Illusion, ein Konstrukt der menschlichen Fantasie ist. Es fragt sich aber, ob ich das Wesen der Zeit heute wirklich besser verstehe.

Wer hat die Zeit erfunden?

Wegen der Regelmäßigkeit, mit der die Nacht auf den Tag und eine Jahreszeit auf die andere folgt, war die zyklische Natur der Zeit den Menschen schon immer bekannt. Ebenso kennen wir die lineare Natur der Zeit als Weg von der Vergangenheit in die Zukunft. Wir wissen, dass der Vergangenheit angehörende Ereignisse für immer dort bleiben und nie wiederkehren, sondern uns immer ferner rücken.

Schon früh in der Menschheitsgeschichte wurde es nötig, einen Tag in kleinere Zeiteinheiten zu unterteilen. Weil man erkannte – und zwar lange bevor der Zusammenhang mit der Erdrotation klar war –, dass die Bahn der Sonne über den Himmel eine (einigermaßen) feste Zeitspanne dauert, überrascht es nicht, dass einer der ersten Zeitmesser die Sonnenuhr war. Sie wurde vor über fünftausend Jahren im alten Ägypten erfunden.

Der einschneidende Übergang zu mechanischen Uhren kam im 16. Jahrhundert, als Galileo Galilei entdeckte, dass ein Pendel mit einer

Sonnenuhren gestern und heute.
Links: ägyptische Sonnenuhren;
rechts: Sonnenuhr-Brücke in Kalifornien.

bestimmten Länge für eine volle Schwingung immer dieselbe Zeit braucht. Doch die erste Pendeluhr wurde erst gegen Mitte des 17. Jahrhunderts gebaut. Dadurch war nun eine viel genauere Zeitmessung möglich als früher, und Stunden wurden in Minuten und Minuten in Sekunden unterteilt. Heutzutage werden Pendel und Uhrwerk zunehmend durch noch präzisere Zeitmesser ersetzt. Digitaluhren arbeiten mit einem winzigen Quarzkristall, der einige Tausend Mal pro Sekunde schwingt, wenn ein Strom hindurchfließt. Die Schwingungen sind so regelmäßig, dass Sie Ihre Uhr danach stellen könnten. (Dieser kleine Scherz musste sein!) Unvorstellbar, wie wir heute mit all unseren Terminen, Zeitplänen und Fristen zurechtkommen sollten, wäre die kleinste Zeiteinheit immer noch die Stunde!

Heute sind die genauesten Zeitmesser Atomuhren. Sie messen Zeitintervalle mit ungeheurer Präzision. Ihre Arbeitsweise beruht darauf, dass manche Atome bei Energiezufuhr Licht ganz bestimmter, für diesen Typ von Atom charakteristischer Frequenz emittieren. Die berühmtesten Uhren dieser Art sind Cäsium-Uhren; sie liefern heute den für die ganze Welt geltenden Zeitstandard.

Die Sekunde ist zwar die Standardeinheit der Zeit, sie ist aber eindeutig eine menschliche Erfindung. Falls es irgendwo im All intelligente Wesen geben sollte, würden diese die Zeit sicher mit ihrer eigenen „Währung" messen, die zum Beispiel daraus abgeleitet sein könnte, wie viel Zeit ihr Heimatplanet für eine Drehung um die eigene Achse oder für einen Umlauf um ihre Sonne benötigt. Bis vor kurzem war unsere eigene Sekunde definiert als ein Sechzigstel eines Sechzigstels eines Vierundzwanzigstels der Zeit, die die Erde für eine Drehung um ihre Achse braucht (das ist ein Tag).

Inzwischen wird eine Sekunde anders definiert. In unserem heutigen Leben spielt die Zeit eine so große Rolle, dass die bisherige Definition nicht mehr ausreicht. Es gibt da nämlich ein Problem. Die Drehung der Erde wird langsamer. Zwar nicht so viel, dass Sie etwas davon bemerken – alle paar Jahre eine Sekunde –, aber doch genug, dass wir in unserer hochtechnisierten Welt ein anderes Zeitmessverfahren einführen müssen. Da nun alle Cäsium-Atome Licht mit einer Frequenz von 9 192 631 770 Perioden pro Sekunde ausstrahlen, haben die Wissenschaftler beschlossen, diese Feststellung umzudrehen und zu sagen, eine Sekunde sei *definiert* als das Zeitintervall, das von Cäsium-Atomen stammendes Licht benötigt, um 9 192 631 770 Mal zu schwingen. Dies wird als koordinierte Weltzeit bezeichnet. Gemäß dieser Zeitdefinition beträgt die Länge eines Tages folglich $24 \times 60 \times 60 \times 9\,192\,631\,770$ Schwingungen eines Cäsium-Atoms. Das bedeutet, dass wir alle paar Jahre eine Schaltsekunde einschieben müssen, um der Verlangsamung der Erddrehung Rechnung zu tragen und das Auseinanderdriften von alter und neuer Zeitdefinition zu verhindern.

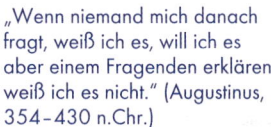

„Wenn niemand mich danach fragt, weiß ich es, will ich es aber einem Fragenden erklären, weiß ich es nicht." (Augustinus, 354–430 n.Chr.)

Was lässt sich nun sagen, wenn man die Zeit als Begriff an sich und weniger als messtechnisches Problem betrachtet? Bis zu Isaac Newtons Entdeckung der Bewegungsgesetze rechnete man das Phänomen Zeit eher der Philosophie als der Naturwissenschaft zu. Newton beschrieb nun mit mathematischen Methoden, wie Objekte auf die Einwirkung von Kräften reagieren, und weil Angaben über Bewegung, Lage- und Richtungsänderung notwendig den Faktor Zeit voraussetzen, arbeitete Newton mit dem sogenannten realistischen Begriff der Zeit. Dieses Alltagsverständnis von Zeit haben wir auch heute noch, obwohl wir wissen, dass es falsch ist.

Die Newtonsche Zeit gilt absolut und uneingeschränkt. Newton beschrieb sie als ein Medium, das vom Raum und allem, was darin geschieht, völlig unabhängig existiert. Nach dieser Auffassung fließt die Zeit gleichmäßig, als ob es eine imaginäre kosmische Uhr gäbe, die ohne Rücksicht auf unsere oft sehr subjektiven Empfindungen über die Vergänglichkeit der Zeit Sekunden, Stunden und Jahre markiert. Nach Newton ist Zeit von Natur aus absolut, wahr und mathematisch. Wir haben keinen Einfluss darauf, wie schnell sie vergeht, und können sie weder beschleunigen noch verlangsamen. Wir wissen auch, wie sehr wir uns bei der Einschätzung einer Zeitspanne täuschen können. Stellen Sie sich vor, Sie würden bei einer Zugfahrt, die normal eine Stunde dauert, einnicken und hätten nach dem Aufwachen den Eindruck, dass nur zehn Minuten vergangen sind. Wenn Sie

■ Wie genau gehen die Atomuhren der Physikalisch-Technischen Bundesanstalt (PTB) in Braunschweig? ■

In Deutschland ist laut Zeitgesetz vom 25.7.1978 die PTB die Lieferantin der gesetzlichen Zeit, die sie von ihren Atomuhren ableitet. Über den Langwellensender DCF77 in Mainflingen bei Frankfurt sendet sie Zeitsignale aus, und jeder kann sie mithilfe einer Funkuhr empfangen und frei nutzen. Unter den 200 Atomuhren, die die Internationale Atomzeit (TAI) realisieren, spielen die PTB-Uhren eine führende Rolle.

Beim Vergleich untereinander liegen die Gangabweichungen der in der PTB gebauten Atomuhren bei einer bis drei Milliardstel Sekunden pro Tag (zum Vergleich: Eine Quarzarmbanduhr irrt sich pro Monat um ein paar Sekunden, mechanische Armbanduhren – und seien sie noch so edel – vertun sich um ein Vielfaches mehr!). Für CS2, von der die gesetzliche Zeit abgeleitet wird, wurde, wie es physikalisch korrekt heißt, die Unsicherheit auf $1{,}5 \times 10^{-14}$ abgeschätzt. Im Laufe eines Jahres muss man also mit einer Abweichung von einer Millionstel Sekunde relativ zu einer idealen Uhr rechnen. Mit der Caesium-Fontäne wird eine noch geringere Unsicherheit – nämlich unter 1×10^{-15} – erreicht. Es wurde auch schon nachgewiesen, dass sich die Sekunden zweier Fontänen (diejenigen des NIST/USA und der PTB) um höchstens 1×10^{-15} Sekunden unterscheiden.

Warum unterscheiden sich Atomuhren überhaupt im Gang voneinander und was bestimmt ihre Genauigkeit? Die Definition nimmt Bezug auf ideale Bedingungen ungestörter Atome. In der Realität ist es nicht vollkommen zu vermeiden, dass verschiedene Einflussgrößen (z. B. die Temperatur oder Magnetfelder) auf die Atome wirken. Die Gesetzmäßigkeiten, wie sich welche Einflussgrößen auswirken, sind zwar im Prinzip bekannt. Da aber jede Messung einer Einflussgröße mit einer Messunsicherheit verbunden ist, können die entsprechenden Korrekturen nur mit gewissen Unsicherheiten vorgenommen werden. Diese zusammengenommen bestimmen dann die Gesamtunsicherheit einer einzelnen Atomuhr.

auf Ihre Uhr sähen, würden Sie jedoch bemerken, dass es eine ganze Stunde später ist, und Sie fänden bei einem Blick aus dem Fenster auch bestätigt, dass Sie Ihr Reiseziel fast erreicht haben. Nun könnte es natürlich sein, dass Ihre Uhr nicht richtig funktioniert und der Zug während des vermuteten Zehn-Minuten-Schlafs stark beschleunigt hat. Aber das wäre ziemlich unwahrscheinlich, schließlich wissen wir ja, wie unzuverlässig unsere subjektive Zeiteinschätzung oft ist. Wir alle nehmen intuitiv an, dass es die Newtonsche Zeit da draußen tatsächlich gibt und dass sie überall im Weltall gleich schnell vergeht.

Auch alle großen Weltreligionen machen Aussagen über das Wesen der Zeit. Die monotheistischen Religionen glauben an einen allmächtigen Gott, der das Universum geschaffen hat und außerhalb von Raum und Zeit steht. Er ist allwissend in dem Sinn, dass er nicht nur die Vergangenheit, sondern auch die Zukunft kennt, und ist zugleich allgegenwärtig. Ein ewiger Gott, also ein Gott, der sich außerhalb unseres Universums befindet, steht nicht im Widerspruch zur Vorstellung der modernen Physik, dass das Universum (zu dem Raum *und* Zeit gehören) mit dem Urknall entstanden ist.

Ein wichtiges Thema für Naturwissenschaftler, Philosophen und Theologen war dagegen immer wieder die Frage, welche Rolle Gott in Newtons deterministischem, uhrwerkartigem Universum spielt. Nach dem mechanistischen Bild, das Newtons Bewegungsgesetze vom Universum vermitteln, ist es – zumindest im Prinzip – möglich, Ort und Geschwindigkeit jedes Teilchens im Universum zu kennen. Da jedes Teilchen einer wohldefinierten Bahn folgt und Kräften unterworfen ist, die im Prinzip ebenfalls wieder wohldefinierbar sind, kann man den Aufenthaltsort aller Teilchen für jeden beliebigen Zeitpunkt in der Zukunft bestimmen und daher angeben, wie das Universum in der Zukunft aussehen wird. Die Zukunft ist also festgelegt und vorherbestimmt.

Eine solche reduktionistische Sicht des Universums scheint für die Willensfreiheit keinen Platz zu lassen. Da ja auch wir selbst aus Atomen bestehen, unterliegen wir denselben physikalischen Gesetzen wie jedes andere Objekt. Was wir als freien Willen betrachten, wären dann bloß mechanische Prozesse im Gehirn, die wie alles Übrige gemäß den Newtonschen Gesetzen ablaufen.

In der Praxis sind wir allerdings nicht einmal in der Lage, die künftigen Positionen von ein paar durch den Spielball auseinandergetriebenen Billardkugeln im Pool-Billard zu errechnen, ganz zu schweigen von den künftigen Positionen aller Teilchen im All. Doch müsste das nach der „deterministischen" Auffassung wenigstens *im Prinzip* möglich sein, wenn wir einen entsprechend leistungsstarken Computer hätten. Auf solch einem Computer müsste ein ungeheuer

Porträt

Newton, *Sir Isaac*, englischer Physiker, Mathematiker und Astronom, * 4.1.1643 Woolsthorpe, † 31.3.1727 Kensington; Sohn eines Bauern, studierte 1661–1664 am Trinity College in London, war 1669–1701 Professor für Mathematik in Cambridge, zweimal Vertreter der Universität im Parlament, 1672 Mitglied, von 1703–1727 Präsident der Royal Society. Newton, eines der größten wissenschaftlichen Genies aller Zeiten, gilt als Begründer der klassischen theoretischen Physik. – Die Newtonsche Raumzeit, ein Bezugssystem der Newtonschen Mechanik für Raum und Zeit, ist charakterisiert durch ein absolutes Bezugssystem für die Zeit und ein davon unabhängiges absolutes Bezugssystem für den Raum.

komplexes Programm laufen können, das viel mehr unbekannte Variablen enthielte, als es Teilchen in unserem Universum gibt. Der Grund liegt darin, dass der Zustand eines jeden Teilchens zu einem gegebenen Zeitpunkt durch (mindestens) sechs Zahlen definiert werden muss, nämlich die drei, die seinen Ort im dreidimensionalen Raum bestimmen, und drei weitere, die seine Geschwindigkeit und Bewegungsrichtung angeben.

Für eine gute Näherung brauchten wir zwar nicht all diese Informationen, denn ein einzelnes Atom in einer fernen Galaxie hat keinen Einfluss auf die Erde, aber selbst wenn wir uns auf die Atome der Erde beschränken, bleibt noch eine recht ansehnliche Menge Atome übrig. Schließlich enthält ein schlichtes Glas Wasser mehr Atome als man Gläser brauchte, um das Wasser aller Ozeane hineinzufüllen.

Trotzdem will ich unterstreichen, dass wir uns, solange die Zahl der Teilchen nicht unendlich ist, einen imaginären Computer denken können, der die Position aller Teilchen im Universum vorausberechnen könnte, wenn er über ihren jetzigen Aufenthaltsort Bescheid wüsste. Die Zukunft zu kennen, heißt zu wissen, was alle Körper als Nächstes tun werden. Und dieses Wissen bezieht auch die Menschen ein, da wir ja alle nur aus Atomen bestehen.

Doch solch ein deterministisches Universum findet bei heutigen Physikern keine Zustimmung mehr. Seit der Entwicklung der Quantenmechanik Mitte der 1920er-Jahre ist dieses Modell überholt, denn nach ihr ist die Natur, ganz grundsätzlich gesehen, dem Zufall unterworfen und nicht vorhersagbar. Dennoch glauben viele Physiker, dass die Zukunft tatsächlich schon existiert; nicht weil das Universum entsprechend Newtons Vorstellung wie ein Uhrwerk funktioniert, sondern wegen der Art und Weise, wie die Relativitätstheorie Raum und Zeit miteinander verbindet. Die Idee, dass es die Zukunft schon gibt, geht sogar über Newtons Auffassung hinaus, die lediglich behauptete, dass man die Zukunft vorhersagen *kann*.

Doch schon vor den beiden wissenschaftlichen Revolutionen der modernen Physik, Relativitätstheorie und Quantenmechanik, waren nicht alle mit Newtons Vorstellung einer unabhängig existierenden absoluten Zeit glücklich. Naturwissenschaftler, Philosophen und Theologen haben lange über verschiedene Aspekte diskutiert, die ich im Folgenden kurz erläutern will. Es geht um die drei Begriffe Ursprung der Zeit, Verstreichen der Zeit und Richtung der Zeit.

„Der erste Augenblick"

Zunächst beschäftigen wir uns mit der Frage nach dem Ursprung der Zeit. Die meisten heutigen Religionen lehren, dass das Universum in einem Schöpfungsakt entstanden ist. Das Wie, Warum und Wann ist vielleicht unterschiedlich, aber die Grundidee ist die gleiche. Heute glauben auch die meisten Physiker (von denen einige tiefreligiös sind), dass das Universum in einem bestimmten Augenblick begann, und zwar vor ungefähr 15 Milliarden Jahren. Können wir aber sagen, der Urknall habe zu einem bestimmten Zeitpunkt „stattgefunden"?

Das Problem liegt darin, dass nach herrschender Meinung die Zeit mit dem Urknall begonnen hat und ein Strukturmerkmal des Universums darstellt. Man kann nicht einmal den Urknall als „erstes Ereignis" betrachten, weil er dazu innerhalb der bereits bestehenden Zeit hätte stattfinden müssen. Diese Vorstellung ist nicht nur in der Naturwissenschaft zu finden, auch viele Religionen kennen einen Schöpfer, der außerhalb der Zeit steht und die Freiheit besitzt, die Zeit selbst zu schaffen.

Die Physiker versuchen heute zu verstehen, *warum* alles mit dem Urknall begann. Was löste ihn aus? Unglücklicherweise sind Ursache und Wirkung Begriffe, die die Zeit voraussetzen, und weil der Urknall den Anfang der Zeit bedeutet, können wir nicht sagen, etwas davor Befindliches hätte ihn verursacht. Vielleicht ist er einfach „passiert".

Darüber hinaus müssen wir uns daran erinnern, dass wir die Welt des mikroskopisch Kleinen nur verstehen können, wenn wir uns der Vorstellungen und Begriffe der Quantenmechanik bedienen, und viel Kleineres als Singularitäten gibt es nicht. Die Singularität des Urknalls muss also als Quanten-„Ereignis" behandelt werden. Die Physiker müssen hier noch zahlreiche Einzelheiten klären, sind sich aber jedenfalls einig, dass in der Welt der Quanten vieles verwischt und unbestimmt ist, sogar die Reihenfolge von Ereignissen. Seltsamerweise (oder zweckmäßigerweise – je nach Standpunkt) kennt die

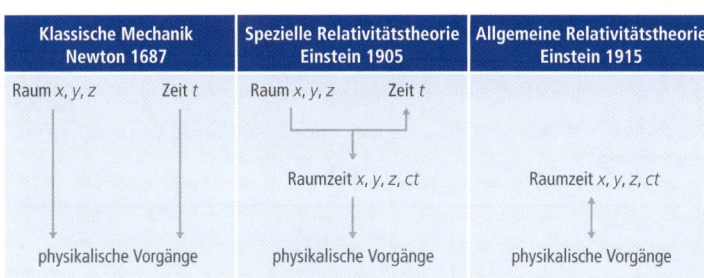

Relativitätstheorien im Vergleich.

■ Was ist eigentlich … ■

Universum, Kosmos, Weltraum, Weltall, All, begrifflich das Ganze als Inbegriff aller Teile, die ganze Welt; astronomisch der mit Strahlung und Materie erfüllte gesamte Raum. Die Lehre von der Entstehung und Entwicklung des Universums heißt Kosmologie. Nach der heutigen Urknalltheorie entstand das Universum in einer Singularität mit unendlich hoher Dichte und Temperatur, es besitzt also einen zeitlichen Anfang. Die Größe des sichtbaren Universums ist durch die Entfernung begrenzt, die das Licht seit dem Urknall durchlaufen konnte, also durch das Weltalter. Dieses wiederum hängt von der Größe der Hubble-Konstanten (derzeitiger angenommer Wert 65 km/(s Mpc)) und dem Weltmodell ab. Hier gehen die mittlere Materiedichte sowie die kosmologische Konstante ein. Das Alter des Universums wird derzeit zu etwa 14×10^9 Jahren angenommen. Die entferntesten beobachteten Galaxien sehen wir zu einem Zeitpunkt, zu dem das Universum etwa 10^9 Jahre alt war. Die älteste Information aus dem Universum ist die kosmische Hintergrundstrahlung. Sie entstand etwa 3×10^5 Jahre nach dem Urknall.

Urknall, nach heutigen kosmologischen Theorien der Beginn des Universums aus einem singulären Zustand mit unendlich hoher Temperatur und Dichte heraus. Die Urknalltheorie bildet die mögliche Erklärung für die heute beobachtbare Expansion des Universums: Wird das von der Expansion der Raumzeit getragene Auseinanderdriften der Galaxien in die Vergangenheit extrapoliert, so folgt, dass die Ausdehnung des Universums vor endlicher Zeit Null gewesen sein muss. Die Urknalltheorie impliziert ein expandierendes Universum. Wie sich die Welt weiter entwickeln wird (ewige Expansion oder Kontraktion), ist eine Frage des Weltmodells. Um alle Aspekte der Urknalltheorie mit den heutigen Beobachtungen in Einklang zu bringen, wurde 1981 die Theorie der Inflation entwickelt.

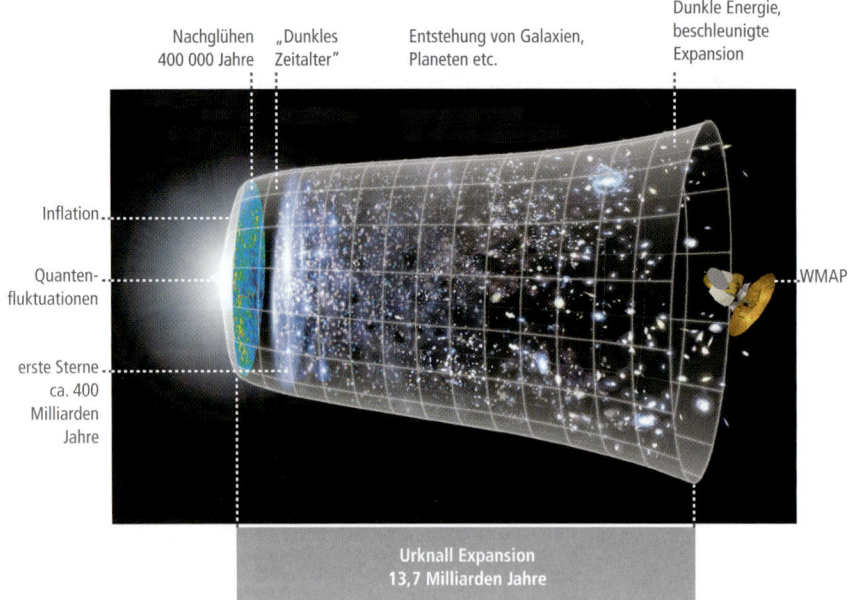

Entwicklungsstadien des Universums. (WMAP = Wilkinson Microwave Anisotropy Probe; Sonde zur Untersuchung der kosmischen Hintergrundstrahlung.)

■ Was ist eigentlich ... ■

Singularität, ein Punkt im Raum-Zeit-Kontinuum, in dem die bekannten physikalischen Gesetze keine Gültigkeit mehr besitzen. So ist z. B. die Singularität im Zentrum eines Schwarzen Lochs ein Punkt, in dem nach den herkömmlichen Theorien unendlich große Gravitationskräfte herrschen und einfallende Materie zu unendlich hoher Dichte komprimiert wird. Diese Theorien werden nicht in einem Punkt im Raum, sondern in einem Punkt der Zeit (t = 0) singulär. Sie beschreiben also nicht den Urknall selbst, sondern nur die Entwicklung des Universums danach (ab einem Alter von ca. 10^{-43} Sekunden).

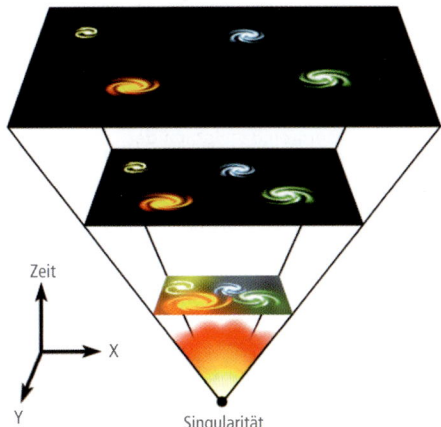

Singularität bei der Entstehung des Universums aus dem Urknall.

Quantenmechanik sogar den Fall, dass etwas ohne Ursache geschieht, den Urknall inbegriffen.

Eine der bei den Physikern sehr beliebten Erklärungen der Entstehung des Universums stützt sich darauf, dass der Urknall mit den Gesetzen der Quantenmechanik vereinbar wäre, wenn das Universum danach ebenso schnell wieder verschwunden wäre. Aus Gründen, die wir noch nicht ganz verstehen, kam es dann aber wohl so, dass das Universum direkt nach dem Urknall rasch eine kurze Phase extrem schneller Expansion erlebt und danach seine Existenz behauptet hat. Seither expandiert es weiter, allerdings mit seiner jetzigen, gemäßigten Geschwindigkeit.

Wenn es nicht der Urknall war, was war dann das erste Ereignis in dem nun geschaffenen Universum? Der britische Physiker und Schriftsteller Paul Davies, der sich so intensiv wie kaum ein anderer mit dem Wesen der Zeit befasst hat, meint, dass es ein solches erstes Ereignis gar nicht gegeben haben kann. Das sei so, als wenn man fragte, welches die erste auf null folgende Zahl sei. Wenn wir nur die ganzen Zahlen berücksichtigen, komme nach null zuerst eins, wir müssten aber alle Zahlen gelten lassen. Wir könnten jede noch so kleine Zahl nehmen, sie ließe sich stets halbieren und wir erhielten eine noch kleinere Zahl. Ebenso habe es nach dem Urknall kein erstes Ereignis gegeben. Ein Ereignis mag noch so früh stattgefunden

Zum Weiterlesen ...

Simon Singh, *Big Bang* (Hanser 2005).
Paul Davies, *So baut man eine Zeitmaschine*, 2. Aufl. (Piper 2004).

haben, immer habe es ein noch früheres, dem Urknall näheres gegeben.

Sobald wir aber die Quantenmechanik ins Spiel bringen, lässt sich doch ein „frühester Zeitpunkt" nach dem Urknall angeben. Bei allerkürzesten Entfernungen und Zeitabständen wird alles unscharf und verschwommen, auch die Zeit selbst. So wenig wie der Begriff der zeitlichen Abfolge der Ereignisse ist in diesen Grenzbereichen die Vorstellung einer kontinuierlich verlaufenden Zeit anwendbar. Auf dieser Ebene kann man als kleinstmögliches relevantes Zeitintervall die sogenannte Planck-Zeit betrachten. Da diese Zeiteinheit so winzig ist, bemerken wir diese Abweichung vom gleichmäßigen Fluss der Zeit natürlich nicht. In der Tat lassen sich in einer Sekunde viel, viel mehr Einheiten der Planck-Zeit unterbringen, als seit dem Urknall Sekunden vergangen sind. Worauf es hier ankommt, ist aber allein die Tatsache, dass, sobald man zeitlich auf eine Planck-Zeit nach dem Urknall zurückgeht, es keinen Sinn mehr hat zu fragen, was davor geschehen ist.

Verfließt die Zeit?

Viele Philosophen vertreten den Standpunkt, die Zeit an sich sei eine Illusion. Die Argumentation läuft folgendermaßen: Die Zeit besteht aus Vergangenheit, Gegenwart und Zukunft. Von der Vergangenheit gibt es zwar Aufzeichnungen, und wir haben auch Erinnerungen an sie, trotzdem kann man nicht behaupten, die Vergangenheit existiere noch. Die Zukunft andererseits muss sich erst noch entwickeln, existiert also ebenso wenig. Bleibt die Gegenwart übrig, die als Trennlinie zwischen Gegenwart und Zukunft definiert wird. Das „Hier und Jetzt" existiert zweifellos. Auch wenn wir „fühlen", dass diese Linie durch die Zeit wandert, indem sie die Zukunft verschlingt und in Vergangenheit verwandelt, bleibt sie doch eine Linie, besitzt also keine Ausdehnung. Die Gegenwart hat deshalb die Dauer null und folglich auch keine reale Existenz. Da nun keine der drei Komponenten der Zeit existiert, ist die Zeit selbst eine Illusion!

Sie sind vielleicht wie ich selbst gegenüber solchen klugen philosophischen Gedankengängen ziemlich skeptisch. Viel schwerer noch als die Existenz der Zeit ist die Idee zu begründen, die Zeit „verfließe". Dass wir das Gefühl haben, die Zeit vergehe, ist wohl kaum zu bestreiten, aber in der Wissenschaft ist ein noch so klares „sicheres" Gefühl nicht genug. In der Alltagssprache sagen wir, „die Zeit vergeht", „die Zeit wird kommen", „die Zeit ist vorbei" und so weiter. Genau betrachtet muss aber jede Bewegung und jede Änderung grundsätzlich im Vergleich zur Zeit beurteilt werden. So ist Veränderung definiert. Wollen wir die Geschwindigkeit eines bestimmten

Vorgangs beschreiben, dann zählen wir entweder die Zahl der Vorgänge pro Zeiteinheit, zum Beispiel die Zahl der Herzschläge pro Minute, oder das Ausmaß der Veränderung pro Zeiteinheit, zum Beispiel die Gewichtszunahme eines Säuglings innerhalb eines Monats. Es ist aber unsinnig, die Geschwindigkeit, mit der die Zeit selbst sich ändert, messen zu wollen, da wir die Zeit nicht mit sich selbst vergleichen können. Oft hört man jemand im Scherz sagen, die Zeit verstreiche mit der Geschwindigkeit von einer Sekunde je Sekunde. Das ist offensichtlich eine sinnlose Aussage, weil wir dabei Zeit mit sich selbst messen. Das lässt sich an der Frage zeigen, wie wir merken würden, wenn sich die Zeit plötzlich beschleunigt. Da wir innerhalb der Zeit existieren und die Dauer von Zeitintervallen mit Uhren messen, die sich wie unsere inneren biologischen Uhren vermutlich ebenso beschleunigen würden, würden wir die Änderung nie bemerken. Die einzige Möglichkeit, das Vergehen der Zeit (unserer Zeit) zu beurteilen, besteht darin, sie irgendeiner externen, fundamentaleren Art von Zeit gegenüberzustellen.

Doch wenn es eine externe Zeit gäbe, gegen die wir die Geschwindigkeit, mit der unsere eigene Zeit vergeht, messen könnten, dann würden wir das Problem nur verschieben, aber nicht lösen. Denn wenn Zeit von Natur aus verfließt, warum sollte dies dann nicht auch für die externe Zeit gelten? Damit stünden wir erneut vor dem Problem, dass wir eine weitere, noch fundamentalere Zeitskala brauchen, gegen die wir die Verlaufsgeschwindigkeit der externen Zeit messen können, und so weiter auf immer höheren Hierarchiestufen.

Dass wir die Geschwindigkeit, mit der die Zeit vergeht, nicht messen können, heißt noch nicht, dass die Zeit wirklich nicht verfließt. Vielleicht ist es aber auch so, dass die Zeit stillsteht, während wir (unser Bewusstsein) uns an ihr entlangbewegen (wir bewegen uns auf die Zukunft zu, statt dass die Zukunft uns näherkommt). Wenn Sie aus einem fahrenden Zug schauen und die Felder vorbeifliegen sehen, wissen Sie, dass diese stillstehen und der Zug sich bewegt. Ähnlich haben wir deutlich den Eindruck, dass der gegenwärtige Augenblick (den wir als Jetzt bezeichnen) und ein Ereignis in unserer Zukunft (etwa das nächste Weihnachtsfest) näher zusammenrücken. Der Abstand zwischen den beiden Zeitpunkten schrumpft. Ob wir sagen, Weihnachten rückt näher oder wir nähern uns Weihnachten, kommt auf das Gleiche heraus: Wir spüren jedenfalls, dass sich etwas ändert. Wie können dann die meisten Physiker behaupten, dass nicht einmal das richtig sei?

Es mag seltsam klingen, aber physikalische Gesetze sagen tatsächlich nichts über das Verfließen der Zeit. Sie klären uns darüber auf, wie zum Beispiel Atome, Flaschenzüge, Hebel, Uhren, Raketen und Sterne sich verhalten, wenn sie zu einem bestimmten Zeitpunkt verschiedenen Krafteinwirkungen unterliegen; sie geben uns auch Regeln an die Hand, nach denen wir den Zustand eines Systems von ei-

Was ist eigentlich …

Zeitbewusstsein, Zeiterleben, Zeitwahrnehmung, das individuelle, subjektive Erleben der Zeit, d. h. der Gegenwart als durchfließendes Stadium zwischen Zukunft und Vergangenheit, im Unterschied zur physikalisch messbaren Zeit. Zeiterleben ist untrennbar mit dem Bewusstsein verbunden, das auch als eine Art „Sinnesorgan" für die Zeit angesehen werden kann. Das Zeiterleben wird von der psychischen Verfassung, Anzahl der Ereignisse und deren Bedeutung für die betreffende Person beeinflusst. Bei negativen Reaktionslagen, wie Langeweile, ängstlicher Erwartung oder krankhaften Störungen entsteht ein subjektives Gefühl der Zeitdehnung; bei positiver Gemütslage, Interessenzuwendung, angeregten Gesprächen wird eine Zeitraffung empfunden. Vom Zeiterleben unabhängig läuft der Zeitsinn als „innere Uhr", der die reale Einschätzung von Zeitpunkten und -dauer ermöglicht.

Porträt

Einstein, *Albert*, deutsch-schweizerisch-amerikanischer Physiker, * 14.3.1879 Ulm, † 18.4. 1955 Princeton (N.J.); einer der bedeutendsten theoretischen Physiker und eines der größten wissenschaftlichen Genies aller Zeiten; siedelte 1894 in die Schweiz über; studierte an der Eidgenössischen TH in Zürich Mathematik und Physik; erhielt 1901 die schweizerische Staatsbürgerschaft; 1902–1909 war er Mitarbeiter am schweizerischen Patentamt in Zürich, 1905 Doktor der Philosophie an der Universität Zürich, erhielt 1908 die Lehrbefugnis für theoretische Physik an der Universität Bern und 1909 einen Lehrstuhl an der TU Zürich; 1911–1912 Professor an der deutschen Universität in Prag, danach wieder in Zürich; zog 1914 nach Berlin, 1914–1934 Direktor des Kaiser-Wilhelm-Instituts für Physik in Berlin. Nach Hitlers Machtübernahme kehrte Einstein, der jüdischer Herkunft war, von Lehrveranstaltungen in den USA nicht mehr nach Deutschland zurück; 1933 erhielt er eine Professur in Princeton und wurde 1940 amerikanischer Staatsbürger. Einstein revolutionierte mit der Speziellen Relativitätstheorie von 1905 und der Allgemeinen Relativitätstheorie von 1915 das Verständnis der klassischen Physik von Raum und Zeit. Durch die Formulierung der Lichtquantenhypothese im Jahre 1905 hat er in entscheidender Weise die Entwicklung der Quantentheorie vorangetrieben und damit zur Revolutionierung des Strahlungs- und Materiebegriffs in der klassischen Physik beigetragen. 1921 erhielt Einstein für seine Beiträge zur Quantentheorie den Nobelpreis für Physik.

nem bestimmten Ausgangszustand aus für einen beliebigen Zeitpunkt in der Zukunft vorhersagen können. Nirgendwo enthalten diese Gesetze aber einen Hinweis darauf, dass die Zeit verfließt. Die Vorstellung, dass Zeit etwas ist, das vergeht oder sich irgendwie ändert, ist der Physik völlig fremd. Ebenso wie der Raum ist die Zeit schlicht eine Tatsache, sie ist einfach da. Unser Gefühl, dass die Zeit vergeht, so sagen die meisten Physiker, sei eben genau dies: ein Gefühl, auch wenn es uns noch so real vorkommen mag.

Derzeit hat die Wissenschaft keine Erklärung dafür parat, wo dieses starke Gefühl herkommt, dass die Zeit vergeht und der gegenwärtige Augenblick sich ändert. Manche Physiker und Philosophen glauben, dass die physikalischen Gesetze hier eine Lücke aufweisen. Ich selbst würde nicht so weit gehen, aber ich bin davon überzeugt, dass es uns entscheidend weiterbringen würde, wenn wir verstehen würden, wie unser Bewusstsein funktioniert und *warum* wir die Zeit als etwas Fließendes empfinden.

Ich sollte vielleicht erwähnen, dass kein Geringerer als Albert Einstein ebenfalls der Meinung war, das Vergehen der Zeit sei eine Illusion, und das sogar zum Ausdruck brachte, als er die trauernde Witwe eines engen Freundes zu trösten versuchte. Er sagte ihr, sie solle sich mit dem Gedanken trösten, dass die Gegenwart sich von keinem Augenblick in der Vergangenheit oder Zukunft besonders abhebe, alle Zeiten existierten gleichzeitig.

Entropie

Selbst wenn die Zeit nichts Fließendes ist, können wir ihr dennoch eine Richtung – Zeitpfeil genannt – zuschreiben. Dieser abstrakte Begriff bedeutet lediglich, dass wir eine Abfolge der Ereignisse definieren können. Ein Zeitpfeil zeigt von der Vergangenheit in die Zukunft, von früheren Ereignissen zu späteren; er stellt eine zeitliche Richtung dar, in der sich Dinge abspielen. Es kommt an dieser Stelle sehr darauf an, zwischen einer verfließenden und gerichteten Zeit zu unterscheiden. Stellen Sie sich vor, Sie würden die einzelnen Bilder einer Filmspule ansehen. Wir können in diesem Fall leicht einen Zeitpfeil definieren, der der Bildfolge eine bestimmte Richtung zuweist und darauf basiert, welche Bilder früher und welche später zu sehen sind. Wir tun dies, obwohl wir weiterhin nur einzelne Bilder von Ereignissen sehen und sich in diesen Bildern nichts bewegt. Jedes Bild ist ein zeitlich fixierter Schnappschuss.

Doch auch wenn es nun um die Richtung der Zeit geht, müssen wir aufpassen. Wir dürfen die reale Richtung der Zeit (wenn es denn so etwas gibt) nicht mit unserem subjektiven Gefühl für die Richtung der Zeit verwechseln. Zuerst will ich etwas beschreiben, das als klares Beispiel eines Zeitpfeils erscheinen mag, nämlich den sogenannten psychologischen Pfeil. Dies ist die Richtung, die unserer zeitlichen Wahrnehmung zugrunde liegt. Es geht um die Tatsache, dass wir uns an vergangene Ereignisse erinnern und andererseits auf Ereignisse vorausschauen, die erst in der Zukunft passieren werden. Wenn sich unser psychologischer Zeitpfeil plötzlich umdrehen würde, hätten wir den Eindruck, dass alles um uns herum rückwärts abläuft; die Zukunft anderer würde in unserer Vergangenheit liegen und umgekehrt. Diese Vorstellung ist so verrückt, dass ich nicht weiter darauf eingehen möchte und Sie sich die Mühe sparen können, irgendeinen Sinn darin zu erblicken. Bereitet die Idee des Zeitpfeils denn überhaupt Schwierigkeiten? Sicherlich sehen wir doch vergangene Ereignisse vor der Zukunft liegen, weil Vergangenes *tatsächlich* vor der Zukunft stattgefunden hat!

Wenn ich hier trotzdem vorsichtig bin, so deshalb, weil physikalische Gleichungen keine Zeitrichtung vorsehen. Die Zeit könnte rückwärts fließen und die physikalischen Gesetze blieben trotzdem dieselben. Sie denken jetzt vielleicht: Tja, Pech für die Physiker. Wenn ihre Gleichungen keine bestimmte Zeitrichtung vorsehen, haben sie wohl einen wichtigen Aspekt nicht berücksichtigt. Nur weil in dem mathematischen Gebäude der Physiker keine Zeitrichtung erkennbar ist, bedeute das nicht, dass es sie in der *realen* Welt nicht gebe.

Das Problem ist aber schon ernster. Selbst in der realen Welt sind auf der Ebene der Atome fast alle Prozesse zeitlich reversibel. Wenn bei einem subatomaren Prozess zwei Teilchen a und b aufeinander zulaufen und zusammenprallen, stoßen sie sich oft gegenseitig ab und entfernen sich wieder voneinander. Wenn man einen solchen Prozess filmt und den Film dann rückwärts laufen lässt, sieht man keinen Unterschied zwischen den beiden Versionen. Auch der zeitlich umgekehrte Prozess folgt den physikalischen Gesetzen. Ich muss allerdings anmerken, dass dies ein Gedankenexperiment ist, weil kein Mikroskop der Welt leistungsstark genug ist, um von der Auflösung her Einzelheiten bis hinunter zur subatomaren Ebene sichtbar zu machen.

Oft kommt es auch vor, dass sich nach dem Zusammenstoß nicht die ursprünglichen Teilchen wieder voneinander trennen, sondern zwei neue Teilchen, sagen wir c und d, entstehen und wegfliegen. Auch bei einem Film über diesen Prozess könnte man nicht sagen, in welcher Richtung der Vorgang tatsächlich stattgefunden hat, weil nach den physikalischen Gesetzen der umgekehrte Prozess ebenso möglich ist. Die Teilchen c und d hätten zusammengestoßen sein und die Teilchen a und b produziert haben können. Man kann dem Prozess also keinen Zeitpfeil zuweisen, der besagt, in welcher Richtung der Prozess stattgefunden haben muss.

Lässt sich der Zucker im Kaffee wieder „entrühren"?

Solche umkehrbaren Prozesse stehen in scharfem Gegensatz zu dem, was wir in unserem Alltag erleben; hier haben wir zumeist keine Mühe anzugeben, in welche Richtung die Zeit weist. So werden wir zum Beispiel nie beobachten, dass Rauch sich über einem Kamin zusammenzieht und dann ordentlich hineingesaugt wird. Ebenso wenig können wir den Zucker in einer Kaffeetasse wieder „entrühren", wenn er sich erst einmal aufgelöst hat, und wir werden auch nie sehen, dass an einer Feuerstelle die Asche „zurückbrennt" und wieder zu einem Holzscheit wird. Was unterscheidet diese Vorgänge von denen, die wir im subatomaren Bereich beobachtet haben? Woran liegt es, dass die meisten Erscheinungen in unserer Umwelt nie rückwärts ablaufen könnten? Letztlich besteht doch alles aus Atomen, und auf dieser Ebene ist alles umkehrbar. An welchem Punkt auf dem Weg von den Atomen zum Kaminrauch, zu den Kaffeetassen und den Holzscheiten wird ein Prozess irreversibel?

Untersucht man das Problem genauer, so stellt man fest, dass keiner dieser als irreversibel dargestellten Prozesse wirklich unumkehrbar ist, sondern dass lediglich die Wahrscheinlichkeit hierfür außerordentlich gering ist. Es ist durchaus mit den physikalischen Gesetzen zu vereinbaren, dass ein aufgelöstes Stück Zucker sich durch Rühren „entlöst" und in einen Würfel zurückverwandelt. Doch würden wir so etwas je erleben, würden wir dahinter einen Zaubertrick vermuten, und das zu Recht, denn die Wahrscheinlichkeit, dass so etwas vorkommt, ist so gering, dass man sie vernachlässigen kann.

Nehmen wir ein einfacheres Beispiel, bei dem wir einen Satz Spielkarten verwenden. Einfacher ist es insofern, als die Zahl der Komponenten (52 Karten) hier ungleich geringer ist als die Zahl der Zucker-, Rauch- oder Holzmoleküle in den anderen Beispielen. Am Anfang soll unser Kartenstapel so geordnet sein, dass die vier Farben getrennt und in aufsteigender Reihenfolge (zwei, drei, vier, …, Bube, Dame, König, As) sortiert sind. Mischt man den Stapel ein wenig, gerät die Ordnung durcheinander. Nun können wir uns fragen, was passiert, wenn wir den Stapel weitermischen. Die Antwort liegt auf der Hand: Die Wahrscheinlichkeit, dass die Karten anschließend stärker durchmischt sind, ist weitaus größer als die, dass die anfängliche Ordnung wiederhergestellt wird. Hier zeigt sich die gleiche Irreversibilität wie im Fall eines teilweise aufgelösten Zuckerwürfels, der sich durch weiteres Rühren stets weiter auflöst.

Um welche Wahrscheinlichkeiten es sich hier größenordnungsmäßig handelt, macht folgender Vergleich klar: Die Wahrscheinlichkeit, bei einem gründlich durchgemischten Kartenspiel durch weiteres Mischen die ursprüngliche Ordnung wieder zu erreichen, ist etwa so groß wie die, in der britischen Nationallotterie nicht ein oder zwei Mal, sondern gleich neun Mal hintereinander das große Los zu gewinnen!

All dies hat mit einem wichtigen physikalischen Gesetz zu tun, nämlich mit dem sogenannten Zweiten Hauptsatz der Thermodynamik. Die Thermodynamik befasst sich mit der Erforschung der Wärme und dem Verhältnis der Wärme zu anderen Energieformen. Der Astronom Arthur Eddington ging sogar so weit zu sagen, dass der Zweite Hauptsatz das allerwichtigste von allen Naturgesetzen sei. Die Thermodynamik kennt noch drei weitere Hauptsätze, die damit zu tun haben, wie Wärme und Energie ineinander umgewandelt werden können, aber keiner ist so wichtig wie der Zweite Hauptsatz. Ich fand es schon immer lustig, dass eines der wichtigsten Gesetze der ganzen Physik es nicht auf Platz eins in der Liste der thermodynamischen Gesetze gebracht hat.

Der Zweite Hauptsatz der Thermodynamik besagt, dass sich alle Dinge abnutzen und abkühlen, dass sie erschlaffen, einem Alterungs- und Verfallsprozess unterliegen. Er erklärt, warum sich der Zucker im Kaffee auflöst, dieser Vorgang aber nie umgekehrt abläuft. Der Satz sagt auch, dass ein Eiswürfel in einem Glas Wasser schmilzt, weil stets Wärme vom Wasser mit seiner höheren Temperatur zum Eiswürfel transferiert wird, aber nie umgekehrt. Damit Sie diesen Zweiten Hauptsatz besser verstehen, muss ich Sie mit einer Größe vertraut machen, die man Entropie nennt. Der Zweite Hauptsatz postuliert nämlich, dass die Entropie zunimmt. In einem abgeschlossenen System bleibt die Entropie unverändert oder sie nimmt zu, sie verringert sich aber nie.

Entropie ist eine nicht ganz leicht zu definierende Größe. Ich will sie deshalb auf zweierlei Wegen zu definieren versuchen:

Entropie ist ein Maß für die Unordnung in einem System, das darin herrschende „Durcheinander". Der oben beschriebene wohlsortierte Stapel Karten weist eine niedrige Entropie auf. Mischt man die Karten, zerstört man die anfängliche Ordnung und erhöht die Entropie. Sind die Karten vollkommen durchgemischt, erreicht die Entropie ihren größtmöglichen Wert, der auch durch weiteres Mischen nicht gesteigert werden kann.

Man kann Entropie auch als Maß für die Fähigkeit eines Systems auffassen, Arbeit zu leisten (womit ich nicht die Arbeit im gewöhnlichen Sinn meine, sondern die Möglichkeit, dem System nutzbare Energie zu entziehen). Eine vollgeladene Batterie weist geringe Entropie auf, die jedoch wächst, wenn die Batterie beansprucht wird. Ebenso weist ein Spielzeug mit Federwerk geringe Entropie auf, wenn die Feder aufgezogen ist, und die Entropie nimmt zu, wenn sich die Feder entspannt. Ist das Federwerk vollkommen entspannt, können wir seine Entropie durch Aufziehen wieder auf einen kleinen Wert bringen. Der Zweite Hauptsatz wird dadurch nicht verletzt, weil das System (das federwerkbetriebene Spielzeug) gegenüber der Umwelt (das sind wir) nicht abgeschlossen ist. Die Entropie des Spielzeugs wird verringert, aber wir müssen „Arbeit" leisten, um das Federwerk aufzuziehen, sodass unsere eigene Entropie zunimmt. Aufs Ganze gesehen wächst die Entropie des Komplexes Spielzeug + „wir selbst" an.

Immer wenn sich die Entropie zu verringern scheint, stellt sich letztlich heraus, dass das jeweilige System in Wirklichkeit nicht von der Umgebung unabhängig ist und die Entropie *de facto* größer wird, sofern man nur den Blickwinkel ein wenig erweitert. Viele auf der Erde ablaufende Prozesse, von der Evolution des Lebens bis zur Herstellung hochgradig geordneter und komplexer Strukturen, können wir als Verminderung der Entropie auf der Oberfläche unseres Planeten betrachten. Von Autos über Computer bis hin zum Kohlkopf weist alles eine geringere Entropie auf als der Rohstoff, aus dem es entstanden ist. Trotzdem wird der Zweite Hauptsatz nie wirklich verletzt. Denn wir haben bisher außer Acht gelassen, dass sogar die Erde selbst nicht als abgeschlossenes System betrachtet werden kann. Wir dürfen nicht vergessen, dass so gut wie alles Leben auf der Erde und damit alle Strukturen mit niedriger Entropie dem Sonnenlicht zu verdanken sind. Wenn wir Erde und Sonne als ein Verbundsystem ansehen, dann nimmt die Entropie insgesamt zu, denn die von der Sonne in den Weltraum ausgesandte Strahlung (von der die Erde nur einen kleinen Teil absorbiert) hat zur Folge, dass die Entropie der Sonne viel stärker zunimmt, als sich auf der Erde die Entropie verringert.

Was ist eigentlich ...

Zeitpfeil, auf den englischen Physiker und Astronomen Arthur Eddington zurückgehende Bezeichnung für eine Klasse von Phänomenen, die eine Zeitrichtung auszeichnen. Hierzu gehören der Strahlungszeitpfeil, der thermodynamische Zeitpfeil, der quantenmechanische Zeitpfeil und der gravitative Zeitpfeil (Irreversibilität). Da die deterministischen Grundgesetze der Physik zeitumkehrinvariant sind, stellt sich die Frage nach der Begründung der beobachteten Zeitpfeile. Dies lässt sich nur erreichen, wenn eine Randbedingung niedriger Entropie vorliegt, die dann als Anfangsbedingung (und damit als kosmologische Bedingung) interpretiert werden kann. Ansätze hierzu finden sich in Theorien der Quantengravitation.

Zeitpfeile

Was haben uns die ganzen bisherigen Überlegungen in diesem Beitrag gebracht? Zunächst haben wir uns damit beschäftigt, in welche Richtung die Zeit „fließt". Ich will daran erinnern, dass es sich nicht um eine wirkliche Richtung wie etwa Nord oder Süd handelt und auch nicht um eine Richtung *innerhalb der Zeit;* es geht um die Richtung *der Zeit,* und sie kann nur in eine von zwei (entgegengesetzten) Richtungen zeigen. Es gibt zwei Möglichkeiten, einen solchen Zeitpfeil zu wählen: Entweder haben wir zwei Ereignisse und wir überlegen, welches davon früher stattgefunden hat, oder wir haben eine veränderliche Größe und können einen Zeitpfeil festlegen, der entweder in Richtung der Zunahme oder der Abnahme dieser Größe zeigt.

Oft wird behauptet, wir würden Zeit als von der Vergangenheit in die Zukunft gerichtet auffassen, weil unser Gehirn wie jedes andere physikalische System dem Zweiten Hauptsatz der Thermodynamik unterworfen sei. Deshalb müsse der psychologische Zeitpfeil immer in Richtung zunehmender Entropie weisen. Dies ist aber äußerst zweifelhaft. Die Annahme, die Entropie in unserem Gehirn werde größer, ist falsch. Es nutzt vielmehr wie jedes andere biologische System vorhandene Energie, um seine niedrige Entropie aufrechtzuerhalten. In guter Näherung können wir behaupten, dass die Entropie unseres Gehirns die meiste Zeit unseres Lebens gleich bleibt.

Der Zweite Hauptsatz der Thermodynamik liefert uns einen Zeitpfeil, der allgemeiner und weniger subjektiv zu sein scheint als der psychologische Zeitpfeil, den wir alle offenbar in unser Bewusstsein eingebaut finden. Wir definieren deshalb einen sogenannten *thermodynamischen Zeitpfeil*, der immer in Richtung wachsender Entropie zeigt. Da die Vorgänge in unserer Umgebung gewöhnlich auch mit wachsender Entropie verbunden sind, stimmt der thermodynamische Zeitpfeil naturgemäß mit dem psychologischen Zeitpfeil überein.

Was wäre nun, wenn die Entropie eines Tages überall im Universum abzunehmen begänne? Der thermodynamische Zeitpfeil würde dann gewissermaßen umgedreht. Und der psychologische Zeitpfeil, würde der dann einfach in die Gegenrichtung zeigen? Würden wir dann erleben, wie Zucker sich „entlöst", Kartenspiele sich „entmischen" und Rauch sich in einem Raum aus allen Ecken zusammenzieht und wieder in das Ende einer brennenden Zigarette hineingesaugt wird?

Die Antwort lautet nein – so glauben wenigstens manche Wissenschaftler. Sie gehen dabei von der Idee aus, dass unsere Denkprozesse, die den psychologischen Zeitpfeil festlegen, auf chemische Prozesse im Gehirn zurückgehen und wie jedes andere physikalische System dem Zweiten Hauptsatz unterworfen sind. Wenn die Entropie aus irgendeinem Grund *überall* abnimmt, dann würde das auch für unser Gehirn und unser Denken gelten, sodass sich auch der psychologische Zeitpfeil umdrehen würde. Ich selbst bin mir dessen nicht so sicher, denn ich glaube, wie gesagt, dass sich unser Gehirn der Welle wachsender Entropie um uns herum widersetzt. Für mich ist alles andere als klar, was in unserem Gehirn passieren würde, wenn die Entropie überall sonst abnähme.

Ich sollte noch zwei weitere Zeitpfeile erwähnen, die verschiedene Typen irreversibler Prozesse in der Physik widerspiegeln. Der erste ist der Pfeil der Quantenmessung. Solange wir ein Quantensystem wie zum Beispiel ein Atom sich selbst überlassen und seine Eigenschaften nicht zu messen versuchen, ist es vollkommen reversibel, das heißt, die darin stattfindenden Prozesse könnten zeitlich vorwärts oder auch rückwärts ablaufen. Sobald wir das System jedoch zu erforschen versuchen (unter Verwendung einer experimentellen Vorrichtung wie etwa eines Detektors zur Messung der Position eines Atoms), wird eine bestimmte Zeitrichtung festgelegt. Manche Eigenschaften des Untersuchungsobjekts werden durch den Messvorgang bleibend verändert.

Porträt

Eddington, *Sir Arthur Stanley*, englischer Physiker und Astronom, * 28.12. 1882 Kendal, † 22.11.1944 Cambridge; 1913 Professor für Astronomie in Cambridge; 1914 Direktor des dortigen Observatoriums; grundlegende Arbeiten zur theoretischen Astrophysik, insbesondere über den inneren Aufbau der Sterne, die er als nur aus Gas bestehend erkannte; wies auf die Bedeutung des Wasserstoffgehalts für die Leuchtkraft der Sterne hin; bestätigte durch Beobachtung von Sternpositionen während der totalen Sonnenfinsternis von 1919 auf Principe (Golf von Guinea) die von Albert Einstein in seiner Relativitätstheorie vorausgesagte Lichtablenkung in Gravitationsfeldern und war einer der ersten Verfechter der Relativitätstheorie. Nach ihm sind die Eddington-Leuchtkraft sowie das Eddington-Standardmodell benannt.

Neueste Forschungen über die Bedeutung der Quantenmechanik zeigen, dass der Pfeil der Quantenmessung ziemlich genau den gleichen Ursprung hat wie der thermodynamische Pfeil. Eine andere Art, wachsende Entropie zu definieren, bezieht sich nämlich auf den Verlust an Information. Wenn man eine Datei auf einem Computer speichert, schafft man Ordnung und verringert punktuell die Entropie. Genau das Gegenteil passiert, wenn man eine Datei löscht: Information geht verloren und die Entropie nimmt zu. Nun zeichnet sich ab, dass der Pfeil der Quantenmessung auf einen ähnlichen Verlust an Information auf subatomarer Ebene zurückgeht. Wenn man das Quantensystem untersucht, bekommt es sozusagen ein Leck und das, was man im Fachjargon als Quantenkohärenz bezeichnet, läuft in die Umgebung aus, und dadurch wächst die Entropie des Quantensystems an. Der Verlust an Quanteninformation hat gewisse Ähnlichkeit mit dem Prozess, bei dem ein heißes Objekt an die kühlere Umgebung Wärme abgibt.

Im Licht jüngster experimenteller Befunde ist schließlich noch ein vierter Zeitpfeil zu erwähnen. Ich meine den Materie-Antimaterie-Pfeil. Bei einem ziemlich komplizierten Experiment, das 1998 mithilfe eines Teilchenbeschleunigers am CERN durchgeführt wurde, hat man entdeckt, dass die Wahrscheinlichkeit, dass sich Antimaterie in Materie verwandelt, etwas größer ist als umgekehrt. Die Ergebnisse dieses Experiments mit dem Namen CP-LEAR (für *charge parity experiment in the low energy antiproton ring*) sind noch nicht zweifelsfrei bewiesen. Konkurrierende Forschergruppen überall in der Welt müssen erst noch überzeugt werden. Treffen die Ergebnisse zu, so ergibt sich daraus, dass bei gleicher Ausgangsmenge von Materie und Antimaterie – in Form subatomarer Teilchen, Kaonen genannt –, nach gewisser Zeit weniger Antimaterie-Kaonen zu erwarten sind als normale Materie-Kaonen. Damit verfügen wir auf der Ebene dieser Teilchen über einen Zeitpfeil, der in Richtung Verringerung der Antimaterie zeigt.

Stephen Hawking hat sich geirrt

Bald nachdem ich 1987 mit meiner Doktorarbeit angefangen hatte, machte ich mich in unserer Universitätsbibliothek an die Literatursuche. Ich beschäftigte mich mit einem physikalischen Problem, zu dem auch langwierige Berechnungen der Vorgänge gehörten, die sich beim Zusammenprall zweier Atomkerne abspielen. In der Bibliothek suchte ich nun in wissenschaftlichen Zeitschriften nach bestimmten Artikeln zu meinem Thema. Da ich nicht so recht vorankam und ein wenig die Lust verlor, beschloss ich nach neueren Artikeln von Stephen Hawking zu suchen, weil ich mir von seinen Arbeiten zur Kosmologie ein bisschen Ablenkung erhoffte. Ich entdeckte einen etwas

Was ist eigentlich ...

Antimaterie, Antiteilchen, das zu jedem Elementarteilchen existierende komplementäre Teilchen. Antiteilchen haben die gleiche Masse und den gleichen Spin wie das zugehörige Teilchen, aber entgegengesetzte elektrische Ladung und ladungsartige Quantenzahlen.

älteren Artikel aus dem Jahr 1985, in dem er die Frage diskutierte, ob die Richtung des Zeitverlaufs sich umkehren würde, sollte sich das Universum eines Tages zusammenziehen. Das hörte sich interessant an. Ich machte eine Kopie des Artikels und las ihn auf der Heimfahrt im Zug.

Auf den ersten paar Seiten konnte ich der Argumentation gut folgen, aber am mathematischen Teil blieb ich bald hängen. Trotzdem entschied ich am Abend, dass sich Hawking geirrt haben musste, doch da ich mit den rechnerischen Details nicht klarkam, war ich mir meiner Sache nicht ganz sicher. Schließlich war er ein berühmter Wissenschaftler, während ich ein junger Forscher war und zudem auf einem ganz anderen Gebiet arbeitete. Ich wusste damals noch nicht, dass Hawking inzwischen klar war, dass die Schlussfolgerungen in seinem Artikel, der große Aufmerksamkeit gefunden hatte, falsch waren. Überhaupt finde ich es faszinierend, dass so viele anerkannte Wissenschaftler und weltbekannte Fachleute über so etwas Fundamentales wie die Zeit immer noch vollkommen konträre Ansichten vertreten. Dies alles hat seinen Grund darin, dass der Begriff der Entropie verschieden verwendet wird.

Hawkings Argumentation begann mit der Feststellung, beim Urknall müsse sich das Universum im Zustand minimaler Entropie befunden haben. Um den Zweiten Hauptsatz der Thermodynamik zu erfüllen, müsse es sich seither in Richtung immer größerer Entropie entwickelt haben. Hawkings Theorie zufolge musste das Universum ge-

Porträt

Hawking, *Stephen William*, englischer Physiker und Kosmologe, * 8.1.1942 Oxford; ab 1977 Professor in Cambridge, 1979 zum „Lucasian Professor" am Trinity College ernannt; einer der bedeutendsten theoretischen Physiker unseres Jahrhunderts; kann sich, durch eine seltene, unheilbare Nervenerkrankung (Muskelschwund mit umfassender Lähmung) seit 25 Jahren an den Rollstuhl gefesselt und stumm, nur per Computer mit der Umwelt verständigen; arbeitet u. a. über Raum-Zeit-Singularitäten und schuf eine Theorie der Schwarzen Löcher. Nach ihm benannt ist die Hawking-Strahlung (Hawking-Effekt), die nach der Theorie von kleinen primordialen Schwarzen Löchern durch den „Ereignishorizont" stetig nach außen „tunnelt" und letztlich zu einem Verdampfen des Schwarzen Lochs führen kann; ferner bedeutende theoretische Arbeiten über den Ursprung und die Entwicklung des Kosmos; formulierte um 1983 erste Ansätze zu einer Theorie der Quantengravitation, welche die Quantenmechanik und Allgemeine Relativitätstheorie in einer einzigen Theorie vereinigen soll.

Professor Stephen Hawking hält einen Vortrag vor Kosmologen an der Universität Stockholm.

schlossen sein, und er glaubte, dass es genug Materie enthalte, um die Expansion eines Tages zum Stillstand zu bringen und seinen Kollaps im Endknall herbeizuführen.

Zum Weiterlesen ...

Werke von Stephen Hawking (kleine Auswahl):
Eine kurze Geschichte der Zeit (Rowohlt 1991)
Das Universum in der Nussschale, Erweiterte Neuausgabe (dtv 2003)
Die kürzeste Geschichte der Zeit (Rowohlt 2005)

In Hawkings Modell waren die Singularitäten von Urknall und Endknall identisch, denn in beiden Fällen sind die gesamte Materie und Energie des Universums auf einen Punkt mit unendlicher Dichte und Ausdehnung null zusammengepresst. Wenn sich nun die Singularität des Urknalls im Zustand niedriger Entropie befand, dann müsste das auch auf die Singularität des Endknalls zutreffen. Während der Kontraktion des Universums müsste seine Entropie folglich abnehmen und der Zweite Hauptsatz der Thermodynamik wäre verletzt. Hawking glaubte, dass der Zustand größter Expansion auch den Zustand maximaler Entropie darstellte. Die Kontraktionsphase des Universums wäre also die zeitliche Umkehrung der Expansionsphase.

In Bezug auf unsere Zeitpfeile ergibt sich daraus Folgendes: Wenn die Entropie in der Kontraktionsphase abzunehmen beginnt, muss der thermodynamische Zeitpfeil umgedreht werden (weil er definitionsgemäß immer in Richtung *zunehmender* Entropie zeigt), und wenn unser eigener, subjektiver (psychologischer) Zeitpfeil immer in die gleiche Richtung weist wie der thermodynamische, dann fließt ab da auch unsere Zeit rückwärts. Dann wäre der Endknall für uns aber nicht ein zukünftiges, sondern ein vergangenes Ereignis. Selbst wenn es die menschliche Rasse in vielen Milliarden Jahren noch geben sollte, sodass eine Überprüfung dieser Theorie im Prinzip möglich wäre, würden sie die Schrumpfung des Universums gar nicht erkennen. Weil ihre Zeit rückwärts liefe, würden sie das Universum weiterhin für expandierend halten. Auch würde in ihren Augen der Zweite Hauptsatz der Thermodynamik keineswegs verletzt; die Entropie schiene ihnen ganz normal weiter zuzunehmen. Die faszinierendste Schlussfolgerung aus dieser verhexten Situation besteht darin, dass das Universum in Wirklichkeit vielleicht jetzt schon schrumpft, wir es aber irrtümlich für expandierend halten, weil unser Zeitpfeil in Richtung wachsender Entropie weist.

Mir war das damals nicht bewusst, aber diese Idee der Umkehrung der Zeitrichtung während eines kollabierenden Universums geht eigentlich auf einen Einfall von Thomas Gold in den 1960er-Jahren zurück. Hawking versuchte der Idee ein sichereres theoretisches Fundament zu geben, indem er sich auf die Quantennatur der beiden Singularitäten berief. Das Verhalten des Universums nahe dem Zeitpunkt maximaler Expansion wäre nach Hawkings ursprünglichen Vorstellungen allerdings sehr seltsam. Nehmen wir an, ein menschliches Wesen würde in einem Raumschiff den Übergang von der Expansions- zur Kontraktionsphase erleben. Der Zeitpfeil dieser Person würde sich plötzlich umdrehen und sie würde sich an die Zeit maximaler Expansion nicht mehr erinnern, weil diese nun in der Zukunft läge.

Ich will nun meine Einwände gegen diese Idee vorbringen. Erstens spricht Hawking von „Expansion" und „Kontraktion" sowie von „Übergang von der Expansions- zur Kontraktionsphase". Diese Redeweise geht von einem abgesonderten, externen Zeitpfeil aus, der vom Urknall zum Endknall zeigt. Sonst gäbe es keine Möglichkeit, die beiden Momente zu unterscheiden, und wir könnten nicht sagen, dass der eine „vor" dem anderen stattfindet. Die Aussage, wir würden irrtümlich annehmen, in der Expansionsphase zu leben, während wir uns „in Wirklichkeit" in der Kontraktionsphase befänden, setzt gleichfalls eine solche externe Zeit voraus, die als Schiedsrichter fungiert und uns sagt, was im Universum tatsächlich vor sich geht. Einen derartigen Zeitpfeil gibt es eigentlich nicht; er entspricht einer Vorstellung, die ich weiter oben diskutiert hatte, nämlich der einer hypothetischen externen Zeit, an der wir den Verlauf unserer eigenen Zeit messen könnten. Wenn es nun keine ausgezeichnete, übergeordnete Zeitrichtung gibt, anhand derer sich Expansions- und Kontraktionsphase eindeutig bestimmen lassen, dann müsste der Endknall dem Urknall tatsächlich äquivalent sein und ebenfalls einen Zeitbeginn markieren. Die Zeit würde also von beiden Singularitäten aus – allerdings in entgegengesetzte Richtungen – anfangen zu fließen, in Richtung auf ein „Ende der Zeit" im Augenblick maximaler Expansion.

Kehren wir noch einmal zu unserem Astronauten zurück, um die Frage nach dem Ende der Zeit näher zu beleuchten. Nehmen wir an, der Astronaut habe in seinem Raumschiff die Zeit bis kurz vor dem Höhepunkt der Expansion überlebt. Er hat ausgerechnet, dass das Universum seine maximale Expansion um drei Uhr nachmittags erreichen wird (nennen wir dies den Zeitpunkt T_{max}). Ihm ist außerdem klar, dass sich sein Zeitpfeil dann umdrehen wird. Eine Sekunde vor drei Uhr sieht für ihn alles normal aus, und er weiß, dass der entscheidende Moment in einer Sekunde kommen wird. Wie sieht die Lage zwei Sekunden später aus? Es ist dann eine Sekunde nach drei Uhr und die Kontraktionsphase hat begonnen. Wenn sich der Zeitpfeil des Astronauten umgekehrt hat und alle Vorgänge im Raumschiff rückwärts laufen, dann zeigt die Uhr jetzt wieder eine Sekunde *vor* drei Uhr an. Der Astronaut wird nun glauben, das Universum habe immer noch eine Sekunde lang Zeit zur Expansion.

Sogar noch eine millionstel Sekunde vor drei wäre auf dieser Seite von T_{max} alles normal, aber zwei millionstel Sekunden später würde unsere Person immer noch glauben, es sei noch eine millionstel Sekunde vor T_{max}. Wir könnten T_{max} so nahekommen, wie wir wollten, es gäbe nie einen Zeitpunkt danach. T_{max} würde also tatsächlich das Ende der Zeit markieren.

Unsere Einwände beweisen nicht, dass Hawking sich geirrt hat, sondern beziehen sich darauf, dass seine Ausdrucksweise einen überge-

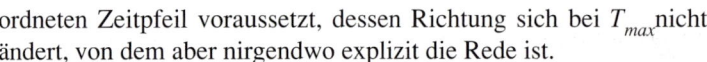
ordneten Zeitpfeil voraussetzt, dessen Richtung sich bei T_{max} nicht ändert, von dem aber nirgendwo explizit die Rede ist.

Nachdem er mit Kollegen seine Theorie diskutiert hatte, wurde Hawking bald klar, dass das Universum beim Endknall nicht zu einem Zustand niedriger Entropie zurückzukehren brauchte und dass auch unser Zeitpfeil sich nicht in die Gegenrichtung zu drehen brauchte. Die Entropie des Universums konnte auch nach der Expansion die ganze Kontraktionsphase hindurch weiter zunehmen. Leider bekam Hawking eine Lungenentzündung und konnte deshalb nicht sofort einen Artikel folgen lassen, der den Fehler offenlegte. Ich erinnere mich noch gut daran, wie überrascht ich bei der Lektüre von Hawkings Bestseller *Eine kurze Geschichte der Zeit* war – ich las das Buch ein oder zwei Jahre nach seinem Erscheinen in der Taschenbuch-Ausgabe, während ich mit dem Zug zur Arbeit fuhr – und wie sehr ich den Autor dafür bewunderte, mit welcher Offenheit er seinen Irrtum eingestand. Vor allem erinnere ich mich noch gut daran, dass mein dümmliches Schmunzeln die Aufmerksamkeit der Mitreisenden auf sich zog.

Wie können wir dann den Unterschied zwischen dem Urknall mit seiner niedrigen Entropie und dem Endknall mit seiner hohen Entropie verstehen? Eine Möglichkeit besteht darin, dass der Raum in der Nähe der beiden Singularitäten unterschiedliche Geometrie aufweist. Heute wird überwiegend die Meinung vertreten, Schwarze Löcher stellten ein Reservoir an Entropie dar, und je größer sie seien, umso höher sei auch ihre Entropie. Da der Endknall als ein abschließendes Schwarzes Loch betrachtet werden kann, das das ganze Universum verschlingt, dürfte seine Entropie extrem hoch sein. Der Urknall dagegen ist wie ein Weißes Loch und hätte folglich eine sehr geringe Entropie.

Diese Erklärung ist aber nicht sehr befriedigend. Wo bleibt bei alledem die Gravitation? Und wo bleibt die Expansion? Wie kann man erklären, dass die Entropie des Universums am Anfang so niedrig war?

Auf den ersten Blick scheint es, als befinde sich das Universum gegenwärtig in einem Zustand niedriger Entropie. Die Sterne sind heiße Flecken im Raum, die ihre Wärme in die Umgebung abstrahlen und dadurch eine Zunahme der Entropie verursachen (Sie erinnern sich, dass man Entropie unter anderem über die Wärmeübertragung definieren kann). Wenn ein Stern zu leuchten aufhört, hat sich seine Energie erschöpft und er befindet sich im Zustand hoher Entropie, ob er nun als Schwarzes Loch endet oder nicht. In ferner Zukunft wird folglich ein Zeitpunkt kommen, zu dem alle Sterne ausgebrannt sein werden und ihre Strahlung gleichmäßig im Raum verteilt ist (hohe Entropie). Hier tut sich allerdings ein gravierendes Problem auf, das die Physiker mit unterschiedlichem Erfolg zu lösen versucht haben. Bevor sich Sterne und Galaxien im frühen Universum bildeten, bevor aus reiner Energie überhaupt Materie entstehen konnte, befand sich das Universum wohl

Was ist eigentlich ...

Schwarze Löcher, Objekte, die so kompakt sind, dass nicht einmal Licht ihrem Gravitationsfeld entweichen kann. Ihre Existenz ist eine Vorhersage der Allgemeinen Relativitätstheorie. Allgemein werden Schwarze Löcher durch Gebiete der Raumzeit charakterisiert, die nie in die Vergangenheit äußerer Beobachter gelangen und durch einen Ereignishorizont von diesen abgeschirmt sind. Aus dem Bereich innerhalb des Ereignishorizontes können keine Signale nach außen dringen. Gemäß der Allgemeinen Relativitätstheorie sollte sich im Inneren eines Schwarzen Loches eine Singularität befinden. Es wird vermutet, dass solche Singularitäten nie ohne Ereignishorizont existieren. Allerdings wurde dieses Prinzip der kosmischen Zensur (keine „nackten Singularitäten") bisher nicht mathematisch streng bewiesen. Mathematische Theoreme zeigen, dass stationäre Schwarze Löcher durch drei Parameter vollständig charakterisiert sind: Masse, Drehimpuls und elektrische Ladung.

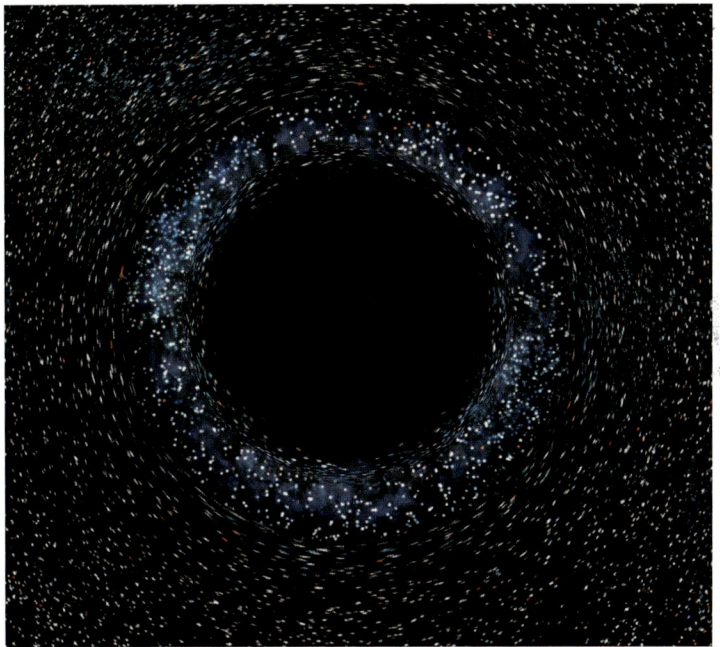

Künstlerische Darstellung eines
Schwarzen Loches.

in einem Zustand thermischen Gleichgewichts, bei dem die Energie gleichmäßig verteilt war, also kein Bereich des Raums wärmer war als ein anderer. Bestimmt ein Zustand maximaler Entropie! Wie kam es dann überhaupt zur Bildung der Sterne?

Eine mögliche Antwort lautet wie folgt: Am Anfang stand tatsächlich ein Universum mit maximaler Entropie, dieses war jedoch sehr klein. Seine Entropie hatte den für ein Universum dieser Größe maximalen Wert. Danach erlebte das Universum eine Phase rascher Expansion (Inflation) und die maximal *mögliche* Entropie stieg ungeheuer an. Die tatsächliche Entropie blieb schnell hinter diesem möglichen Maximum zurück und es kam zu einer „Entropielücke".

In seinem Buch *Computerdenken* kritisiert Roger Penrose diese Theorie, indem er darauf hinweist, dass dieser Vorgang dann auch in umgekehrter Richtung ablaufen müsste, wenn beziehungsweise falls das Universum zuletzt im Endknall kollabiert. Während das Universum schrumpft, werde die Entropielücke immer kleiner, bis die Entropie schließlich wieder ihr mögliches Maximum erreicht. Jede weitere Schrumpfung würde die Entropie noch weiter herabdrücken, was im Widerspruch zum Zweiten Hauptsatz der Thermodynamik steht.

Wie lässt sich nun aber die Asymmetrie zwischen den beiden Singularitäten erklären? Bietet die Gravitation eine Lösung? Ein offensichtlicher Unterschied zwischen der Expansions- und der Kontrak-

Zum Weiterlesen ...

Computerdenken – Die Debatte um künstliche Intelligenz, Bewusstsein und die Gesetze der Physik (Spektrum Akademischer Verlag 1991)

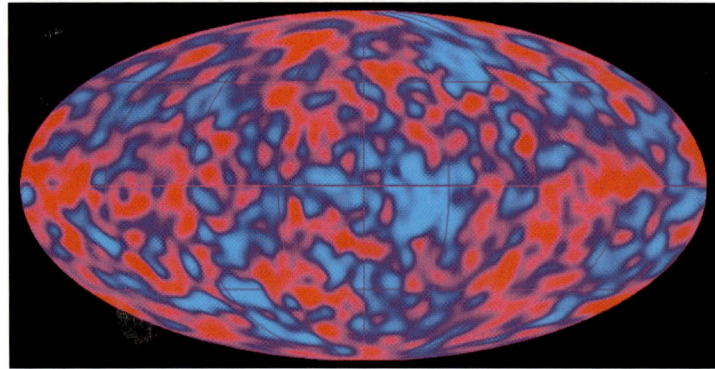

Anisotropien in der Hintergrundstrahlung. Sie werden als Keim-
zellen der heutigen Galaxien
und Galaxienhaufen gedeutet.

tionsphase besteht darin, dass die Expansionsphase wohl durch ganz bestimmte Anfangsbedingungen ausgelöst wurde, während die Kontraktionsphase ausschließlich auf die Massenanziehung der im Universum vorhandenen Materie zurückgeht. Der physikalische Ursprung von Expansion und Kontraktion ist also verschieden. Dennoch wäre es befriedigend, wenn wir die Entwicklung des Universums mithilfe der Entropie erklären könnten.

Ein vielzitierter Unterschied zwischen beiden Phasen liegt auch darin, dass es in einem sehr alten schrumpfenden Universum keine brennenden Sterne mehr gäbe. Es bestände vielmehr ganz aus kalter Hintergrundstrahlung, toten Sternen und Schwarzen Löchern, befände sich also in einem Zustand hoher Entropie. Aber das ist nicht das einzig mögliche Szenario. Nehmen wir der Einfachheit halber an, das schrumpfende Universum enthalte nur niederenergetisches Licht (Photonen) und Schwarze Löcher. Da Hawking dargelegt hat, dass Schwarze Löcher verdampfen, ist ein Universum denkbar, das so alt ist, dass alle Schwarzen Löcher verdampft sind. Das müsste ein Universum sein, das gerade genug Materie enthält, um geschlossen zu sein, das heißt, die Schwerkraft würde sehr lange brauchen, um die Expansion zum Stillstand zu bringen und die Umkehr der Entwicklung einzuleiten. Ob die verdampfenden Schwarzen Löcher leere, nackte Singularitäten zurücklassen, ist unklar, doch wenn dies nicht der Fall sein sollte, dann würde das Universum zuletzt nur aus kalter Strahlung bestehen.

Eine mögliche Lösung

Ich habe immer noch nicht erklärt, wie Sterne und Galaxien entstanden sein könnten. Es konnte nur dazu kommen, weil das Strukturgewebe des Raums Unregelmäßigkeiten oder Falten aufwies, sodass die Materiedichte an der betreffenden Stelle etwas höher war. Solan-

Was ist eigentlich ...

Hintergrundstrahlung, kosmische Hintergrundstrahlung, Drei-Kelvin-Strahlung, Mikrowellenstrahlung, ein das gesamte Universum erfüllendes Strahlungsfeld, dessen spektrale Energieverteilung dem eines schwarzen Körpers mit einer Temperatur von 2,726 ± 0,005 K entspricht. Das Energiemaximum liegt bei einer Wellenlänge von etwa 1,1 mm. Die Strahlungsdichte beträgt 375 Photonen/cm³. Die Hintergrundstrahlung erscheint über den gesamten Himmel nahezu isotrop. Sie weist eine geringfügige Dipolasymmetrie auf, die darauf zurückgeführt wird, dass sich die Milchstraße relativ zu dem Strahlungsfeld mit einer Geschwindigkeit von 600 km/s bewegt. Dies führt zu einer beobachteten, scheinbaren Temperaturerhöhung in Bewegungsrichtung und einer Erniedrigung in der entgegengesetzten Himmelsrichtung um jeweils 3,3 mK.

ge der Raum nicht zu schnell expandierte, musste sich die Materie dort zunehmend zusammenballen. Im frühen Universum wurden die Zonen, in denen sich die Materie zusammenballte, schließlich so heiß, dass die Kernfusion eingeleitet wurde und Sterne entstanden. Die Faltenbildung musste allerdings genau das richtige Maß haben. Wäre sie zu gering gewesen, hätte sich die Materie nicht zusammenballen können und es hätte Galaxien und Sterne (und folglich auch uns selbst) nie gegeben. Wäre umgekehrt der Raum zu zerknittert gewesen, dann hätte die hohe Materiedichte in den betreffenden Zonen rasch zur Bildung riesiger Schwarzer Löcher geführt.

Auch wenn wir den Ursprung jener Unregelmäßigkeiten nicht kennen, sollten wir mindestens nach experimentellen Beweisen Ausschau halten, die ihre Existenz im frühen Universum bestätigen. Es wurde theoretisch vorausgesagt, dass sie sich als winzige Temperaturschwankungen in der Mikrowellen-Hintergrundstrahlung – die nichts als das Nachglühen des Urknalls ist – bemerkbar machen sollten. Der Effekt musste aber so schwach sein, dass er von der Erde aus nicht festzustellen war. 1992 meldete die NASA, dass der Satellit COBE (für Cosmic Background Explorer) in der Hintergrundstrahlung Temperaturunterschiede genau der richtigen Größenordnung entdeckt hatte. Diese Entdeckung wurde als endgültiger Beweis für die Richtigkeit des Urknallmodells gefeiert. Manchen Astronomen ging diese Wertung aber zu weit; sie räumten lediglich ein, dass die Messungen von COBE unsere Vorstellungen von der Entstehung der Galaxien stützen.

Passt nun alles zusammen? Hatte das Universum anfangs, beim Urknall, eine niedrige Entropie? Nimmt die Entropie des Universums laufend zu, auch wenn das Universum eines Tages im Endknall kollabiert, und stellt sie uns dadurch einen Zeitpfeil zur Verfügung, der

Was ist eigentlich ...

COBE, Cosmic Background Explorer, 1989 gestartete Sonde der NASA zur Erkundung der kosmischen Hintergrundstrahlung. COBE trug drei Instrumente: das Infrarotspektrometer FIRAS (Far Infrared Absolute Spectrophotometer) für den Bereich von 0,1 - 10 mm, das Mikrowellenradiometer DMR (Differential Microwave Radiometer) für die drei Wellenlängen bei 3,3 mm, 5,7 mm und 9,6 mm sowie die Infrarotkamera DIRBE (Diffuse Infrared Background Experiment) für den Bereich von 1,25 - 240 µm. Mit dem FIRAS-Gerät konnte nachgewiesen werden, dass das Spektrum der Hintergrundstrahlung dem eines schwarzen Körpers mit einer Temperatur von 2,726 ± 0,005 K entspricht. Das spektakulärste Ergebnis war jedoch die Entdeckung von Anisotropien in der Hintergrundstrahlung mit DMR. Sie werden als Keime der heutigen Galaxienhaufen angesehen. COBE arbeitete bis November 1993.

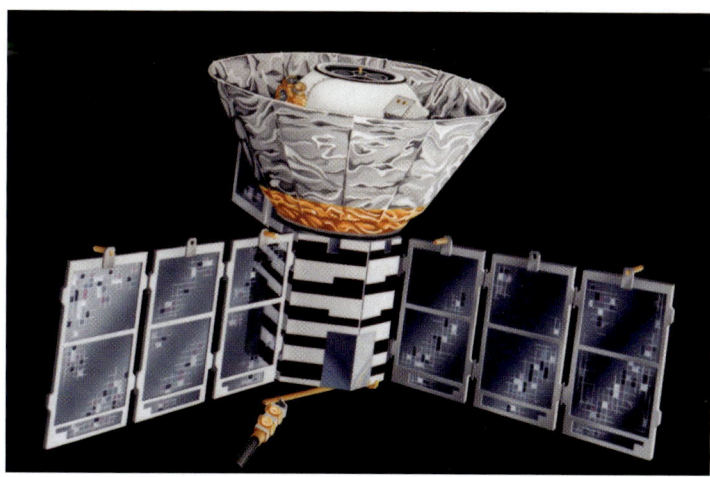

Der 1989 gestartete Cosmic Background Explorer (COBE) zur Untersuchung der kosmischen Hintergrundstrahlung.

sich nicht umdreht? Ich bin davon überzeugt, wobei ich natürlich annehme, dass das Universum eines Tages tatsächlich kollabieren wird (was allerdings wenig wahrscheinlich ist, wie ich selbst weiß).

Unmittelbar nach dem Urknall war das Universum heiß und energiereich und daher im Zustand niedriger Entropie. Im Verlauf der Expansion kühlte es ab und seine Entropie nahm rasch zu, aber nicht aufgrund irgendeiner Wärmeübertragung, sondern weil seine Energie für die Expansionsarbeit verbraucht wurde.

Während sich das Universum abkühlte, wurde ein winziger Teil seiner Energie in Wasserstoffatomen eingeschlossen. Aufgrund der Falten im Raum, die den Keim für die Bildung von Sternen lieferten, ballten sich diese Atome unter der Wirkung der Gravitation bald zusammen und bildeten schließlich die Galaxien mit den zugehörigen Sternen. Die Gravitation lieferte auch die Bedingung dafür, dass die in den Atomen enthaltene Energie durch die Kernfusion nutzbar gemacht werden konnte.

Ohne die Bildung von Galaxien und Sternen wäre das Universum schon vor langer Zeit den Kältetod gestorben und wäre nun ein kalter, schwarzer Ort. Die in den Sternen eingeschlossene Energie zögert das Unvermeidliche nur hinaus. In gewisser Weise hat der Kältetod des Universums sogar schon stattgefunden. Die Galaxien sind in Wirklichkeit nur kleine, isolierte Widerstandsnester gegen die rasch wachsende Entropie in ihrer Umgebung. Die Mikrowellen-Hintergrundstrahlung mit ihrer Temperatur von gerade drei Grad über dem absoluten Nullpunkt ist ein Beweis, dass das Universum seine Energie schon fast ganz erschöpft hat.

Manche Autoren sind der Auffassung, der Kältetod des Universums werde selbst dann nie kommen, wenn es auf ewig expandiert. Da für die im Universum vorhandene Materie immer neuer Raum zur Verfügung steht, so argumentieren sie, nimmt auch der Raum zu, in dem sie sich ausbreiten kann. Diese Ansicht ist falsch. Wenn Materie und Strahlung erst einmal gleichmäßig im Raum verteilt sind, dann verringert sich bei weiterer Expansion lediglich die Dichte (die Materiemenge pro Volumeneinheit). Das bestehende Gleichgewicht ändert sich nicht.

Wenn das Universum aufgrund seiner eigenen Schwerkraft kollabieren sollte, würde dies eine weitere Zunahme der Entropie bedeuten. Es spielt dabei keine Rolle, wenn es dann nur noch kalte Strahlung enthält; gravitative Zusammenballungen von Materie im üblichen Sinn sind nicht erforderlich. Der Endknall ist nämlich nicht vergleichbar mit der Galaxienbildung im frühen Universum. Während des Kollapses schließt sich das Universum. Um zu verstehen, was damit gemeint ist, stellt man sich das Universum am besten als Spiralfeder vor. Die Expansion des Universums entspricht dem Vorgang, wenn die Feder gedehnt wird. Geht die Dehnung zu weit, kehrt die

Was ist eigentlich ...

Kältetod, Abkühlung aller warmen oder heißen Bestandteile (z. B. Sterne) des Weltalls auf eine gemeinsame niedrige, im Weltall gleiche, Temperatur. Alle thermischen Prozesse kommen somit zum Erliegen. Nach dem Zweiten Hauptsatz der Thermodynamik folgt für ein abgeschlossenes System auch, dass alle in diesem System vorkommenden Temperaturdifferenzen ausgeglichen werden, bis eine einheitliche Ausgleichstemperatur erreicht ist. Da im Allgemeinen davon ausgegangen wird, dass das Weltall ein abgeschlossenes thermodynamisches System ist, muss dieser Sachverhalt auch hier gelten. Vom Standpunkt kälterer Systeme hingegen erfolgt eine Erwärmung des Weltalls, weshalb man auch vom Wärmetod sprechen kann.

Feder nie wieder in den Ausgangszustand zurück. Geht man vorsichtiger zu Werke, lässt sie sich bis zu einem gewissen Punkt dehnen und springt danach in die ursprüngliche Form zurück. In ähnlicher Weise hat auch das Universum bei maximaler Expansion immer noch potenzielle Gravitationsenergie. Während es kollabiert, steigt seine Entropie weiter an. Ihren Höhepunkt erreicht die Entropie beim Endknall, der zugleich das Ende der Zeit, das heißt die Spitze des thermodynamischen Zeitpfeils, markiert.

Das hier vorgestellte Szenario der Entwicklung des Universums ist extrem vereinfacht. Ich habe bereits darauf hingewiesen, dass die Ansichten der Kosmologen über Zeitpfeile nach wie vor auseinander gehen. Die Darstellung, die ich gegeben habe, ist also keineswegs das letzte Wort zu diesem Thema.

Grundtext aus: Jim Al-Khalili *Schwarze Löcher, Wurmlöcher und Zeitmaschinen*; Spektrum Akademischer Verlag (englische Originalausgabe: *Black Holes, Wormholes & Time Machines*; Institute of Physics Publishing Ltd.; übersetzt von Heiner Must).

Tausend Körnchen Gegenwart

**Physiker zerhacken die Zeit in immer kleinere Portionen.
Noch ist kein Ende in Sicht. Eine Reise ins Innere der Sekunde**

Max Rauner

Uhren sind gnadenlos. Als der amerikanische Sprinter Jon Drummond sich vom Startblock löst, zeigt die Stoppuhr im Stade de France 0,052 Sekunden, 48 Millisekunden schneller als die erlaubte Reaktionszeit. Fehlstart und rote Karte. Drummond schimpft und heult, legt sich wie ein Gekreuzigter auf die Tartanbahn und blockiert die Leichtathletik-WM in Paris. „Ich habe gezuckt, neben mir hat einer gezuckt und dann noch einer", erklärt er. Es hilft nichts, er fliegt raus. Für die schnellsten Sprinter der Welt kann die Zeitspanne zwischen 0,099 und 0,100 Sekunden über Gold oder nicht Gold entscheiden. Ein Zucken, die dritte Stelle nach dem Komma, eine tausendstel Sekunde. Darüber kann der schnellste Physiker der Welt nur lächeln. „Das ist für mich eine Ewigkeit", sagt Ferenc Krausz, Direktor am Max-Planck-Institut für Quantenoptik in Garching bei München. Der gebürtige Ungar macht Laserpulse, die kürzer sind als eine Femtosekunde (0,000 000 000 000 001 sec). Sie dienen als Blitzlicht für Aufnahmen der Mikrowelt. Niemand kommt der Gegenwart so nah wie Krausz.

Zwischen einer Milli- und einer Femtosekunde liegen zwölf Dezimalstellen und hundert Jahre Arbeit. Komma für Komma haben Menschen die Zeit zerlegt in immer kleinere Bruchstücke. Ein Ende ist kaum abzusehen. Theoretische Physiker sagen zwar voraus, dass auch die Zeit irgendwann diskontinuierlich wird – so wie Materie aus Atomen besteht, sollte die Sekunde sich aus aneinandergereihten Gegenwartskörnchen zusammensetzen, wenn man tief genug in ihr Inneres vordringt. Doch bis dahin ist es noch ein weiter Weg. Derzeit im Visier der Physiker ist die Attosekunde – sie beginnt 18 Stellen nach dem Komma und soll die Attophysik begründen.

Die Erddrehung schwankt um Millisekunden

Für Laien sind das schnöde Nullen, für Forscher und Techniker ist es der Präzisionskick. Aber auch fürs Volk fällt etwas ab, wenn Grundlagenforscher nach der nächsten Kommastelle jagen. Schon korrigieren Mediziner die Augenhornhaut von Fehlsichtigen mit ultrakurzen Laserpulsen. Die Autoindustrie schießt damit Löcher in Einspritzdüsen, und von Atomuhren getaktete Navigationsgeräte lotsen Autofahrer.

Die Reise ins Innere der Sekunde beginnt Ende des 19. Jahrhunderts, als der kalifornische Gouverneur und Rennstallbesitzer Leland Stanford den Fotografen Eadweard Muybridge anheuert, um ein Pferd im Galopp zu fotografieren. Muybridge stellt Kameras neben die Rennbahn und spannt Bindfäden von den Auslösern über die Bahn, die von einem Pferd zerrissen werden. Zwölf Bilder in einer halben Sekunde sollen die alte Streitfrage entscheiden: Hat ein galoppierendes Pferd kurzzeitig alle vier Hufe in der Luft? Muybridge beweist: Das Pferd fliegt. Es ist der Anfang des Kinos. In den 1930er-Jahren dringt der Fotograf Harold Edgerton zur Mikrosekunde vor. Er blitzt fliegende Pistolenkugeln, spritzende Milchtropfen und tanzende Bälle mit einem Stroboskop an, während der Kameraverschluss geöffnet bleibt. Das menschliche Hirn kommt da nicht mehr mit, seine Synapsen brauchen zum Feuern tausendmal länger, mehrere Millisekunden. Schneller kann man nicht denken.

Im Jahr 1967 wird die Sekunde amtlich in Stücke zerlegt. Wissenschaftler aus rund 40 Nationen fällen in Paris die radikale Entscheidung, nicht mehr die Erdumdrehung solle den Rhythmus der Welt bestimmen, sondern ein Atom. Die Sekunde wird definiert als 9 192 631 770-fache Periodendauer einer Resonanzfrequenz des Cäsium-Atoms. Das ist präziser als die Erddrehung, die wegen der Gezeiten schon mal einige millionstel Sekunden schwankt. Cäsium-Atome dagegen ticken immer gleich, ob in Braunschweig, Sydney oder im All. Seither messen Eich-Institute wie die Physikalisch-Technische Bundesanstalt (PTB) in Braunschweig die Zeit atomar.

Die Atomuhr der PTB gehört heute zu den drei besten der Welt. Innerhalb einer Sekunde geht sie höchstens eine Femtosekunde falsch, das addiert sich nach 30 Millionen Jahren zu höchstens einer Sekunde Ungenauigkeit. Akademischer Spielkram? Weit gefehlt: Jeder, der bei Aldi das Navigationssystem GPS kauft, ist auf Uhren mit ähnlicher Genauigkeit angewiesen. So fliegen Atomuhren auf den GPS-Satelliten mit. Aus ihren Zeitsignalen, die mit Lichtgeschwindigkeit zur Erde kommen, berechnet der Empfänger die Entfernung zu den Satelliten und den eigenen Standort – bis auf zehn Meter genau. Was machen Wissenschaftler, wenn ihre Grundlagenforschung es bis in den Supermarkt geschafft hat? Sie forschen eifrig weiter.

Im Jahr 1990 entwickelt ein schottischer Physiker einen Laser, in dem ein kurzes, intensives Lichtpäckchen zwischen Spiegeln im Kreis läuft. Jedes Mal, wenn es einen der Spiegel passiert, leckt ein haardünner Lichtblitz nach draußen: der Femtosekunden-Puls. Nun kann man nicht nur Zeitintervalle im Bereich einer billiardstel Sekunde messen, sondern auch extrem kurze Lichtblitze erzeugen. Das hat praktische Folgen: Bei diesem Tempo kommen viele Materialien nicht mehr mit. Metall oder Gewebe, von Femtosekunden-Lasern beschossen, hat keine Zeit zu schmelzen oder zu verkokeln, die getroffenen Stellen lösen sich quasi in Luft auf. Löcher und Schnitte sind daher sauberer als bei längeren Laserpulsen.

Kurzpulslaser korrigieren verkrümmte Augenhornhäute

Am Laser Zentrum Hannover zum Beispiel schießt Alexander Heisterkamp mit Femtosekunden-Lasern auf Schweineaugen. „Vielen Dank an die Jungs vom Schlachthof Gleidingen für die stetige Versorgung mit Probenmaterial", steht in seiner Doktorarbeit. An den Tieraugen erprobt der Physiker ein neues Verfahren zur Korrektur von Fehlsichtigkeit. Heisterkamp fokussiert 100 Femtosekunden kurze Lichtpulse auf ein Auge, sodass der Brennpunkt einige zehn Mikrometer innerhalb der Hornhaut liegt. Dort ist die Intensität des Lasers so hoch, dass das Gewebe schlagartig verdampft. Längere Laserpulse von wenigen Nanosekunden würden kleine Bläschen erzeugen, der Schnitt wäre ungenau. Mit dem Kurzpuls-Laser soll der Arzt eines Tages Scheibchen aus der Hornhaut schneiden, die er nur noch durch einen Schlitz entfernen müsste.

Im Nachbarlabor haben Heisterkamps Kollegen aus Kunststoff eine winzige Frauenskulptur gefräst: die Venus von Milo, dünn wie ein Haar. Ein reines Demo-Objekt. Eigentlich bohren die Jungs für die Industrie winzige Löcher in Einspritzdüsen von Dieselmotoren und erproben das Ausschneiden von Zahn-Inlays aus Keramik. Mit tausend Schüssen pro Sekunde schneiden sie präzise Formen aus. Längere Pulse lassen dem Metall Zeit zu schmelzen, der Rand franst aus.

Fürs Bohren von Mikrolöchern reichen kompakte Kurzpulslaser, die 100 000 Euro kosten. Die Ehrfurcht vor der Technik will sich am Laser Zentrum Hannover allerdings noch nicht so richtig einstellen. Die Laser sind groß wie Särge, vollgestopft mit Spiegeln und Linsen, umgeben von einem Dickicht aus Kabeln und Leitungen. Um die Maschine zu starten, liefert der Hersteller ein Hämmerchen zum Klopfen auf den Deckel. Denn erst eine kleine Intensitätsschwankung bringt das Licht zum Pulsieren. Andere Labors kleben Handy-Vibratoren an einen der Spiegel.

Wesentlich aufwändiger ist ein Femtosekunden-Laser, den Physiker am Deutschen Elektronen-Synchrotron in Hamburg bauen. Er ist 300 Meter lang und soll energiestarke Röntgenblitze für die Erforschung von Proteinen liefern. Die Stadt Hamburg hat dafür sogar einen Parkplatz an der AOL-Arena geopfert.

Wer die Pulsdauer einer Femtosekunde unterschreiten und die Sekunde noch kleiner hacken will, muss ohnehin selbst basteln. Der Garchinger Laserphysiker Ferenc Krausz und sein Mitarbeiter Markus Drescher, der heute an der Universität Bielefeld forscht, gehörten zu den ersten drei Forschungsgruppen (die genaue Rangfolge ist umstritten), die in den Bereich der Attosekunde, der trillionstel Sekunde, vorstießen. Vor zwei Jahren brachten sie – damals an der Universität Wien – mit einem Femtosekunden-Laser ein Gas aus Argon-Atomen zum Schwingen. Ähnlich wie eine Klaviersaite, die beim Schwingen Obertöne erzeugt, sendeten die Argon-Atome daraufhin Röntgenpulse aus, die 0,5 Femtosekunden (500 Attosekunden) dauerten. „Nachdem wir die Idee hatten, ging es ganz schnell", sagt Markus Drescher, „nach einem halben Jahr hat es geschnackelt."

Die Jagd nach der nächsten Kommastelle verrät sportlichen Ehrgeiz, Drescher spricht von der „olympischen Idee". Dabei stoßen die Physiker in eine Dimension vor, die normalen Menschen verschlossen bleibt: die Quantenwelt. Dort geht es bei diesem Tempo erst richtig los. Im Attosekunden-Takt tanzen Moleküle, Elektronen flitzen um den Atomkern. „Unser Traum ist es, atomare Prozesse in eine bestimmte Richtung zu treiben", sagt Drescher. Schon heute lässt sich der Verlauf chemischer Reaktionen mit kurzen Lichtblitzen beeinflussen. Für die Entdeckung dieser Femtochemie gab es 1999 einen Nobelpreis. In der Attophysik kommen nicht mehr Moleküle, sondern einzelne Atome an die Reihe.

Kommt die Sekunde bald aus der Steckdose?

Drescher und Krausz wollen die Elektronen sichtbar machen, die um den Kern kreisen. „Das ist wie beim gewöhnlichen Fotografieren", sagt Krausz, „wer einen Formel-1-Wagen aufnehmen will, braucht eine Spezialkamera mit kurzen Belichtungszeiten." Und Elektronen in der Atomhülle, das ist Formel 1 im Mikrokosmos. Mit den Attosekunden-Pulsen lassen sich die Elektronen anblitzen wie Discotänzer im Stroboskoplicht. Die Elektronen werden dabei allerdings aus dem Atom katapultiert. Eigentlich seien das keine Teilchen mehr, erklärt Drescher, eher winzige Wolken, im Raum verschmiert. „Das muss man akzeptieren, schuld daran ist Heisenbergs Unschärferelation."

Mit ihren Blitzen machen Krausz und Drescher Daumenkino in der Teilchenwelt. Es soll helfen, Vorgänge in der Atomhülle besser zu verstehen. Vielleicht kann man mit diesem Wissen eines Tages Röntgenlaser bauen und schonender den Körper durchleuchten. Aber das kann noch dauern, zunächst geht es um die Grundlagen. Mit seinen Attosekunden-Pulsen ist Drescher „schon ganz zufrieden", aber er will noch kürzere erzeugen: „Irgendwie juckt es einen doch."

Starken Juckreiz verspüren offenbar auch die Zeit-Chirurgen an der Physikalisch-Technischen Bundesanstalt in Braunschweig. Jürgen Helmcke und Christian

Tamm wollen die Sekunde neu definieren. Die Einheit der Zeit soll zwar weiterhin auf ein Atom zurückgeführt werden. Doch statt rund neun Milliarden Schwingungen des Cäsium-Atoms zu zählen, wollen sie ein Atom mit 100 000-fach höherer Resonanzfrequenz wählen. Der Vorteil: Solch eine Schwingung könnte man mit Laserlicht anregen. Sichtbares Laserlicht wäre gleichsam der Taktgeber, weshalb man von „optischen" Atomuhren spricht. „Man könnte es durch eine Glasfaser von einem Labor zum anderen schicken", schwärmt Helmcke, „das wäre die Sekunde aus der Steckdose." Zwei Testfasern von Braunschweig nach Hannover und von Berlin nach Darmstadt sind schon verlegt. Sein Team experimentiert mit Kalzium-Atomen und rotem Licht, Christian Tamm setzt auf Ytterbium-Ionen und violettes Licht. Auch Wissenschaftler am Max-Planck-Institut in München und am National Institute of Standards and Technology in Boulder, Colorado, bauen neue Atomuhren, ein neues Zeit-Rennen ist eröffnet.

Und hier schließt sich der Kreis zur Attophysik. Mit den optischen Atomuhren ließe sich die Zeit tausendmal genauer messen als mit Cäsium, glauben die Forscher, und zwar mit der Präzision von wenigen Attosekunden. Den Fans der Satellitennavigation brächten solche Uhren allerdings wenig – wer will schon seinen Standort millimetergenau kennen? Mitunter können genauere Uhren sogar Probleme schaffen. Vor ein paar Wochen trafen sich Experten auf einem Workshop der International Telecommunication Union und diskutierten über den bizarren Vorschlag, die Sekunde um Bruchteile zu verlängern, damit Atomzeit, Sonnenzeit und GPS-Uhren wieder besser übereinstimmen. Wegen der ungenauen Erdrotation wird den Funkuhren nämlich alle paar Jahre eine Schaltsekunde verordnet, die manche Geräte durcheinander bringt.

Denken Sie sich bitte 43 Nullen!

Für die theoretische Physik wird es bei 18 Dezimalstellen dagegen erst richtig spannend. Mit den Uhren ließe sich die Relativitätstheorie testen, der zufolge die Schwerkraft den Gang der Zeit beeinflusst. Eine Uhr mit einer Genauigkeit von einer Attosekunde würde schon anders gehen, wenn man sie nur einen Zentimeter emporhebt, sagt Christian Tamm. Es wäre der teuerste Höhenmesser der Welt, aber ein Schatz für die Wissenschaft. Zu gern würden die Forscher auch die Hypothese der Theoretiker überprüfen, dass die Zeit aus lauter Gegenwarts-Körnchen besteht, wenn man weit genug in ihr Inneres vordringt. „Die Idee liegt zumindest in der Luft", sagt der Stringtheoretiker Jan Louis vom Deutschen Elektronen-Synchrotron in Hamburg, schließlich gehe die Stringtheorie auch von einer Quantelung des Raumes aus. Allerdings sei die Stückelung der Zeit im Augenblick mehr ein Wunsch als eine solide Theorie. „An der Zeit rüttelt man ganz selten." Auch die Experimentatoren werden es vorerst nicht tun. Selbst mit einer Attosekunde sind sie noch weit davon entfernt. Denn das letzte Quantum Gegenwart vermuten die Theoretiker erst bei der sogenannten Planck-Zeit. Und die dauert nur 0,(hier denken Sie sich bitte 43 Nullen)5 Sekunden.

Aus: DIE ZEIT Nr. 38, 11. September 2003

„Woraus besteht die Welt und welche Kräfte sind darin am Werk? Woher nehmen Physiker eigentlich den Mut, solche Fragen zu stellen? Wieso soll das Universum als Ganzes überhaupt verständlich sein? Schließlich ist der Weltraum alles, nicht irgendwas." Viel grundsätzlicher als **Helmut Hetznecker** kann man die großen kosmologischen Fragen kaum stellen.

Der Astrophysiker Hetznecker promoviert 2001 am Max-Planck-Institut für Astronomie in Heidelberg, wo er bis Ende 2004 forschte. Seit 2005 gehört er der Arbeitsgruppe Computational Astrophysics an der Ludwig-Maximilian-Universität in München an und arbeitet an der Universitätssternwarte in München auf dem Gebiet der kosmologischen Strukturbildung und der Struktur Dunkler Halos.

Helmut Hetznecker erklärt, warum die Sterndeuter von heute den Mut haben, Fragen zu stellen, wie sie sonst nur Philosophen formulieren: „Die Kosmologie entspringt der Hypothese, dass wir die Natur als Ganzes durch ein Netz mathematisch formulierter Gesetze beschreiben können. Durch die Kombination von direkten Hinweisen und mathematisch formulierten Theorien ist die Physik längst zu einem der intensivsten und weitestentwickelten intellektuellen Projekte der Menschheit geworden."

Die Expansion des Universums ist ein gutes Beispiel für die im Wortsinn allumfassende Gültigkeit der Naturgesetze. Sie bildet den Grundstein der modernen Kosmologie. „Vor etwa 14 Milliarden Jahren hat sich das Universum in einem noch immer völlig unverstandenen Akt in seine Existenz geworfen", schreibt Hetznecker. „Seither dehnt es sich aus."

Das immerhin wissen wir recht genau, „weil wir voraussetzen, dass die auf der Erde entdeckten Strahlungsgesetze der Atomphysik überall im Universum gültig sind." Es ist die Rotverschiebung der Spektrallinien von Wasserstoff, die den Verdacht begründet, dass sich ferne Sterne und Galaxien noch immer weiter von uns entfernen.

Hetznecker weiß um die Kraft der kosmologischen Theoriebildung. Doch er betont auch ihre Grenzen: „Wir kennen heute weder die Natur der Dunklen Materie noch die der Dunklen Energie. In der Tat wissen wir wenig über die dunkle Seite des Universums. Trotzdem sind wir uns ihrer Allgegenwart sehr sicher. Leise und machtvoll regiert sie über die Masse, Energie und Dynamik unseres Universums."

Helmut Hetznecker

Die Hierarchie der kosmischen Strukturen

Von Helmut Hetznecker

Im Sommer des Jahres 2002 hatte ich Gelegenheit, an einer Konferenz zum Thema „Frühe Strukturen im Universum" auf der Insel Elba teilzunehmen. Aus der Vielzahl an Vorträgen und Diskussionen heraus brannte sich mir dort eine Bemerkung unauslöschlich ins Gedächtnis, die einer der Referenten wie beiläufig während seines Vortrages anbrachte: „Das Einzige", so sagte er, „was wir sicher über das Universum wissen, ist, dass es ziemlich groß ist." Dieser Eindruck bietet sich uns in der Tat. Wenn heute vom „Weltall" oder dem „Universum" die Rede ist, denken die meisten Menschen zuallererst an die ungeheuren Dimensionen, die sich jeder menschlichen Anschauung entziehen.

Die Astronomen begegnen diesem natürlichen Mangel an Vorstellungskraft gerne mit Vergleichen etwa der folgenden Art: Stellen Sie sich die Sonne vor, auf die Größe Ihres Daumennagels geschrumpft (ihr tatsächlicher Durchmesser beträgt ca. 1,4 Millionen Kilometer). Die Erde, nur noch einen zehntel Millimeter klein, umrundet die Sonne dann in einer Distanz von etwa einem Meter, und die Umlaufbahn Plutos, des äußersten populären Objektes unseres Sonnensystems, hat einen Radius von immerhin 50 Metern. Wollen wir in einem solchermaßen verkleinerten Kosmos mit dem Auto unseren Nachbarstern besuchen, den allernächsten von 100 Milliarden in unserer Milchstraße, sollten wir vor der Abfahrt noch tanken. Denn bis zu unserem stellaren Nachbarn, Proxima Centauri im Sternbild Stier, sind es bereits über 300 Kilometer. Natürlich haben wir uns – gemes-

Was ist eigentlich ...

Pluto, 1930 von dem amerikanischen Astronomen Clyde W. Tombeaugh (1906–1997) entdeckter Himmelskörper. Pluto besitzt eine äußerst exzentrische Umlaufbahn und ist nur etwa halb so groß wie Merkur und etwa doppelt so groß wie der größte Planetoid Ceres. Beobachtungen in den späten 1970er- und 1980er-Jahren führten zur Entdeckung des Plutomondes Charon. Plutos mögliche Position wurde aus den Bahnstörungen des Planeten Neptun berechnet. Kurz nach seiner Entdeckung wurde Pluto als neunter Planet des Sonnensystems klassifiziert, jedoch beschloss die Internationale Astronomische Union (IAU) am 24. August 2006 eine neue Definition des Begriffs „Planet", die Pluto ausdrücklich nicht mit einschloss. Deshalb wird Pluto heute als „Zwergplanet" klassifiziert.

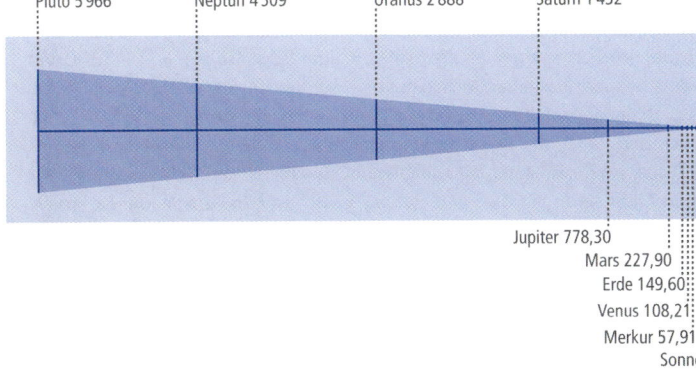

Pluto 5 966 Neptun 4 509 Uranus 2 888 Saturn 1 432

Jupiter 778,30
Mars 227,90
Erde 149,60
Venus 108,21
Merkur 57,91
Sonne

Maßstabgetreue Darstellung des mittleren Abstandes der Planeten von der Sonne (in Millionen Kilometer).

sen an den gewaltigen Dimensionen des uns bekannten Universums – nach dieser Reise zum nächsten Stern noch keine Haaresbreite von der Stelle bewegt. Wir können uns jenem Referenten der Elba-Konferenz nur anschließen und uns mit den Worten des britischen Kultautors Douglas Adams (1952–2001) noch einmal vor Augen führen:

Das Universum ist groß, verdammt groß!

Die Entfernung der Sterne in unserer unmittelbaren Umgebung, wie Proxima Centauri, Wega oder Sirius, lässt sich in recht einfacher Weise bestimmen. Denn während eines Umlaufs der Erde um die Sonne scheinen nahegelegene Sterne ihrerseits winzige Ellipsenbahnen in den Himmelshintergrund zu zeichnen. Diesen Parallaxeneffekt können Sie sehr leicht selbst beobachten, indem Sie mit ausgestrecktem Arm Ihren Daumen abwechselnd mit dem linken und dem rechten Auge vor dem Hintergrund einer Landschaft anpeilen. Mit etwas angewandter Geometrie erhält man damit für unseren Nachbarn Proxima Centauri eine Entfernung vom 72 000-fachen unseres Abstandes von der Sonne. Da Astronomen wie alle anderen Wissenschaftler lieber mit greifbareren Zahlen arbeiten, hat man eine recht bequeme und anschauliche Längeneinheit eingeführt, nämlich die Strecke, die das Licht in einem Jahr zurücklegt: 9,46 Billionen Kilometer bei einer konstanten Lichtgeschwindigkeit von etwa

---

■ Was ist eigentlich ... ■

Astronomische Längeneinheiten; hierzu zählt neben der Verwendung des Erddurchmessers bei gleichzeitiger Messung von verschiedenen Kontinenten aus vor allem der mittlere Radius der Erdbahn um die Sonne. Er definiert die Astronomische Einheit und bildet gewissermaßen das „Urmeter" der gesamten kosmischen Entfernungsskala. Die Astronomische Einheit (AE) ist heute auf 10 Meter genau bestimmt und beträgt knapp 150 Millionen Kilometer:

1 AE = 149 597 870 660 m

Sie ist das Verbindungsglied zwischen irdischen und kosmischen Längenmaßstäben und neben den ebenfalls direkt vermessenen Entfernungen von Erdmond und Mars die mit Abstand am exaktesten bekannte kosmische Entfernung.

Für den Raum jenseits des Planetensystems ist selbst die für irdische Maßstäbe sehr große Astronomische Einheit eine unbrauchbar kleine Längeneinheit. Stattdessen wird als Einheit die Entfernung verwendet, aus welcher 1 AE, d. h. der mittlere Erdbahnradius, unter einem Winkel von einer Bogensekunde (1"; 3600ster Teil von 1°) erscheint. Da dies anders ausgedrückt einer Parallaxe von einer Bogensekunde entspricht, trägt diese Einheit den Namen „Parsec" (Einheitenzeichen pc). Eine alternative kosmische Längeneinheit, das „Lichtjahr" (Lj), wird von der Strecke abgeleitet, die das Licht in einem Jahr zurücklegt. Mit einer Vakuumlichtgeschwindigkeit von 299 792 458 m/s, also rund 300 000 km/s, durchmisst das Licht in einem Jahr eine Strecke von etwa 9,5 Billionen Kilometern. Für die Umrechnung zwischen den verschiedenen kosmischen Längeneinheiten ergeben sich folgende Beziehungen:

1 pc = 3,26163 Lj = 206 265 AE = $3,08567 \times 10^{13}$ km (1 Mpc = 1 Megaparsec = 10^6 pc;
1 Gpc = Gigaparsec = 10^9 pc)
1 Lj = 63 239,7 AE = $9,46053 \times 10^{12}$ km

300 000 Kilometer je Sekunde. Diese Distanz bezeichnen wir als ein Lichtjahr (1 Lj). Wir können leicht berechnen, dass sich Proxima Centauri etwa 4,3 Lichtjahre entfernt von uns aufhält. Die meistgebrauchte Längeneinheit in der Astronomie ist allerdings die sogenannte Parallaxensekunde, oder kurz ein Parsec (pc). Das ist die Entfernung, von der aus betrachtet der Radius der Erdumlaufbahn unter einem Winkel von einer Bogensekunde, also dem 3 600ste Teil von einem Grad, erscheint. Wie man leicht nachvollziehen kann, sind dies etwa 30,8 Billionen Kilometer oder 3,26 Lichtjahre.

Galaxien und Galaxienhaufen

Die Milchstraße, unsere Heimatgalaxie, ist eine gewaltige Ansammlung von etwa 200–300 Milliarden Sternen, die sich in einer relativ flachen Scheibe um einen zentralen stellaren Wulst, den sogenannten *bulge,* drehen. Die Ausdehnung der sichtbaren Sternenscheibe beträgt etwa 30 000 pc, das ist das Siebenmilliardenfache der Erde-Sonne-Distanz. Galaxien sind gleichsam die Inseln im Kosmos, die bei Weitem die Mehrzahl der Sterne im Universum beheimaten. Im intergalaktischen Raum, also zwischen den Galaxien, finden wir kaum je einen Stern, was aber keineswegs bedeutet, dass dieser Raum leer ist. Wir gehen heute davon aus, dass es ca. 200 Milliarden Galaxien im sichtbaren Teil des Universums gibt, eine jede bewohnt von bis zu mehreren Hundert Milliarden Sternen.

Wir verlassen unsere Heimatgalaxie und bewegen uns in Gedanken einem Lichtstrahl folgend auf die Reise zu unserem nächsten intergalaktischen Nachbarn, der Andromeda-Galaxie. Bei ihr handelt es

Die Andromeda-Galaxie, eine der schönsten Spiralgalaxien, ist unser kosmischer Nachbar. Man erkennt die bläuliche, von dunklem Staub durchzogene stellare Scheibe. Der zentrale *bulge* leuchtet wegen der hohen Sterndichte hell. Andromeda wird wie viele massereiche Galaxien von mehreren Zwerggalaxien begleitet. M 32, die größte unter ihnen, erkennt man im rechten unteren Bildteil. Unsere Milchstraße ist von sehr ähnlicher Gestalt.

sich ebenfalls um eine sogenannte Spiralgalaxie, die in Größe, Masse und Struktur in etwa unserer Milchstraße gleicht. Wir müssen uns auf unserem Weg zum Andromedanebel auf eine Reise von ca. 2,5 Millionen Jahren Dauer einstellen, wenn wir so schnell wie das Licht reisen.

Beide Galaxien, Milchstraße und Andromeda-Nebel, dominieren mit ihren Massen und räumlichen Ausdehnungen eine Ansammlung von etwa 40 kleineren Galaxien. Galaxiengruppen dieser Art finden wir überall im Universum. Natürlich ist „unsere" Galaxiengruppe von besonderer Bedeutung für uns, und so geben wir ihr den Namen Lokale Gruppe. Die Abbildung unten zeigt schematisch die räumliche Verteilung der massereichsten Galaxien der Lokalen Gruppe. Abgesehen von den beiden Platzhirschen handelt es sich bei ihren Mitgliedern ausschließlich um sogenannte Zwerggalaxien, deren Massen nur sehr winzige Bruchteile der Riesenspiralen ausmachen.

In der Astronomie ist es üblich, die Masse von Objekten als Vielfaches der Sonnenmasse $M_\odot$ anzugeben. Unsere Sonne, ein durchschnittlicher Stern, weder besonders groß noch besonders klein, bringt ziemlich genau zwei Milliarden Trilliarden Kilogramm (2×10^{30} kg, eine 2 mit dreißig Nullen) auf die Waage. Der gesamten Milchstraße andererseits schreibt man eine Masse vom etwa *Zweibillionenfache* der Sonnenmasse zu, also $M_{Gal} = 2 \times 10^{12} \, M_\odot$. Zwerggalaxien wiederum haben typischerweise Massen von 10^8 bis $10^{10} \, M_\odot$. Schon die Bezeichnung „Lokale Gruppe" verrät uns: Nach einer Reise von nunmehr einigen Millionen Lichtjahren befinden wir uns noch bei Weitem nicht in den „Tiefen" des Universums. Hätte das sichtbare Universum die Ausdehnung einer Großstadt wie München, so wäre die Lokale Gruppe nicht größer als der Anstoßkreis in der Allianz Arena.

Die Galaxien der Lokalen Gruppe bewegen und entwickeln sich nicht unabhängig voneinander, sondern sind durch ihre gegenseitigen Gravitationskräfte verwoben und gebunden. Die beiden Riesenspiralen Milchstraße und Andromeda-Nebel bewegen sich sogar konsequent

Was ist eigentlich ...

Lokale Gruppe, eine Gruppe von Galaxien, der unsere Milchstraße angehört. Die Lokale Gruppe wird von den beiden Spiralgalaxien Andromeda-Nebel (M31) und Milchstraße dominiert. Die nächstgrößere Galaxie, der sogenannte Dreiecksnebel, enthält nur noch etwa ein Zehntel der Masse der Milchstraße. Darüber hinaus befinden sich in der Lokalen Gruppe etwa dreißig Zwerggalaxien mit elliptischer bzw. irregulärer Gestalt – wie beispielsweise die Magellanschen Wolken –, die sich im Wesentlichen um die beiden großen Galaxien herum gruppieren. Die Lokale Gruppe wird von der Gravitationskraft der Galaxien zusammengehalten und besitzt eine Ausdehnung von etwa 1,5 Mpc. Sie bewegt sich relativ zum Virgohaufen, der den nächsten großen Galaxienhaufen darstellt.

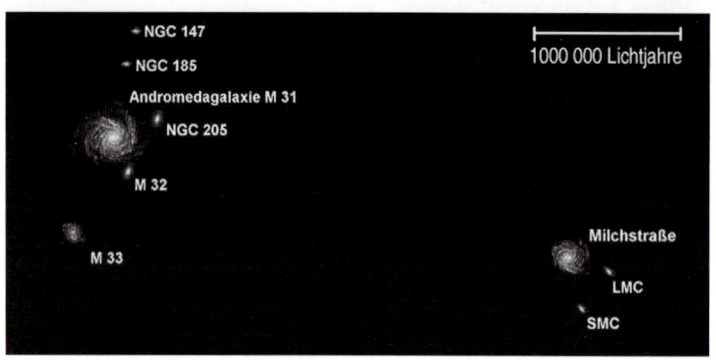

Unsere Milchstraße und die Andromeda-Galaxie bilden zusammen mit einigen Dutzend Zwerggalaxien die Lokale Gruppe. Gruppen wie diese stellen nach den Galaxien die nächsthöhere Klasse in der Hierarchie der kosmischen Strukturen dar.

■ Die Bestimmung von Entfernungen im Universum ■

Das Jahr 1838 markiert einen Meilenstein in der wissenschaftlichen Erforschung des Universums. In jenem Jahr maß der deutsche Astronom Friedrich Wilhelm Bessel zum ersten Mal die Entfernung eines Sterns mittels einer Parallaxe.

Dazu bestimmte er die Position des Sterns 61 Cygni (im Sternbild Schwan) zweimal im Abstand von sechs Monaten. Wegen der veränderten Position der Erde auf ihrer Sonnenumlaufbahn erscheint uns ein Fixstern innerhalb dieser Zeit um einen kleinen Winkel versetzt, der umso kleiner ist, je weiter der Stern entfernt ist. Diese geometrische Methode ist nur für Sterne bis zu einer Distanz von einigen Hundert Lichtjahren anwendbar. Der europäische Satellit Hipparcos vermaß auf diese Weise in den frühen 1990er-Jahren die Positionen und Entfernungen von mehr als einer Million Sternen in der Umgebung der Sonne.

Weiter entfernte Himmelskörper und Objekte außerhalb unserer Milchstraße verlangen nach anderen Methoden. Hier zieht man meist sogenannte Standardkerzen heran. Das sind Objekte, deren tatsächliche Leuchtkraft (die absolute Helligkeit) uns bekannt ist. Aus der Strahlung, die wir schließlich hier auf der Erde messen (der scheinbaren Helligkeit), können wir dann geradewegs auf die Entfernung des Objekts schließen. Dazu brauchen wir nur das Verhältnis beider Leuchtkräfte auswerten. Einige Beispiele:

Cepheiden verändern ihre Helligkeit mit strenger Regelmäßigkeit im Laufe einiger Tage oder Wochen. Die maximale absolute Helligkeit eines Cepheiden-Sterns hängt eng mit der Periodendauer seiner Helligkeitsschwankung zusammen, die wir leicht messen können – ebenso wie die maximale scheinbare Helligkeit. Da Cepheiden sehr leuchtkräftig sind, können wir sie noch in einer Distanz von 20 Mpc Distanz sehen. Damit können wir die Entfernungen einiger naher Galaxien bestimmen, in denen die Cepheiden (wie alle Sterne) beheimatet sind.

Der Parallaxeneffekt: Ein naher Stern scheint im Laufe eines halben Jahres seine Position gegen den Himmelshintergrund zu verändern. Aus der Positionsänderung lässt sich leicht der Abstand des Sterns ermitteln.

1977 entdeckten die beiden Astronomen Brent Tully und Richard Fisher, dass die absolute Helligkeit einer Spiralgalaxie mit ihrer Rotationsgeschwindigkeit zusammenhängt. Diese sogenannte Tully-Fisher-Relation macht jede große Spiralgalaxie bis zu einer Entfernung von 200 Mpc zu einer Standardkerze. Analog dazu gibt es für Elliptische Galaxien die sogenannte Faber-Jackson-Relation. Sie beschreibt eine Beziehung zwischen der Leuchtkraft und dem Maß der ungeordneten Bewegung der Sterne in der Galaxie. Die Dynamik von Galaxien kann aus dem Spektrum des Lichtes bestimmt werden, das wir von ihnen empfangen.

Supernovae vom Typ Ia sind Standardkerzen von großer Bedeutung. In manchen Doppelstern-Systemen kann es dazu kommen, dass einer der beiden Sterne fortwährend Materie von seinem Partner absaugt. Sobald der „Dieb" eine bestimmte Grenzmasse erreicht, kollabiert er schlagartig und wird sogleich von der reflektierten Schockwelle auseinandergerissen – ein Prozess, der dem sterbenden Objekt die enorme Helligkeit von Milliarden Sonnen verleiht! Da dieses Ereignis immer dann einsetzt, wenn die Sternmasse einen festen Schwellenwert überschreitet, haben Supernovae vom Typ Ia stets dieselbe maximale Helligkeit und durchlaufen eine identische Helligkeitskurve. Wegen ihrer hohen Leuchtkraft können solche Supernovae in Entfernungen von mehreren Milliarden Lichtjahren identifiziert werden.

Supernova in der Galaxie M51. Die Supernova ist durch einen Pfeil markiert.

Bessel, *Friedrich Wilhelm*, deutscher Astronom und Mathematiker, * 22.7. 1784 Minden, † 17.3.1846 Königsberg; zunächst Kaufmann; 1810 Professor der Astronomie und Direktor der Sternwarte in Königsberg; gilt als der bedeutendste praktisch arbeitende Astronom der ersten Hälfte des 19. Jahrhunderts; Begründer der Astrometrie; untersuchte die Grundlagen zur genauen Bestimmung der Position von Gestirnen; gab 1838 als Erster die Bestimmung einer Sternparallaxe bekannt (Stern 61 Cygni im Sternbild Schwan); leitete daraus die erste sichere Sternentfernung ab; schloss 1844 aus der Veränderlichkeit der Eigenbewegung der Sterne auf die Existenz von (damals noch nicht beobachtbaren) Begleitsternen (Doppelsternen); wies 1844 die Polhöhenschwankung nach; bedeutende Arbeiten zur Geodäsie und Geophysik.

aufeinander zu und werden in wenigen Milliarden Jahren verschmelzen. Solche gigantischen Galaxienkollisionen geschahen in der Geschichte des Universums zu allen Epochen, auch heute noch, und spielen bei der Entwicklung von Galaxien eine wesentliche Rolle.

Superhaufen und Filamente

In einer Entfernung von mehr als 20 Mpc von der Erde treibt eine gewaltige Ansammlung von weit über 1 000 Galaxien ihr Unwesen, die von den Astronomen als Virgohaufen bezeichnet wird. Wie die Lokale Gruppe wird auch der riesige Virgohaufen von einigen wenigen, dafür aber sehr massereichen Galaxien dominiert. Anders als in der Lokalen Gruppe jedoch ziehen im Zentrum des Virgohaufens drei riesige Elliptische Galaxien ihre Bahnen. Ihre Massen übersteigen die der Milchstraße um das Hundertfache.

Wollte man sich eine Spiralgalaxie in etwa wie eine Frisbeescheibe vorstellen, so entspräche eine Elliptische Galaxie in ihrer Form eher einem Frühstücksbrötchen, nur eben – Sie wissen schon – einem verdammt großen Frühstücksbrötchen. Wie die Lokale Gruppe ist der Virgohaufen ein gebundenes System. Das heißt, die potenzielle Energie des Systems (die Energie, mit der die Galaxien an die Gesamtheit des Systems gebunden sind) dominiert über die Energie ihrer Bewegung. Wie in einem Mückenschwarm umschwirren deshalb die Galaxien des Virgohaufens einander, und dies mit typischen Geschwindigkeiten von einigen Hundert bis Tausend Kilometern in der Sekunde.

Der riesige Virgohaufen ist wie etwa hundert andere Galaxiengruppen und -haufen nur ein Teil des gewaltigen Virgo-Superhaufens oder Virgo-Clusters. Die Gesamtmasse dieser majestätischen Galaxienherde beträgt etwa eine Billiarde Sonnenmassen (10^{15} M~). Sie erstreckt sich über 100 Mpc durch das All. Solche Superhaufen gibt es in großer Zahl überall im Universum. Mit ihnen erreichen wir einen wichti-

■ Was ist eigentlich … ■

Virgohaufen, sternreicher Galaxienhaufen im Sternbild Virgo (Jungfrau). Der Haufen besteht aus einigen Tausend Galaxien und ist der nächstgelegene große Galaxienhaufen in der Umgebung der Lokalen Gruppe. Der Virgohaufen enthält so viel Masse, dass er die Bewegung der Lokalen Gruppe – und anderer Galaxien in seiner Umgebung – beeinflusst: Er bremst deren Bewegung um einen nicht direkt sichtbaren Superhaufen, den sog. großen Attraktor, der von der Staubscheibe der Milchstraße verdeckt wird, ab. Der Virgohaufen rückte Ende der 1990er-Jahre ins Zentrum des kosmologischen Interesses, als das Hubble-Weltraumteleskop in einigen Galaxien bestimmte veränderliche Sterne auflösen konnte. Aus dem Helligkeitswechsel dieser Cepheiden konnte die Entfernung des Virgohaufens zu etwa 18 Mpc bestimmt werden, eine der größten direkt gemessenen Entfernungen im Kosmos.

■ Zwerge, Spiralen, Ellipsen: Galaxien im Universum ■

Was Städte und Dörfer für den Menschen, sind Galaxien für die Sterne. So gut wie alle Sterne im Universum „leben" in Galaxien. Meist charakterisieren wir Galaxien nach ihrer visuellen Erscheinung. Elliptische Galaxien haben die Gestalt mehr oder minder stark abgeplatteter Kugeln. Unsere Milchstraße dagegen ist eine typische Scheiben- oder Spiralgalaxie: Hier halten sich die Sterne bevorzugt in einer relativ flachen Scheibe auf sowie in einem mehr oder weniger ausgeprägten zentralen Wulst. Eine dritte Klasse bilden die sogenannten Irregulären Galaxien, die ihre verworrene, individuelle Gestalt zum Beispiel nach Kollisionen oder nahen Begegnungen mit anderen Galaxien annehmen.

Wir sehen stets nur einen geringen Teil der in einer Galaxie enthaltenen Materie. Außer den sichtbaren Sternen gibt es darin Staub, heißes und kaltes Gas und vor allem sogenannte Dunkle Materie. Zwerggalaxien – oft von irregulärer Gestalt – haben typische Massen von 10^8–10^{10} $M_\odot$: Sie bilden die häufigste Galaxiengattung im Universum. Die größten und massereichsten unter den Galaxien findet man in den Zentren gewaltiger Galaxienhaufen: Dort regieren Elliptische Riesengalaxien mit bis zu 10^{13} $M_\odot$. Solche Riesen haben Durchmesser von mehreren Hunderttausend Lichtjahren. Die nächste größere Nachbargalaxie unserer Milchstraße ist der Andromeda-Nebel, der etwa zwei Millionen Lichtjahre von uns entfernt ist. Er ist in klaren Nächten mit bloßem Auge sichtbar!

In allen Galaxien herrscht ein Gleichgewicht zwischen der Gravitation der Sterne einerseits und den durch ihre Bewegungen verursachten Fliehkräften andererseits. In den Elliptischen Galaxien gleicht die Bewegung der Sterne dem Durcheinander eines Mückenschwarms, wohingegen die Sterne in Spiralgalaxien sehr geordnet um das gemeinsame Zentrum rotieren. Ein weiterer Unterschied zwischen beiden Typen besteht in ihren Sternentstehungsraten: Während die Milchstraße und andere Spiralen heute noch relativ lebhaft neue Sterne hervorbringen (etwa drei Sonnenmassen pro Jahr in der Milchstraße), leiden Elliptische Galaxien im Allgemeinen unter Vergreisung.

Galaxien sind wie alles im Universum einer ständigen Entwicklung unterworfen. Zum Beispiel war die Sternentstehungsrate der meisten Spiralgalaxien vor einigen Milliarden Jahren deutlich höher als heute. Durch den Kreislauf von Geburt und Ableben der Sterne wird das interstellare Gas laufend mit chemischen Elementen jenseits von Wasserstoff und Helium angereichert. Man spricht von der chemischen Entwicklung der Galaxien. Von großer Bedeutung waren und sind noch immer Galaxienkollisionen: Man glaubt, dass Elliptische Galaxien durch die Verschmelzung von Spiralen entstehen. Das würde zum Beispiel erklären, warum wir in Galaxienhaufen – insbesondere in deren Zentren – mehr Ellipsen finden als unter den Einzelgängern. Die Entstehung und Entwicklung der Galaxien ist ein lebhafter Gegenstand aktueller Forschung.

Seit der Klassifizierung durch Edwin Hubble (1936) unterscheidet man drei Grundtypen von Galaxien: Spiralgalaxien (oben links M 81, rechts NGC 4565), Elliptische Galaxien (unten links M 87) und Irreguläre Galaxien (unten rechts NGC 1313).

Struktur	Größe	Masse	Zustand
Sonnensystem	0,01 pc	1 M~	gebunden
Kugelsternhaufen	0,1 pc	10^6 M~	gebunden
Galaxie	100 kpc	10^9–10^{13} M~	gebunden
Galaxiengruppe	1 Mpc	10^{13} M~	gebunden
Galaxienhaufen	10 Mpc	10^{13}–10^{14} M~	gebunden
Superhaufen	100 Mpc	10^{15} M~	gebunden
Filamente	1 000 Mpc		ungebunden

Hierarchie der kosmologischen Strukturen vom Sonnensystem bis zu den sogenannten Filamenten. Die Superhaufen sind mit typischen Massen von 10^{15} M~ die größten gebundenen Objekte im Universum

gen Meilenstein in der Hierarchie der kosmologischen Strukturen, denn sie sind die größten und massereichsten Objekte im Universum, die noch gravitativ gebunden sind. Diese universelle Grenzmasse verändert sich im Laufe der kosmischen Evolution. In diesem Sinne stellt die typische Clustermasse von 10^{15} M~ einen charakteristischen Wert für den aktuellen Entwicklungszustand des Universums dar.

Das soll nicht bedeuten, dass es nicht noch größere Objekte gäbe. Die Abbildung auf Seite 41 zeigt das Ergebnis einer numerischen Computersimulation der Strukturbildung auf Skalen von einigen

Im Sternbild der Jungfrau versteckt sich eines der massereichsten gebundenen Objekte des beobachtbaren Universums – der zwei Milliarden Lichtjahre entfernte riesige Galaxienhaufen Abell 1689. Mehrere Elliptische Riesengalaxien bilden seinen Zentralbereich, während wir am Rand vorwiegend Spiralgalaxien finden. Eine Konstellation dieser Art ist charakteristisch für zahlreiche Galaxienhaufen. Sie lässt uns vermuten, dass die massiven Elliptischen Galaxien durch die Verschmelzung von Spiralgalaxien entstanden sind. Dieses Merger-(Verschmelzungs-)Szenario ist Gegenstand der aktuellen extragalaktischen Forschung.

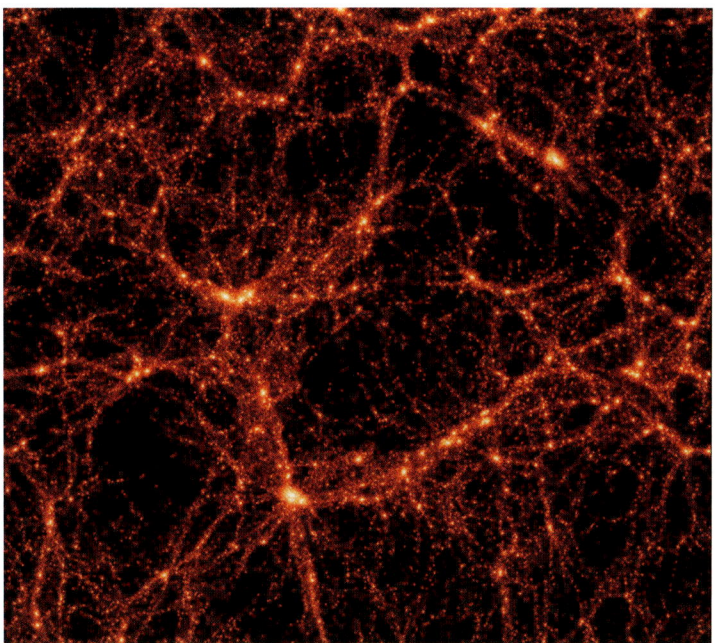

Die großskalige Verteilung der Materie im Universum wird heute auch auf dem Wege der numerischen Simulation untersucht. Die Abbildung zeigt das Ergebnis der Simulation eines ca. eine Milliarde Lichtjahre großen Ausschnitts des Universums. Galaxien scheinen sich wie Perlen entlang sogenannter Filamente aufzureihen. An den Knotenpunkten der Filamente finden wir die massereichsten Galaxienhaufen. Die Filamente umschlingen riesige Hohlräume, die sogenannten Voids.

Hundert Megaparsec. (Physiker reden oft und gerne von „Skalen", „Energieskalen" oder „räumlichen Skalen" und meinen die Dimension einer physikalischen Größe. Als „großskalig" bezeichnen sie sehr große räumliche Distanzen oder Ausdehnungen.) Wie auch immer die Feinabstimmung der Simulationsparameter gewählt wird – stets zeigt sich auf sehr großen räumlichen Ausschnitten (100 Mpc und mehr) das gleiche Bild: Die räumliche Verteilung der Galaxien konzentriert sich auf fadenartige Strukturen, die sogenannten Filamente, die sich wie ein dreidimensionales Netz durch das gesamte Universum ziehen. Die stark bevölkerten Filamente umschließen und winden sich um viele Megaparsec große Gebiete, die so gut wie keine Materie enthalten, weder Galaxien noch Sterne, weder Gas und Staub noch Dunkle Materie. Man bezeichnet diese riesigen galaxienfreien Zonen als Voids.

Dichtekontrast und Homogenität

Quantitativ können wir die Skalenabhängigkeit des Dichtekontrastes relativ einfach und effektiv anhand der folgenden Abbildung nach-

Was ist eigentlich …

Dunkle Materie, im Weltraum befindliche Materie, die sich bei verschiedenen astronomischen Untersuchungen durch ihre Gravitationswirkung bemerkbar macht, jedoch unsichtbar ist. Das Phänomen wird manchmal auch als Missing-mass-Problem bezeichnet. Erstmals vermutete der Astronom Fritz Zwicky (1898–1974), dass es in Galaxienhaufen große Mengen an Dunkler Materie gibt. Seine Folgerungen beruhten auf dem Virialsatz, wonach die potenzielle Energie einer Anzahl von Massenpunkten (bei beschränkter Ortsänderung und Geschwindigkeit) gleich dem doppelten negativen Mittelwert der kinetischen Energie ist. Demnach wäre die aus der sichtbaren Materie (Sterne und Gas) abgeleitete Gesamtmasse zu gering, um die Galaxien an die Haufen zu binden. Diese Beobachtungen konnten mit modernen Methoden bestätigt werden. Man schätzt heute, dass Sterne und Gas weniger als 10 % zur gravitativ wirksamen Masse in den Haufen beitragen. Weitere 10–40 % stammen von rund 10^8 K heißer, intergalaktischer Materie, der Rest ist unsichtbar. Es gilt heute als sicher, dass durchschnittliche Galaxien mindestens 90 % unsichtbare Materie enthalten.

vollziehen. Machen Sie sich dazu einmal die Mühe (wenigstens in Gedanken) und schneiden aus der Mitte eines Stückes Papier ein 5×5 Millimeter kleines „Fenster" aus. Dieses Fenster legen Sie nun willkürlich über irgendeinen Ausschnitt der Abbildung und notieren, welcher prozentuale Anteil der Fensterfläche nach Ihrer Schätzung wohl von „Materie" erfüllt und welcher Anteil „leer" ist.

Nun verschieben Sie das Fenster nach Belieben und wiederholen Ihre Schätzung für den neuen Bildausschnitt. Nachdem Sie dies einige Male getan haben, sehen Sie den Werten Ihrer Messreihe eine gewisse Streuung an, also eine durchschnittliche Abweichung vom Mittelwert. Nehmen Sie als Nächstes Schere und Papier und vergrößern Sie das Fenster auf 2×2 cm. Nun wiederholen Sie den gesamten Messvorgang von eben und notieren die Ergebnisse von Neuem. Zweifellos werden Sie feststellen, dass die Streuung Ihrer neuen Schätzwerte deutlich geringer ausfällt. Sie haben somit quantitativ belegt, dass die Pixelstruktur der Abbildung auf einer Skala von zwei Zentimetern homogener ist als bei fünf Millimetern. Dann könnten Sie weitergehen und das Experiment nacheinander für eine beliebige Zahl weiterer Fenster mit unterschiedlichen Größen ausführen, um letztendlich festzustellen: Je größer Sie Ihr Fenster wählen, umso homogener fällt die Dichteverteilung aus. Dieses einfache und wichtige Gesetz gilt in gleicher Weise für die Verteilung der Materie im Universum.

Die großskalige Verteilung der Materie im Universum ähnelt also der Struktur eines Schwammes: Aus der Nähe betrachtet erkennen wir, wie löchrig und ungleichmäßig seine Oberfläche im Detail ist. Je mehr wir uns mit einer Lupe seinem Inneren nähern, umso inhomogener erscheint uns seine Beschaffenheit. Aus einigen Metern Distanz sehen wir ihm dagegen kaum etwas von der Unordnung seiner inneren Struktur an.

Die Materie im Universum ist auf kleinen Skalen offensichtlich sehr inhomogen verteilt. Auf Skalen jenseits von einigen Hundert Mpc erscheint uns die Struktur des Kosmos dagegen homogen. Die großskalige Homogenität des materiellen Universums ist Teil des Fundamentes, auf das sich unser Standardmodell der Kosmologie stützt.

Sir Edwin Hubble, 1920er-Jahre

Nach einem rasanten Flug durch die Hierarchien des Kosmos runden wir unsere Reise ab, kehren zurück auf unseren Heimatplaneten und begeben uns zum Observatorium auf dem kalifornischen Mount Wilson. Wir schreiben das Jahr 1923. Der Astronom und Rechtsgelehrte (eine heute sehr seltene Kombination) Edwin Hubble beschäftigt sich zu jener Zeit intensiv mit dem Andromeda-Nebel.

Porträt

Hubble, *Edwin Powell*, amerikanischer Astronom, * 20.11.1889 Marshfield (Mont.), † 28.9.1953 San Marino (Cal.); ab 1935 Professor für Astrophysik (zeitweise an der Yale University); machte grundlegende Beobachtungen an galaktischen und Spiralnebeln; fand den Zusammenhang zwischen der Ausdehnung leuchtender galaktischer Nebel und der Helligkeit der sie zum Leuchten anregenden Sterne; wies 1923/24 mit dem 254-cm-Hooker-Reflektor in den äußeren Partien des Andromeda-Nebels Cepheiden (Delta-Cephei-Sterne) nach, bestimmte anhand der Perioden-Helligkeits-Beziehung dessen Entfernung und die anderer Galaxien und zeigte damit als erster, dass die Spiralnebel nicht zum Milchstraßensystem gehören; legte 1925 eine neue, noch heute weitgehend gültige Klassifizierung der Galaxien vor; entdeckte 1929 beim Vergleich der Entfernungen von Galaxien mit ihren spektroskopisch ermittelten Radialgeschwindigkeiten (Bestimmung der Rotverschiebung) die Expansion des Weltalls (Hubble-Effekt, Hubble-Konstante); entdeckte bei Himmelsdurchmusterungen nach Galaxien die „nebelfreie Zone". Nach ihm ist auch das von einer Erdumlaufbahn aus operierende Hubble-Weltraumteleskop benannt.

Die astronomische Forschung der frühen 1920er-Jahre war geprägt von einem berühmt gewordenen Diskurs der beiden amerikanischen Astronomen Harlow Shapley und Heber D. Curtis. Es ging um die Frage nach der Natur der Nebelflecke, die man schon mit kleinen Teleskopen am Nachthimmel erspähen konnte, und um die Größe des Universums. Shapley war überzeugt, dass die diffusen Objekte lediglich Teil der Milchstraße wären, die das gesamte Universum repräsentieren sollte. Curtis hielt dagegen. Er vertrat die Ansicht, dass der Andromeda-Nebel und die Vielzahl seiner Artgenossen eigenständige Galaxien seien. Das Universum wäre mithin wesentlich größer als die Milchstraße.

Unter dem Eindruck jener „Großen Debatte", wie sie später genannt wurde, beobachtete also Hubble, jener wackere Streiter der Empirie, mit seinem 100-Zoll-Teleskop sogenannte Cepheiden innerhalb des Andromeda-Nebels. Cepheiden sind Sterne, deren Helligkeiten streng periodischen Schwankungen von einigen Tagen Dauer unterworfen sind. Wie die amerikanische Astronomin Henrietta S. Leavitt einige Jahre zuvor entdeckte, besteht ein enger Zusammenhang zwischen der mittleren Leuchtkraft eines Cepheiden-Sternes und der Periodendauer seiner Helligkeitsschwankung. Mithilfe dieser Perioden-Leuchtkraft-Beziehung sind wir in der Lage, aus der Hell-Dunkel-Periodendauer der Cepheiden leicht ihre Entfernung von der Erde zu bestimmen. Ein Objekt, das es uns gestattet, von seiner bekannten intrinsischen oder absoluten Helligkeit auf seine Entfernung zu schließen, nennt man Standardkerze. Cepheiden gehören zu den wichtigsten Standardkerzen in unserem näheren kosmischen Umfeld.

Hubble, der diese Standardkerzen im Andromeda-Nebel untersuchte, zog aus seinen Messergebnissen den einzig möglichen Schluss: Das Andromeda-System muss weit außerhalb der Milchstraße liegen! Obwohl seine Abschätzung der Entfernung von Andromeda sehr fehlerhaftet war, erwies sich seine weitreichende Schlussfolgerung doch als haltbar. Seit jener Entdeckung war die Himmelsforschung um die Gewissheit reicher, dass die Milchstraße nicht das einzige Sternensystem im Universum sei.

Das Ende des geozentrischen Gedankens

Der Gedanke an die Möglichkeit von Sterneninseln jenseits der Milchstraße wurde schon lange vor Hubble formuliert. Im späten 18. Jahrhundert war der deutsch-britische Astronom Friedrich Wilhelm Herschel bestrebt, die Liste neblig-diffuser Himmelsobjekte zu erweitern, die bereits von dem Franzosen Charles Messier zusammengestellt wurde. Herschel brachte es als Autodidakt zu einer gewissen Meisterschaft in der Kunst des Teleskopbaus, die damals frei-

Porträt

Herschel, *Sir Friedrich Wilhelm (William)*, deutsch-englischer Astronom, * 15.11. 1738 Hannover, † 25.8. 1822 Slough (bei Windsor, England); begann in den 1770er-Jahren astronomische Spiegel für große Reflektoren zu schleifen, die er in einer besonderen Bauart (Herschel-Teleskop) konstruierte; sein größtes Instrument war ein 1789 fertiggestelltes 122-cm-Teleskop mit 11,9 m Brennweite; die zum Teil zusammen mit seinem Bruder Alexander Herschel (1745–1821) hergestellten Spiegelteleskope waren auch im Ausland sehr begehrt. Herschel gilt als einer der bedeutendsten astronomischen Beobachter aller Zeiten; am 13.3.1781 entdeckte er den Planeten Uranus, wodurch er berühmt wurde; sein Hauptinteresse galt der Durchmusterung des Himmels nach Doppelsternen, Sternhaufen und Nebeln. Mit seinen sorgfältigen systematischen Sternzählungen in über 3 000 ausgewählten Himmelsfeldern wurde Herschel zum Begründer der Stellarstatistik; er erkannte 1783 die Eigenbewegung des Sonnensystems in Richtung des Sternbildes Herkules und entdeckte 1800 bei Untersuchungen des Sonnenspektrums die Infrarotstrahlung.

Porträt

Messier, *Charles*, französischer Astronom, * 26.6.1730 Badonviller (Lothringen), † 11.4.1817 Paris; entdeckte zahlreiche Kometen; gab 1774 die Erstfassung, 1781 die Endfassung seines berühmten ersten Katalogs (Messier-Katalog) von 105 Galaxien, Sternhaufen, Gasnebeln und planetarischen Nebeln sowie einem Supernova-Überrest heraus (z. B. ist M 31 die Bezeichnung des Andromeda-Nebels); nicht alle katalogisierten Objekte wurden von Messier selbst entdeckt; der heutige Messier-Katalog führt 110 Objekte auf, von denen fünf (M 40, M 47, M 48, M 91 und M 102) irrtümlicherweise aufgenommen wurden.

Was ist eigentlich ...

Halo, galaktischer Halo, kugelförmiges System aus alten Sternen, Kugelsternhaufen und Dunkler Materie, welches die Milchstraße, aber auch andere Galaxien umgibt. Die stellaren Halos besitzen eine Ausdehnung von etwa 30–50 kpc, die Halos aus Gas reichen noch mindestens vier- oder fünfmal weiter in den Raum hinaus.

lich noch in den Kinderschuhen steckte. In der Tat gelang es ihm als Erstem, einige von Messiers Nebelflecken in einzelne Sterne aufzulösen. Andere Nebel wiederum blieben auch unter strenger teleskopischer Beobachtung standhaft und behielten ihr diffuses Gesicht. Dies brachte Herschel zu der plausiblen Vermutung, dass einige der Nebel, eben jene, die sich nicht in Einzelsterne auflösen ließen, sich weit außerhalb unserer Heimatgalaxie befänden. Zwar ging Herschel hier von falschen Voraussetzungen aus. Aber dennoch hat er auf diesem Wege einen revolutionären und weitsichtigen Gedanken gefasst. Heute wissen wir, dass es sich nicht bei jedem diffusen Himmelsobjekt gleich um eine Galaxie handelt. So sind die Überreste massearmer Sterne, die sogenannten Planetarischen Nebel, in der Tat nichts anderes als Gaswolken innerhalb der Milchstraße (und also naturgemäß nicht in Sterne auflösbar). Im Halo unserer Milchstraße andererseits gibt es einige Hundert sogenannter Kugelsternhaufen mit typischerweise einigen Millionen von Sternen. Sie offenbaren bereits mit vergleichsweise einfachen optischen Hilfsmitteln ihre stellare Natur, gehören aber gleichwohl zu unserer Heimatgalaxie.

Auch der Königsberger Philosoph Immanuel Kant zählt zu den Wegbereitern der Ent-Zentralisierung von Erde, Sonne und Milchstraße. Anders als Herschel bediente er sich weniger empirischer Argumente als vielmehr seiner philosophischen Überzeugung. In seiner frühen *Allgemeinen Naturgeschichte und Theorie des Himmels* (1755) formuliert er seine „Theorie der Welteninseln". Kant geht sehr weit und spricht von einer Evolution der Struktur des Sonnensystems und des Universums, wobei er den heutigen Zustand und die Verteilung der Materie aus einer ursprünglichen Gleichverteilung heraus entstanden wähnt. Damit nimmt er vor mehr als 200 Jahren das Prinzip unseres heutigen Bildes von der Strukturbildung in verblüffender Weise vorweg.

■ Porträt ■

 Kant, *Immanuel*, deutscher Philosoph, * 22.4.1724 Königsberg, † 12.2.1804 Königsberg; nach Studium der Naturwissenschaften, Mathematik und Philosophie 1747–1754 Hauslehrer, ab 1770 Professor der Logik und Metaphysik, 1786–1788 Rektor der Universität in Königsberg; einer der bedeutendsten deutschen Philosophen; begründete durch seine drei „Kritiken" eine neue Epoche der Philosophie; wurde auf naturwissenschaftlichem Gebiet durch die naturwissenschaftlichen Theorien von Isaac Newton zu einer kosmologischen Ursprungstheorie angeregt (Kantsche Nebularhypothese), die als Beginn der wissenschaftlichen Kosmogonie angesehen werden kann; vertrat in seinem 1755 erschienenen Hauptwerk, der *Allgemeinen Naturgeschichte und Theorie des Himmels*, die herkömmliche rationalistische Metaphysik; vermutete 1754, dass die die Erdgezeiten hervorrufenden Kräfte des Mondes für dessen gebundene Rotation und für eine Verlangsamung der Rotation der Erde verantwortlich sind; vertrat die Auffassung, dass die Sterne in räumlich getrennten, einander ähnlichen Sternsystemen (Galaxien) angeordnet sind, womit er spätere Erkenntnisse vorwegnahm.

Edwin Hubble gelang es also, die extragalaktische Natur des Andromeda-Nebels nachzuweisen. So wurde Gewissheit aus den Vermutungen seiner geistigen Ahnen. Wenn Ihnen heutzutage jemand davon erzählt, dass es im Universum Sternsysteme außerhalb der Milchstraße gibt, reagieren Sie vermutlich mit einem Schulterzucken. Vor hundert Jahren war diese Entdeckung der endgültige Todesstoß für jedes geozentrisch motivierte naturwissenschaftliche Denken. Zug um Zug wurde die Welt von der Erkenntnis heimgesucht, dass es sich auch bei vielen der anderen Nebelflecke am Himmel um gigantische autonome Sternsysteme – um Galaxien – handelte. Hubble widmete sich weiter der Untersuchung dieser Objekte. Im Jahre 1929 gelang ihm eine weitere Entdeckung von epochaler Bedeutung. Die spektrale Verteilung des Lichts, das vom Wasserstoff und anderen Elementen ausgesandt wird, war den Physikern schon damals wohlbekannt. Die Wellenlängen der Strahlung aus den neuentdeckten Galaxien dagegen schienen allesamt in den langwelligen roten Spektralbereich verschoben. Wie sollte man dieses Ergebnis deuten? Offensichtlich doch nur dahingehend, dass alle Galaxien sich mit beträchtlichen Geschwindigkeiten von uns weg bewegen mussten. Jeder von uns hat schon einmal erlebt, wie das Martinshorn eines vorbeisausenden Krankenwagens plötzlich seine Tonlage vermindert. Genau wie bei diesem akustischen Doppler-Effekt werden die Wellenberge und -täler der in den Galaxien erzeugten Strahlung durch die Bewegung von uns fort quasi auseinandergezogen und erscheinen uns damit rotverschoben.

Aber muss uns nicht die Tatsache, dass alle fernen Galaxien unabhängig von ihrer Lagerichtung sich von uns fort bewegen, als Indiz für eine geozentrische Welt gelten?

Nehmen Sie zur Klärung dieser Frage einmal in Gedanken auf einer Rosine in einem Hefeteig Platz. Bald nachdem man Sie in den Backofen geschoben hat und es Ihnen zunehmend heiß wird, werden Sie feststellen, dass sich die Abstände zwischen Ihnen und allen anderen Rosinen langsam vergrößern, während der Teig „aufgeht". Andere Beobachter auf den anderen Rosinen, sofern Sie fremde Leute in Ihren Backofen lassen, werden indes dieselbe Beobachtung machen. Dennoch kann nicht jeder Beobachter oder jede Rosine gleichzeitig für sich beanspruchen, den „Mittelpunkt" des Systems zu markieren. Das Auseinanderdriften der Rosinen spiegelt die Vergrößerung des Teigvolumens in derselben Weise wider, wie die Galaxienflucht die Ausdehnung des Raumes, also die Expansion des gesamten Alls anzeigt. Der Moment, in dem Hubble der Expansion des Universums gewahr wurde, kann getrost als eine der Geburtsstunden (ja, sie hat gewiss mehrere …) der modernen Kosmologie angesehen werden. Keine Beobachtung seither und keine Theorie konnte je ernsthaften Zweifel verursachen an unserer Gewissheit eines dynamischen Uni-

Was ist eigentlich ...

Rotverschiebung, beobachtete Vergrößerung der Wellenlänge im Spektrum von Himmelskörpern. Sie wird nach dem Standardmodell der Kosmologie durch die Expansion des Universums verursacht. Die kosmologische Rotverschiebung, die 1929 von Edwin Hubble entdeckt wurde (Hubble-Fluss), bewirkte die Aufgabe der bis dahin herrschenden Meinung, der Kosmos sei statisch. Aus der linearen Zunahme der Rotverschiebung verhältnismäßig naher Galaxien lässt sich die Expansionsrate des Universums, die Hubble-Konstante, ableiten. Die Rotverschiebung unterscheidet sich prinzipiell von der relativistischen Doppler-Verschiebung u. a. dadurch, dass Sender und Empfänger der rotverschobenen Strahlung relativ zu ihrer lokalen Umgebung ruhen und daher keine kinetische Energie besitzen.

■ Gummizeit und Gummiraum: Grundlagen der Relativität ■

Die neuzeitliche Wissenschaft von Raum und Zeit war seit dem späten 17. Jahrhundert geprägt durch die Sicht des britischen Naturforschers Sir Isaac Newton (1643–1727): Raum und Zeit stellten demnach die festen, unveränderbaren, für sich existenten Koordinaten der mechanischen Welt dar. Alle Physik spielte sich gleichsam auf der Bühne von Raum und Zeit ab. Albert Einstein (1879–1955) drückte ab 1905 in seiner Speziellen Relativitätstheorie als Erster die aufkommende Idee aus, dass das Wesen von Raum und Zeit nicht absolut sei, sondern abhängig von der Perspektive des Beobachters. Für einen relativ zu uns schnell bewegten Beobachter vergeht die Zeit – aus unserer Sicht – nachweisbar langsamer. Zwei Ereignisse, die uns gleichzeitig erscheinen, würde der bewegte Betrachter zeitlich versetzt wahrnehmen: Man spricht von der Relativität der Gleichzeitigkeit. Messungen mit Atomuhren in Flugzeugen haben diesen Effekt zweifelsfrei bestätigt. Ähnliches gilt für räumliche Distanzen, die wir während eines Fluges nahe der Lichtgeschwindigkeit als deutlich verkürzt erkennen würden. Der relative Charakter von Raum und Zeit gipfelt in der Konsequenz, dass Materie lediglich eine Erscheinungsform von Energie darstellt – und umgekehrt. Einsteins berühmte Formel $E = mc^2$ drückt diesen Sachverhalt aus. Lediglich eine mathematische Verknüpfung oder Verschmelzung von Raum und Zeit – die sogenannte Raumzeit – behält einen absoluten Charakter und hängt nicht von der Perspektive des Beobachters ab. Eine bedeutende Erkenntnis der Speziellen Relativitätstheorie ist, dass die Geschwindigkeit des Lichtes eine absolute und grundsätzliche Grenzgeschwindigkeit darstellt: Nichts, weder die Bewegung von Materie noch die Ausbreitung von Strahlung oder Information, kann jemals schneller als der Lauf des Lichtes erfolgen. Dank dieser Tatsache sind wir in der glücklichen Lage, in vergangene Epochen des Universums zu blicken!

Die Allgemeine Relativitätstheorie (ART) betrifft das Wesen der Gravitation. Nach Einstein verursacht jeder massebehaftete Körper eine geringfügige Verzerrung der Geometrie des Raumes in seiner Umgebung. Diese Verzerrung nimmt ihrerseits Einfluss auf die Bewegung der Materie in jener Umgebung. Das ist der Kern der Theorie: Gravitation ist nichts als eine Verzerrung der Raumzeit. Die dazugehörigen Feldgleichungen sind etwas unappetitlicher als das brave $E = mc^2$. Die Krümmung des Raumes (und damit von Lichtstrahlen) kann in der Tat nachgewiesen werden: So kann man zum Beispiel während einer Sonnenfinsternis leicht messen, dass Sterne, deren Licht nahe an der Sonne vorbeistreicht, an scheinbar veränderten Positionen stehen.

Die ART hält dort stand, wo Newtons klassische Theorie zum Scheitern verurteilt ist, in Gegenwart extrem starker Gravitationsfelder nämlich. Deswegen ist die ART der Schlüssel zum Verständnis vieler Szenarien in der Astrophysik: Wir wüssten nichts von Schwarzen Löchern und würden kaum die Entwicklung massereicher Sterne verstehen. Vor allem aber vermittelt uns die ART überhaupt einen Begriff von der Expansion des Universums.

Licht

Materie

Sonne

Nach der Allgemeinen Relativitätstheorie folgt ein Lichtstrahl in der Umgebung eines massereichen Objekts einer gekrümmten Bahn. Der Effekt der Lichtablenkung kann z. B. während einer Sonnenfinsternis gemessen werden und gilt als eine der wichtigsten Bestätigungen der Theorie.

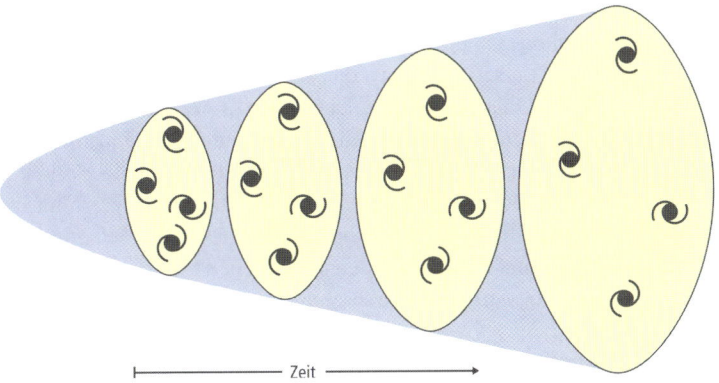

|———— Zeit ————→|

Die Expansion des Universums zeigt sich uns durch die ständige Flucht der Galaxien.

versums. Nicht zuletzt befand sich Einsteins damals noch junge Theorie der Gravitation, die Allgemeine Relativitätstheorie, vorzüglich mit Hubbles Entdeckung in Einklang. Das Konzept des expandierenden Universums trägt auch bereits im Kern den Gedanken eines Anfangs von Raum und Zeit in sich. Der zügigen Entwicklung eines Standardmodells der Kosmologie – so wie wir es noch heute annehmen und verwenden – war jetzt Tür und Tor geöffnet.

Die Strukturen des Universums im Überblick

Das Universum ist hierarchisch organisiert. Die Asteroiden und Kometen, Planeten und Monde gehören zum Sonnensystem, der niedrigsten „Verwaltungsebene" des Kosmos. Die Sonne, ein gewöhnlicher Stern, dominiert den gesamten Himmelsbetrieb in einer Umgebung von anderthalb Lichtjahren, großzügig geschätzt. Der nächste Stern außerhalb des Sonnensystems ist Proxima Centauri in einer Entfernung von 4,3 Lichtjahren. Proxima Centauri und die Sonne sind zwei von vermutlich 200–300 Milliarden Sternen, die in einer riesigen scheibenartigen Struktur von etwa 100 000 Lichtjahren Durchmesser organisiert sind – die Rede ist von der Milchstraße.

Spiral- oder Scheibengalaxien wie die Milchstraße bevölkern das Universum hundertmilliardenfach. Bekanntester Vertreter dieser Spezies, abgesehen von der Milchstraße, ist die Andromeda-Galaxie. Unser intergalaktischer Nachbar liegt bei einer Entfernung von nur 2,2 Millionen Lichtjahren.

Gemeinsam dominieren die beiden Riesenspiralen die sogenannte Lokale Gruppe, ein System von etwa 40 Galaxien, größtenteils zwergelliptischen und irregulären. Solche Galaxiengruppen bilden gravitativ gebundene Systeme und sind im Universum an jeder Ecke zu finden.

Galaxien versammeln sich nicht nur in kleinen Grüppchen weniger Dutzend Mitglieder, sie können regelrechte Armeen bilden und zu Hunderten und Tausenden durch das All ziehen. Wir nennen solche Monstergebilde Galaxienhaufen. Den 60 Millionen Lichtjahre entfernten Virgohaufen mit seinen mehr als tausend Objekten zählen wir zu dieser Kategorie. Dieser ist wiederum – wie die Lokale Gruppe – Bestandteil des Virgo-Superhaufens, der es auf eine Gesamtmasse von etwa einer Billiarde (10^{15}) Sonnenmassen bringt. Superhaufen sind die größten und massereichsten gebundenen Strukturen des heutigen Universums. Auf noch größeren Skalen ordnet die Materie sich in einer netz- oder schwammartigen Filament-Struktur an, die sich homogen durch das Universum zieht. Die Gleichgestalt des Universums auf Skalen oberhalb 100 Mpc ist von grundlegender Bedeutung für die Kosmologie. In diesem Sinne wurde das sogenannte Kosmologische Prinzip formuliert, nach dem es im Universum keinen Ort gibt, der gegen andere Regionen in irgendeiner Weise ausgezeichnet wäre: Das Universum ist homogen und isotrop; insbesondere hat es keinen Mittelpunkt!

Den Astronomen steht eine Reihe verschiedener Möglichkeiten zur Entfernungsbestimmung im Universum zur Verfügung. Die Sterne unserer unmittelbaren Nachbarschaft sind einer geometrischen Methode zugänglich. Dazu misst man ihre Parallaxe, also den scheinbaren Winkel, um den sie sich im jährlichen Rhythmus der Erdbewegung am Himmel verschieben. Aus diesem Winkel ist leicht die Distanz zur Erde ableitbar. Für größere Entfernungen, insbesondere außerhalb unseres Milchstraßensystems, ist man auf sogenannte Standardkerzen angewiesen. Das sind Himmelskörper, deren absolute Leuchtkräfte (oder die Änderung ihrer absoluten Leuchtkräfte) wir aus diversen Gründen kennen. Wenn wir die (auf der Erde empfangene) scheinbare Leuchtkraft eines Objektes messen, können wir wiederum auf seine Entfernung schließen. Standardkerzen von großer Bedeutung sind etwa die veränderlichen Cepheiden-Sterne oder Supernovae vom Typ Ia.

In den 1920er-Jahren gab es eine berühmt gewordene Kontroverse über die Größe des Universums. In der „Großen Debatte" wurde diskutiert, ob die Milchstraße mit dem Kosmos gleichzusetzen (!) oder nur ein winziger Teil davon wäre. Der Amerikaner Edwin P. Hubble konnte jedoch 1923 nachweisen, dass bereits der Andromedanebel weit außerhalb der Milchstraße liegt. Einige Jahre später erkannte er, dass die Strahlungsspektren aller weit entfernten Galaxien ein wenig in den langwelligen, den roten Bereich verschoben waren. Dies war nur dadurch zu erklären, dass all diese Galaxien sich mit beträchtlichen Geschwindigkeiten von uns fort bewegen mussten. So gelang Edwin Hubble der Nachweis, dass das Universum expandiert.

Was ist eigentlich ...

Kosmologisches Prinzip, die grundlegende Annahme in der Kosmologie, dass in der jeweiligen kosmologischen Epoche die generellen Eigenschaften des Universums, gegeben durch die (auf einer möglichst großen Skala) gemittelte Verteilung der Materie, für jeden lokalen Beobachter gleich sind. Der genannten Form des kosmologischen Prinzips liegt die ursprünglich von Albert Einstein vorgeschlagene starke Form des kosmologischen Prinzips zugrunde, bei der die entsprechende Aussage nicht auf die jeweilige kosmologische Epoche beschränkt ist, sondern für alle Zeiten gelten soll. Nach der Entdeckung des Hubble-Flusses, also der Expansion des Universums, musste die Aussage auf die genannte Form abgeschwächt werden. Aus dem kosmologischen Prinzip folgt, dass das Universum homogen und isotrop ist. Eine überzeugende experimentelle Bestätigung des kosmologischen Prinzips ist die hohe Isotropie der kosmischen Hintergrundstrahlung.

Bevor Einstein die Bühne der Wissenschaft betrat, wurden Raum und Zeit als starre Koordinaten betrachtet, ohne innere Struktur oder Dynamik, vor deren Hintergrund die physikalischen Gesetze walteten. Mit dem Aufkommen der Relativitätstheorien verloren Raum und Zeit ihre unveränderliche, starre Architektur. Sie wurden zu physikalischen Objekten, die die Natur beeinflussen und die von der Natur beeinflusst werden. Die moderne kosmologische Theorie versteht das Universum, den Welt-Raum, im Lichte der Hubble-Expansion als durch und durch dynamisches Gebäude. Die Gravitation, die den gesamten Kosmos durchsetzende und dominierende Kraft, erklärt sich aus der Allgemeinen Relativitätstheorie als Verzerrung der Raumzeit durch massebehaftete Objekte.

Grundtext aus: Helmut Hetznecker *Expansionsgeschichte des Universums. Vom heißen Urknall zum kalten Kosmos*; Spektrum Akademischer Verlag.

Ein Urknall auf Erden

Die größte Maschine der Welt geht in Betrieb. Sie soll die Grundstruktur des Kosmos enträtseln. Vom Erfolg des Teilchenbeschleunigers hängt die Zukunft der modernen Physik ab

Tobias Hürter und Max Rauner

In der Nähe von Genf, am Fuß des französischen Jura, haben Bauarbeiter einen Schacht in die Erde getrieben, hundert Meter tief, breit wie ein Haus und mit einem Fahrstuhl an der Seite. Wer unten ankommt, wird auf seinen Glauben an die Naturgesetze geprüft. Es könnte sein, dass plötzlich die Armbanduhr stoppt oder der Schlüsselbund in der Hosentasche rasselt. Trägt der Besucher Schuhe mit Stahlkappen, gerät er womöglich ins Torkeln. Und bloß keine hektischen Bewegungen! Dann nämlich treiben die Blutkörperchen gegen die Adernwände bis das Blut gerinnt. Die Ursache des unterirdischen Magnet-Spuks füllt eine Kaverne von der Größe eines Flugzeughangars: ein 12 500 Tonnen schweres Monster aus Eisen, Kupfer und Silizium. CMS nennen es die Leute, die hier unten arbeiten. CMS ist ein Teilchendetektor namens Compact Muon Solenoid. Er spürt Ereignisse im Nanokosmos auf und macht die Innereien von Atomkernen sichtbar.

Am Stadtrand von Genf arbeiten 6 500 Forscher und Ingenieure

„Wir haben hier das komplizierteste Ding der Welt gebaut", sagt der Physiker Frank Hartmann von der Universität Karlsruhe, „auch die NASA kann das nicht toppen." Dabei ist der Metallkoloss nur Teil einer noch viel größeren Maschine, der größten, die Menschen geschaffen haben, des LHC. Der Large Hadron Collider ist der neue Teilchenbeschleuniger des europäischen Kernforschungszentrums CERN. Er soll helfen, die letzten Fragen der Physik zu beantworten: Wie fing das Universum an? Woraus besteht es? Was hält es zusammen?

Woher sollen die Antworten kommen, wenn nicht von hier? An keinem anderen Ort der Welt ist die Physikerdichte so groß wie auf dem CERN-Gelände am Stadtrand von Genf. Rund 6500 Forscher und Ingenieure arbeiten hier, etwa die Hälfte der globalen Gemeinde der Teilchenphysik. Während des Kalten Kriegs arbeiteten hier sowjetische Forscher mit Amerikanern zusammen. Heute kooperieren Israelis mit Palästinensern. Soziologen haben die Erkenntnisfabrik CERN untersucht, Schriftsteller wie Friedrich Dürrenmatt, Dan Brown und Hans Magnus Enzensberger haben sie literarisch beschrieben. Kein Ort wäre passender, um die Physik an ihr Endziel zu bringen. „Die größte unterirdische Kathedrale der Physik" nannte Enzensberger die Kavernen des LHC. Dürrenmatt erhob das CERN gar zur „metaphysischen Versuchsanstalt".

Inzwischen ist der Mythos angestaubt. Aber er lebt. Bei einem Rundgang über das Gelände am Stadtrand von Genf scheint es fast, als werde hier die Schäbigkeit kultiviert. Von vielen Gebäuden, teils noch alten Schweizer Armeebaracken, bröselt der Putz. In der Cafeteria, einem berühmten Treffpunkt der Physikerelite, herrscht der Muff der Fünfzigerjahre. Alle Ressourcen fließen in die neue Teilchenschleuder.

Fast alle anderen Experimente sind eingestellt.

Das Forschungszentrum hat sich für den Bau des LHC hoch verschuldet. 2,2 Milliarden Euro betragen allein die Materialkosten des Beschleunigers, Arbeitskosten und die Detektoren gehen extra. Für ihr Geld wollen die 20 Mitgliedsstaaten jetzt Ergebnisse sehen. Als wirtschaftsstärkstes CERN-Mitglied trägt Deutschland rund ein Fünftel der Baukosten. Russland steuert Messing aus ausgemusterten Geschosshülsen bei. Die Existenz des CERN und die Zukunft der Teilchenphysik hängt am Erfolg des LHC.

Um die kleinsten Strukturen der Welt zu untersuchen, braucht man riesige Maschinen. Sie simulieren die ersten Sekundenbruchteile nach dem Urknall, indem sie enorme Energie auf engstem Raum konzentrieren. Der LHC soll das tun, indem er Bündel von Protonen, also Atomkernteilchen, mit enormer Wucht gegeneinander schleudert. Er besteht aus zwei armdicken Stahlrohren, in einem unterirdischen Tunnel zu einem Doppelring von 27 Kilometer Umfang gebogen. Allein im CMS steckt mehr Stahl als im Eiffelturm. In dem unterirdischen Teilchenfühler ist der größte Supraleitermagnet der Welt installiert. In seinem Innern erzeugt er ein Feld, das mehr als hunderttausendmal so stark ist wie das Erdmagnetfeld in Genf. Außen ist es immerhin noch stark genug, um aus der CMS-Kaverne die modernste Geisterbahn der Welt zu machen.

Winzige Teilchen kollidieren mit der Wucht eines Jumbojets

Hunderte Ingenieure, Techniker und Physiker aus aller Welt arbeiten im Schichtbetrieb in der Baustelle unter den Weinbergen des Jura. Praktisch gesinnte Physiker-Ingenieure und Theoretiker, die sich sonst am liebsten in Papier vergraben, mussten für das Pionierprojekt die Köpfe zusammenstecken.

Im November dieses Jahres soll der LHC die ersten Testkollisionen erzeugen, ein halbes Jahr später mit voller Energie laufen. In seinen Rohren wird dann Vakuum sein, also nichts. Nichts bis auf ein paar Billiarden Protonen, von Magnetfeldern auf den Mittelachsen der Rohre gebündelt. Pulsierende elektrische Felder beschleunigen die Winzlinge. Fast mit Lichtgeschwindigkeit kreisen die Protonen in 3000 Paketen zu je 100 Milliarden Stück durch die tiefgekühlten LHC-Rohre, im einen linksherum, im anderen rechtsherum, elftausendmal pro Sekunde hin und her zwischen Frankreich und der Schweiz: Die Staatsgrenze quert den Ring.

Zusammen bringen die Protonen eine Ruhemasse von nicht einmal einem Milliardstel Gramm auf die Waage. Auf eine Energie von je sieben Billionen Elektronvolt wird der LHC sie beschleunigen. Das entspricht der Temperatur des Universums in der allerersten Billionstelsekunde nach dem Urknall: mehr als zehn Billionen Grad Celsius.

Auch den Erbauern des LHC fällt es schwer, solche Größen in allgemeinverständliche Worte zu fassen. Zwei von ihnen, die deutschen Physiker Michael Eppard und Frank Hartmann, stehen im Beschleunigertunnel und ringen um Anschauung. „Die Energie der Protonen wird so groß sein wie die Bewegungsenergie einer olympischen Eisenkugel, gestoßen mit einer Geschwindigkeit von 800 Stundenkilometern", rechnet Eppard vor. Nicht anschaulich genug? Hartmanns Vorschlag: „Sie wird so groß sein wie die Bewegungsenergie einer großen Elefantenherde in vollem Galopp." Nun kommen die Vergleiche Schlag auf Schlag: ein kleiner Flugzeugträger mit einer Geschwindigkeit von 30 Kilometern pro Stunde; ein ICE-Zug bei Tempo 140. Und das geballt in einem Milliardstel Gramm Materie. Um die rasenden Winzlinge mit Elektromagneten im Griff zu halten, braucht der LHC so viel Strom wie die Stadt

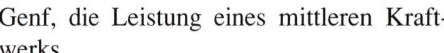

Genf, die Leistung eines mittleren Kraftwerks.

Spannend wird es dann an jenen vier Stellen des Riesenrings, an denen beide Rohre zusammengeführt sind. Dort stoßen die gegenläufigen Teilchenpakete frontal aufeinander, 40 Millionen Mal pro Sekunde. Trümmer spritzen nach allen Seiten, Hunderte neue Teilchen materialisieren sich aus purer Energie. Brian Foster von der Oxford University vergleicht den LHC mit einer Maschine, die „zwei Konzertflügel gegeneinanderkrachen lässt. Da fliegt einem der ganze komplizierte Kram um die Ohren."

Die Maschine soll den Weg zur Weltformel weisen

An den vier Kollisionspunkten zeichnen Teilchenfühler die Bahnen der Bruchstücke auf, der CMS ist einer von ihnen. Weltweit vernetzte Computer durchsuchen die Daten anschließend nach den Spuren exotischer Partikel. Wenn die kühnsten Träume der Teilchenphysiker wahr werden, findet der CMS in den Trümmern auch einige kleine Schwarze Löcher.

„Ein neues Goldenes Zeitalter der Physik", sieht der Nobelpreisträger Frank Wilczek vom MIT mit dem LHC anbrechen. Die Monstermaschine soll den Weg zur Welttheorie weisen, zur lange gesuchten Formel für alles. Die Gedankenkonstrukte der Theoretiker sollen wieder in Experimenten geerdet werden, nachdem sie in den letzten Jahrzehnten bedenklich weit in abstrakte Sphären abgehoben hatten.

Die Lage der fundamentalsten der Naturwissenschaften erinnert verdächtig an jene um 1900. Damals galt das Weltbild der Physik als fast vollendet, dank der Newtonschen Mechanik, der Maxwellschen Elektrodynamik und der Gibbsschen Thermodynamik. Wären da nicht noch ein paar Kleinigkeiten zu erledigen gewesen: Der Äther, das Ausbreitungsmedium des Lichts und anderer elektromagnetischer Wellen, entzog sich hartnäckig dem experimentellen Nachweis. Und in der theoretischen Beschreibung der Wärmestrahlung heißer Rußplatten schlitterten manche Größen unaufhaltsam ins Unendliche. Beim Beheben der vermeintlichen Lappalien kollabierte fast das gesamte Theoriegebäude der klassischen Physik.

Das Ätherproblem brachte Albert Einstein dazu, die Newtonsche Mechanik über den Haufen zu werfen. Aus dem Sinnieren über die sogenannte Schwarzkörperstrahlung entstand die Quantenmechanik. „Heute ist die Situation in mancher Hinsicht ähnlich wie vor einem Jahrhundert", sagt Hermann Nicolai vom Albert-Einstein-Institut in Potsdam. Das berühmte Standardmodell der Teilchenphysik ordnet die Grundbausteine der Welt in 17 Teilchenarten. Seit 40 Jahren hat es alle neuentdeckten Teilchen vorhergesagt. Die Übereinstimmung mit der experimentellen Wirklichkeit ist nahezu perfekt bis auf ein lästiges Detail: Das allerletzte Teilchen, das sogenannte Higgs-Boson, ist immer noch nicht dingfest gemacht.

„Irgendetwas wie das Higgs-Boson muss es geben", versichert Johann Kühn, Theoretiker von der Universität Karlsruhe, „wenn das Standardmodell stimmt." Denn ohne Higgs-Boson wäre unerklärlich, warum Teilchen überhaupt eine Masse haben können. Was das heißt, ist schwierig zu erklären. Johann Kühn versucht es erst gar nicht. Er holt zu Schwimmbewegungen aus und sagt: „Das Higgs-Feld ist überall."

Nur nachgewiesen ist es noch nicht. Das geisterhafte Teilchen zu finden, wäre der größte Triumph der Teilchenphysik: der Schlussstein des Standardmodells. Kühn und Kollegen hoffen, dass der LHC ihn setzen wird und nicht das Konkurrenzgerät in Chicago. Zwar ist dieses siebenmal schwächer als der LHC, aber schon seit dem Jahr 2000 in Betrieb. Zum Erschrecken der CERN-Forscher drangen kürzlich Gerüchte aus Chicago, man habe erste Spuren des Higgs-Teilchens gefunden.

Eigentlich könnten die Teilchenphysiker zufrieden sein mit dem Standardmodell. Aber sie sind es nicht. „Alle sind sich einig, dass es mehr geben muss", sagt Jan Louis von der Universität Hamburg. Denn das Standardmodell hat zwar Ordnung in die Welt der kleinsten Teilchen gebracht, aber es hat Schwächen. Es kann die Schwerkraft nicht deuten, eine der vier Grundkräfte der Natur. Es sagt einen falschen Wert für die Masse der Neutrinos vorher, einer besonders flüchtigen Teilchensorte. Und es liefert keine Erklärung für jene ominöse Dunkle Materie, die nach Mutmaßung vieler Astrophysiker das Universum erfüllt. Fast alle Fachleute vermuten daher, dass jenseits des Standardmodells eine tiefere Wahrheit liegen muss.

Besteht das Universum aus winzigen schwingenden Saiten?

Bloß welche? Was die Theoretiker jetzt brauchen, sind Denkanstöße aus den Labors. Früher geschahen grundlegende Erkenntnisfortschritte meist notgedrungen. „Damals gab es Daten, die erklärt werden mussten", sagt Hermann Nicolai. Experimentelle Befunde passten nicht ins akzeptierte theoretische Bild und erzwangen ein Umdenken. So entstand die Quantenmechanik und wohl auch die Einsteinsche Relativitätstheorie. „Heute ist es umgekehrt", sagt Nicolai, „die Theorie wird nicht von den Experimenten getrieben, sondern muss auf sie warten." Seit Jahrzehnten lernen Physikstudenten aus den gleichen Lehrbüchern. Langeweile macht sich breit. „Das Problem ist, dass das Standardmodell in den vergangenen Jahrzehnten nur zu gut bestätigt wurde", sagt der Wissenschaftstheoretiker Martin Carrier von der Universität Bielefeld, „die Experimente liefern bisher keine Hinweise darauf, wie es weitergehen könnte."

„Theorie und Experiment sind auseinandergedriftet, weil keine Phänomene neu entdeckt wurden, die nicht von inzwischen 25 Jahre alten Theorien beschrieben werden", sagt der Nobelpreisträger Steven Weinberg von der University of Texas. „Der LHC könnte solche Phänomene finden." Während sich in den Labors seit einem Vierteljahrhundert nichts grundlegend Neues mehr tut, schweift die Fantasie der Theoretiker umso weiter. Ihr am heißesten gehandelter Kandidat für die Welttheorie ist die sogenannte Stringtheorie.

Wenn sie stimmt, dann hängt buchstäblich der Himmel voller Geigen. Das Universum besteht demnach aus nichts als winzigen schwingenden Saiten – eben Strings. Je nachdem, mit welcher Oberfrequenz ein String vibriert, wird er zu dieser oder jener Teilchensorte. Sogar die widerspenstige Schwerkraft haben die Stringtheoretiker in ihren Gleichungen untergebracht. Die Idee ist elegant, aber niemand kann direkt nachsehen, ob sie zutrifft. Denn die Strings sind viel zu klein, um sie sichtbar für Augen oder Geräte zu machen.

„Den Theoretikern wird vorgeworfen, sich völlig von der Welt abgekoppelt zu haben", sagt Nicolai, „sie haben ein Arsenal wunderbarer Ideen entwickelt." Aber wunderbar bedeutet noch längst nicht wahr. „Wenn man in die Welt schaut, dann sieht man: Es passt einfach nicht." Und wieder, ähnlich wie vor einem Jahrhundert, sind es die kleinen, hartnäckigen Widersprüche. Zum Beispiel glauben viele Kosmologen an ein weltumfassendes Kraftfeld, das den Kosmos auseinandertreibt. Aber das verträgt sich schlecht mit der Stringtheorie, die eher mit zusammenziehenden Kräften harmoniert.

Die internationale Forscherelite sucht nach einer Schattenwelt

In ihrem gegenwärtigen Zustand ist die Stringtheorie eher reine Mathematik als empirische Physik. „Soweit ich sehe, sagt sie nichts über die Welt aus", sagt Lawrence Krauss von der Case Western Reserve University, einer der prominentesten Kritiker der Stringtheorie. Sie passt auf 10^{100} verschiedene Universen, vielleicht auch auf 10^{500} und es ist noch nicht einmal geklärt, ob unser Heimatuniversum dabei ist.

Auch besonnene Anhänger der Stringtheorie räumen ein, dass sie mit reinem Denken nicht mehr weiterkommen. „Wir brauchen auch Daten, die wir interpretieren können", wünscht sich der Hamburger Stringtheoretiker Jan Louis. Der LHC könnte diese Daten liefern, und das liegt an einem formalen Werkzeug namens Supersymmetrie (Susy). Stringtheoretiker brauchen Susy, damit ihr abstraktes Formelwerk sich nicht in Widersprüchen verheddert. Susys wichtigste Folgerung ist, dass jedes Teilchen ein Spiegelteilchen hat: seinen Superpartner. „Es ist eine so schöne Symmetrie, dass die Natur sie nicht übersehen konnte", sagt der österreichische Physiker Julius Wess, der geistige Vater der Supersymmetrie.

Bisher freilich ist keines der merkwürdigen Schattenpartikel aufgetaucht, und Wess Fachkollegen werden allmählich ungeduldig. Gibt es die Geisterteilchen überhaupt? „Ich bin mir da nicht sicher", sagt Hermann Nicolai, „wenn der LHC sie nicht findet, dann wird es eng für die Supersymmetrie." Und damit auch für die Stringtheorie. Andererseits wäre es ein deutlicher Fingerzeig in Richtung Stringtheorie, wenn die Supersymmetrie gefunden würde. Nobelpreisträger David Gross wettet mit jedem, der darauf eingeht, um ein Abendessen: „Der LHC wird die Susy-Teilchen innerhalb von sechs Jahren finden." Weil manche der Susy-Teilchen als gute Kandidaten für die Dunkle Materie gelten, prophezeit er: „Der LHC dürfte erstmals Dunkle Materie im Labor produzieren."

Es fehlt also nicht an Herausforderungen für die kolossale Maschine. Spürt sie das Higgs-Teilchen auf? Die Susy-Partikel? Zeigen sich die Bestandteile der Dunklen Materie oder die Treiber der kosmischen Aufblähung im Ringtunnel unter dem Jura? Ballt sich dort die Materie so dicht zusammen, dass Schwarze Löcher entstehen? Selbst wenn sich im LHC gar nichts zeigt, wäre das eine Lehre für die Theoretiker. „Auch das wäre eine unglaubliche Entdeckung", sagt Jan Louis, „dann müssten wir etwas ganz Neues finden."

Die Supermaschine überfordert alle verfügbaren Datenspeicher

Der Traum der Teilchenphysiker ginge in Erfüllung, wenn sich im LHC sowohl das Higgs-Teilchen als auch Susy-Teilchen zeigten. Für die Theoretiker wäre es der „Fingerzeig Gottes, wie man aus der Misere rauskommt", sagt der Physiker und Philosoph Wolfgang Rhode von der Universität Dortmund. Und für die Experimentatoren wäre es das Paradies: Endlich wieder neue Teilchen im Visier! Einen „forschungspolitischen Push" prophezeit Martin Carrier für diesen Fall: „Das hätte wieder Faszination." Wahrscheinlich gäbe es dann eine Nachfolgemaschine für den LHC. Auf dem Papier existiert sie schon, ILC, der International Linear Collider.

Er soll Elektronen und Positronen auf einer 35 Kilometer langen Geraden in Fahrt bringen. Der Baubeginn ist für 2012 angesetzt, der Standort noch umstritten.

Der Albtraum der LHC-Forscher würde wahr, wenn sich in ihrer Maschine nur die Higgs-Teilchen zeigten, aber sonst nichts. Dieses Szenario würde das Aus für die Beschleunigerphysik bedeuten. Das ungeliebte Standardmodell wäre zementiert, ohne jeglichen experimentellen Hinweis darauf, was jenseits davon liegt. „Ich will mir diese Möglichkeit gar nicht vorstellen", sagt Jonathan Bagger von der Johns Hopkins University, „es muss einfach weitergehen nach dem Standardmodell."

„Am spannendsten wäre, wenn der LHC etwas völlig Unerwartetes fände", sagt Hermann Nicolai. Doch es ist alles andere als einfach für die LHC-Experimentatoren, sich offen für Überraschungen zu halten. Die Datenflut in den Detektoren wird während der Kollisionen so gewaltig sein, dass sie den Informationsfluss in allen Kommunikationsnetzen der Welt zusammengenommen übertrifft. Kein Datenspeicher existiert, der sie aufnehmen könnte, weshalb die Rechner den digitalen Tsunami schon in den ersten Nanosekunden sichten und 99,9 Prozent davon aussortieren müssen und zwar nach Kriterien, die auf gerade jenen Theorien beruhen, die der LHC eigentlich prüfen soll. Nicht ausgeschlossen, dass die Supermaschine die wirklich revolutionären Daten einfach löscht.

Kaum eine Anwendung fordert die Informationstechnik so stark heraus wie die Teilchenphysik. Wolfgang von Rüden, der Chef des CERN-Rechenzentrums, misst Daten in der sonst kaum gebräuchlichen Einheit Petabyte. Ein Petabyte entspricht dem 50 000-fachen Fassungsvermögen einer handelsüblichen Computerfestplatte. Der LHC wird jährlich zehn Petabyte neue Daten in die Welt setzen.

Solche Mengen überfordern auch die Zehntausende Rechner, über die von Rüden gebietet. Sein Zentrum delegiert einen Großteil der Rechenarbeit an Computer in aller Welt. Das CERN war stets an vorderster Front der Netzwerktechnik. Hier wurden die Protokolle des World Wide Web entwickelt. Und hier entsteht derzeit der Nachfolger des WWW, das sogenannte Grid, das nicht nur Daten, sondern auch Rechenleistung und Speicherplatz weltweit austauschbar macht.

Es ist durchaus denkbar, dass die Suche scheitert

Und all dieser Aufwand für ein paar neue Teilchen? Denkbar, dass nicht einmal diese herauskommen, dass die gesuchten Partikel zwar existieren, aber erst jenseits der Energien, die mit dem LHC und seinen Nachfolgemaschinen erreichbar sind. Auch das würde die Riesenbeschleuniger zu technischen Dinosauriern machen.

Dass die Teilchensuche irgendwann ein Ende haben könnte, daran will am CERN freilich noch niemand denken. „Ich habe sieben Jahre in diesen Detektor investiert", sagt Frank Hartmann, „da will ich nicht am Ende sagen: Das war umsonst." In diesen Tagen setzt er die letzten Siliziumsensoren in seinen Detektor ein. Und Wolfgang von Rüden, der Herr der Rechner, rüstet sich mit neuen Breitbandleitungen und Vierfachkern-Prozessoren für den Datensturm. „Die Leute haben 15 Jahre gewartet", sagt er. „Das wird ein Fieber."

Aus: DIE ZEIT Nr. 14, 29. März 2007

M ein kosmisches Abenteuer begann in der Kindheit, als mein Vater mir ein kleines Fernrohr schenkte", erinnert sich „Dana Berry. „Im Rausch der erfolgreichen *Apollo*-Missionen schauten wir damit vor allem zum Mond. Nacht für Nacht bezogen wir Stellung in der Einfahrt unseres Hauses im ländlichen South Carolina und sahen zu, wie der Mond alle seine Phasen durchlief. Wir konnten kaum mehr als einige Minuten ins Okular blicken, bevor das auf die Netzhaut fallende Licht rote Flecken vor unseren Augen tanzen ließ."

Berry hat seine Faszination zur Kunst entwickelt und die Kunst zum Beruf gemacht. Er arbeitet als Astronomie-Illustrator bei der NASA. Seine Kollegen dort bezeichnen ihn als Nestor der modernen Astronomie-Illustration. Seine Bilder erscheinen in unzähligen amerikanischen Zeitschriften wie *Discover*, *National Geographic*, *Smithsonian*, *Astronomy*, *Popular Science* und *Sky & Telescope*.

Ein Illustrator als Autor? Ein Künstler als Forscher?

Für Berry ist diese Verbindung naheliegend. Sie liegt in der tiefen Sehnsucht nach Erkenntnis begründet. „Mein Vater betrachtete die Weiten des Himmels mit stetem Staunen. Er glaubte nicht an Gott, machte mich aber darauf aufmerksam, dass das erste Buch der Bibel mit dem Ursprung des Kosmos beginnt. Warum wohl, fragte er mich. ‚Am Anfang schuf Gott Himmel und Erde. Die Erde aber war wüst und leer, und Finsternis lag über der Urflut.' Mir verraten diese Zeilen mehr über die Verfasser der Schöpfungsgeschichte als über Gott und das All: Unsere kosmische Herkunft beschäftigte sie so sehr, dass sie ihr heiligstes Buch mit einer inhaltsschweren Aussage zu diesem Thema eröffneten. Woher wir kommen, interessiert uns heute nicht weniger, eher mehr; und die Frage meines Vaters lässt mich nicht los."

Es waren für Berry wie für viele andere Forscher vor allem die Missionen von Neil Armstrong und seinen Kollegen, die Bilder von Menschen auf dem Mond, die ihn zur NASA zogen. „Als die letzten Astronauten den Mond verließen, erfüllten sie eine ganze Generation von Naturwissenschaftlern und Entdeckern mit Hoffnung und Zuversicht. Jahrzehnte später erforscht eben diese Generation eine staunenswerte Fülle neuer kosmischer Mysterien."

Dana Berry

Die Erde und ihre nähere kosmische Umgebung

Von Dana Berry

Auf den Kanten ihrer Landkarten vermerken Geographen dicht gedrängt die ihnen unbekannten Teile der Welt. Jenseits gebe es nichts als von wilden Tieren bevölkerte Sandwüsten, notieren sie am Rand.

Aus den *Lebensbeschreibungen* des Plutarch

Das Reich der Sonne

Die Astronomie ist die älteste Naturwissenschaft – und das keineswegs zufällig: Am Lauf der Sterne und Planeten orientiert sich unsere Zeitmessung und die Einteilung des Jahres in Jahreszeiten; der Stand der Himmelskörper gibt uns an, wann die Saat für die kommende Ernte auszubringen ist, lässt uns den Fortgang der Zeit verfolgen und besondere Ereignisse im immerwährenden Kreislauf vermerken.

Im antiken Griechenland meinte man, die Grundfesten des Kosmos müssten in irgendeiner Weise geometrisch perfekt und deshalb auch statisch sein. Die Astronomie jedoch gründet sich auf die direkte Beobachtung der Gestirne, in deren Bewegung sich Störungen bemerkbar machten, die nicht in das Bild himmlischer Perfektion passten. Das Himmelsgewölbe insgesamt schien sich in zeitlosem Gleichmaß zu drehen – mit merkwürdigen Ausnahmen: Manche Sterne, sogenannte *planaomai* („Wanderer"), hielten sich nicht an die Regeln. Nacht für Nacht erschien zum Beispiel Mars an anderer Position – gelegentlich schien er sich sogar rückwärts zu bewegen –, bis er eine gewaltige Schleife am Himmel beschrieb.

■ **Was ist eigentlich ...** ■

Astronomie [von griech. *astron* = Stern, *nomos* = Gesetz], Sternkunde, Himmelskunde, die Wissenschaft von der Materie im Weltall, ihrer Verteilung, ihrer Bewegung und ihres physikalischen Zustandes sowie ihrer Zusammensetzung und Entwicklung. Die Astronomie beschäftigt sich mit den Körpern des Sonnensystems (Sonne, Planeten, Satelliten, Planetoiden, Kometen, Meteoriten), mit den Sternen (Fixsternen), den Sternhaufen und den Sternsystemen, zu denen auch das Milchstraßensystem gehört, sowie mit der diffus verteilten Materie im Sonnensystem, im Raum zwischen den Sternen und zwischen den Sternsystemen. Weiterhin befasst sich die Astronomie mit der im Raum vorhandenen Strahlung und den großräumigen physikalischen Feldern, z. B. den Magnetfeldern und dem Gravitationsfeld.

Ptolemäisches Modell des Universums. Den Mittelpunkt des Alls bildet die Erde (A), auf nahegelegenen Umlaufbahnen umkreist von Mond, Merkur, Venus, Sonne, Mars, Jupiter und dem Ringplaneten Saturn (B–H in dieser Reihenfolge); die Himmelskugel bildet die äußere Hülle.

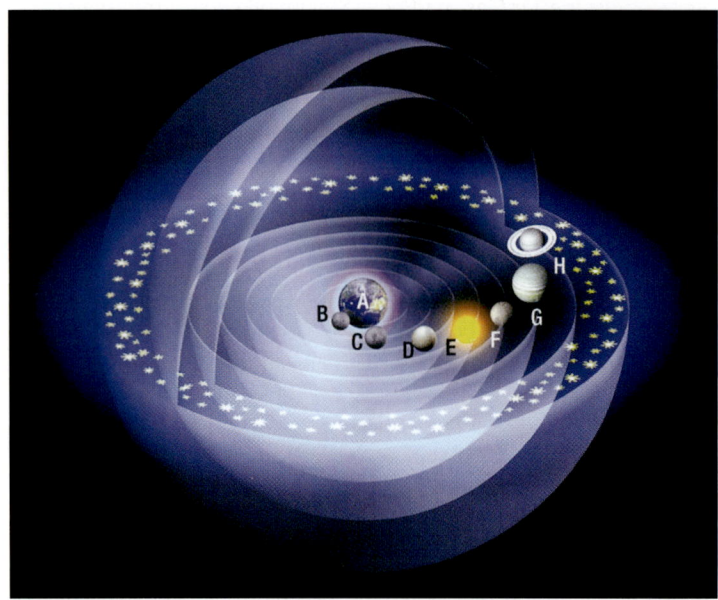

Porträt

Kopernikus, auch: Copernicus, *Nikolaus*, eigentlich Koppernigk, deutscher Astronom und Mathematiker, * 19.2. 1473 Thorn, † 24.5.1543 Frauenburg; als Begründer des heliozentrischen Systems, nach dem die Planeten um die Sonne kreisen, einer der bedeutendsten Astronomen; studierte 1491–1494 in Krakau Mathematik und Astronomie, 1496–1503 in Bologna und Padua Medizin und Rechtswissenschaft, 1503 juristische Promotion in Ferrara. Seine erste bemerkenswerte astronomische Beobachtung war wahrscheinlich am 9.3.1497 die Bedeckung des Sterns Aldebaran durch den Mond; äußerte in seiner Schrift *Commentariolus* (1514) mehrere Annahmen, die dem herrschenden Ptolemäischen Weltbild entgegenstanden: die Sonne stehe im Mittelpunkt der Planetenbahnen, die Erde kreise um die Sonne, der Mond kreise um die Erde (Kopernikanisches Weltsystem). Zur Erklärung der tatsächlich beobachteten, teilweise rückläufigen Planetenbewegungen führte Kopernikus, ähnlich wie Ptolemäus, Hilfskreise (Epizykel) ein. Sein Hauptwerk *De revolutionibus orbium coelestium libri* wurde 1616 im Zuge der Auseinandersetzungen mit Galileo Galilei vom Papst auf den Index gesetzt.

Damit die Erde im Mittelpunkt des Kosmos bleiben und gleichzeitig die Positionen aller anderen Wandelsterne vorhergesagt und begründet werden konnten, musste der Astronom Ptolemäus ein verwirrendes Schema von Epizykeln entwickeln, das nur einen Mangel aufwies: Es war falsch.

In den darauffolgenden Jahrhunderten blieb der entscheidende Fortschritt aus – bis Nikolaus Kopernikus 1543, kurz vor seinem Tod, das Werk *De revolutionibus orbium coelestium libri* veröffentlichte. Kopernikus stellte die Sonne ins Zentrum des Sonnensystems und behauptete, die Erde drehe sich täglich einmal um ihre eigene Achse und jährlich einmal um die Sonne. Diese Folgerungen riefen die Kirchenobrigkeit auf den Plan, die das kopernikanische Modell heftig angriff. Johannes Keplers Ellipsen, Isaac Newtons fallende Äpfel und viele andere Details trugen trotz allem in späteren Jahren zur Verfeinerung des Modells bei.

Unablässig, wenngleich in kleinen Schritten, vervollkommnete die Menschheit nun ihr Wissen über das Sonnensystem, bis sie in der zweiten Hälfte des zwanzigsten Jahrhunderts schließlich Boten in die abgelegensten Winkel des Reichs der Sonne aussenden konnte.

Der Anbeginn aller Dinge

Woher also stammt unser Sonnensystem? Vor ungefähr viereinhalb Milliarden Jahren breitete sich eine Störung durch eine Gruppe riesiger, unstrukturierter Gas- und/oder Staubwolken aus, möglicherweise eine Druckwelle, hervorgerufen von einer Supernova, die in der näheren Umgebung stattgefunden hatte. Die Supernova trug dazu bei, dass in der Wolke schwere Elemente – Silicate, Metalle und schwere Gase – entstanden, aus denen sich Welten bilden können. Unter der Last der eigenen Schwerkraft fiel die Wolke in sich zusammen und begann, sich schneller zu drehen. Diese Materiescheibe heizte sich auf, immer mehr Materie sammelte sich in ihrer Mitte, Temperatur und Druck nahmen zu, bis schließlich die Kernfusion zündete. (Als Kernfusion bezeichnet man die Verschmelzung kleiner Atomkerne von leichten Elementen zu größeren Atomkernen schwererer Elemente. In unserer Sonne und den meisten anderen Sternen verschmelzen Wasserstoffkerne zu Helium.) Nachdem die Fusion einmal in Gang gekommen war, bliesen Teilchenwinde des jungen Sterns alle leichten Überbleibsel der Scheibe in den Raum; nur die Protoplaneten blieben zurück. Das Sonnensystem war geboren.

Diese Nebeltheorie ist schon lange allgemein akzeptiert. Erst die Fotos aber, die das Hubble-Weltraumteleskop zu Beginn der 1990er-Jahre vom Orion-Nebel lieferte, ermöglichten uns, die Theorie in Aktion zu verfolgen. Robert O'Dell entdeckte in den Aufnahmen dieses Sternentstehungsgebiets die Proplyds, protoplanetare Scheiben – rotierende Wolken protoplanetaren Staubs, einen sich aufheizenden Sonnenball umkreisend. In einer solchen Sternenfabrik kam vielleicht auch unser Sonnensystem zur Welt.

Moderne Beobachtungen stützen die Nebeltheorie. So wurde eine diffuse, erdnussförmige Blase aus Wasserstoffgas beschrieben, die unsere Sonne umgibt und von den Astronomen für das schwindende Überbleibsel einer Supernova gehalten wird, die vielleicht den oben beschriebenen Kollaps unserer Ur-Wolke verursachte. Mit einem Durchmesser von mehr als 225 Lichtjahren umschließt die Blase außer der Sonne auch unsere nächsten Nachbarn einschließlich des

Was ist eigentlich ...

Supernova, Sternexplosion, bei der zwischen 1 042 und 1 044 J freigesetzt werden. Supernovae treten im Durchschnitt alle 30 Jahre in einer Galaxie auf und sind dabei teilweise eng zur galaktischen Scheibe konzentriert, sodass sie in der Milchstraße seltener beobachtet werden. Die meisten historisch bekannten Supernovae wurden so hell, dass sie auch am Taghimmel beobachtet werden konnten. Aufgrund ihrer Lichtkurven und Spektren unterschiedet man mehrere Gruppen von Supernovae. Allen gemeinsam ist ein rascher Helligkeitsanstieg, der nur in wenigen Fällen beobachtet werden kann, da die Objekte meist erst entdeckt werden, wenn sie sich ihrem Helligkeitsmaximum nähern.

Internet-Link

hubblesite.org

Was ist eigentlich ...

Hubble-Weltraumteleskop, HST (Hubble Space Telescope), am 24.4.1990 mit der Weltraumfähre *Discovery* in eine 590 km hohe Erdumlaufbahn gebrachtes 2,2-m-Teleskop für den Bereich vom nahen Ultraviolett- bis nahen Infrarotbereich. Das HST ist ein Projekt der NASA, zu dem die Europäische Weltraumbehörde ESA eine Kamera beigesteuert hat. Es blieb zunächst aufgrund eines Herstellungsfehlers am Hauptspiegel weit hinter den Erwartungen zurück. 1993 wurde das HST in der Erdumlaufbahn repariert. Danach erreichte es seine erhoffte Qualität. Die Aufnahmen erzielen im sichtbaren Spektralbereich eine Auflösung von ca. 0,05 Bogensekunden. Das HST hat eine Reihe aufsehenerregender Resultate aus allen Bereichen der Astronomie geliefert. So gelang mit ihm die bislang am weitesten reichende Aufnahme eines Himmelsfeldes, die man Hubble Deep Field nannte. Zu den weiteren herausragenden Ereignissen zählte die erstmalige Beobachtung von Delta-Cephei-Sternen in Galaxien des Virgo-Haufens, was zu einer neuen Berechnung der Hubble-Konstanten führte, und die detaillierte Untersuchung der Supernova 1987A.

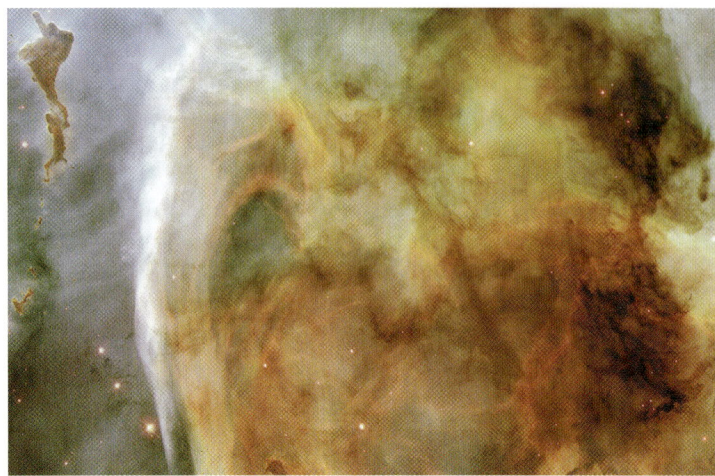

NGC 3372, besser bekannt als Schlüssellochnebel und ca. 8 000 Lichtjahre von der Erde entfernt, ist ein ehrfurchteinflößendes Beispiel für eine amorphe Staubwolke, in der sich Sonnensysteme bilden, die unserer kosmischen Heimat ähneln. Die Entfernung von der unteren bis zur oberen Bildkante beträgt ungefähr neun Lichtjahre, mehr als doppelt so viel wie der Abstand zwischen unserer Sonne und dem sonnennächsten Stern, Proxima Centauri. Das Bild wurde im Jahr 2000 vom Hubble-Weltraumteleskop aufgezeichnet.

Was ist eigentlich ...

Alpha Centauri, der hellste Stern im Sternbild Centaurus, das sich am Südhimmel der Erde befindet. Alpha Cen ist ein Mehrfachsternsystem, das aus den drei Sternen Alpha Cen A, Alpha Cen B und Proxima Cen besteht. Alpha Cen A/B umkreisen sich dabei in einem Abstand von etwa 22 AE (dies ist etwas mehr als der Abstand zwischen Sonne und Uranus). Proxima umkreist beide Sterne jedoch in einer Entfernung von 13 000 AE und ist daher der zurzeit sonnennächste Stern.

Was ist eigentlich ...

Asteroiden, Planetoiden, Kleinplaneten, Himmelskörper, deren Bahnen überwiegend im Bereich zwischen den Umlaufbahnen von Mars und Jupiter liegen. Dieser Bereich wird daher als Asteroidengürtel bezeichnet. Ihre Durchmesser liegen im Bereich zwischen einigen Metern und 1 023 km. Von etwa 4 000 Asteroiden sind jedoch die Bahnen bekannt. Die Gesamtzahl der Asteroiden wird auf einige Millionen geschätzt, wobei die meisten jedoch nicht größer als Felsbrocken sein dürften.

Alpha-Centauri-Systems, des nahegelegenen Sterns Beta Pictoris (der von einer riesigen Gas- und Staubscheibe umgeben ist, ähnlich den Proplyds im Orion) und des blassen, unspektakulären Sterns HD 44594.

Die Sonne: Ausgangspunkt unserer Reise

Wo wir uns befinden und was sich verändert hat, verstehen wir sicherlich am besten, wenn wir zunächst unser Sonnensystem besichtigen. Dazu einige Fakten:

Mit der Neufassung des Begriffs „Planet" am 24. August 2006 durch die Internationale Astronomische Union (IAU) gehören nur noch acht Planeten zum Sonnensystem, dazu ungefähr 2 000 Asteroiden mit Durchmessern von knapp einem Kilometer oder mehr, von denen 410 der Erde gelegentlich nahe kommen. Umgeben ist das Sonnensystem von einem gigantischen Schwarm aus schätzungsweise über einer Milliarde Eiskometen. Beginnen wir unsere Besichtigungstour im Herzen des Sonnensystems, mit der Sonne.

In früheren Zeiten beteten die Menschen die Sonne an, brachten ihr Opfer dar und erbauten zur Ehre religiöser oder mythologischer Sonnengestalten kunstvolle Tempelanlagen. Jahrtausendelang wusste die Menschheit intuitiv um die Bedeutung der Sonne für alles irdische Leben, ohne die kosmische Beziehung zwischen Erde und Sonne zu verstehen. Heutzutage erforschen wir unser Zentralgestirn intensiv: Mehrere Sonnenobservatorien und Raumflugkörper verfolgen Aktivitäten des Sterns, den Elfjahreszyklus der Sonnenflecken und Temperaturschwankungen.

┌─■ **Was ist eigentlich ...** ■────────────────────────────────┐

Sonnenflecken, Störerscheinungen in der Photosphäre der Sonne, die sich im Vergleich zur allgemeinen Granulation als dunkle Flecken von der Photosphäre abheben. Mit Ausnahme ganz kleiner Flecken bestehen Sonnenflecken aus einem dunklen Kern (Umbra), dessen Temperatur gegenüber der Photosphäre um etwa 2 000 K reduziert ist, und einer etwas weniger dunklen Umgebung (Penumbra), die eine radiale fadenförmige Struktur aufweist. Die kleinsten Sonnenflecken (ohne Penumbra) haben einen Durchmesser von ca. 1 000 km (Poren), größere Sonnenflecken weisen Umbradurchmesser zwischen 5 000 und 20 000 km auf. Der Durchmesser einer Penumbra kann bei sehr großen Flecken sogar bis zu 200 000 km betragen. Solche Sonnenflecken lassen sich mit bloßem, geschütztem (!) Auge von der Erde aus beobachten. 95 % aller Sonnenflecken haben eine Lebensdauer von unter 11 Tagen, es gibt aber auch Fleckengruppen, die über mehrere Sonnenrotationen hin sichtbar sind und etwa 100 Tage alt werden können. Während dieser Zeit durchlaufen sie charakteristische Entwicklungsstadien. Die Häufigkeit von Sonnenflecken variiert mit einer Periode von etwa 11 Jahren (Sonnenfleckenzyklus). Entdeckt wurden die Sonnenflecken 1610 von Galileo Galilei.

└──┘

Eine leuchtende Korona umgibt die Sonne.

Den Sonnenball umgibt die Korona, in Form spinnwebfeiner Strahlungsfäden bei Sonnenfinsternissen von der Erde aus sichtbar. Eine waberndheiße Hölle, in allen Richtungen durchzogen von feurigen Flüssen, ist die Oberfläche des Sterns mit einer Temperatur von 6 093 °C. Hier und da eingesprengt finden sich kühlere Gebiete, sogenannte Sonnenflecken, die oft mit Energieausbrüchen („Flares") assoziiert sind. Typische Flares und Protuberanzen sind so gewaltig, dass die gesamte Erde darin Platz hätte. Beim Ausbruch eines Flares setzt das Aufbrechen der Schleife eine Welle radioaktiver Teilchen frei, Vorboten koronarer Massenausstöße, auch als Sonnenstürme bekannt. Nach ihrer Röntgenstrahlungsintensität teilt man Sonnenstürme in die Klassen C, M und X ein. Die kleinen C-Flares beeinträchtigen die Erde nur wenig, ein Flare der M-Klasse kann bereits Polarlichter zum Aufleuchten bringen. Durch einen der gewaltigen X-Flares können elektromagnetische Signale weltweit massiv gestört und die Energieversorgung und Kommunikationsstruktur ganzer Staaten lahmgelegt werden. Am 4. November 2003 ereignete sich der stärkste jemals gemessene Sonnensturm. Er gehörte zur Kategorie X 28 und verließ die Sonnenoberfläche glücklicherweise nicht in Richtung Erde.

Im Sonneninneren herrscht eine Temperatur von schätzungsweise 15 Millionen Kelvin (K). Das Volumen der Sonne ist ungefähr eine Million mal so groß wie das der Erde; im Wesentlichen besteht der Stern aus Wasserstoff, der mit einer Rate von 700 Millionen Tonnen pro Sekunde verbrennt. Zum Vergleich: Als das lenkbare Luftschiff Hindenburg 1937 über Lakehurst, New Jersey, verunglückte, verbrannten 16 Tonnen Wasserstoff. Das bedeutet, die Sonnenaktivität entspricht der Explosion von 44 Millionen Hindenburgs pro Sekunde!

„Ungeachtet all der Planeten, die um sie kreisen und auf sie angewiesen sind, kann die Sonne eine Weintraube reifen lassen, als habe sie keine andere Aufgabe im Universum zu erfüllen." (Galileo Galilei)

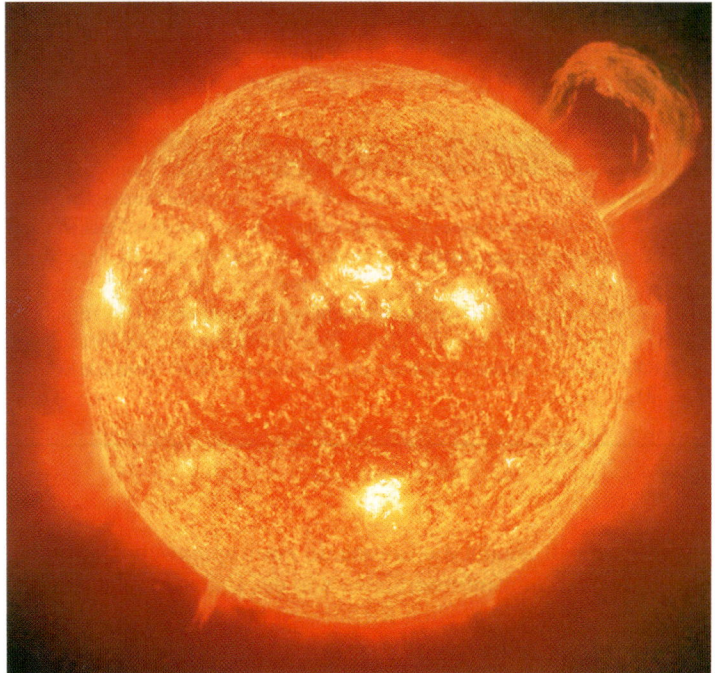

Dieses dramatische Röntgenfoto der Sonne, aufgenommen vom Satelliten SOHO (Solar and Heliospheric Observatory), vermittelt einen lebendigen Eindruck von dem verzerrten, knotigen Magnetfeld des Sterns.

Im Unterschied zum Hindenburg-Unglück entsteht bei der Wasserstoffverbrennung in der Sonne Helium (durch Fusion je zweier Wasserstoffkerne) – und ein Gleichgewicht: Es wird gerade genug Wärme erzeugt, um der unerbittlich in Richtung Sonnenmitte ziehenden Gravitationskraft entgegenzuwirken. Geht der Wasserstoffvorrat der Sonne eines Tages zur Neige, so sieht der Stern unweigerlich seinem Tod entgegen. Zum Glück vergehen bis dahin noch mehr als fünf Milliarden Jahre.

Alte Nachbarn: Die terrestrischen Planeten

Von der warmen Sonnenstrahlung beschienen sind die erdähnlichen (terrestrischen) Planeten des inneren Sonnensystems: Merkur, Venus, Erde und Mars. Sie bestehen hauptsächlich aus Silicatgestein und Metallen und verfügen über eine feste Kruste. Seit den frühen 1960er-Jahren erkunden wir unsere unmittelbaren Nachbarn im Kosmos mit unbemannten Raumfahrzeugen.

Merkur: der rätselhafteste Nachbarplanet

Der sonnennächste unserer Nachbarplaneten, der kleine Merkur, ist auch der rätselhafteste: Erst die Hälfte seiner Oberfläche wurde von der Erde aus mithilfe von Radaren vermessen. Merkur trennen nur bescheidene 58 Millionen Kilometer von der Sonne, weshalb uns nicht einmal das Hubble-Teleskop weiterhelfen kann: Richtet man seine empfindlichen Messgeräte auf den Wandelstern, so werden sie von intensiver Sonnenstrahlung zerstört. Gegen Ende des laufenden Jahrzehnts sollten wir allerdings einen Schritt vorankommen: Die Raumsonde *Messenger,* Gemeinschaftsprojekt der NASA und des John Hopkins Laboratory for Applied Physics, wird in diese innerste Region des Sonnensystems vorstoßen.

Einige seltsame Eigenschaften des Merkur kennen wir bereits. Zum Beispiel dauert ein Tag dort länger als ein Jahr: Der Planet umrundet die Sonne schneller, als er sich um sich selbst drehen kann. Außerdem hat der Planet wahrscheinlich eine ungewöhnlich hohe Dichte, er besteht wohl vorwiegend aus Eisen. Zu den vielleicht merkwürdigsten Phänomenen im ganzen Sonnensystem gehören die Polkappen des Merkur – sie bestehen aus Eis. Der Sonde *Mariner 10* gelang es zwar nicht, beim Vorbeiflug einen Blick auf die Eiskappen zu erhaschen, von der Erde aus aufgenommene Radarbilder zeigen am Nordpol aber ein Reflexionsvermögen, das eher mit Eis als mit einem Metall oder Gesteinsboden zu vereinbaren ist. Falls es sich um Eis handelt: Warum sind die Polkappen in so enger Nachbarschaft zur Sonne dann nicht längst geschmolzen? Die Antwort liegt in dem außerordentlich starken Temperaturgefälle zur Nachtseite des Planeten. In der Merkurnacht friert die Atmosphäre bei eisigen −148 °C aus und schlägt sich vorübergehend in den Polargegenden nieder.

Venus: Der Ofenplanet

Auf der Venus gibt es kein Eis. Als dritthellstes Objekt am Erdhimmel (nach Sonne und Mond) erregt die Venus als Morgen- oder Abendstern unsere Aufmerksamkeit; Wissenschaftler nennen sie auch den Dunklen Zwilling der Erde. Hinsichtlich Masse, Volumen und chemischer Zusammensetzung sind Erde und Venus einander sehr ähnlich, aber es bestehen vier entscheidende Unterschiede:

Erstens dreht sich die Venus genau entgegengesetzt der Erde; in der Fachsprache heißt dieser Effekt „retrograde Eigenrotation". Auf der Venus geht die Sonne folglich im Westen auf und im Osten unter. Dieses Phänomen vermittelt uns eine Ahnung von dem Chaos, das während der Entstehung des Sonnensystems geherrscht haben muss.

Der NASA-Kartierungsmission *Magellan Radar Mapper* verdanken die Forscher die erste Gesamtansicht der glühend heißen Welt, die normalerweise unter der Venusatmosphäre verborgen ist. Das Falschfarbenschema in Orange stammt von der russischen Sonde *Wenera,* die Jahre zuvor auf der steinigen Oberfläche gelandet war. Am Südpol erkennt man mehrere unstrukturierte Gebiete – nicht kartierte Flächen, die *Magellan* nicht erreichen konnte.

Zweitens leidet die Venus infolge ihrer dichten, erstickenden Atmosphäre, die vorwiegend aus Kohlendioxid besteht, überaus heftig unter einem unaufhaltsamen Treibhauseffekt. Früher hielt man den Abendstern für ein tropisches Paradies; heute wissen wir, dass die ungünstigen Atmosphärenverhältnisse die durchschnittliche Tagestemperatur auf äußerst ungemütliche 464 °C emporschnellen lassen – heiß genug, um Blei zu schmelzen! Als einziger Bote der Erde landete bisher die sowjetische Sonde *Wenera* auf diesem planetaren Grillrost. Ihr verdanken wir die wenigen Aufnahmen von der Oberfläche der Venus.

Der dritte wichtige Unterschied zwischen Erde und Venus ist, das Letzterer die Magnetosphäre fehlt: Die Venus hat keine magnetischen Pole, ein Kompass wäre hier völlig nutzlos.

Viertens und letztens hervorzuheben ist, dass es auf der Venus keine Plattentektonik gibt. Als Plattentektonik bezeichnet man auf der Erde die Drift kontinentaler Landmassen über die Oberfläche des Planeten, einen Prozess, den der deutsche Astronom und Geophysiker Alfred Wegener (1880-1930) entdeckte. Wegener fiel 1912 auf, dass die südamerikanische Küstenlinie erstaunlich genau an die gegenüberliegende Küstenlinie Afrikas passt. Bislang wissen wir nicht, warum es auf einigen Planeten tektonische Bewegungen gibt und auf anderen nicht. Entlang der Rücken und Täler der Venus-Gebirgszüge Maxwell Montes und Fortuna Tessera fand man zwar bestimmte Faltungsmerkmale, die großen vulkanischen Rifts und Konvergenzzonen, wie wir sie von der Erde kennen, fehlen hingegen völlig. Gebirge bilden sich auf der Venus deshalb wohl anders als auf unserem Planeten. Die stetige Umwälzung der Planetenkruste hält man übrigens für eine der Voraussetzungen für die Entstehung von Leben.

Die Venus ist eine Welt im Wandel. Erosionsprozesse, die ihre Oberfläche formen, sind uns von der Erde vertraut, und die Abtragung ist nicht auf die Kruste beschränkt: Auch die dicke Atmosphäre der Venus wird erodiert – vom Teilchenwind der Sonne.

Von 1989 bis 1994 umrundete die Venussonde *Magellan Radar Mapper* den glühheißen Planeten. Ihre Aufgabe war eine vollständige Radarkartierung der Oberfläche. Aus den Ergebnissen der Mission wissen wir, dass es auf der Venus weder großräumige Krustenbewegungen noch Anzeichen einer erdähnlichen Kontinentaldrift gibt. Auch die Anzahl der Einschlagskrater (843 bei der modernsten Zählung) ist vergleichsweise gering.

Mit leistungsfähigen Bildverarbeitungsprogrammen verwandelten Wissenschaftler am Jet Propulsion Laboratory (JPL) topographische Daten von Magellan in eine animierte Bildfolge, die dem Betrachter den Eindruck einer „Besichtigungstour" durch die Venuslandschaft vermittelt. Zukünftig werden weitere Sonden die Venus besuchen; ein Mensch wird wohl niemals einen Fuß in diese Gluthölle setzen.

Aussetzen der Magellan-Sonde aus der Ladebucht des Space Shuttle *Atlantis*.

Was ist eigentlich ...

Magellan-Sonde, *Magellan Radar Mapper*, amerikanische Venussonde, welche am 4. Mai 1989 an Bord des Space Shuttle Atlantis in eine Umlaufbahn gebracht wurde und ein Jahr später nach anderthalbfacher Sonnenumkreisung schließlich in eine 250 km hohe Umlaufbahn um den Planeten Venus einschwenkte. Von dort aus kartierte Magellan ca. 90 % der ständig durch Wolken verdeckten Venusoberfläche mittels Radaraufnahmen.

Internet-Link

Jet Propulsion Laboratory: www.jpl.nasa.gov

Erde und Mond

Von allen Planeten des Sonnensystems wissen wir über die Erde natürlich am besten Bescheid. In der Tat gibt es keine einzige naturwissenschaftliche, politische, philosophische oder selbst religiöse Disziplin, die von unseren Erkenntnissen über den Heimatplaneten nicht geformt und beeinflusst worden wäre.

Seit noch nicht allzu langer Zeit ist uns bewusst, dass sich das Klima der Erde verändert. Warum die Temperatur ansteigt, wird in der Fachwelt kontrovers diskutiert. Einige halten die Erwärmung für eine Folge der Industrialisierung; andere machen natürliche Klimazyklen verantwortlich. Das Problem besteht nun darin, dass sich beide Standpunkte stichhaltig belegen lassen. Dass es im Laufe der Erdgeschichte wärmere und kühlere Perioden gab, unterliegt keinem Zweifel; ebenso wenig strittig ist, dass die menschliche Zivilisation gegen Ende einer Eiszeit erschien. Andererseits nimmt die Konzentration der Treibhausgase in der Atmosphäre nachweislich zu und das Ozonloch wird tatsächlich größer. Beide Effekte werden vom Menschen durch die Umweltverschmutzung verursacht. Wie sich die einzelnen Steinchen zum Mosaik fügen, verstehen wir noch nicht, aber wir merken sehr wohl, was in der Umwelt vor sich geht. Eine andere Frage ist, wie lange die Menschheit unter diesen Bedingungen noch überleben wird; Massensterben ganzer Arten sind erdgeschichtlich kein Einzelfall.

Im Laufe des letzten Viertels des zwanzigsten Jahrhunderts begannen wir den dramatischen Einfluss zu begreifen, den kosmische Prozesse auf die Evolution des irdischen Lebens gehabt haben können. Luis und Walter Alvarez fanden Hinweise auf den Einschlag eines großen Asteroiden auf der Halbinsel Yucatan, ein Ereignis, das man für die Ursache des Aussterbens der Dinosaurier vor 65 Millionen Jahren hält.

Die Gesteinsschichten an der Grenze zwischen Kreide und Tertiär (KT) sind ungewöhnlich reich an Iridium, einem Element, das in der Erdkruste ansonsten nur selten vorkommt, in manchen Meteoriten dagegen nachgewiesen wurde. In Gesteinsschichten können Geologen lesen wie in einem Tagebuch der Natur: Je tiefer die Schicht liegt, desto älter ist sie. Unterhalb der KT-Grenze, in der Kreideschicht, finden sich zahlreiche Saurierfossilien, die oberhalb dieser Grenze vollkommen fehlen. Im Laufe der Jahre häuften sich Hinweise darauf, dass der Einschlag kosmischer Objekte wie Kometen und Asteroiden auch das plötzliche Aussterben vieler anderer Arten bewirkt haben könnte.

Die Arbeiten von Luis und Walter Alvarez stützen die These der unterbrochenen Evolution (*punctuated equilibrium*): Stephen Jay Gould, ein inzwischen verstorbener Paläontologe, betrachtete die Evolution nicht als allmähliche Veränderung von Pflanzen- und Tierarten im Lauf der Zeit. Stattdessen postulierte er Perioden schnellen Wandels, erzwungen von dramatischen Veränderungen in Umwelt und Lebensraum, im Wechsel mit langen Zeiträumen des Stillstands.

Allgemein ist es auf der Erde weder zu warm noch zu kalt. Dass unser nächster Nachbar im Kosmos vollkommen unbelebt sein soll, scheint deswegen schier unbegreiflich zu sein. „Der Mond ist ein Ort von großartiger Trostlosigkeit", meinte Apollo-Astronaut Buzz Aldrin. Der Mond inspiriert Verliebte und Werwölfe – und bleibt vorerst der einzige fremde Himmelskörper, auf den Menschen ihren Fuß setzten.

Auch in der Geschichte des Mondes soll eine Kollision eine zentrale Rolle gespielt haben, allerdings eine weit gewaltigere als der Zusammenstoß der Erde mit einem Asteroiden ausgangs der Kreidezeit. In der Frühzeit des Sonnensystems prallte die Erde mit einem Him-

Porträt

Alvarez, *Luis Walter*, amerikanischer Physiker, * 13.6. 1911 San Francisco, † 1.9.1988 Berkeley; seit 1945 Professor an der Universität von Kalifornien. Alvarez fand 1980 mit seinem Sohn Walter ein gesteigertes Vorkommen des Elements Iridium in der Erdkruste beim Übergang Kreide/Tertiär und schloss daraus auf den damaligen Einschlag eines kosmischen Körpers (Asteroid oder Komet), der zum Aussterben zahlreicher Organismenarten (u. a. der Saurier) geführt haben soll; erhielt 1968 für die Entdeckung neuer Elementarteilchen den Nobelpreis für Physik.

melskörper von der Größe des Mars zusammen, der Kruste und äußeren Mantel unseres Planeten vollkommen zerstörte. Aus den Bruchstücken, die dabei ins All geschleudert wurden, bildete sich ein Ringsystem; darin entstanden (einem Vorschlag von William K. Hartmann zufolge) zwei Möndchen, die sich schließlich zum heutigen Erdmond vereinigten.

Bild der Mondrückseite mit dem Krater Tsiolkowsky, aufgenommen von der Raumsonde *Galileo*.

Noch immer lernen wir Neues über unseren kosmischen Weggefährten. Kurz vor der Jahrtausendwende fanden die Sonden *Clementine* und *Lunar Prospector* Beweise für die Existenz geringer Mengen Wassereis auf dem Mond – vielleicht eine günstige Voraussetzung für die künftige Errichtung einer Mondbasis, eines Observatoriums oder sogar einer Feriensiedlung ...

Der Rote Planet

Auf der Venus wird wohl nie ein Mensch landen; ein Besuch auf dem Mars dagegen ist durchaus vorstellbar.

Der Mars ist eine kalte, raue Welt, durchtost von gewaltigen Staubstürmen und Orkanen mit Geschwindigkeiten über 150 Kilometer

Porträt

Schiaparelli,
Giovanni Virgi-
nio, italienischer
Astronom,
* 14.3.1835,
Savigliano
† 4.7.1910,
Mailand;
1864–1900 Direktor der Sternwarte Mailand; entdeckte 1861
den Planetoiden Hesperia.
Schiaparelli bestimmte die Rota-
tionszeit von Merkur und Venus;
fand 1877 bei der Beobachtung des Mars die lange Zeit
umstrittenen „canali" (Marskanä-
le), die er für ein technisches
System von intelligenten Mars-
bewohnern hielt.

pro Stunde. Um den rostfarbenen Planeten, nach dem römischen Kriegsgott benannt, ranken sich von alters her Geheimnisse und Legenden. Gab es jemals Leben auf dem Mars? Seit Giovanni Schiaparelli 1877 die „canali" kartierte, lässt uns diese Frage keine Ruhe. Schiaparelli selbst wollte seine „canali" vielleicht gar nicht als „von Menschen gegrabene „Kanäle" interpretiert wissen, angesichts der gerade abgeschlossenen Arbeiten am Suez-Kanal und der laufenden Planung des Panama-Kanals konnte er gegen die öffentliche Wahrnehmung aber nichts ausrichten: Wenn große Zivilisationen sich mit dem Bau von Kanälen befassten, musste der Mars eine wahrhaft weit fortgeschrittene Gesellschaft beheimaten. Der Bostoner Aristokrat und Amateurastronom Percival Lowell veröffentlichte denn auch 1895 seine Erkenntnisse: Es gibt die Kanäle tatsächlich, schrieb er, und sie sind wirklich das Werk einer gegen das Sterben ihrer Welt ankämpfenden Rasse von Lebewesen.

Natürlich wurde eine so außergewöhnliche Entdeckung vom wissenschaftlichen Establishment umgehend auf das Heftigste angegriffen. In akademischen Kreisen fanden Lowells Behauptungen nie Anerkennung, die allgemeine Fantasie wurde nichtsdestoweniger unglaublich beflügelt – bis hin zum Erscheinen einiger der größten Werke der wissenschaftlich-fantastischen Literatur, etwa von Edgar Rice Burroughs (1875–1950) und H. G. (Herbert George) Wells (1866–1946).

Systeme von Bewässerungskanälen hat es auf dem Mars wahrscheinlich nie gegeben. Es besteht jedoch durchaus Grund anzunehmen, dass dort einstmals flüssiges Wasser existierte, vielleicht sogar in

Die Aufnahme von *Mars Global Surveyor* (1. Oktober 2003) zeigt das Kanalsystem „Olympica Fossae" in der nördlichen Tharsis-Region des Mars. Schluchten und Erosionsstrukturen lassen vermuten, dass sich hier zu verschiedenen Zeiten in der Geschichte des Planeten Wasser, Schlamm oder Lava seinen Weg bahnte.

Seen und einem kleinen Ozean auf der Nordhalbkugel, bestimmt aber in Flüssen und Rinnsalen. Neuere Fotos der Missionen *Mars Odyssey* und *Mars Global Surveyor* lassen vermuten, dass noch immer Wasser vom Permafrostboden des Mars ab- und die Flanken uralter Krater und Schluchten hinunterfließt. Wenn Lebewesen auf dem Mars existieren, muss man sie in Wassernähe suchen: Nur wo Wasser ist, ist Leben.

Der Mars, aufgenommen von der Sonde *Mars Global Surveyor.*

Die Marserkundung hat eine bewegte Geschichte: Seit 1960 wurden mindestens 37 Raumsonden auf den Weg zum Roten Planeten gebracht, wovon über zwei Drittel vollkommen versagten. Besonderes Pech hatten dabei die Russen, aber Amerikanern, Japanern und Europäern erging es nicht wesentlich besser. Vielleicht am peinlichsten war dabei der Ausfall des *Mars Climate Orbiter* infolge eines Rechenfehlers. Allerdings konnten die USA auch eine Reihe spektakulärer Erfolge erzielen. 1964 flog *Mariner 4* als erste Sonde am Mars vorbei. Die automatische Erkundung der Oberfläche begann mit der Landung der beiden *Viking*-Sonden 1976 und wurde zunächst mit dem Marsmobil *Mars Pathfinder,* in jüngster Zeit mit den Landeeinheiten *Spirit* und *Opportunity* fortgesetzt. Der kürzliche Verlust der europäischen Marsmission *Beagle 2* kann als neuer Beweis für die Schwierigkeiten gelten, die der Erforschung des Mars entgegenstehen.

Die hartnäckige Pechsträhne der internationalen Marsforscher wurde in der Fachwelt durchaus vermerkt: Unter Ingenieuren geht die Legende vom „Marsgeist" um, dem die Misserfolge (mehr oder weniger scherzhaft) in die Schuhe geschoben werden.

Jenseits des Mars

Den Mars hinter uns lassend, passieren wir einen seiner beiden Monde, Phobos (der andere heißt Deimos). Phobos ist ein seltsamer, kartoffelförmiger Brocken. Möglicherweise handelt es sich um einen eingefangenen Asteroiden – das ist umso wahrscheinlicher, als sich direkt vor uns im gesamten Raum zwischen Mars und Jupiter der Asteroidengürtel erstreckt.

Im Asteroidengürtel, den die Astronomen für die Schutthalde eines Planeten halten, der sich infolge der Gravitationswirkung des Jupiter niemals bilden konnte, gibt es mehr als 700 000 verschieden große Objekte (jährlich werden viele weitere registriert). Bekannt sind die Asteroiden, seit der italienische Himmelsforscher Giuseppe Piazzi (1746–1826) 1801 Ceres entdeckte. Bis vor kurzem wussten wir aber nur sehr wenig über sie. Zwei Tage vor Halloween im Jahr 1991 flog die Sonde *Galileo* auf dem Weg zum Jupiter in einer Entfernung von ungefähr anderthalbtausend Kilometern an dem Asteroiden Gaspra

Der Marsmond Phobos in einer Kollage aus Bildern der Mission *Viking Orbiter 1* (1978).

243 Ida, fotografiert von der Sonde *Galileo* während des Vorbeiflugs 1993, treibt im Asteroidengürtel, der sich zwischen Mars und Jupiter erstreckt, durch den Raum und ist vermutlich so alt wie unser Sonnensystem selbst.

vorbei und konnte dabei feststellen, dass der knollige Himmelskörper aus Eisen, Nickel und Silicaten besteht, wie es für Asteroiden dieser Art typisch ist.

Eine kleine Überraschung erlebten die Wissenschaftler in der Kommandozentrale, als *Galileo* 1994 den Asteroiden Ida passierte. Der bescheidene Fels mit einem Durchmesser von reichlich 50 Kilometern leistet sich tatsächlich einen eigenen Mond, besser gesagt ein Möndchen, das man Dactyl taufte. (Vermutlich hatten die Forscher vorher erfolglos die Annalen der griechischen Mythologie nach einer Figur namens „Ho" abgesucht, ein Namenspate, der „Ida" zweifellos viel besser ergänzt hätte.) Erwartungsgemäß ist Dactyl winzig. Sein Durchmesser liegt bei kaum anderthalb Kilometern.

Spektakulärer Schlusspunkt einer erstaunlichen Mission: Am 12. Februar 2001 landete die Raumsonde *Near Earth Asteroid Rendezvous* (NEAR) weich am Rand eines Kraters auf 433 Eros, einem der großen Asteroiden. NEAR stellte unter anderem fest, dass 433 Eros ein solider Gesteinskörper ungefähr von der Dichte der Erde ist, keine Ansammlung aus losen Felsbrocken und Schutt verschiedener Größe. Das interessanteste von NEAR fotografierte Detail ist sicher eine ausgedehnte Vertiefung in der Oberfläche, Zeuge vielleicht eines Zusammenstoßes in der Vergangenheit. Der kleine Dactyl könnte das Ergebnis einer solchen Kollision sein.

◼ Was ist eigentlich ... ◼

NEAR-Mission, *Near Earth Asteroid Rendezvous*, Raumfahrtmission der amerikanischen Weltraumbehörde NASA. Die am 17. Februar 1996 gestartete Sonde flog bereits am 27. Juni 1997 am Asteroiden 253 Mathilde vorbei. Das eigentliche Ziel der 800 kg schweren Raumsonde war jedoch der Asteroid 433 Eros, den sie nach einem engen Vorbeiflug an der Erde Anfang 1999 erreichen sollte. Infolge eines misslungenen Bremsmanövers erreichte NEAR ein Jahr später als geplant, am 14. Februar 2000, den gewünschten Orbit um Eros. Die Sonde war damit der erste Asteroiden-Orbiter in der Geschichte der Raumfahrt. Nach einem Jahr im Orbit um Eros landete die Sonde am 12. Februar 2001 erfolgreich auf der Oberfläche des Asteroiden. Auch dies war ein Novum in der Raumfahrt, da sie gar nicht für eine Landung ausgelegt war. Noch bis zum 28. Februar 2001 übermittelte die Sonde Daten von der Oberfläche des Asteroiden, danach wurde sie abgeschaltet.

Kometen

Einen deutlichen Gegensatz zu den unaufgeregt-würdevollen Asteroiden, frei durch den Raum treibenden Felsen aus Metallen und Silicaten, bilden die Kometen: riesige, abgerundete Eisberge, hauptsächlich aus schmutzigem Wassereis bestehend. Nähert sich ein Komet der Sonne, so schmilzt die dem Gestirn zugewandte Seite ab. Die sonnenbeschienene Seite ist ständig in Aufruhr, gewaltige Quellen schießen durch die Eiskruste empor. Wenn sich der Komet weiterdreht, versinkt das schmelzende Gebiet im Schatten und gefriert wieder. Inzwischen bläst der Sonnenwind die abgetragenen Gasmoleküle und Partikel in einem langen, dünnen Schweif davon, der wie ein Windsack in einer steifen Brise stets von der Sonne wegzeigt.

1986 schickten verschiedene internationale Raumfahrtbehörden nicht weniger als fünf verschiedene Sonden auf die Reise zum Halleyschen Kometen. Am nächsten kam die europäische Sonde *Giotto* dem Himmelskörper; sie funkte einige der dramatischsten jemals gesehenen Bilder zur Erde. Die *Giotto*-Aufnahmen zeigen, wie Halleys Springquellen Gas in den Raum schleudern; die Sonde flog direkt durch den Sprühnebel.

An den Halley-Missionen war die NASA nicht beteiligt. Das Jet Propulsion Laboratory startete am 7. Februar 1999 aber die Sonde *Stardust* für eine eigene Kometenforschung. Ziel war der Komet Wild 2. Am 2. Januar 2004 näherte sich *Stardust* dem Kometen bis auf 240 Kilometer und fing Proben abgetragener Teilchen ein, als sie den an Partikeln und Gas reichen Dunst durchflog, der den Eisbrocken umgibt. Außerdem sendete sie Aufnahmen des pockennarbigen Antlitzes von Wild 2 zur Erde. Die Proben wurden an Bord der *Stardust* in einer Kapsel aufbewahrt und nach der Rückkehr der Sonde im Januar 2006 analysiert.

Früher betrachtete man Kometen als Unglücksboten. Im Jahr 1066 erschien ein großer Komet am Himmel, und König Harald musste sich in der Schlacht von Hastings William dem Eroberer geschlagen geben. Mitglieder der UFO-Sekte „Heaven's Gate" begingen 1997

Was ist eigentlich ...

Halleyscher Komet, kurzperiodischer Komet, benannt nach dem Physiker Edmond Halley (1656–1742) benannt, der wegen seiner Verdienste um die Bahnbestimmung von Kometen 1720 königlicher Astronom und Leiter der Sternwarte in Greenwich wurde. Während das Auftauchen von Kometen bis zu dieser Zeit noch als unvorhersagbar galt, entdeckte Halley im Jahr 1705, dass der 1682 beobachtete Himmelskörper mit früheren Kometenerscheinungen identisch sein müsse, und sagte eine Wiederkehr für 1759 korrekt voraus. Komet Halley besitzt eine Umlaufdauer zwischen 74 und 79 Jahren. Nachdem Umlaufbahn und Periode bekannt waren, ließ sich seine Sichtung in alten Aufzeichnungen bis ins Jahr 240 v.Chr. belegen. Nach 1985/86 wird er erst wieder 2061 in Sonnennähe gelangen und damit am Abendhimmel erscheinen.

Der Komet Hale-Bopp am 4.4.1997. Deutlich erkennbar sind der weißliche Staub- und der bläuliche Plasmaschweif.

kollektiven Selbstmord, um in eine andere Welt zu gelangen – sie glaubten, hinter dem Kometen Hale-Bopp verberge sich ein außerirdisches Flugobjekt. Es ist schwer zu verstehen, dass Kugeln aus Eis, die auf stark exzentrischen Ellipsen um die Sonne kreisen, eine derart ungute Wirkung auf die Menschheit ausüben sollen.

Die Aufregung, mit der wir die Kometen verfolgen, könnte allerdings in anderer Hinsicht wohlbegründet sein: 1908 ereignete sich über der sibirischen Taiga im Umkreis des Flusses Tunguska eine rätselhafte Explosion, die Hunderte Quadratkilometer Wald vernichtete. Noch drei Tage später waren ungewöhnliche, orangefarben leuchtende Wolken selbst am europäischen Nachthimmel zu sehen. Die Kronen der umgestürzten Bäume zeigten radial von einem Zentrum weg nach außen. Eine der vielen Hypothesen geht von der Explosion eines kleinen Kometen in der Erdatmosphäre aus.

1994 fing das Hubble-Weltraumteleskop hochdramatische Impressionen vom Absturz des Kometen Shoemaker-Levy 9 auf den Jupiter ein. Während der Komet in Richtung Jupiter raste, zerbarst er in eine lange Reihe von Bruchstücken, die von Beobachtern auf der Erde „Perlenkette" genannt wurde.

Jedes Mal, wenn einer der Brocken in die Jupiteratmosphäre eintauchte, türmte sich ein schwarzer Wolkenpilz, größer als die Erde, in den Jupiterhimmel auf. Meteore und Eisbrocken müssen in allen Richtungen vom Himmel gefallen sein. Hätte sich dieses Inferno auf der Erde ereignet, wäre vom Leben nicht viel übrig geblieben.

Jupiter

Jupiter, der größte und erdnächste Gasplanet des Sonnensystems, ist eine unruhige Welt – auch, wenn nicht gerade ein Komet einschlägt. Gasriesen sind sehr viel größer als die Erde und haben keine feste Oberfläche wie die terrestrischen Planeten. Die Wissenschaftler halten den Jupiter für einen verhinderten Stern, ein Objekt, das niemals genügend Masse ansammeln konnte, um die Kernfusion zu zünden.

Als Galilei 1610 sein Fernrohr auf den Jupiter richtete, entdeckte er ein System umlaufender Monde. Insgesamt ähnelte dieses Bild einem animierten kopernikanischen Modell des Sonnensystems. Den Jupiter selbst sah er als streifigen, windzerzausten Himmelskörper mit einem auffälligen Merkmal, dem Großen Roten Fleck. Es handelt sich dabei um einen gigantischen Wirbelsturm, größer als drei Erdkugeln zusammengenommen, der seit fünfhundert Jahren mit unverminderter Heftigkeit durch die Atmosphäre tobt. Auf der Erde entstehen Hurrikane in Tiefdruckgebieten; der Große Rote Fleck hingegen ist ein Hochdruckgebiet, das sich über der umgebenden Wolkenland-

Was ist eigentlich ...

Shoemaker-Levy 9, eine Kette von über 20 Kometenkernen, die in der Zeit vom 16.7. bis 22.7.1994 mit dem Planeten Jupiter zusammenstießen. Entdeckt wurde das Objekt am 25.3.1993 von dem Ehepaar Eugene und Carolyn Shoemaker sowie David Levy am Mount-Palomar-Observatorium. Rechnungen ergaben, dass sich der Mutterkörper im Juli 1992 Jupiter bis auf etwa 100 000 km genähert hatte, durch die starken Gezeitenkräfte zerbrochen war und den Planeten umkreiste. Schätzungen für das größte Fragment schwanken zwischen 300 m und 4 000 m. Der Zusammenstoß führte zu einer beispiellosen, weltweiten Beobachtungskampagne, in die auch weltraumgestützte Teleskope, wie IUE, ROSAT, das Hubble-Weltraumteleskop und die Sonden *Galileo* und *Voyager 2* eingespannt waren.

Was ist eigentlich ...

Großer Roter Fleck, eine bereits seit 1665 beobachtete Erscheinung in der Atmosphäre des Planeten Jupiter. Der Große Rote Fleck stellt einen langlebigen atmosphärischen Wirbel in der südlichen tropischen Zone des Jupiter dar. Seine Ausdehnung beträgt $40\,000 \times 14\,000$ km². Es handelt sich um einen gegen den Uhrzeigersinn rotierenden Wirbel, der einem Hochdrucksystem auf der Erde entspricht. Seine außerordentlich lange Lebensdauer ließ sich allerdings noch nicht klären.

schaft auftürmt. Mächtige Blitze zucken über den Jupiterhimmel, gefolgt von auf Radiofrequenzen hörbaren Donnerschlägen.

Zu den faszinierenden Phänomenen des Jupiter gehört seine umfangreiche, anscheinend ständig wachsende Sammlung von Monden. Über sechzig Exemplare verschiedenster Größe wurden unlängst gezählt. Die stattlichsten Vertreter sind die vier nach ihrem Entdecker benannten Galileischen Monde. Ganymed, der größte Mond, hat einen größeren Durchmesser als der Planet Merkur. Daneben sind zahlreiche kleine Monde bekannt, einige mit Durchmessern von nur wenigen Kilometern. Allein im Jahr 2003 beobachtete man über ein Dutzend zuvor unentdeckter Möndchen. Da es auf die Schnelle schwerfällt, ihnen allen Namen zu geben, begnügt man sich vorerst mit Katalognummern.

350 000 Kilometer über den wogenden Wolkenschichten der Jupiteratmosphäre kreist der Mond Io mit seiner gelben, schwefelgesprenkelten Oberfläche. Jupiter ist so groß, dass er von Io aus gesehen den Himmel vollkommen ausfüllt – denken Sie zum Vergleich an den

In solchen dramatischen Bildern wird Wissenschaft zur Kunst! Der Mond Io zieht an der sonnenbeschienenen Seite seines Planeten Jupiter vorüber. Den Detailreichtum der Aufnahme verdanken wir der leistungsfähigen Hubble-Optik. Io ist ungefähr so groß wie der Erdmond und umrundet Jupiter mit einer Geschwindigkeit von etwa 60 000 Stundenkilometern. Von Io aus gesehen sollte der Gasriese den ganzen Himmel ausfüllen (wie auf diesem Bild), obwohl die Obergrenze seiner Wolkendecke eine halbe Million Kilometer vom Betrachter entfernt liegt. Der dunkle Fleck rechts von Io ist der Schatten des Mondes.

73

Blick vom Erdmond auf die Erde, wie wir ihn von Fotos kennen! Mit den über seiner Nachthälfte aufblitzenden Gewitterstürmen muss der Jupiter einen wahrhaft dramatischen Hintergrund abgeben. Jupiters Gravitation ist so stark, dass Io infolge enormer Gezeitenkräfte zum vulkanisch aktivsten Ort des ganzen Sonnensystems wurde. Bei ihrem Vorbeiflug im März 1979 fotografierte die Sonde *Voyager I* den Ausbruch eines Io-Vulkans. Später steuerte die *Galileo*-Sonde geradenwegs durch eine Rauchfahne, die fast 500 Kilometer weit ins All aufstieg und zunächst einem Vulkan namens Tvashtar im Nordpolargebiet von Io zugeschrieben wurde. *Galileo* gelangte unversehrt durch das Gebiet, aber die Wissenschaftler der Mission stellten recht überrascht fest, dass nicht Tvashtar, sondern ein bis dahin unbekannter Vulkan Verursacher der Rauchsäule war.

Europa, ein weiterer Jupitermond, erregt nachhaltig das Interesse der Wissenschaftler – insbesondere der Astrobiologen. Auf seiner von Spalten und Rissen durchzogenen Oberfläche finden sich bemerkenswert wenige Einschlagskrater. Daraus schließt man, dass die Kruste regelmäßig zerbricht, schmilzt und wieder erstarrt. Unter der vielfach geborstenen Eisfläche vermuten die Forscher einen riesigen Ozean mit von den Gezeitenkräften des Jupiter hervorgerufenen gigantischen Ebben und Fluten. Die unablässig wirkenden Druck- und Zugkräfte, die Ios Vulkane aktiv halten, müssen auch Europa treffen. Sie könnten genügend Wärme erzeugen, um Wasser unter der Eisdecke flüssig zu halten – und wo Wasser ist, gibt es Hoffnung auf Leben.

Einen Großteil unseres Wissens über Io, Europa und Jupiter selbst verdanken wir der im Oktober 1989 gestarteten *Galileo*-Mission. Als die Sonde im Dezember 1995 am Jupiter ankam, setzte sie eine Fallschirmsonde in die Atmosphäre des Planeten aus, die Windgeschwindigkeiten von über 650, in Böen über 1 500 Stundenkilometern maß. Im Gegensatz zu den Vorhersagen der Astronomen war die Atmosphäre nicht trübe, sondern klar mit einer hervorragenden Fernsicht. 90 Minuten lang funkte die Sonde Daten an *Galileo,* bis sie vom extremen Außendruck zerquetscht wurde.

Acht Jahre lang lieferte uns die *Galileo*-Mission eine Fülle von Informationen über Jupiter und sein kosmisches Gefolge. Am 21. September 2003 schließlich brachten Wissenschaftler am Jet Propulsion Laboratory die Sonde kontrolliert zum Absturz in die Jupiteratmosphäre, weil sie fürchteten, das Raumfahrzeug könnte, wenn sein Treibstoff zur Neige geht, auf den Mond Europa stürzen und diesen kontaminieren. Deshalb entschieden die Forscher, den wichtigsten Grundsatz von *Star Trek* – „Mische dich niemals in die Entwicklung fremder Lebensformen ein!" – befolgend, die Sonde samt eventuell mitreisenden Mikroben im Himmel über dem Gasriesen verglühen zu lassen.

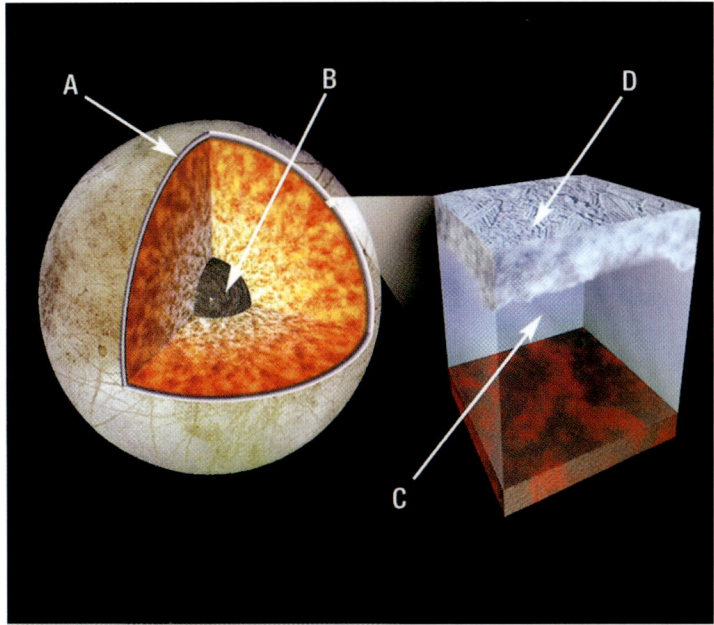

Wie kann Europa warm genug sein, damit flüssiges Wasser existiert? Die immense Gravitation des Jupiter (und die geringeren Kräfte seiner restlichen Monde) verformen Europa und bewirken Gezeiten, wie wir sie auch von den irdischen Meeren kennen. Durch die ständige Verformung bleiben die äußeren Mantelschichten (A), die einen Eisenkern (B) umgeben, warm und erwärmen ihrerseits die Wasserschicht (C). Der vermutete flüssige Ozean ist bedeckt von einer Eisschicht (D).

Bei der Auswertung der *Galileo*-Daten ergab sich ein neues Rätsel. Offenbar enthält die Atmosphäre größere Konzentrationen von Argon, Krypton und Xenon. Diese sogenannten Edelgase, unnahbare Einzelgänger, verbinden sich nur widerstrebend mit anderen Elementen. (Argon und Neon werden gelegentlich zur Herstellung von Leuchtreklame verwendet.) Woher die Gase kommen, kann nur im Kontext der Entstehungsgeschichte des Planeten erklärt werden. Tobias Owen, Astronom an der University of Hawaii, nimmt an, der Jupiter habe sich in größerer Entfernung von der Sonne gebildet als er sich heute befindet, weit draußen in der Kälte des Kuiper-Gürtels. In dieser abgelegenen Region könnte der Planet die Edelgase eingefangen haben.

Wenn aber Jupiter im äußeren Sonnensystem entstanden ist und sich seitdem bis zu seiner momentanen Position bewegt hat, könnte er dann nicht noch immer langsam in Richtung Sonne driften?

Zum Saturn und darüber hinaus

Außerhalb der Jupiterbahn treffen wir auf den kleineren Saturn, mit seinen breiten Ringen der auffälligste, ästhetisch wirkungsvollste Planet des Sonnensystems. Galilei beschrieb die Ringe erst als sphärische Gebilde, die den Planeten flankieren, dann als eine Art Hen-

Was ist eigentlich ...

Kuiper-Gürtel, Kuiper-Ring, benannt nach dem amerikanischen Astronomen niederländischer Herkunft Gerard P. Kuiper, gürtelförmige Zone in 50 bis 500 AE Entfernung von der Sonne. Der Kuiper-Gürtel ist wahrscheinlich das Ursprungsgebiet der kurzperiodischen Kometen, in dem sich möglicherweise 10^8 bis 10^{10} Kometen aufhalten.

Porträt

Huygens, Christiaan, niederländischer Physiker, Mathematiker, Astronom, * 14. 4.1629 Den Haag, † 8.7. 1695 Den Haag. Huygens war nicht nur ein genialer Experimentator und Erfinder, sondern auch einer der bedeutendsten Mathematiker seiner Zeit. Seit 1655 beschäftigte er sich mit Bau und Optimierung von Mikroskopen und Fernrohren; seine optischen Instrumente galten als die besten ihrer Zeit. Mit seinen Fernrohren gelang ihm 1659 die Entdeckung der Saturnringe und die erste Beobachtung des Orion-Nebels.

kel, starb aber, ohne mehr zu diesem Thema herausgefunden zu haben. Erst 1659, als der niederländische Astronom Christiaan Huygens seine Theorie der Saturnringe veröffentlichte, wurde den Himmelsforschern klar, was sie sahen. Huygens hielt die Ringe für feste Strukturen, aber der italienische Astronom Giovanni Cassini entdeckte eine Lücke im Ringsystem, die ihm zu Ehren heute als Cassinische Teilung bezeichnet wird. Woraus die Ringe tatsächlich bestehen, blieb seit Galileis Zeit bis ins 18. Jahrhundert hinein Gegenstand der Diskussion; dann schlossen die Astronomen, es handele sich um Gebilde aus Staub, Eis und Gesteinstrümmern. Inzwischen wissen wir, dass die Ringe aus Milliarden von Eispartikeln (mit Spuren von Silicaten und anderen Gesteinen) aufgebaut sind, deren Größe vom Sandkorn bis zum Mehrfamilienhaus reicht. Die Ringscheibe selbst ist nur wenige hundert Meter dick.

Während wir uns dem Saturn nähern, begegnen wir der *Cassini-Huygens*-Saturnmission. Das Raumschiff *Cassini* schwenkte am 1. Juli 2004 auf eine Umlaufbahn um den Ringplaneten ein und setzte Weihnachten 2004 die Sonde *Huygens* mit Kurs auf den Saturnmond Titan aus. *Voyager 2* fand beim Vorbeiflug 1981 Hinweise auf Methan- und Ethanmeere auf dem Titan; diese Entdeckung nachzuprüfen, erwies sich aufgrund der dicken, undurchdringlichen Atmo-

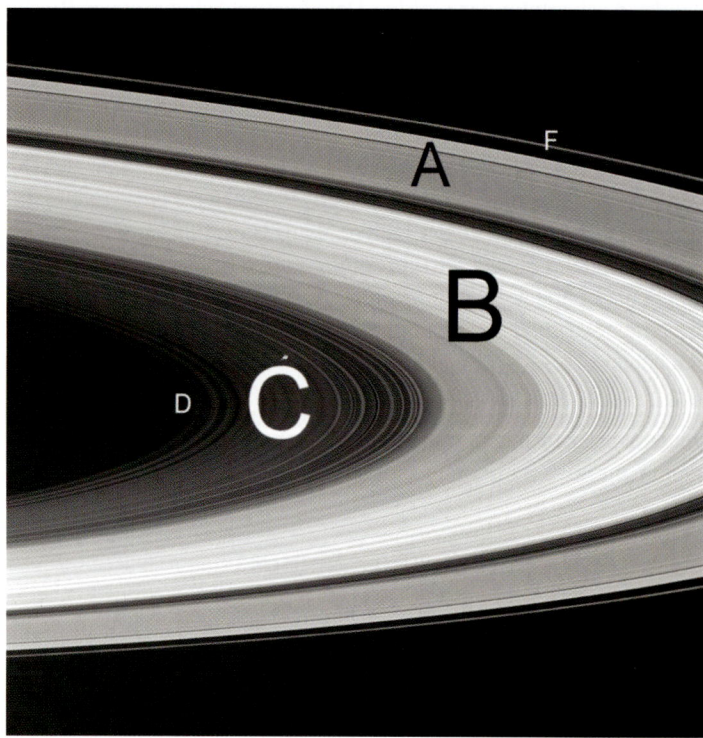

Das Ringsystem des Saturn, beobachtet von *Voyager 1* aus 8 Millionen km Entfernung. Die Ringsysteme A, B, C und F sowie die Cassinische Teilung sind deutlich sichtbar.

Ring	innerer Abstand von Saturn [km]	äußerer Abstand von Saturn [km]	Teilchengröße
D	69 970	74 510	< 2 m
C	74 510	92 000	< 8 m
B	92 000	117 580	< 10 m
A	122 170	136 780	< 10 m
F	140 300 (Zentrum)	Breite: 30–500 km	
G	170 000 (Zentrum)	Breite: 10 000 km	< 0,005 mm
E	180 000	480 000	< 0,005 mm

Physische Daten der Saturnringe.

sphäre dieser urzeitlichen Welt jedoch als schwierig. *Huygens* lieferte im Januar 2005 die Bestätigung neben einer Fülle weiterer, im Laufe der kommenden Monate auszuwertender Daten. Die Wissenschaftler meinen, aus den chemischen Prozessen auf Titan Rückschlüsse auf die organische Chemie der jungen Erde ziehen zu können.

Cassini hat ähnliche Aufgaben wie die *Galileo*-Mission zum Jupiter: Sie soll das Saturnsystem erkunden und Wetterdaten des Ringplaneten aufzeichnen. In der Regel gilt der Saturn als stille Welt; 1990 verzeichnete das Hubble-Teleskop den Ausbruch eines der seltenen Stürme mit Windgeschwindigkeiten von bis zu 1 800 Stundenkilometern. Der Sturm breitete sich aus und erfasste schließlich einen Großteil der Nordhalbkugel.

Abgesehen vom Mars regt der Saturn die menschliche Phantasie in besonderem Maße an, vor allem wohl aufgrund seiner geheimnisvollen Ringe, die man früher für ein einmaliges Phänomen hielt. 1977 entdeckten die Astronomen ein Ringsystem um Uranus und mittler-

Porträt

Cassini, *Giovanni Domenico* oder *Jean Dominique*, italienisch-französischer Astronom, * 8.6. 1625 Perinaldo, † 14.9.1712 Paris; 1669 Direktor des neuerrichteten Pariser Observatoriums; führte zahlreiche Kometenbeobachtungen durch und erkannte Oberflächendetails auf dem Mars und die Phasen der Venus; bestimmte die Rotationsperioden von Venus, Mars und Jupiter; bemerkte 1665 die Abplattung von Jupiter und beobachtete über mehrere Jahre den Großen Roten Fleck auf dem Riesenplaneten; entdeckte mit Fernrohren von über 30 m Länge vier Saturnmonde und 1675 die Teilung des Saturnrings (Cassinische Teilung); vermutete bereits (richtig), dass der Saturnring aus Myriaden kleiner Partikel besteht; bestimmte anhand von Beobachtungen des Mars die Parallaxe (und damit die Entfernung) der Sonne; gab 1692 eine detailreiche Mondkarte heraus; nach ihm benannt ist auch die *Cassini*-Mission.

Der Saturn, fotografiert von der *Cassini*-Mission am 27. März 2004. Diese letzte Panoramaaufnahme des Planeten einschließlich seiner Ringe entstand aus einer Entfernung von knapp 50 Millionen Kilometern.

77

weile wissen wir, dass auch Jupiter und Neptun von Ringen umgeben sind. Nach wie vor sind die Saturnringe aber die spektakulärsten. Nachdem wir sie durchquert haben, sehen wir die Sonne, bevor wir hinter dem Saturn verschwinden, als außergewöhnlich hellen, weit entfernten Stern, dessen Licht beim Untergang über dem Horizont in leuchtenden Farben gebrochen wird. In der Tat beträgt unser Abstand zur Sonne bereits rund 1,3 Milliarden Kilometer. Beim Flug durch die Hochatmosphäre des Saturn entdecken wir Polarlichter am Nordhimmel, wie sie uns auch von der Erde vertraut sind.

Die eindrucksvolle Silhouette des Saturn hinter uns lassend, haben wir nun Uranus und Neptun zum Ziel. Ungewöhnlich an Uranus ist, dass sein Rotationspol in Richtung Sonne zeigt: Der Planet rollt wie ein riesiger Ball um das Zentralgestirn herum. Warum sich die Rotationsachse so weit aus der Ekliptik hinausneigt, weiß man nicht genau; als Ursache vermutet man aber einen Zusammenstoß mit einem anderen Himmelskörper.

Voyager 2 flog im Januar 1986 sehr nah am Uranus vorbei, um mithilfe der Gravitation Fahrt für die Weiterreise zum Neptun aufzunehmen. Zufälligerweise geriet die Sonde dabei in die Nähe des Uranusmonds Miranda, über den zuvor nur sehr wenig bekannt war. Fotografische Aufnahmen offenbarten den begeisterten Wissenschaftlern gewaltige Verwerfungen mit bis zu 20 Kilometer tiefen Spalten, wie sie im Sonnensystem nicht häufig vorkommen.

Der Vorbeiflug am Neptun im August 1989 zeigte einen wesentlich dynamischeren Planeten als vermutet. Wirbelstürme mit weißen Wolkenformationen rasen über die Oberfläche der blaugrünen Welt; der Große Dunkle Fleck, ein dem Großen Roten Fleck des Jupiter vergleichbares Hochdruckgebiet, zog gemächlich über die Südhalbkugel, während sich der Planet entgegengesetzt zum Uhrzeigersinn drehte.

Inzwischen sind wir bei Pluto und seinem Mond Charon angelangt. Den 1977 entdeckten Charon als Mond zu bezeichnen, ist im Grunde irreführend; er ist immerhin halb so groß wie Pluto selbst. Die graubraunen Eiswelten kreisen so umeinander, dass immer die gleichen Seiten einander zugewandt sind. Astronomen nennen dies „doppelt gebundene Rotation" und das Paar einen Doppelplaneten, sind aber auch nicht einig, ob die beiden als äußerste Planeten des Sonnensystems oder doch eher als nächste Objekte des Kuiper-Gürtels gelten sollten. Unversehens fand sich das Hayden-Planetarium des Amerikanischen Museums für Naturgeschichte in New York City dem Kreuzfeuer der Medien ausgesetzt, nachdem man die Öffentlichkeit in den Ausstellungshallen auf die Debatte aufmerksam gemacht hatte: „Pluto kein Planet? Höchstens in New York", titelte die *New York Times*. Anscheinend wurde unterstellt, Pluto sei nicht bedeutend genug, um es im Big Apple zu etwas zu bringen – vermute-te jedenfalls Neil Tyson, der Direktor des Planetariums. Der Streit unter den Astronomen wurde 2006 mit der Neudefinition des Be-griffs „Planet" durch die Internationale Astronomische Union (IAU) abrupt beigelegt. Pluto ist fortan nicht mehr „neunter Planet des Son-nensystems".

Bereits Anfang 2006 hatte die NASA die Raumsonde *New Horizons* zur Erkundung des Pluto und des Kuiper-Gürtels entsendet. *New Horizons* ist die erste Raumsonde, die Pluto aus der Nähe untersuchen soll. Mitte 2015 soll sie ihr Ziel erreichen und anschließend weiter in den Kuiper-Gürtel fliegen.

Mit Pluto im Rücken haben wir uns nun 44 Astronomische Einheiten weit von der Sonne entfernt. Eine Astronomische Einheit (AE) ent-spricht dem Abstand zwischen Erde und Sonne; das bedeutet, unser Stern liegt 6,6 Milliarden Kilometer hinter uns! Um in diese einsa-me, eisige Gegend zu gelangen, ist das Sonnenlicht fünfeinhalb Stunden lang unterwegs. Der Funkkontakt zur Erde wird allmählich mühsam: Eine dringende Frage erreicht die Bodenstation erst fünf-einhalb Stunden später; weitere fünfeinhalb Stunden dauert es (bes-tenfalls), bis die Antwort eingetroffen ist.

Wir tauchen jetzt in den Kuiper-Gürtel ein, benannt nach dem nieder-ländisch-amerikanischen Astronomen Gerard Kuiper, der die Exis-tenz dieses Überrests der Entstehung unseres Sonnensystems in den 1950er-Jahren als Erster öffentlich vermutete. Erst 1992 entdeckten die Himmelsforscher Objekte, die tatsächlich zu diesem Gürtel gehö-ren. Bei diesen sogenannten Kuiperoiden handelt es sich vorwiegend um eine Art Kometenkerne, Klumpen aus Gesteinsbrocken, ver-mischt mit Schnee und Eis. Die Astronomen halten den Kuiper-Gür-tel für die Quelle der meisten kurzperiodischen Kometen (so be-zeichnet man Kometen mit relativ kurzer Bahnkurve). Schon der ge-ringste Schwerkraftstupser eines vorbeifliegenden Sterns oder Plane-ten kann einen Kuiperoiden aus der Bahn werfen und wie Ikarus in Richtung Sonne schicken.

Der Kuiper-Gürtel ist so weit von uns entfernt, dass sich seine dunk-len, kleinen Objekte allgemein der Beobachtung entziehen. Einige wenige, größere Kuiperoiden hat man jedoch tatsächlich aufgespürt und sogar benannt. Varuna und Quaoar, entdeckt im November 2000 bzw. Oktober 2002, sind die größten bislang gefundenen Objekte, je-weils ungefähr vom Durchmesser Mitteleuropas.

Bei der Weiterreise in den Raum begegnen wir einem winzigen Raumschiff: *Pioneer 10,* gestartet 1972, ist der momentan am wei-testen ins All vorgedrungene von Menschenhand geschaffene Flug-körper – eine Leistung, die der Mission zwar gelegentlich zugunsten von *Voyager 1* streitig gemacht wird, aber diese Sonde ist noch in Be-

Porträt

Kuiper, *Gerard Peter,* amerika-nischer Astro-nom niederlän-discher Her-kunft, * 7.12. 1905 Haren-karspel (Nord-holland), † 23.12.1973 Mexi-ko; seit 1933 in den USA, ab 1936 am Yerkes-Observatorium bei Chicago; der wohl bedeu-tendste Planetenforscher des 20. Jahrhunderts; entdeckte 1948 den fünften Uranusmond Miran-da und 1949 den zweiten Nep-tunmond Nereid; veröffentlichte 1951 eine Theorie, nach der die Planeten durch Kondensation aus gasförmigen Protoplaneten entstanden sind; mitbeteiligt an den meisten Raumfahrtprogram-men der NASA; initiierte die Ein-richtung des Kuiper-Flugzeugob-servatoriums.

■ Was ist eigentlich ... ■

Oortsche Wolke, nach dem niederländischen Astronomen Jan Hendrik Oort benanntes kugelschalenförmiges Gebiet um die Sonne, in dem sich 10^{11} bis 10^{12} Kometen aufhalten sollen. Die Ausdehnung der Oortschen Wolke ist nicht bekannt. Sie wird etwa zwischen 20 000 und 70 000 AE angenommen. Durch gravitative Störungen können Kometenkerne ins innere Sonnensystem geschleudert werden, wo sie dann als langperiodische Kometen auftauchen. Die kurzperiodischen Kometen kommen hingegen wahrscheinlich aus dem Kuiper-Gürtel, der sich an die Neptunbahn anschließt. Die Oortsche Wolke lässt sich nicht direkt nachweisen. Oort schloss auf ihre Existenz aus der Analyse von Kometenbahnen.

Porträt

Oort, Jan Hendrik, niederländischer Astronom, * 28.4. 1900 Franeker, † 5.11.1992 Leiden; ab 1935 Professor in Leiden und 1945–1970 Direktor der dortigen Sternwarte; Mitbegründer der dynamischen Theorie des Milchstraßensystems, die aus der Analyse der Bewegungsverhältnisse der Sterne auf deren Rotation um das galaktische Zentrum schließt (1927 Formulierung der Oortschen Rotationsformel); bestimmte die Masse und die Dimensionen des Milchstraßensystems; postulierte 1950 die Existenz einer großen Wolke (Oortsche Wolke) als Aufenthaltsort von Kometen.

trieb. Ein letztes, sehr schwaches Signal von *Pioneer 10* wurde am 22. Januar 2003 empfangen. Jetzt befindet sich die Sonde 79 AE von der Erde entfernt und nimmt mit einer Geschwindigkeit von 44 000 Stundenkilometern Kurs auf den roten Stern Aldebaran, den 60 Lichtjahre von unserem Sonnensystem trennen. Unerklärlicherweise wird die Sonde schneller, obwohl ihr Treibstoff längst aufgebraucht ist und die Batterien nahezu entladen sind.

Wir befinden uns jetzt an der Heliopause, dem Rand der riesigen Blase, die das gesamte Sonnensystem einhüllt und sich bis zu einer Entfernung von 125 AE erstreckt. Der Druck des Sonnenwinds ist dort gleich dem Druck der Teilchenwinde unserer Nachbarn im interstellaren Raum. Von hier aus wirkt die Sonne wie ein gewöhnlicher Stern. Ihr Licht ist mehr als 16 Stunden lang zu uns unterwegs.

Schließlich erreichen wir die Oortsche Wolke, eine schier unerschöpfliche Lagerstätte schlafender Kometen. Hier, bis zu 50 000 AE von der Sonne entfernt, beginnen die langperiodischen Kometen (mit sehr langen Bahnkurven) ihre Reise in Richtung unseres Zentralgestirns. Die Oortsche Wolke gilt als Überrest der Entstehung des Sonnensystems: sie wurde 1950 von dem niederländischen Astronom Jan Hendrik Oort als Quelle der langperiodischen Kometen vorgeschlagen.

Die Heimat liegt weit, weit hinter uns. Auf unserer Reise ins All begleiten uns die Rundfunksendungen vom Tag zuvor als einzige Verbindung zur Erde und überhaupt letzter Beweis für die Existenz der Menschheit.

Grundtext aus: Dana Berry *Der neue Kosmos. Astronomische Missionen von der Erde zum Ende der Welt*; Spektrum Akademischer Verlag (englische Originalausgabe: *Smithsonian Intimate Guide to the Cosmos*; Madison Press Ltd.; übersetzt von Anna Schleitzer).

Für eine Hand voll Mondgestein

Amerikanische Astronauten brachten kiloweise Steine vom Mond mit. Diese sind bis heute Objekte der Begierde für Forscher – und Kriminelle

Klaus Kamolz

Das Meer der Ruhe trägt seinen Namen zu Recht. Kein Windhauch bewegt seine Oberfläche, kein Ton schallt über den Boden. Und das seit vielen Millionen Jahren. Dem Mare Tranquillitatis, wie die trostlose Mondlandschaft genannt wird, fehlt es an Atmosphäre; zu dünn ist die Gasschicht, die den Erdtrabanten umgibt, um Sturm und Lärm über das Land zu tragen. Stille überall. Bis zum 20. Juli 1969. Als Neil Armstrong und Edwin Aldrin im Landemodul der Apollo 11 dem Mond entgegensinken, wirbeln sie eine Menge Staub auf. Grau behindert er die Sicht auf eine geeignete Landestelle. Nur hin und wieder lichtet sich der Schleier. Wenig später betritt der erste Mensch den Mond. Vorsichtig bohrt Armstrong – der historische Satz von den kleinen und großen Schritten ist bereits gesagt – die Spitze seiner Moonboots in den Sand und meldet nach Houston: „Das ist alles sehr fein hier. Ich kann den Staub mit den Zehen bewegen." Weit weg auf der Erde wogt eine Welle der Erleichterung durch die Mission Control. Unbemannte Expeditionen haben zuvor die feinsandige Konsistenz der Mondoberfläche nachgewiesen, deshalb hatte die NASA Angst, der erste Mann auf dem Mond könnte dort oben versinken wie im Treibsand. Dann ordnet die Mission Control an: Steine sammeln. Es ist die wichtigste Instruktion in der Anfangsphase des Mondaufenthaltes. Nicht auszudenken, wenn technische Probleme Armstrong zwingen würden, sofort ins Landemodul zurückzukehren – ohne ein Körnchen vom Mond. „Okay, ich versuche gleich, hier einen Stein aufzuheben. Nein,

lieber gleich ein paar", sagt Armstrong. Etwas später betritt auch Aldrin den Mond und mimt den Amateurgeologen. „Oh, ein Biotit, aber eine genaue Analyse überlasse ich lieber den Experten." Nach zweieinhalb Stunden auf dem Mond kehren die beiden Astronauten ins Landemodul zurück. Sie haben die erste von sechs Lieferungen Mondgestein im Sack – 21,7 von insgesamt 382 Kilogramm, die sechs erfolgreiche Apollo-Expeditionen insgesamt zur Erde schaffen werden. Aber das ist nicht alles.

Vorsicht: Mondstaub kann zu Heuschnupfen führen!

In den feinen Poren ihrer Mondanzüge, in den winzigen Ritzen ihrer geologischen Geräte und selbst in den haarkleinen Spalten der Mondkamera schleppen Armstrong und Aldrin eine Menge Mondpulver mit auf die Erde. Niemand denkt im Sommer 1969 an die Gefahren, die die mikroskopisch kleinen Partikel bergen. Erst 1972 lenkt ein Vorfall während der letzten Apollo-Mission die Aufmerksamkeit der NASA-Leute auf den Staub. Apollo-17-Astronaut Jack Schmitt ist gerade von einem Mondspaziergang zurückgekehrt. Als er seinen Helm abnimmt, vernimmt er einen strengen Geruch nach „explodiertem Schießpulver", wie er sich später erinnert. Seine Nasenschleimhäute schwellen an; er muss niesen – und berichtet seinem Kollegen Eugene Cernan, er habe gerade einen Anfall von „lunarem Heuschnupfen". Zwar weiß die NASA spätestens seit diesem Zeitpunkt, dass der Staub tückisch ist, aber sie kümmert sich jahrzehntelang kaum um das Problem; schließlich steht keine Rückkehr zum Mond in Aussicht.

Ende März 2005, Sunnyvale, Kalifornien. Toxikologen, Astrobiologen und Geologen treffen sich zu einem NASA-Workshop. Das Thema: Die biologischen Auswirkungen des Mondstaubs. Das Treffen ist eine Art Auftakt zum Project Dust, in dem die NASA in den kommenden Jahren jede Facette des Mondstaubproblems akribisch erforschen will. „Staub ist das größte Umweltproblem auf dem Mond", sagt Apollo-Veteran Jack Schmitt in Sunnyvale und erzählt noch einmal seine damals so lustige Heuschnupfengeschichte. Erstmals offenbaren Experten in geballter Form die Risiken jener Partikel, die auf dem Mond herumliegen und einen Durchmesser von einem Fünftel eines Menschenhaars haben. Sogenannte Agglutinate, Mineralien, die es auf Erden gar nicht gibt, haben „messerscharfe Kanten, die wie Widerhaken hervorstehen", berichtet der Astrobiologe David McKay. Sie könnten tiefer in die Lunge gelangen als jede andere Staubsubstanz und dort hervorrufen, was früher unter Bergarbeitern und in Steinbrüchen als Staublunge berüchtigt war.

Würde jemals eine Mondbasis errichtet, so müsse alles getan werden, um die Bewohner vor den Quarz-, Glas- und Agglutinatsplittern zu schützen. Duschen, schlägt McKay deshalb vor, oder elektrostatische Staubentfernung. Gary Lofgren, der Chefkurator des Lunar Sample Laboratory in Houston, der Hauptlagerstätte der Apollo-Mondsteine, will künftige Ausrüstung konsequent am Staubproblem ausrichten, nicht so wie früher: „Die Raumanzüge und alles andere waren damals eigentlich völlig unbrauchbar." Doch gerade dieser Umstand hat Personen, die Zugang zur Ausrüstung der Astronauten hatten, oft viel Geld gebracht. Wie eine feine Linie Kokain kratzten sie die Körner aus den winzigen Ritzen und Spalten, portionierten sie – und bieten sie nach wie vor feil.

Im Sommer 1969 öffnet der NASA-Fotograf Terry Slezak eine Filmrolle, die Armstrong auf dem Mond belichtet hat, und spürt in der Dunkelheit des Labors feinen grauen Staub an seinen Fingern. Der erste Mann auf dem Mond hatte seine Kamera fallen lassen.

382 Kilo Gestein werden zur heißen Ware

Jetzt nur nicht niesen! Slezak löst die Prise, die gerade den Boden eines Fingerhuts bedeckt, aus den Ritzen und fixiert sie auf einem 30 Zentimeter langen Klebeband; dann löst er das Etikett von der Filmrolle, fotografiert seine staubigen Hände und bastelt aus alldem eine Collage. Zweiunddreißig Jahre später – endlich im Ruhestand – lässt er sie versteigern. Ein deutscher Weltraumsouvenirhändler schlägt bei 25 000 Dollar zu. „Slezak hat den Staub gestohlen", sagt Lofgren unerbittlich. „Hätte er noch während seiner aktiven Zeit versucht, das Zeug zu verkaufen, wäre er ins Gefängnis gegangen." Staub und Steine vom Mond sind kostbare Symbole. Die Geschichten, die sich um sie ranken, sind Geschichten vom wechselhaften Zeitgeist des 20. Jahrhunderts. Sie handeln vom Kalten Krieg, in dem die US-Regierung mit den grauen Felsen den Triumph über ihre kommunistischen Gegner belegt. Sie enthüllen auch, wie der Mond in den Himmel gekommen ist. Und sie lassen nachvollziehen, wie in den Jahrzehnten nach Apollo die 382 Kilo Gestein zur heißen Ware wurden. 382 Kilo – so viel hat in einer Baggerschaufel Platz, und vielleicht gibt es allein in den Safes der Manhattaner Upper East Side mehr Brillanten. Aber nichts ist so viel wert wie ein Körnchen Mondstein. Festgestellt wurde das allerdings erst nach einem dreisten Coup.

Es ist der 13. Juli 2002. Die Nacht hat sich über das Johnson Space Center (JSC) im Süden von Texas gelegt. Die Mitarbeiter mit ihren Mundschutzbändern, Plastikhaarnetzen und weißen Mänteln haben die seltsam keimfrei riechenden Gänge längst verlassen. 90 Prozent der 382 Kilo Mondgestein lagern hier in den Stickstofftanks des luftdicht abgeschlossenen Lunar Sample Laboratory. Diese Bestände verraten einiges über das Alter und die Entstehung des Mondes, allerdings nur, solange das Gestein strikt von der Erdatmosphäre abgeschirmt bleibt. Gelangt ein Körnchen ungeschützt an die frische Luft, wird es von den Wissenschaftlern degradiert. Irdisch kontaminierte Mondsteine gelten als wertlos für die Forschung. Sie werden nie wieder für Experimente benutzt, bleiben aber offiziell „nationaler Schatz" und sind somit gesetzlich davor geschützt, jemals in Privateigentum zu gelangen.

Nur ein paar Mal piepsen in dieser Nacht in Houston die elektronischen Türsperren. Ein Code wird eingetippt, ein Mann und zwei Frauen, alle etwa Mitte zwanzig, schieben einen Rollwagen mit einem Safe zur Rampe hinter dem Gebäude, wo ein Jeep Cherokee steht, laden auf und verlassen das Gelände.

Am Flughafen von Miami klicken die Handschellen

Im Zimmer eines Hotels im nahgelegenen Clear Lake öffnen Thad Roberts, Tiffany Brooke Fowler und Shae Lynn Saur – Praktikanten der NASA mit Zutrittsberechtigung ins Mondsteinarchiv – den Tresor. Er enthält Krümel eines Marsmeteoriten, historische Unterlagen von Astronauten – und 101,5 Gramm garantiert echtes Mondgestein, zerschnitten in 53 kleine Brocken. Die NASA bemerkt den Diebstahl erst zwei Tage später.

Thad Roberts hat den Coup lange geplant. Schon Monate vor dem Diebstahl bietet er im Internet „kostbare Mondsteine aus der einzigen Privatsammlung der Welt" an – unter dem falschen Namen „Orb Robinson". Ein belgischer Händler aus Antwerpen zeigt

Interesse, traut aber der Sache nicht. Er fragt in Houston nach, ob es so eine Privatsammlung überhaupt gebe. Die NASA kann sich das zunächst nicht erklären. Erst nach der Entdeckung des Diebstahls wird klar, um welche Ware es sich bei dem Angebot handeln muss. Der Belgier verhandelt zum Schein für das FBI mit den Anbietern, die bloß zwischen tausend und fünftausend Dollar pro Gramm verlangen, verdächtig wenig.

Neun Tage nach dem Houston-Coup soll der Handel stattfinden. Roberts und seine Komplizen betreten ein Fast-Food-Restaurant beim Flughafen von Miami, um den Käufer zu treffen; die Mondsteine lagern im nahen Hotel. Dann klicken die Handschellen.

Im August 2003 taucht im Prozess, an dessen Ende Roberts zu acht Jahren und vier Monaten verurteilt werden wird, die Frage auf: Was sind die Steine nun wirklich wert? Das Gericht muss eine Schadenssumme ermitteln; ohne sie kann es kein Urteil geben. Aber es gibt nur wenige Anhaltspunkte, denn der Handel mit Mondsteinen ist untersagt und spielt sich, wenn schon nicht deutlich illegal, so doch immer in einem dubiosen Graubereich ab. Die amerikanischen Gesetze besagen, dass jeder Mondstein aus einer Apollo-Mission, auch wenn er einer Person überreicht wird, amerikanischer Staatsbesitz bleibt. Das gilt selbst für die Männer, die den Mond erobert haben. Im Herbst 2000 stimmt der Senat in Washington auf Anregung eines republikanischen Senators dafür, den Astronauten – und in manchen Fällen ihren Hinterbliebenen – ein kleines Stück Mond zu überreichen. Einzige Bedingung: Erlischt die direkte Erblinie des Beschenkten, ist der Stein zurückzugeben. Die NASA ist entschieden dagegen.

Die – selbstverständlich längst degradierten – Mondsteine seien bereits bröselig und könnten kaputtgehen, klagt Chefkurator Gary Lofgren. Und wer garantiert, dass nicht doch einer der Beschenkten in Versuchung gerät, für ein paar Dollar mehr? Vor kurzem hat sich Lofgren durchgesetzt: Keine Steine für die Astronauten, sie dürfen bloß aussuchen, in welcher öffentlichen Institution der Stein in ihrem Namen ausgestellt wird.

Gerüchte, dass sich NASA-Mitarbeiter und Astronauten, ohne groß zu fragen, ein Stück eingesteckt haben, hat es immer gegeben. Edward Aldrin, der zweite Mann auf dem Mond, soll einen Krümel neben den Brillanten am Ehering seiner Frau platziert haben. Er dementiert entschieden. Alan Bean, Veteran der Apollo 12, ist sogar offiziell Besitzer von Teilen seiner Ausrüstung. Aus dem Raumanzug kratzt er Mondstaubreste und mischt sie in die Acrylfarben, mit denen er verklärende Bilder von der Eroberung des Mondes malt. Bean, heute 73, sagt, er habe noch genug Staub und hoffe, „alles zu Lebzeiten verbrauchen zu können". Bis zu 70 000 Dollar kosten seine Gemälde. Die NASA duldet Beans Mondvermarktung still; der Mann ist schließlich ein Nationalheld.

Dubiose Händler zermahlen Lavabrocken zu „Mondstaub"

Ansonsten agiert Houston jedoch rigid. Wo immer – selten genug zwar – Mondsteine auftauchen, betreibt die NASA ihre Beschlagnahmung. Ist diese nicht möglich, zweifelt sie zumindest lautstark die Echtheit der Exponate an, um die Geschäfte zu hintertreiben. „In den meisten Fällen", sagt Gary Lofgren, „ist das Zeug nicht einmal ansatzweise Mondgestein. Die Leute zermahlen irgendetwas, meistens Lavabrocken von einem Vulkan, und sind mit dem Schwindel manchmal sogar erfolgreich." Das winzige Körnchen, das 1993 bei Sotheby's für 442 000 Dollar versteigert wird – der Grammpreis beträgt 2,2 Millionen Dollar –, ist allerdings echt. Es entstammt der insgesamt 300 Gramm schweren Ausbeute zweier unbemannter Sowjetsonden.

Für das Gericht in Orlando ist das kein Maßstab. Ein anderer muss her. Wie teuer war es, die Brocken zur Erde zu bringen? Legt man den Berechnungen den Dollarkurs des Jahres 1973 zugrunde, so kostete der Transport von einem Gramm 50 800 Dollar. Roberts und Co. stahlen demnach Mond für 5,15 Millionen Dollar, heute wären das 21,2 Millionen Dollar.

Als US-Präsident John F. Kennedy am 25. Mai 1961 nach dem Gagarin-Schock öffentlich eine amerikanische Landung auf dem Mond noch in den 1960er-Jahren fordert, bereitet das den Weltraumexperten einiges Kopfzerbrechen. Sie betrachten die Mondsteine, die mit einer solchen Mission zur Erde gelangen würden, als Sicherheitsrisiko für die gesamte Menschheit. „Ein Transport zerstörerischer außerirdischer Organismen in die irdische Biosphäre", warnen Biologen der University of Iowa 1962, „könnte zur Katastrophe ausarten." Was zählt ein Sieg gegen die dunklen Mächte des Kommunismus, wenn seine Folge die Auslöschung der Menschheit wäre? Die Experten fordern von der NASA, die sich dieses Problems noch nicht ausreichend bewusst zu sein scheint, die Entwicklung effizienter Quarantänemaßnahmen für Mannschaft, Gerät und Gestein: „Absolut rigide bakterielle und chemische Isolation". Jahrelang währt die Diskussion; die Entwicklung und Konstruktion eines absolut dichten Empfangslabors für die Mondheimkehrer und ihre Ausbeute ist in den Augen der NASA nur ein lästiger Budgetposten.

Das Lunar Receiving Laboratory kostet schließlich ungefähr 50 Millionen Dollar und wird nur nach der ersten Mission ausführlich genutzt. Wenige Tage nach der Landung von Apollo 11 wagen sich die NASA-Leute an die Öffnung der Proben-Container. Poröse, an die erstarrte Lava irdischer Vulkane erinnernde Brocken kommen zum Vorschein. „Alles grau. Es gab nur diese eine Farbe: Grau", erinnert sich später der NASA-Techniker Jack Warren, der die erste

Aluminiumbox mit Steinen geöffnet hatte. „Ich war ziemlich enttäuscht." Den Tausenden, die im September 1969 einen kleinen Teil der Ladung in der Smithsonian Institution in Washington betrachteten, ging es ähnlich. „Sieht aus wie jeder Stein", zitierte die *Washington Daily News* die Reaktionen.

Präsident Richard Nixon will 120 Mondsteinchen verschenken

Immerhin ergeben erste Analysen, dass sich keine mikroskopisch kleinen Körperfresser in den Ritzen versteckt halten. Die Steine sind tot; das ist die erste wichtige Erkenntnis eines nun einsetzenden jahrzehntelangen Forschungsprozesses. Jetzt kann auch Präsident Richard Nixon gefahrlos seinen Triumph auskosten. Schon Wochen vor der Mondlandung hatte das Weiße Haus die NASA beauftragt, geeignete Präsentationsmethoden zu entwickeln, um 120 Staatschefs ein Mondsteinchen überreichen zu können. In der NASA verbreitet sich daraufhin das Gerücht, Nixon wünsche die Herstellung von lunaren Briefbeschwerern.

Der Geologe Elbert King protestiert: „Hier soll unbezahlbares wissenschaftliches Material in politische Trophäen aufgeschnitten werden." Zehn Proben zu je einem Gramm will die NASA herausrücken, doch Nixon kann und will nicht mehr zurück. Voreilig hat er zahlreichen Regierungen, auch Gegnern im Kalten Krieg und undemokratischen Regimes, bereits eine Probe versprochen. 135 Proben zu je ungefähr einem Gramm setzt Nixon in den nächsten Jahren durch, in der NASA treten reihenweise Wissenschaftler von ihren Posten zurück. Sie fühlen sich Jahrzehnte später in ihrer Kritik bestätigt.

Immer wieder verschwinden Steine in politischen Wirren. Nicolae Ceausescus Mondkorn landet neun Jahre nach der Revolution auf einer mysteriösen Auktion, wo sich seine Spur verliert. Der Stein von Honduras, in Kunststoff gegossen und an einer Plakette fixiert, tritt eine abenteuerliche Reise an. Schon bald verschwindet er aus dem Präsidentenpalast und taucht erst Mitte der 1990er-Jahre wieder auf. Ein amerikanischer Fruchtsafthändler erwirbt ihn zum Schnäppchenpreis von 50 000 Dollar von einem honduranischen Oberst und lässt ihn analysieren. Die 1,142 Gramm schwere Probe, teilt die Harvard University mit, stammt vermutlich vom Mondstein mit der NASA-Kennzahl 70017 und lag etwa 2,9 Milliarden Jahre im lunaren Taurus-Littrow-Tal, bevor sie Apollo 17 zur Erde brachte. Das Analytische Labor der Smithsonian Institution schreibt ungewöhnlich salopp: „Nun, sieht ganz so aus, als hätten Sie einen Mondstein!" Statt der fünf Millionen Dollar, die er verlangt, erwarten den Safthändler Handschellen. Er tappt in eine Routinefalle der NASA, die wieder einmal verschwundene Mondpartikel einsammeln möchte. In einem Restaurant in Miami Beach zeigen vermeintliche Interessenten plötzlich ihre FBI-Plaketten. Der Stein wird Honduras in einer Zeremonie ein zweites Mal überreicht.

Ende September 1969 braust ein völlig überladener Truck in die Orocopia Mountains in der Wüste Südkaliforniens. Im Wagen sitzen James Lovell und Fred Haise, die auserwählte Mondlandecrew von Apollo 13, und John Young und Charles Duke, die beiden Reservisten, die später mit Apollo 16 zum Mond fliegen. Der kalifornische Geologe Lee Silver chauffiert. Er soll den Astronauten geologische Grundkenntnisse für die Feldarbeit auf dem Mond vermitteln, und er tut es auf seine eigene Art. Das Büffeln von Fachbegriffen, in den frühen 1960er-Jahren die meistgehasste Lektion für angehende Monderoberer, hält Silver für entbehrlich. „Sie brauchen keinen Jargon", beschließt er, „sie brauchen Gefühl für die Umgebung, dann finden sie auch interessante Proben." Steine spielen nach den ersten beiden Missionen eine immer wichtigere Rolle. Jetzt, da Amerika weiß, wie man zum Mond und wieder zurück fliegt, rückt die Analyse des Trabanten in den Vordergrund.

NASA geht gezielt auf Steinsuche

Die NASA wird wissenschaftlich anspruchsvoller. Es muss doch noch mehr da oben geben: andere geologische Formationen, andere Farben als dieses ewige Grau, Felsbrocken mit mehr Aussagekraft über das Alter des Mondes und seine Entstehung. Auch in der Auswahl der Landeplätze zeigt die NASA Mut zum Risiko. Nicht mehr flache, sondern geologisch auffällige Stellen werden ab Apollo 15 auserkoren. Als die Apollo-Chefs beim letzten Mondflug 1972 einem Geologen den Vortritt gegenüber einem versierten Piloten geben wollen, hagelt es Kritik. Auch Sicherheitsfanatiker in den eigenen Reihen argumentieren, es sei „leichter, einem Piloten beizubringen, Steine aufzuheben, als einem Geologen, auf dem Mond zu landen". Dennoch: Harrison „Jack" Schmitt, der Geologe, fliegt.

Silver und seine Schüler, zu denen später auch die Teams von Apollo 14 und 15 gehören, haben in der kalifornischen Wüste keine Zelte dabei. Sie übernachten in Schlafsäcken unter freiem Himmel. Frühmorgens schickt „der Professor", wie die Mondpiloten Silver nennen, sie auf die Suche nach außergewöhnlichen Proben. Ein einsamer Baum fungiert im Spiel als Landemodul; zu ihm müssen die Männer zwischendurch immer wieder zurückkehren und die Steine dort ablegen. Am Abend beim Lagerfeuer bespricht Silver die Funde.

Die Mühe macht sich bezahlt. Am 1. August 1971 finden David Scott und James Irwin in den Hadley-Apenninen den faustgroßen Genesis-Stein. Der Fels, das wissen die Forscher mittlerweile, ist vermutlich 4,5 Milliarden Jahre alt und stammt aus der Frühgeschichte des Mondes. Seine Zusammensetzung erhärtet die Theorie von der

großen Kollision, aus der der Mond entstanden ist. Demnach schlug ein marsgroßer Himmelskörper auf der Erde ein. Die gewaltigen Massen, die dadurch hochwirbelten, vereinten sich anschließend zum Mond. „Genesis" ist ein Star unter den 2 200 Mondsteinen. Jeder einzelne trägt eine Probennummer und verfügt sowohl über ein ausführliches geologisches Dossier als auch einen Kosenamen. „Big Muley" ist mit 11,7 Kilogramm der größte, „Goodwill Rock" der symbolischste; von ihm stammt ein Großteil der Staatsgeschenke.

Eine Zukunftsvision: Mondsteine für NASA-Sponsoren

In mehr als 97 000 Teile haben die NASA-Wissenschaftler im 1979 fertiggestellten Lunar Sample Laboratory in Houston die Apollo-Ausbeute mittlerweile zerlegt. Was an Splittern und Staub anfällt, wird für Anstrengungen verwendet, den Mond bewohnbar zu machen. Aus einer Kaffeetasse voll Staub versuchen Bautechniker in den 1980er-Jahren, lunaren Beton für eine permanente Mondbasis herzustellen. Das erfreuliche Ergebnis: Mondstaub ist aufgrund seiner hohen Dichte sogar besser geeignet als jedes irdische Baumaterial.

Als Gartenerde jedoch ist er gänzlich unbrauchbar. Erstens verklumpt er, mit Wasser begossen, sofort zu einem zähen Teig, den kein Sojakeimling durchdringen kann. Zweitens fehlen dem Staub die notwendigen Mineralstoffe. Für eine Mondplantage müsste also reichlich sauerstoffhaltiger Dünger eingeflogen werden.

Die Experimente der Sorte Haus und Garten sind nicht viel mehr als ernst gemeinte Spielereien. Sie illustrieren aber die zeitweilige Ratlosigkeit der NASA im Umgang mit dem Mondgestein. Die chemischen und geologischen Analysen sind Ende der 1980er-Jahre weitgehend abgeschlossen. „Von da an wussten wir ziemlich genau, was wir auf die Erde geholt hatten", sagt Lofgren. Immerhin, neue Technologien ermöglichen immer wieder neue Untersuchungen an den gleichen Steinen. Isotopen-Untersuchungen helfen heute dabei, neben dem Alter einer Probe auch die Dauer bestimmter Phasen der Entstehung unseres Sonnensystems zu bestimmen. Anfang der 1990er-Jahre rückt deshalb die vergleichende Planetologie in den Vordergrund. Weil der Mond keine Atmosphäre besitzt, gelangen Weltraumpartikel auf seine Oberfläche, die den Eintritt in die Erdatmosphäre nie überstanden hätten. Alles bekannt?

Lofgren glaubt freilich, dass wir noch immer ziemlich wenig über den Mond wissen. Von seinem verfügbaren Gestein auf die geologische Gesamtstruktur des Mondes zu schließen, sagt er, „käme einer Bodenbestimmung der Erde auf Basis des Sandes in der Sahara gleich".

Es bleibt also etwas zu tun, und seit George W. Bush Anfang 2004 eine Rückkehr zum Mond in Aussicht gestellt hat, geht wieder ein Ruck durch die NASA. Und um eine zweite Phase der Monderoberung zu finanzieren, kann sich Gary Lofgren, der Hüter des Schatzes von Houston, sogar vorstellen, von bisher unerschütterlichen Dogmen abzurücken. „Auch die Raumfahrt", weiß er, „wird sich künftig kommerzieller orientieren." Zu guter Letzt also doch Mondsteine als Preziose für irdische Sammler? „Ich will darüber noch nicht spekulieren, aber ich halte solche Strategien zumindest für möglich." Immerhin, was könnte private Unternehmen mehr motivieren, Projekte zu unterstützen als Gegenleistungen in Gestalt der wertvollsten Substanz, die derzeit auf Erden zu finden ist?

Aus: ZEIT-Wissen 3/2005

Johannes **Viktor Feitzinger** liebt sein Publikum. Und sein Publikum liebt seine Arbeit. Mehr als 130 000 Menschen besuchen ihn jedes Jahr in seinem Zeiss-Planetarium. Seit 1986 ist Feitzinger Direktor der Sternwarte Bochum und außerplanmäßiger Professor für Astronomie an der Ruhr-Universität. Jedes Jahr entwickelt er mit seinem Team vier bis sechs Multivisionsprogramme und entführt seine Besucher auf immer neuen Wegen in die Tiefen des Alls.

„Ich habe gelernt, dass Laienfragen oft schwieriger sind als Fragen von Fachleuten", schildert der Astronom seine Begegnungen mit dem Publikum. „Und ich habe glücklich bestätigt gefunden, dass niemand mit halben Antworten oder Ausreden zufrieden ist."

Feitzinger wird 1939 in Troppau im früheren Sudetenland geboren. Er studiert Astronomie, Astrophysik und Mathematik in Tübingen und Heidelberg und promoviert 1972 am Lehrstuhl für Theoretische Astrophysik in Tübingen über „Die dynamische Wechselwirkung zwischen der Milchstraße und den Magellanschen Wolken". 1974 wechselt er an die Universität Bochum und habilitiert sich dort fünf Jahre später.

Verschiedene Forschungsaufenthalte führen ihn in die USA, nach Chile, Australien und Japan. Er ist Mitglied der New York Academy of Sciences, der International Astronomical Union und der internationalen wissenschaftlichen Astronomischen Gesellschaft. Die Arbeitsgebiete des Astronomen sind Sternentwicklung, Strukturbildung in Sternsystemen, interstellare Materie und Galaxien.

Feitzinger ist ein leidenschaftlicher Astronomie-Didaktiker, er engagiert sich als Sprecher des Rates deutscher Planetarien und Mitherausgeber der Zeitschrift *Astronomie und Raumfahrt im Unterricht*. Er hat den großen Ehrgeiz, seinem Publikum alle Fragen zu beantworten. Bis auf eine:

„Unser Universum trat aus einer Energieschwankung des Vakuums ins Dasein und begann sich auszudehnen. Ein energiegequanteltes Vakuum war das Saatkorn unseres Kosmos. Es war ein Vorgang ohne kausalen Hintergrund. Damit wird die Frage überflüssig, und bleibt unbeantwortbar: Was war vor dem Urknall? Es ist die Aufforderung an den Polarforscher, er solle den 91. Breitengrad erreichen."

Johannes Viktor Feitzinger

Das Milchstraßenband –
Sterne, Sterne und kein Ende

Von Johannes Viktor Feitzinger

Einen Stern kennen wohl alle: es ist der Stern Sonne. Nur durch ihre Nähe erscheint sie uns Erdenbewohnern nicht als Lichtpunkt wie die übrigen Sterne. Die Sterne, leuchtende Gaskugeln, die ihre Energie in ihrem Inneren selbst erzeugen, liegen in den unterschiedlichsten Entfernungen. Unser Vorstellungsvermögen kann Vergleiche für diese kosmischen Weiten kaum bereitstellen. Die Entfernungen der Sterne sind so groß, dass sie sich an der Himmelssphäre abbilden, als ob sie an einer gläsernen Schale festgeklebt wären. Unsere Sinnesempfindungen können zwischen ihnen keine unterschiedlichen Entfernungen feststellen.

Sterne, Sterne, Sterne, wer bringt Ordnung in dieses Gewimmel? Immer wurden Gestalten erfunden, die in dieses Gewimmel hineinpassten. Mit Figuren und Gegenständen, entnommen aus dem Leben der Völker, begann man, den Himmel zu bebildern. Und Jahrtausende war man sich nicht im Klaren darüber, dass diese Lichtpunkte, die Sterne, durch Figuren in Muster geordnet, im Raum weit verteilt sind. Und zwischen diesen Sternbildfiguren erblickte man ein weißlich schimmerndes Band – die Milchstraße. Was ist dieses Band? Besteht es aus Sternen? Ist es ein anderer himmlischer Stoff? Warum leuchtet dieses Band?

Brechen wir auf! Unsere Anschrift lautet: Unterwegs auf der Milchstraße! Die letzten Jahrzehnte astronomischer Forschung haben unseren Kenntnisstand über diesen himmlischen Lichtweg dramatisch verändert und erweitert. Doch wie nahmen frühe Kulturen, unsere Vorfahren vor Tausenden von Jahren, dieses schimmernde Band wahr?

Steinzeitliche Jäger und Sammler unter dem Sternenhimmel

Es ist unbestritten, dass die Sorge für das eigene Leben allen Tieren und auch den Menschen angeboren ist und ebenso der Trieb zur Fortpflanzung und – immer dann, wenn die Nachkommen allein nicht lebensfähig sind – zur Brutpflege, Die Sorge für das eigene Leben ist immer auch die Sorge um die tägliche Nahrung. Nahrungsaufkommen ist aber abhängig vom Lauf der Jahreszeiten. Das genaue Kennen der Wachstums- und Erntezeiten, die Einteilung des Jahreslaufs also, ist für die Sicherung der Nahrung eine Voraussetzung. Schon bei den frühesten Kulturen sind solche erste Ansätze für einen Jahreskalender zu finden. Will man dies nachvollziehen und auch verstehen, wie der Himmel eingeteilt wurde und was man sah, so ist es wohl sinnvoll, sich bei den noch auf der Erde verbleibenden Sammler- und Jägergesellschaften umzuschauen. Es gibt heute nur noch wenige Volksstämme, die in solchen ursprünglichen und überschaubar abgegrenzten Einheiten leben. Solch eine Steinzeitkultur, die in den letzten 40 000 Jahren kaum Wandlungen unterworfen war, ist die der australischen Aborigines.

Für uns in Europa ist es unmöglich zu erfahren, was unsere Jäger- und Sammlervorfahren vor 15 000 Jahren fühlten und dachten, wenn sie den Sternenhimmel betrachteten. Aber in der Kultur der Aborigines können wir die ursprünglichen Empfindungen und Gedanken nachfragen, die ein Naturphänomen, welches außerhalb menschlicher Kontrolle abläuft, hervorruft. Roslynn D. Haynes von der Universität New South Wales (Australien) hat diese Arbeit 1990 begonnen. Ihre Untersuchungen erlauben einen tieferen Einblick in die Sternenwelt von Steinzeitmenschen.

Der südliche, genauso wie der nördliche Sternenhimmel bildet die Bühne für ein bewegtes Schauspiel. Wir haben dies vielleicht schon selbst erlebt, vor allem in klaren Winternächten, wenn die Milchstraße sich als breites glitzerndes Band von Horizont zu Horizont schwingt. Die gesamte Lichterpracht scheint dann innerhalb der Reichweite einer Vogelflugentfernung zu liegen. Diese Empfindung ist sicher heute noch die gleiche wie sie es vor Tausenden von Jahren war. So verwundert es nicht, dass die Aborigines sehr sorgfältig die Sternpositionen zu verschiedenen Jahreszeiten beobachten und Geschichten erfanden, in denen sie das Gesehene in den Rahmen ihrer Stammeserfahrungen einwoben und zu erklären versuchten.

Am dicht bestirnten Himmel bestimmte vorgegebene Figuren zu finden, ist nicht leicht. Gestalt erkennen ist daher für die Aborigines wichtiger als die Sternhelligkeit. Ebenso spielt die Farbe bei ihren Sternbezeichnungen eine Rolle. Der Stern Antares zum Beispiel wird

Antares über dem australischen Nachthimmel. 424 Lichtjahre von der Erde entfernt, ist der Rote Überriese der hellste Stern im Sternbild Skorpion.

Sternbilder, im historischen (und allgemeinen) Sinn ein Bild, das einer Gruppe von Sternen überlagert wird. Im astronomischen Sinn ein durch feste Begrenzungen eingeschlossenes Gebiet am Himmel. Die heute in der Astronomie gebräuchlichen Sternbilder beruhen auf antiken Vorbildern, besonders jenen aus hellenistischer und römischer Zeit. In der Antike verband man mit den Sternbildern bestimmte Sagen und erkannte in den Sternen verschiedene Fabeltiere. Dabei bezeichneten jedoch unterschiedliche Kulturen dieselben Sterngruppen mit unterschiedlichen Namen. Da in der Antike der Südsternhimmel praktisch nicht bekannt war, wurden hier die Sternbilder erst im Mittelalter aufgrund der Forschungsreisen in südliche Gefilde bekannt und mit willkürlich erfundenen Bildern verbunden.

Sternbild Orion.

als *tataka indora,* als sehr rot bezeichnet; weiß, blau, gelb sind die Farben, die bei anderen Sternen genannt werden.

Die Aborigines unterscheiden auch zwischen dem nächtlichen Himmelsumschwung der Sterne von Ost nach West und der allmählicheren jährlichen Verschiebung der Sternbilder. Aus dieser Drehung leiteten sie einen Jahreszeitenkalender ab, der auf der Lage der Sternbilder bei Sonnenauf- oder Sonnenuntergang beruht. Ebenso wurden Sternengruppen erkannt, die ganzjährig zu sehen sind. Dies entspricht der Entdeckung, dass Sterne innerhalb eines gewissen Abstandes vom südlichen Himmelspol nicht untergehen. Die Himmelsbeobachtungen der Aborigines wurden und werden nicht aus Gründen einer bestimmten Neugier den Sternen zuliebe gemacht – wir würden sagen, aus wissenschaftlicher Neugier –, sondern aus ganz subjektiven und pragmatischen Gründen. Zum einen wird versucht, vorhersagbare Beziehungen zwischen den Sternpositionen und anderen natürlichen Ereignissen herzustellen, die für das Überleben des Stammes wichtig sind. Hierher gehört zum Beispiel die Festlegung des Verfügungszeitpunktes von bestimmten Nahrungsmitteln oder das Einsetzen bestimmter Wetterbedingungen. Zum anderen dienen die Beobachtungen dazu, ein System von moralischen und erzieherischen Merkregeln im Rahmen des Stammeskultes aufzubauen. Dies war und ist zum Erhalt der Stammesidentität notwendig.

Steinzeitliche Jäger- und Sammlerkulturen bedürfen um zu überleben eines Vorwissens von Umweltänderungen im Jahreslauf. Die Aborigines benutzten hierfür Zusammenhänge zwischen den Sternbildfiguren – ihrem jahreszeitlichen Auftauchen oder Verschwinden – und dem Wetter oder dem Zustand des Pflanzenwachstums. Hauptnahrungsquellen und Lebensstil der verschiedenen Stämme bestimmen die Wichtigkeit und die Zeitpunkte, die solchen Himmelszeichen zukommt. So bedeutet für die Aborigines auf Groote Eylandt im Golf von Carpentaria das Auftauchen der Sterne Epsilon und Lambda Skorpion im April am Abendhimmel (zwei Sterne im Stachel des europäischen Sternbildes Skorpion) das Ende der feuchten Jahreszeit und der Beginn der Trockenzeit mit einem stetig südöstlich wehenden Wind. Arktur am östlichen Morgenhimmel markiert die Erntezeit für eine Grassorte, die für den Bau von Fischfallen und Körben benötigt wird. Eine Geschichte, in der Arktur als Stern benannt ist, dient hierfür als Erinnerungsstütze. Neben den pragmatischen Zwecken haben die Erzählungen über die Sterne noch einen weiter weisenden Sinn. Für die Bewahrung einer kulturellen Stammeseinheit ist die innige Verknüpfung zwischen den beobachteten Naturphänomenen und dem sozialen Verhalten notwendig. Der Nachthimmel dient und diente als stetig wiederkehrende Erinnerung an die in den Mythen bewahrten moralischen Gebote des Stammes. Somit ist er die einzige Möglichkeit, die im Laufe der Jahrtausende gewachsene Weisheit eines Stammes in mündlicher Überlieferung zu bewahren. Die auf diese Art und Weise in den Himmel gezeichneten Mythen werden gemimt, getanzt, gesungen und erzählt.

Das Hauptinteresse der Aborigines liegt wesentlich in den regelmäßigen Himmelserscheinungen. Dies ist verständlich, denn der Sinn ihrer Mythologie ist die Überwindung einer Hilflosigkeit, die diese so völlig von den Naturvorgängen abhängigen Volksstämme verspüren. Die Verknüpfung der jahreszeitlich erscheinenden Sternbilder mit bestimmten Wettererscheinungen oder Fruchtfolgen gibt ihnen ein prophetisches Vertrauen, Naturvorgänge vorher zu kennen und somit Lebenssituationen zu beherrschen.

Sicher ist es nicht allgemein zulässig, die Art der Betrachtung des Himmels einfach auch auf andere Kulturen zu übertragen. Die Gleichheit der Grundzüge menschlichen Verhaltens erlaubt uns jedoch, einen Eindruck zu erahnen, wie unsere Vorfahren dem Sternenhimmel gegenübergestanden haben müssen.

Die Milchstraße in alten Legenden und Mythen

Die Milchstraße, die sich als diffuser Lichtstreifen über den Himmel spannt, wird von den Aborigines als ein Fluss in der Himmelswelt betrachtet. Dabei sind die helleren Sterne die Fische und die schwächeren stellen die Blüten von Wasserlilien dar. Zahlreiche Legenden mit moralischen Belehrungen haben sich von Stamm zu Stamm unterschiedlich entwickelt. Viele handeln von der Entstehung der Milchstraße und benennen auch die dunkleren Teile, die das zerrissene Aussehen dieses Lichtbandes verursachen. Andere Legenden

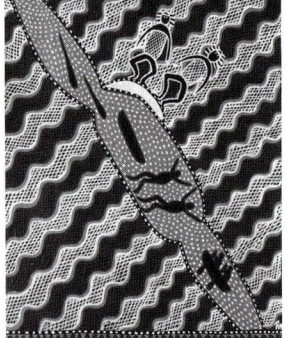

Die Milchstraße in der Vorstellungswelt der Aborigines, gemalt von Roslyn Ann Kemp.

sprechen die Gefahren an, denen Menschen beim Fischfang auf dem Himmelsfluss ausgesetzt sind.

Bei einem Stamm in der Nähe von Yirrkalla an der nordaustralischen Küste ist die Milchstraße ein reißender Strom mit Felsen und Stromschnellen, die den lichtlosen Gebieten der Milchstraße entsprechen. Der Mythos erzählt von zwei Brüdern, die beim Fischen vom Kanu aus ertranken. Ihre Körper treiben im Wasser der Milchstraße in den Sternbildern Serpens und Sagittarius. Die das Milchstraßenband schneidenden Wellenlinien stellen die Bugwelle des Kanus dar. Die zwei Brüder erscheinen ein zweites Mal im Außenbereich und stehen auf einem hellen Felsen, der eine auffallende Sternwolke markieren soll.

In der abendländischen Antike war die Milchstraße ein Riss am Himmelsgewölbe, durch den das Zentralfeuer hindurchscheint. Die Wahrheit in genialer Weise vorausahnend, erklärte der Atomistiker Demokrit sie als ein aus einer unermesslich großen Zahl kleinster Sterne zusammengesetztes Gebilde. Doch dieser richtigen Vorstellung wurden andere fantastische entgegengestellt, so wie die des Metrodorus, eines Schülers des Demokrit, der in dem glänzenden Streifen am Himmel die nachgelassene Spur einer früheren Sonnenbahn erblickte.

Die griechische Göttermythologie erklärt ihre Entstehung auf folgende Weise: Zeus wünschte, dass einer seiner unehelichen Söhne, Herkules, auch mit Göttermilch genährt werde. Er ließ den Sohn in der Nacht durch den Götterboten Hermes aus der Wiege holen und der schlafenden Hera an die Brust legen. Aber Herkules war so ungestüm, dass Hera erwachte und ihn zornig von ihrer Brust riss – da spritzte die Muttermilch im hohen Bogen, und so entstand die Milchstraße.

Später, im Anfang des 5. Jahrhunderts, wurde die Milchstraße von dem Neuplatoniker Macrobius als die Schweißnaht der beiden Himmelssphären betrachtet. Andererseits ist die Vorstellung von der Milchstraße als die eines Weges, einer Straße oder eines Flusses in allen Kulturen verbreitet. Sie ist der Pfad der Seelen und der Götter. Auf ihm gelangen nach dem Glauben der Indianer die Seelen an die Wohnplätze der Abgeschiedenen: Ihre Wachtfeuer sieht man als helle Sterne leuchten.

Die Vorstellungen einiger griechischer Philosophen über die Milchstraße vor mehr als 2 000 Jahren, wir erwähnten es schon, weisen in die richtige Richtung. Die Milchstraße ist eine Anhäufung von rund 200 Milliarden Sternen; der Stern Sonne mit seinem Planetensystem ist ein Staubkorn in dieser Unendlichkeit.

Unterwegs auf der Milchstraße zu sein, das bedeutet eine Reise in Raum und Zeit angetreten zu haben.

Sternzähler bei der Arbeit

Als Galileo Galilei (1564–1642) zu Beginn des 17. Jahrhunderts sein erstes Fernrohr auf das weißlich schimmernde Milchstraßenband richtete, löste er es in Tausende von Sternen auf. Diese Beobachtung scheint für ihn nichts wesentlich Neues gewesen zu sein; es war eben eine Verdichtung von schwächeren Sternen an der Himmelssphäre. Die revolutionäre Idee von einer wie auch immer gestalteten riesigen sphärischen Sternenschale als Milchstraße wurde erst rund 150 Jahre später formuliert. Zwischen 1755 und 1784 haben der Philosoph Immanuel Kant (1724–1804) und die Astronomen Johann Lambert und Wilhelm Herschel (1738–1822) wohl unabhängig voneinander die wahre Deutung des Milchstraßenbandes geliefert: Die Sterne sind in diskusförmiger Anordnung im Raum verteilt. Kant und Lambert wunderten sich darüber, weshalb man auf eine solche einfache Lösung nicht schon früher gekommen sei. War dies wirklich eine einfache Lösung? Wilhelm Herschel war der erste, der die ganze Tragweite des Problems erkannte, von philosophischen Überlegungen abrückte und die Form des Sternensystems messen wollte. Um messen zu können, brauchte er Sterneigenschaften; die einfachsten sind Position und Helligkeit an der Himmelssphäre.

Durchmesser in der galaktischen Ebene	100 000 Lichtjahre
Dicke im Kernbereich	16 000 Lichtjahre
Dicke in den äußeren Regionen der Scheibe	3 000 Lichtjahre
Durchmesser des galaktischen Halos	160 000 Lichtjahre
Abstand der Sonne vom galaktischen Zentrum von der galaktischen Ebene	28 000 Lichtjahre 45 Lichtjahre (nördlich)
Gesamtmasse	$1,4 \times 10^{12}$ Sonnenmassen
Masse der Scheibe	2×10^{11} Sonnenmassen
mittlere Dichte	0,1 Sonnenmassen pro Kubikparsec
Kugelsternhaufen (geschätzt)	300
offene Sternhaufen (geschätzt)	15 000
Rotationsgeschwindigkeit am Ort der Sonne	220 kg/s
Rotationsdauer am Ort der Sonne	200×10^6 Jahre
Alter der Galaxis	ca. 10^{10} Jahre

Einige physische Daten der Milchstraße.

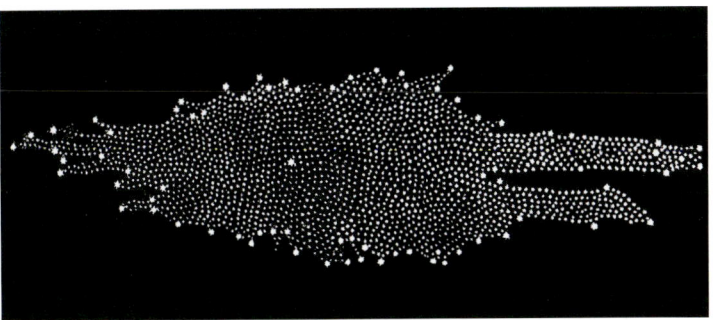

Die Milchstraße nach Sternzählungen von Wilhelm Herschel (1784 veröffentlicht). Herschel hielt die Milchstraße für
die äußersten Teile einer linsen-
förmigen Sternenschicht mit der
Sonne (in der Abbildung hervorgehoben) im Mittelpunkt.

Der erste Sternkatalog, der Position und Helligkeit verzeichnete,
stammt von Hipparchos aus dem Jahre 127 vor unserer Zeitrechnung
und enthielt 1 080 Sterne. Die Helligkeiten der Sterne wurden nach
dem Helligkeitseindruck des Auges geschätzt. Jene, die am stetig
dunkler werdenden Abendhimmel als erste auftauchten, wurden Sterne erster Größe genannt. Die rund 2,5-mal schwächer sind und gewissermaßen nach den hellsten als zweite sichtbar wurden, erhielten die
Bezeichnung zweiter Größe. Dann folgen jene, die wiederum 2,5-mal
schwächer sind als jene zweiter Größe, sie heißen dritter Größe. Und
so geht es fort bis zu den schwächsten Lichtpünktchen, die mit norma-
lem Auge unter günstigen Verhältnissen gerade noch gesehen werden
können, den Sternen sechster Größe. Heute liegen die schwächsten gerade noch messbaren Sternhelligkeiten bei der 24. Größenklasse. Und
diese Grenze wird stetig weiter hinausgeschoben.

Helligkeit und Entfernung hängen miteinander zusammen. Dies ist
nicht verwunderlich, denn wenn sich Lichtstrahlen von einem Punkt
in alle Richtungen geradlinig ausbreiten, so werden diese Lichtstrahlen in größerer Entfernung weniger stark konzentriert sein. Wir sagen, die Intensität nimmt mit dem Quadrat der Entfernung ab. Wenn
wir also für den Augenblick annehmen, alle Sterne seien sonnenähn-
lich und gleich hell, so sind die helleren Sterne näher, die schwächeren Sterne weiter von uns entfernt.

Herschel machte um 1780 drei Annahmen, um die Ausdehnung unserer Milchstraße durch Messungen zu bestimmen: Alle Sterne sind
gleich hell, der Raum ist gleichförmig mit Sternen angefüllt, der
Raum zwischen den Sternen ist leer und verschluckt kein Licht. Er
begann dann in über den ganzen Himmel verteilten Eichfeldern die
Anzahl der Sterne abzuzählen. Die Zahl der so in bestimmten Richtungen gefundenen Sterne ist dann proportional zur Ausdehnung des
Sternsystems. Damit konnte er als Erster die Milchstraße als flache
begrenzte Scheibe darstellen; denn in der Milchstraßenebene ist die
Sternenanzahl bedeutend größer als außerhalb. Dies war das Universum von Herschel. Heute wissen wir, dass keine seiner drei Annah-

Porträt

Hipparchos
(Hipparch),
Hipparchos von
Nikaia, grie-
chischer Astro-
nom und Geo-
graph, * um
190 v. Chr.
Nikaia, † um 125 v. Chr.; lebte
vermutlich in Rhodos und gilt als
der größte Astronom des Alter-
tums; Begründer der wissenschaftlichen, auf Beobachtungen
beruhenden Astronomie; lehnte
das heliozentrische System des
Aristarch ab und arbeitete die
Exzentertheorie der scheinbaren
Planetenbewegung (geozentri-
sches System) aus; stellte den
ersten Sternkatalog mit 1 028
Sternen auf und schuf als Erster
eine Skala der Sternhelligkeiten;
führte die Trigonometrie in die
Astronomie ein, berechnete die
Entfernung und Größe des Mondes und der Sonne aus Finster-
nisbeobachtungen; ermittelte
durch astronomische Beobachtungen die Länge des Sonnen-
jahres bis auf 6,5 Minuten genau und stellte die unterschiedliche Länge der Jahreszeiten
fest, die er auf eine exzentrische
Bahn der Sonne um die Erde
zurückführte.

men zutrifft. Trotzdem hat dieses Zählverfahren die Grundstruktur unseres Sternsystems erfasst.

Dunkle Löcher im Milchstraßenband

Lässt man den Blick das Milchstraßenband entlanglaufen, so fällt seine Zerrissenheit auf. Dunkle Gebiete wechseln mit Sternenwolken ab. Wenn das Milchstraßensystem eine gleichförmige Sternbesetzung hätte, sollte es keine Sternleeren geben. Es gibt auch keine Sternleeren; der Raum zwischen den Sternen ist nicht leer, er ist angefüllt mit Gas und Staubwolken. Sie verschlucken das Sternenlicht wie Nebelbänke und täuschen uns Sternleeren vor.

Blicken wir auf andere Sternsysteme, die uns ihre Schmalseite zeigen, so fällt auf, dass fast alle Sternsysteme, die wir von der Seite aus beobachten können, von einem dunklen Streifen durchzogen werden. Schon 1899 gelang es James Edward Keeler, ein Sternsystem mit der heutigen Katalog-Nr. NGC 891 und solch einen zentralen Absorptionsstreifen abzulichten. Es handelt sich hierbei nicht um eine das ganze Sternsystem durchziehende Sternleere, sondern Gas- und Staubwolken, in der Mittelebene der Galaxien angehäuft, verschlucken das sichtbare Sternenlicht. In Galaxien, die wir von oben beobachten können, sieht man derartige Staubwolken, auch Dunkelwolken genannt, bevorzugt an den Innenkanten der Spiralarme aufgereiht. Dunkelwolken und hellleuchtende Sternentstehungsgebiete liegen sehr oft in unmittelbarer Nachbarschaft beieinander und sind in der Grundebene der Sternsysteme konzentriert.

Nachdem es 1924 erstmalig über Entfernungsbestimmungen gelungen war, solche Sternsysteme als isolierte, von unserer Milchstraße unabhängige Welteninseln nachzuweisen, wurden oft Vergleiche mit diesen Galaxien durchgeführt, um die wahre Gestalt unserer eigenen Milchstraße zu entschleiern. Wir, mit der Sonne innerhalb unseres Sternsystems gelegen, können seine Ausdehnung und Struktur nur schwer erkennen; denn wer im Wald steht, sieht nicht, wie groß der Wald ist. Ein Blick auf andere Sternsysteme draußen je-

Porträt

Keeler, James Edward, amerikanischer Astronom, * 10.9. 1857 La Salle (Ill.), † 13.8. 1900 San Francisco (Cal.); ab 1898 Direktor des Lick-Observatoriums auf dem Mount Hamilton; wies 1895 spektroskopisch für die verschiedenen Bereiche des Saturn-Ringsystems unterschiedliche Rotationsgeschwindigkeiten nach und bewies damit dessen Zusammensetzung aus kleinen Teilchen; stellte eine Dominanz der Spiralnebelform unter den Galaxien fest.

■ Was ist eigentlich ... ■

interstellare Absorption, die Absorption von Teilen der elektromagnetischen Strahlung beim Durchgang durch interstellare Materie. Man unterscheidet zwei Effekte: Die kontinuierliche Absorption wird durch den interstellaren Staub hervorgerufen, ist jedoch im Vergleich zur Streuung des Lichtes am Staub gering. Streuung und Absorption bewirken zusammen die interstellare Extinktion des Lichts. Die interstellare Linienabsorption wird überwiegend durch interstellares Gas verursacht, dessen Atome und Moleküle in spezifischen Wellenlängenbereichen Energie aus dem Strahlungsfeld absorbieren. Sie führt zu stationären Absorptionslinien im Spektrum von Sternen und Nebeln, die nicht durch die Radialgeschwindigkeit verschoben sind.

Die Galaxie NGC 4565: ein Sternsystem, das wir von der Kante beobachten können. Die dunkle Staub- und Gasschicht ist deutlich zu sehen.

doch enthüllt den Grundaufbau mit einem Schlage und mit einem Blick.

Um die vielfältigen Beobachtungsbefunde innerhalb unseres eigenen Sternsystems ordnen zu können, ist es ratsam, ein Koordinatensystem einzuführen, das unserer Milchstraße angepasst ist. Wir benutzen ein galaktisches Koordinatensystem. Die Grundebene ist in etwa die Mittellinie des Milchstraßenbandes. Auf ihr wird die galaktische Länge in Grad angezeigt. Senkrecht zu dieser Grundlinie wird die galaktische Breite gemessen; positive Werte bedeuten einen nördlichen, negative Werte einen südlichen Winkelabstand vom galaktischen Äquator. Der Nullpunkt für die galaktische Länge liegt in Richtung des Sternbildes Schütze; diese Richtung weist auf das Zentrum unserer Milchstraße. In der Abbildung auf S. 98 des Sternsystems NGC 628, von welchem man annimmt, dass es ungefähr wie die Milchstraße aufgebaut ist, ist das Koordinatensystem eingezeichnet.

Der Ursprung des Koordinatensystems liegt im Ort der Sonne. Wenn wir also einen Rundblick entlang wachsender galaktischer Länge tun, läuft unser Auge das Milchstraßenband entlang, denn es spannt sich ja für einen irdischen Beobachter über die ganze Himmelssphäre. Wenn wir Sterne zu zählen begännen und keine Staubwolken den Blick verstellen würden, wäre es möglich, den Ort der Sonne genauer festzulegen. Die Sonne liegt nicht in der Mitte der Sterneninsel Milchstraße, sondern näher zum Rande hin, aber fast genau in der Mittelebene. Die Milchstraße ist für uns irdische Beobachter ein Projektionseffekt. Blicken wir in die Mittelebene hinein, sehen wir Stern

Was ist eigentlich ...

Dunkelwolken, Dunkelnebel, eine räumlich begrenzte Ansammlung von Gas und interstellarem Staub im Milchstraßensystem und in anderen Galaxien, die das Licht der hinter ihnen liegenden Sterne verdecken und so ein sternarmes oder sternleeres, also relativ dunkles Gebiet vortäuschen. Zu ihnen zählen sowohl kleine rundliche Dunkelwolken (Bok-Globulen) als auch ausgedehnte Gebiete wie Molekülwolken-Komplexe. Die Elementhäufigkeiten im Gas betragen etwa 75 % Wasserstoff, 23 % Helium und 2 % schwere Elemente. Der Anteil des Staubs beträgt nur etwa 0,1 % der Wolkenmasse. Da besonders die ausgedehnten Wolken die energiereiche Strahlung absorbieren, liegen die Temperaturen im Innern der Dunkelwolken bei etwa 10 K. Einzelne Atome können sich dort an der Oberfläche von Staubteilchen anlagern und mit anderen verbinden, sodass Moleküle entstehen. Dunkelwolken sind eine Vorstufe der Sternentstehung. Unregelmäßigkeiten der Masseverteilung innerhalb großer Wolken führen dazu, dass kleinere Bereiche unter ihrer eigenen Anziehungskraft kollabieren und so neue Sterne bilden.

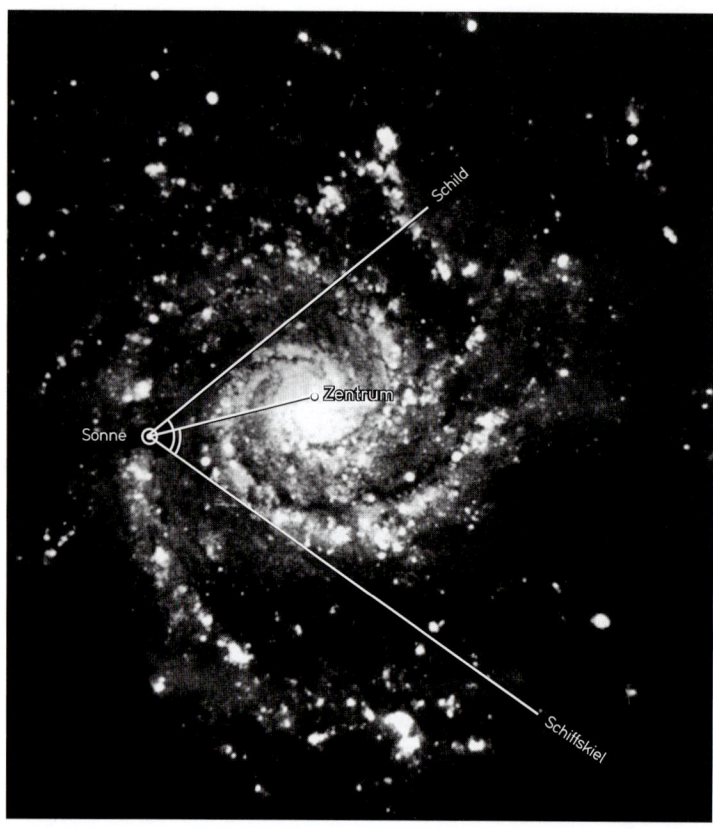

Das Sternsystem NGC 628, von ähnlichem Aufbau wie die Milchstraße, mit den Orientierungslinien des galaktischen Koordinatensystems.

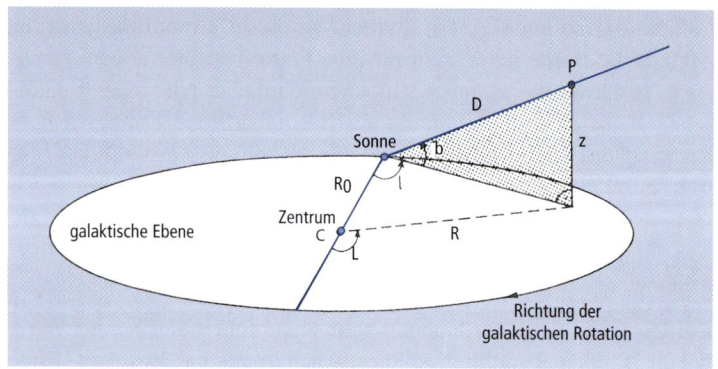

Das galaktische Koordinatensystem mit den Bezeichnungen: R0 = Abstand Sonne – galaktisches Zentrum, b = galaktische Breite, I = galaktische Länge, D = Entfernung eines Objektes von der Sonne, z = Abstand eines Objektes von der Grundebene (gilt für Ober- und Unterseite), R = Objektentfernung vom galaktischen Zentrum, L = galaktische Länge vom Zentrum aus gemessen.

neben Stern, Stern hinter Stern so dicht, dass schließlich ein weißlich schimmerndes Band entsteht, das von dunklen Löchern, den Schatten der Staub- und Gaswolken, aufgelockert wird. Außerhalb der Milchstraßenebene nimmt die Sternenanzahl ab, und die Tiefen des Kosmos werden sichtbar. Wir können andere Sternsysteme erblicken. Beginnen wir, diese fernen Sternsysteme abzuzählen, so nimmt ihre Anzahl umso mehr ab, je näher wir der Milchstraßenebene kommen. Ihr Licht wird von den Gas- und Staubwolken verschluckt. So entsteht eine von Sternsystemen freie Zone beiderseits des galaktischen Äquators. In den zwanziger und dreißiger Jahren des 19. Jahrhunderts war sie ein zusätzlicher Beweis für die linsenförmige Struktur unserer Milchstraße und das Vorhandensein von interstellarer Materie.

Sterne, Gas und Staub

Unsere Milchstraße enthält rund 200 bis 300 Milliarden Sterne. Zwischen und um diese Sterne lagert das interstellare Medium. Wir finden rund 1 Teilchen pro Kubikzentimeter.

Die mittleren Abstände zwischen den Sternen sind gewaltig, obwohl sie so dicht gelagert zu sein scheinen. Verkleinert man die Sterne auf Kirschkerngröße, so entspricht ihr Abstand dem europäischer Hauptstädte. Trotzdem ist der Hauptteil der Masse der Milchstraße in den Sternen enthalten. Das Verzweigungsdiagramm der mittleren Materieverteilung in der Milchstraße liefert uns über die prozentualen Massenanteile einen ersten Eindruck von der direkt beobachtbaren Materieverteilung in unserem Sternsystem. Nicht berücksichtigt ist hierbei die sogenannte Dunkelmaterie.

Die interstellare Materie ist ein klumpiges gas- und staubförmiges Substrat zwischen den Sternen. Seine Dichte ist gering, dadurch entzieht es sich meistens der optischen Beobachtung, es sei denn eine größere dichtere Anhäufung nimmt das Licht eines ganzen Sternfeldes weg oder liegt in einem leuchtenden Gasnebel; wir erkennen dann eine scheinbare Sternenleere (Gasleere) und sprechen von Dunkelwolken. Helle leuchtende Nebel aus interstellarem Gas sind stets in der Umgebung von leuchtkräftigen Sternen oder Sterngruppen zu

Was ist eigentlich ...

Sternmassen, die Massen der Sterne. Sie hängen empfindlich von den Anfangsbedingungen in der Gas- und Staubwolke ab, in der die Sterne entstanden. Sie werden mit den Methoden der Stellarstatistik für definierte Bereiche des Himmels bzw. einzelne Objekte (wie Sternhaufen) bestimmt. Die Masse einzelner Sterne ermittelt man dabei aufgrund der physikalischen Bedingungen aus spektroskopischen Beobachtungen. Bei all diesen Messungen handelt es sich um abgeleitete Massen, die anhand geeigneter Objekte geeicht werden müssen. Die Eichung erfolgt üblicherweise anhand von Doppelsternen, die bei bekannter Umlaufbahn der Partner die direkte Massenbestimmung ermöglichen. Derartige Beobachtungen führten auf die Masse-Leuchtkraft-Beziehung, welche die Sternmasse mit der Leuchtkraft der Sterne verknüpft.

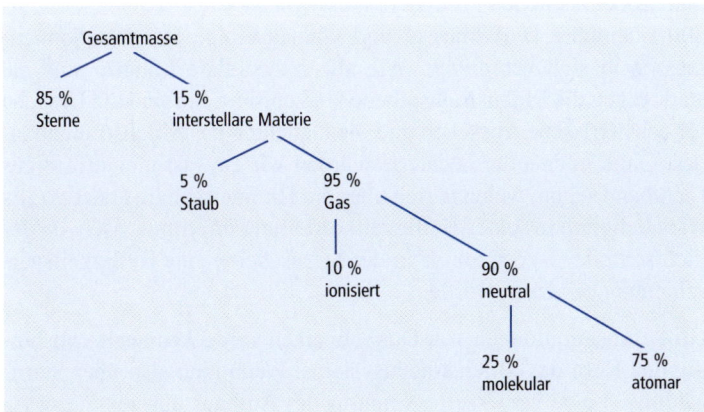

Verzweigungsdiagramm. Prozentuale Verteilung der sichtbaren Materie in der Milchstraße.

finden; es sind selbstleuchtende Emissionsnebel; ihre Energieanregung wird von den Nachbarsternen geliefert. Bei den Reflexionsnebeln, die aus Staubteilchen bestehen, wird das Licht der Nachbarsterne zurückgeworfen. Die mittlere Dichte der Staubteilchen beträgt nur etwa 10^{-26} g/cm^3. Die Größe der Staubteilchen liegt bei rund 0,1–0,04 µm. In einem Würfel von 100 Meter Kantenlänge befindet sich im interstellaren Raum durchschnittlich ein Staubteilchen.

Es scheint zunächst verwunderlich, dass so fein verteilte Materie überhaupt wahrnehmbar ist. Dazu muss man aber bedenken, welche riesigen Räume mit den Staubteilchen durchsetzt sind. Diese weiten Räume werden vom Sternenlicht auf so großen Weglängen durchlaufen, dass eine merkliche Veränderung dieses Lichts trotz der geringen Staubdichten möglich ist. Wenn das Sternenlicht durch Staubwolken hindurchgeht, wird es also geschwächt. Die mittlere Schwächung des Sternenlichts durch interstellaren Staub beträgt bei sichtbarem Licht etwa eine Größenklasse pro 3×10^{16} km (= 3000 Lichtjahre) Weglänge.

Die von dem Gas hervorgerufene Absorption ist keine kontinuierliche Lichtschwächung, sondern eine Linienabsorption. 1904 wurde dies von Johannes Hartmann nachgewiesen.

Die im optischen Spektralbereich nicht leuchtenden Gase machen sich dadurch bemerkbar, dass sie aus dem Licht dahinter stehender Sterne einzelne Linien absorbieren. Im Spektrum des Sterns tauchen dann zusätzliche Linien auf. Heute wird dieses Gas auch durch seine Radiofrequenzstrahlung nachgewiesen. Die Lichtschwächung an dem interstellaren Staub ist selektiv; rotes, also langwelliges Licht wird stärker geschwächt als das kurzwellige blaue. Sternenlicht erscheint daher nach Durchgang durch Staubwolken nicht nur abgeschwächt, sondern auch verfärbt.

Es gibt sehr dichte und große Wolkenkomplexe von interstellarer Materie, die Dunkelwolken. In ihnen ist die Staubdichte 10- bis 20-mal größer als in den normalen Staubwolken. Sie erreichen mehr als 300 Lichtjahre Durchmesser und können einige Hundert Sonnenmassen in sich vereinigen. Wie alle interstellare Materie sind sie stark gegen die Milchstraßenebene konzentriert. Sie sind die Ursache für das zerrissene Aussehen und die Gabelung des Milchstraßenbandes. Ohne interstellare Materie würden wir ein fast gleichförmiges Lichtband sehen, welches sich über die Himmelssphäre erstreckt. Es wäre lediglich in seiner Helligkeitsverteilung unsymmetrisch, da der nichtzentrale Ort der Sonne in der Sternscheibe eine Helligkeitsverschiebung bewirken würde.

Große Ansammlungen von Dunkelwolken verdecken auch vollständig den Kern des Milchstraßensystems. Wenn man also über Sternzählungen eine verbesserte Kenntnis des Aufbaus unseres Sternsys-

Porträt

Hartmann, Johannes Franz, deutscher Astronom, * 11.1. 1865 Erfurt, † 13.9.1936 Göttingen; arbeitete 1896–1909 an der Sternwarte in Potsdam, ab 1909 Direktor der Sternwarte in Göttingen und des Observatoriums in La Plata (Argentinien); bedeutende Arbeiten zur Astrospektroskopie, insbesondere Spektralfotometrie; entdeckte 1904 die interstellaren Absorptionslinien und wies damit die Existenz der interstellaren Materie nach.

■ Was ist eigentlich ... ■

Radioastronomie, Zweig der Astronomie, der sich mit Beobachtungen im Radiowellenbereich befasst. Dies umfasst den Wellenlängenbereich von etwa 1 mm (Frequenz 300 GHz) bis etwa 20 m (15 MHz), für den die Atmosphäre durchlässig ist. Längerwellige Strahlung kosmischer Objekte wird von der Ionosphäre in den Weltraum reflektiert. Erste erfolgreiche Versuche aus dem Jahre 1931, Radiowellen aus dem Kosmos zu empfangen, gehen auf Karl Guthe Jansky (1905–1950) zurück. Den Grundstein für die Radioastronomie legte Grote Reber (1911–2002) nach dem Zweiten Weltkrieg. Radioastronomische Beobachtungen werden nicht durch das Sonnenlicht gestört und lassen sich daher auch am Tage durchführen. Außerdem werden Radiowellen in der interstellaren Materie nicht absorbiert, sodass sich im Radiobereich Gebiete beobachten lassen, die im sichtbaren von dichten Wolken verdeckt sind.

tems erhalten will, dann tut man sich schwer. Sternenzähler kommen im wahrsten Sinne des Wortes nicht weit. Sie bleiben in der Sonnenumgebung in den Dunkelwolken stecken.

Ganz anders ergeht es den Radioastronomen. Die längeren Wellenlängen der Radiostrahlung laufen weitgehend ungestört an den Staubpartikeln vorbei. Der Radioastronom erhält mit seinen Messungen Informationen aus der Tiefe des Raumes, also auch aus den Bereichen, aus denen das sichtbare Licht nicht mehr zu uns gelangen kann. Für ihn wird das Milchstraßenband durchsichtig.

Am auffälligsten und daher auch am längsten bekannt sind dichte leuchtende Massen von interstellarem Gas, die Emissionsnebel. Der Wasserstoff des interstellaren Raums liegt teils neutral in atomarer Form oder in molekularer Form als H_2-Gas vor; teils ist er ionisiert. Die Ionisation kommt hier durch die Absorption von ultravioletter Sternstrahlung zustande. Das absorbierte Lichtquant muss eine kleinere Wellenlänge als 912 Å (Ångström) haben, da erst dann seine Energie größer als die Ionisationsenergie des Wasserstoffs ist.

Die im interstellaren Raum vorhandene und somit für die Ionisation des interstellaren Wasserstoffs verantwortliche Strahlung geht von den Sternen aus. Den größten Teil geben dabei die zwar verhältnismäßig seltenen, aber dafür sehr heißen, leuchtkräftigen Sterne ab. Daher entspricht auch die Verteilung der Strahlungsintensität im interstellaren Raum einer Temperatur von 10 000 Grad, denn dies ist die mittlere Oberflächentemperatur der leuchtkräftigen Sterne.

Leuchtende Gaswolken, Staubwolken und Sterne bestimmen das Aussehen des Milchstraßenbandes im optischen Spektralbereich. Wechseln wir die Wellenlängen, benutzen wir also Beobachtungen bei kürzeren oder längeren Wellenlängen, wird sich das Aussehen des Milchstraßenbandes natürlich ändern. Die Hauptstrahlungen der verschiedenen Komponenten des Sternsystems liegen bei verschiedenen Wellenlängen. Andererseits haben verschiedene Wellenlängen anderes Absorptionsverhalten. Ihre Durchdringtiefe wird in der Regel größer sein als die Strahlung bei optischen Wellenlängen. Ein

Was ist eigentlich ...

Ångström (nach dem schwedischen Physiker und Astronom Anders Jonas Ångström, 1814–1874), Einheitenzeichen Å, nicht mehr anzuwendende, aber im Bereich der Atome und Moleküle sowie in der Spektroskopie noch verbreitete Längeneinheit in der Größenordnung eines Atomdurchmessers. Das Ångström war ursprünglich unabhängig vom Meter definiert (1 Å war der 6438,4696ste Teil der Wellenlänge der roten Emissionslinie von Cadmium in trockener Luft mit einem CO_2-Gehalt von 0,03 Vol.-% bei 1 atm und 15 °C). Damit ergab sich ein Wert von $1{,}000002 \times 10^{-10}$ m. Die Definition ist heute an das Meter angehängt: 1 Ångström = 1 Å = 10^{-10} m = 0,1 nm.

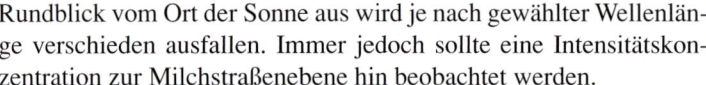

Rundblick vom Ort der Sonne aus wird je nach gewählter Wellenlänge verschieden ausfallen. Immer jedoch sollte eine Intensitätskonzentration zur Milchstraßenebene hin beobachtet werden.

Das Milchstraßenband platt an den Himmel gepinselt

Das Milchstraßenband platt an den Himmel gepinselt, so ist es uns bekannt, wenn wir mosaiksteinartig viele fotografische Einzelaufnahmen nebeneinander setzen. Mit Kameras, die einen Kugelspiegel benutzen, lassen sich große Himmelsausschnitte auf einen Schlag abbilden. Der Kugelspiegel arbeitet dabei wie ein Fischaugenobjektiv. Bis zu 140 Grad kann dann das Bildfeld groß werden. Solche Bilder spiegeln recht gut das Erscheinungsbild wider, welches die Milchstraße abseits störender irdischer Lichtquellen bietet. Zum Vergleich sehen wir in den folgenden beiden Abbildungen eine fotografische Darstellung der galaktischen Ebene in Richtung zum Milchstraßenzentrum und die geometrische Lage eines irdischen Beobachters.

In der galaktischen Ebene zeigt sich das helle Band der Milchstraße mit Gebieten erhöhter Sternendichte. Das Zentrum unserer Galaxis liegt in der Mitte des Bildes. Dichte interstellare Staubwolken bewirken eine Absorption von 25 bis 30 Größenklassen und verhüllen den Blick auf den Kern unserer Galaxis. Die nahen Vertreter dieser Dunkelwolken projizieren sich auf das Milchstraßenband und erzeugen die vielfältigen Absorptionslöcher.

Um die Verteilung der Dunkelwolken an der Himmelssphäre nach Anzahl, Ausdehnung und Abdunkelungsgrad zu erfassen, ist es nötig, den gesamten Himmel auf fotografischen oder elektronischen Aufnahmen zu durchmustern. Die Grundlage dafür bildete für die nördliche Himmelssphäre der von der amerikanischen Palomar-Sternwarte hergestellte Himmelsatlas, für die südliche Himmelssphäre der Himmelsatlas der Europäischen Südsternwarte. Berverly Turner Lynds veröffentlichte 1962 die Durchmusterung des Nordhimmels. Joachim Stüwe und der Autor setzten diese Untersuchung 1984 für den Südhimmel fort.

Die 606 Sternfelder des Südatlas wurden nach Dunkelwolken abgesucht. Dunkelwolken markieren sich durch eine Abnahme der mittleren Sternenanzahlen pro Quadratgrad; eine harte Arbeit also für Sternenzähler, denn keine Wolke darf übersehen werden.

Der Überlappungsbereich zwischen den beiden Durchmusterungen wurde benutzt, um die Abdunkelungsstufen, d. h. die Absorption zu eichen. Dieser Brückenschlag sichert die Gleichheit der Absorptions-

Was ist eigentlich ...

Europäische Südsternwarte (engl. European Southern Observatory, ESO), Kurzform für Europäische Organisation für astronomische Forschung in der südlichen Hemisphäre, europäisches Forschungsinstitut, das Teleskope in Südamerika betreibt. Die ESO-Teleskope stehen in Chile auf La Silla und dem Cerro Paranal. Die Organisation wurde 1962 gegründet, um europäischen Astronomen Beobachtungsmöglichkeiten am Südsternhimmel zu verschaffen. 1980 zog ESO von ihrem damaligen Sitz in Genf nach Garching bei München, wo noch heute der Hauptsitz ist. ESO-Mitgliedstaaten: Belgien, Dänemark, Deutschland, Finnland, Frankreich, Großbritannien, Italien, Niederlande, Portugal, Schweden, Schweiz, Spanien und Tschechien.

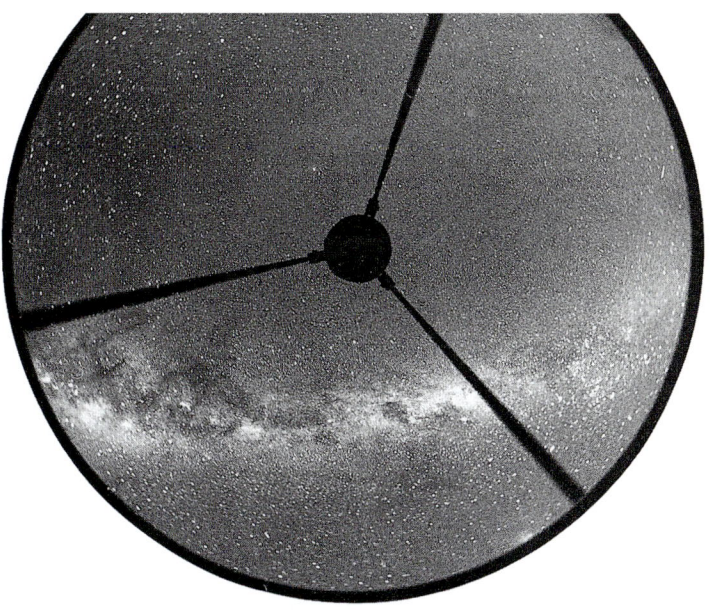

Kugelspiegelaufnahme des Milchstraßenbandes; das dunkle Dreibein trägt die Kamera. Helle Stern- und dunkle Staubwolken markieren die Richtung zum Milchstraßenzentrum im linken Bildteil. Das Milchstraßenband ist über 140°.

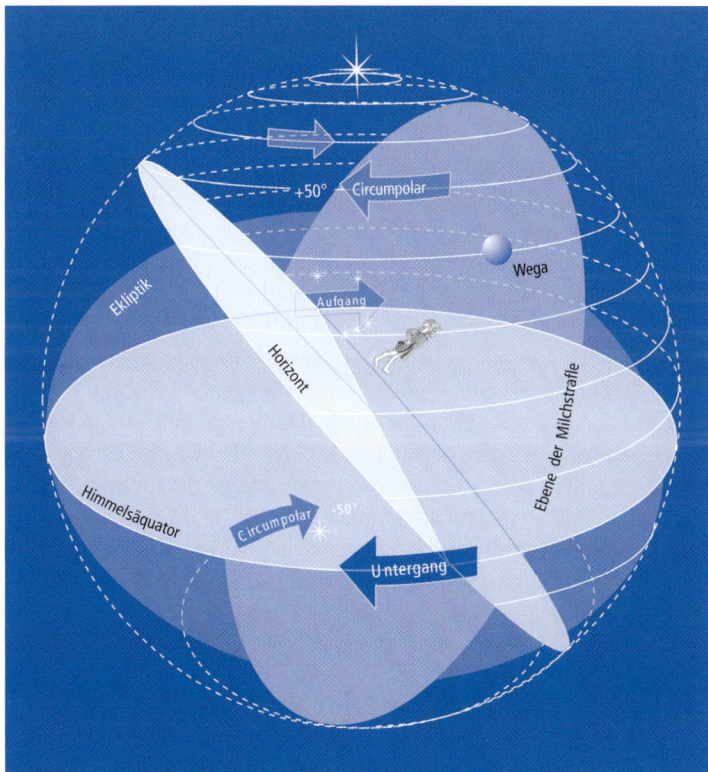

Zusammenhang zwischen irdischem und himmlischem Koordinatensystem. Der Beobachter auf der Erde (Horizontebene) sieht, wie sich die Milchstraße um die Erde schlingt.

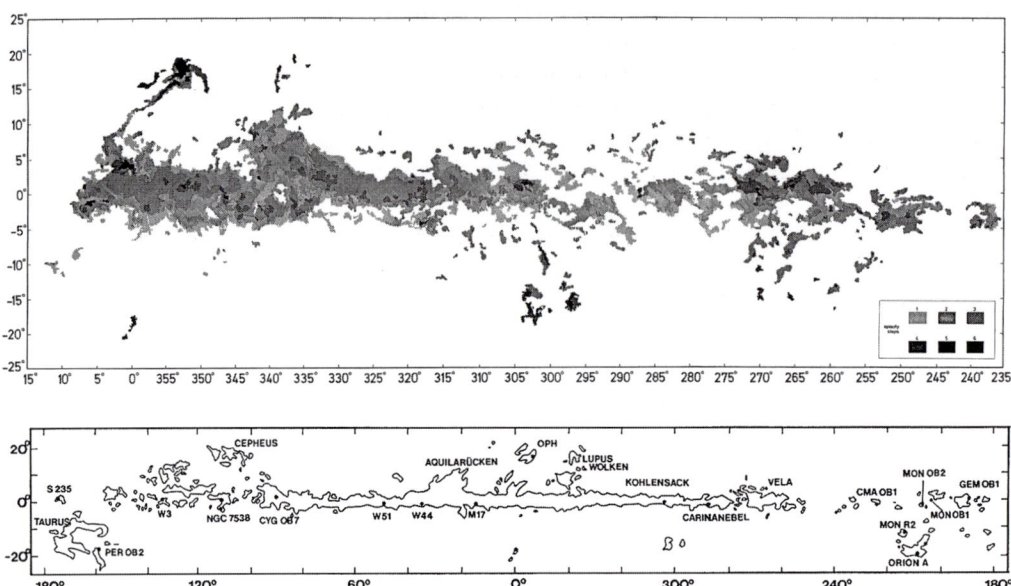

Oben: Die Verteilung der Dunkelwolken der südlichen Milchstraße. Unten: Schematisiert dargestellte Verteilung der Strahlung des Kohlenstoffmonoxids bei 2,6 mm. Die Namen der starken Quellen und bestimmte Milchstraßengegenden sind hervorgehoben.

werte für beide Himmelshälften. Der Prozentsatz des Himmels, der auf der nördlichen Seite durch Dunkelwolken abgedeckt ist, beträgt 4,98 % im galaktischen Längenbereich 0° < l < 240° und nur 1,92 % für den südlichen Teil im Längenbereich 240° < l < 360°. Das nördliche Milchstraßenband ist also 2,5-mal mehr abgedunkelt als das südliche Band. In absoluten Zahlen ausgedrückt bedeutet dies: In der nördlichen Himmelssphäre finden wir 1 273 Dunkelwolken, in der südlichen sind es 437 Wolken. Dies spiegelt die altbekannte Tatsache wider, dass das sichtbare Milchstraßenband sein Aussehen von Nord nach Süd dramatisch ändert. Der südliche Teil ist viel homogener als Folge des Fehlens der großen scheinbaren Gabelung des nördlichen Milchstraßenbandes. Im südlichen Teil finden wir weniger Wolken mit großen Absorptionswerten. Solche Dunkelwolken sind ja für das zerrissene Aussehen des nördlichen Milchstraßenbandes verantwortlich. Neben der verschiedenen Absorption zeigen die für uns sichtbaren Dunkelwolken einen fantastischen Formen- und Größenreichtum. Man sieht darin förmlich die stetig an diesen Wolken arbeitenden thermischen und dynamischen Prozesse. Das interstellare Medium befindet sich sicherlich nicht in einem ruhigen statischen Zustand.

Die Milchstraße im Licht der Radiowellenlängen

Ganz anders wird das Erscheinungsbild des Milchstraßenbandes, wenn wir die Wellenlänge wechseln. Gehen wir in den Radiobereich zu einer Wellenlänge von 73,5 cm. Diese Himmelsdurchmusterung entstand mit verschiedenen Radioteleskopen auf der Nord- und Süd-halbkugel in den Jahren 1965 bis 1978 und wurde schließlich im Max-Planck-Institut für Radioastronomie in Bonn zusammenge-setzt. Wir beobachten bei 73,5 cm vornehmlich diffuse Radioemis-sionen, die über den Synchrotronprozess, also nichtthermisch er-zeugt werden. Dabei bewegen sich schnelle Elektronen entlang den Feldlinien des interstellaren Magnetfeldes und emittieren Strahlung mit einer charakteristischen Energie, die bei den gegebenen Eigen-schaften des interstellaren Mediums in den Radiobereich fällt. Die Intensität der Synchrotronstrahlung ist dem Produkt aus Elektronen-dichte und Magnetfeldstärke proportional, das heißt eine Messung bei 73,5 cm gibt Aufschluss über die Dichte der Elektronen in unse-rer Milchstraße, jeweils gefaltet mit der Magnetfeldstärke und auf-summiert entlang des Sehstrahls in die Tiefe unseres Sternsystems hinein und zusätzlich durch eventuell schwankende Magnetfeldstär-ken verfälscht. Dieser Einfluss des Magnetfeldes lässt sich jedoch durch Beobachtungen bei verschiedenen Wellenlängen aus den Mes-sungen herausfiltern.

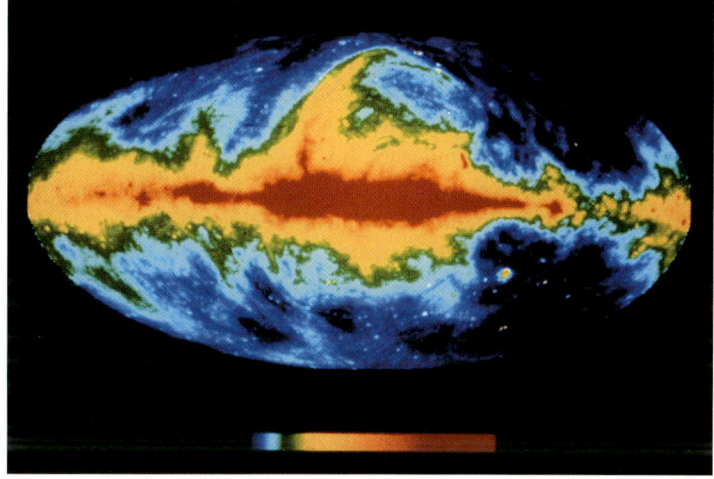

Die Milchstraße bei einer Wellenlänge von 73,5 cm.

Eine der auffälligsten Strukturen ist der sogenannte nordpolare Sporn, der als Bogen scheinbar das galaktische Zentrum im Norden umspannt. Hierbei handelt es sich jedoch um ein sehr nahes Gebiet. Seine Entfernung ist etwa 300 Lichtjahre. Vermutlich stellt der nord-polare Sporn den Überrest einer nur wenige 10^6 Jahre zurückliegen-den Sternexplosion dar, in der Elektronen auf geeignete Geschwin-digkeiten beschleunigt wurden. Je weiter solche Reste von Sternex-plosionen von uns entfernt sind, umso geringer ist ihre projizierte Ausdehnung senkrecht zur galaktischen Ebene, sodass weitere Sporn- bzw. Bogenstrukturen mit steigendem Abstand von der Son-

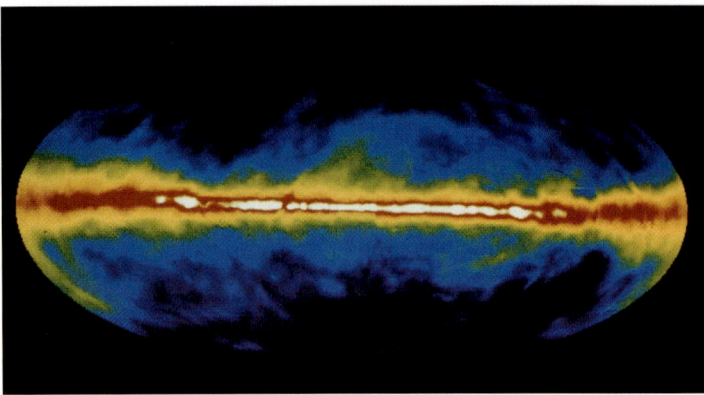

Die Milchstraße bei einer Wellenlänge von 21,1 cm; Strahlung des atomaren Wasserstoffs.

ne in der starken Intensität der Radiostrahlung der galaktischen Scheibe untergehen. Zusätzlich trägt auch die Ortsauflösung von nur 0,8° dazu bei, diskrete, räumlich eng begrenzte Radioquellen weniger deutlich ausgeprägt erscheinen zu lassen.

Platt an die Himmelssphäre gepinselt, entnehmen wir also zunächst dieser Radiowellenregistrierung: Das Milchstraßenband bleibt erhalten; relativ lokale Strukturen bilden sich oberhalb oder unterhalb der Milchstraßenebene ab. Der Ort der Sonne muss asymmetrisch zum Mittelpunkt unseres Sternsystems liegen, denn sonst sollte die Intensitätsverteilung gleichförmig sein. Im Gegensatz zur 73,5-cm-Radiokarte, die ja dadurch entstand, dass aus einem kontinuierlichen Spektrum eine spezielle Frequenz beobachtet wurde, präsentiert die im Licht der 21,1-cm-Linie gewonnene Durchmusterung die Verteilung einer diskreten Linienemission, denn Strahlung von 21,1-cm Wellenlänge wird vom atomaren Wasserstoff ausgesandt. Die dazu erforderliche Energie stammt von einem Übergang im Wasserstoffatom zwischen der Ausrichtung des Elektrons und des Atomkerns. Heute ist der gesamte Himmel in dieser kürzeren Radiowellenlänge kartiert. Als einer der wichtigsten Merkmale des interstellaren Wasserstoffs ergab sich eine relativ glatte Verteilung in der galaktischen Scheibe. Wegen der nicht sehr starken Klumpung des interstellaren Wasserstoffs in Form von Wolken und des Fehlens von ausgeprägten Unterschieden zwischen Spiralarmen und den Zwischenarmgebieten sind in der Kartographie des neutralen atomaren Wasserstoffs wenige individuelle Objekte bzw. Regionen auszumachen.

Auf die klumpige Struktur des interstellaren Mediums, wie wir es bei den Dunkelwolken schon kennengelernt haben, stoßen wir wieder, wenn wir die Verteilung der Molekülwolken betrachten. Neutraler atomarer Wasserstoff stellt nämlich nicht die einzige Komponente des interstellaren Gases dar. Ein großer Teil davon findet sich in Form von mehr oder weniger komplexen Molekülen, deren häufigstes – molekularer Wasserstoff H_2 – nicht direkt nachgewiesen werden kann. Der symmetrische Aufbau des H_2-Moleküls verhindert eine hohe Übergangswahrscheinlichkeit des ersten angeregten Rotationszustandes in den Grundzustand, und weitere Zustände lassen sich wegen der allgemein geringen Temperatur in interstellaren Molekülwolken nicht anregen. Jedoch kommt H_2 gemeinsam mit Kohlenmonoxid CO im interstellaren Medium vor. Dieses CO seinerseits wird dabei durch Stöße mit H_2 in einen angeregten Zustand versetzt, aus dem es unter Emission von 2,6-mm-Linienstrahlung in den Grundzustand übergeht. Je stärker die gemessene 2,6-mm-Intensität, umso mehr CO-Moleküle müssen angeregt worden sein, d. h. umso höher muss die H_2-Dichte sein. Der genaue Wert des Verhältnisses H_2 zu CO scheint innerhalb der Milchstraße nicht konstant zu sein. Im Mittel kommen auf ein CO-Molekül Zehntausend H_2-Moleküle.

Bei der in der Abbildung auf Seite 104 gezeigten CO-Verteilung fällt sofort die starke Konzentration zur galaktischen Ebene und das Fehlen ausgeprägter weiträumiger CO-Emission außerhalb des Bereichs $90°$ $< l < 270°$ auf. Dies bedeutet einerseits, dass die Ausdehnung von H_2 senkrecht zur galaktischen Scheibe mit weniger als $3 \cdot 10^{15}$ km geringer ist als diejenige von atomarem Wasserstoff. Andererseits befindet sich das interstellare Gas in molekularer Form in unserer Galaxis hauptsächlich innerhalb der Sonnenbahn, also bis zu einem galaktozentrischen Abstand von 8 bis 9 kpc. Die radiale Entzerrung der CO-Längenverteilung führte zur Entdeckung eines Rings mit erhöhter H_2-Dichte in einem Abstand von 4 bis 8 kpc vom galaktischen Zentrum.

Interstellares molekulares Gas findet sich in Wolken zusammengeballt, deren größte eine Ausdehnung von 50 bis 100 pc bei einer Masse von bis zu 10^6 Sonnenmassen erreicht. Wir sprechen dann von Riesenmolekülwolken. Solche Gebilde stellen die möglichen Orte für die Sternentstehung dar, weshalb die großräumige radiale Verteilung der Molekülwolken eng derjenigen von HII-Gebieten (Regionen ionisierten Wasserstoffs) folgt, die wiederum ein Anzeichen für das Vorhandensein heißer junger Sterne sind.

CO-Regionen bei hohen galaktischen Breiten ($b > 5°$) repräsentieren nahe Molekülwolkenkomplexe in Entfernungen von nur wenigen Hundert pc wie z. B. im Orion oder im Sternbild Stier. Vergleichen wir die Karte der Molekülwolken mit Dunkelwolkenkarten, so finden wir mehrere Übereinstimmungen. Die nahen CO-, d. h. H_2-Gebiete finden wir hauptsächlich dort, wo die interstellare Absorption besonders deutlich hervortritt; dort ist viel Staub vorhanden. Man kann deshalb annehmen, und wir sagten es schon, dass interstellare Staubpartikel die Bildung von H_2-Molekülen unterstützen bzw. erst ermöglichen. Gas und Staub sind stets miteinander vereint. Staubwolken und Molekülwolken können also als identische Objekte angesehen werden.

Was ist eigentlich ...

Parsec, Parallaxensekunde, Einheitenzeichen pc, in der Astronomie benutzte Einheit für Entfernungen, die über das Sonnensystem hinausgehen. 1 pc ist die Entfernung, in der der mittlere Halbmesser der Erdbahn (Astronomische Einheit) unter einem Winkel von $1°$ erscheint.
1 pc = 3,2633 Lj = 206 264,8 AE = $3,0810^{16}$ m, 1 Kiloparsec (kpc) = 10^3 pc = 1 000 pc.

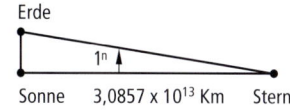

Die Milchstraße leuchtet im Infrarot-, Röntgen- und Gamma-Licht

Im Jahre 1983 wurde der Infrarot-Astronomiesatellit IRAS gestartet, der ein heliumgekühltes 60-cm-Teleskop mit Infrarotinstrumentierung in den erdnahen Weltraum brachte. Ohne störende Erdatmosphäre konnte damit zum ersten Mal der Himmel im fernen Infrarot vollständig durchmustert werden; die Infrarotbänder lagen bei 12, 25, 60 und 100 µm. Das Ergebnis einer fast einjährigen Kartierung zeigt die folgende Abbildung. Wir erkennen die Intensitätsverteilung der diffus emittierten Infrarotstrahlung, wobei die Farbe als Funktion der Wellenlänge von Rot (100 µm) über Grün (60 µm) nach Blau (12 µm) wechselt. Um 100 µm empfangen wir hauptsächlich Photonen von kaltem Staub, der durch Strahlung von nahen heißen Sternen auf nur 20 bis 30 Kelvin aufgeheizt wurde. Es verwundert nicht, dass die diffuse Infrarotemission der CO-Verteilung ähnelt, da, wie bereits beschrieben wurde, das Vorkommen von Molekülwolken und Staub im interstellaren Raum miteinander korreliert. Sowohl großräumige Infrarotemission von weit entferntem Staub in der galaktischen Ebene als auch lokale Emissionen durch individuelle Regionen zeichnen sich in den beiden Verteilungen durch gleiche Strukturen ab. Zunächst findet man in hohen Breiten filamentartige Infrarotemission, die als infraroter Zirrus bezeichnet wird. Sie stammt von Staub mit geringer Dichte ab, der sich offensichtlich in der nahen Sonnenumgebung befindet. Natürlich gibt es neben der diffusen Komponente auch im fernen Infrarotbereich emittierende Punktquellen. Der IRAS-Satellit fand ca. 245 000 Punktquellen – hauptsächlich Sterne unserer Milchstraße, die in der galaktischen Ebene und in Richtung zum galaktischen Zentrum konzentriert sind. Man interpretiert diese IRAS-Punktquellen als Sterne, und zwar handelt es sich um relativ kühle alte Sterne, die von abgestoßenem kalten Gas und Staub umgeben sind.

Was ist eigentlich ...

Photon, Lichtquant, Strahlungsquant; das Photon bildet eine Familie der Elementarteilchen für sich. Nach der Speziellen Relativitätstheorie ist die Ruhemasse des Photons Null, da es sich mit Lichtgeschwindigkeit bewegt. Ladung und magnetisches Moment des Photons sind ebenfalls Null. Die Existenz der Photonen war bereits von Newton angenommen worden, schien sich aber nach der Entdeckung der Interferenz- und Beugungsphänomene des Lichts nicht zu bestätigen. Nach Aufstellung der Quantenhypothese durch Max Planck (1900) führte sie Albert Einstein 1905 zur Erklärung des äußeren Fotoeffekts wieder ein.

Die diffuse Infrarotstrahlung zwischen 12 µm und 100 µm, wie sie der Infrarot-Satellit IRAS gemessen hat.

Das Bild der Milchstraße bei
Wellenlängen zwischen 1,2 µm
und 3,4 µm, gemessen vom
Astronomie-Satelliten COBE.

Noch genauere Messungen am unteren Ende des Infrarotspektrums, nämlich zwischen 0,0012 mm und 0,0034 mm, wurden durch Messinstrumente auf dem Erdsatelliten COBE (Cosmic Background Explorer) durchgeführt. Die obige Infrarot-Aufnahme ist wohl der spektakulärste Beweis dafür, dass unser Milchstraßensystem in der Tat eine diskusähnliche Sternscheibe ist. Die Hauptquelle des Lichts im nahen Infrarot sind Sterne. Wir sehen die Sternverteilung in einer dünnen Scheibe und in einem ausgeweiteten Zentralkörper. Die Strahlung wird röter in Richtungen, in denen mehr Staub zwischen den Sternen das Sternenlicht absorbiert.

Natürlich können wir für die Vermessung des Milchstraßenbandes auch kürzere Wellenlängen benutzen.

Wir kommen dann in den hochenergetischen Bereich des elektromagnetischen Spektrums. Der Röntgenhimmel, so wie er sich uns etwa bei einer Wellenlänge von $2,5 \times 10^{-8}$ cm zeigen würde, setzt sich aus individuellen Röntgenquellen zusammen. Die hellsten Röntgenstrahler konzentrieren sich wieder um das galaktische Zentrum und man findet sie entlang der galaktischen Mittelebene. Es handelt sich dabei um jene Röntgensterne, die einen massenarmen oder massenreicheren Begleiter haben. Gehen wir über die Röntgenwellenlänge zu noch kürzeren Wellenlängen weiter, sind wir im Gammabereich.

Der Gamma-Himmel vom
COS-B-Satelliten gemessen.

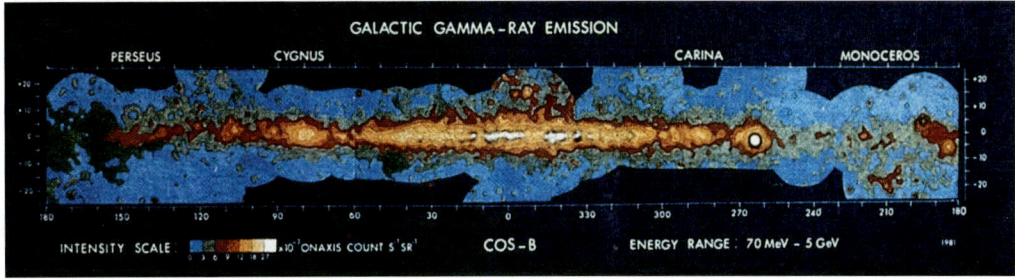

Die Supernova SN 2006dr vom Typ Ia in der Galaxie NGC 1288 (heller Punkt links vom Zentrum der Galaxie), Aufnahme des ESO-VLT-Teleskops.

Was ist eigentlich ...

Supernova, Sternexplosion, bei der zwischen 1 042 und 1 044 J freigesetzt werden. Supernovae treten im Durchschnitt alle 30 Jahre in einer Galaxie auf und sind dabei teilweise eng zur galaktischen Scheibe konzentriert, sodass sie in der Milchstraße seltener beobachtet werden. Die meisten historisch bekannten Supernovae wurden so hell, dass sie auch am Taghimmel beobachtet werden konnten.

Hier hat der Satellit COS-B sieben Jahre lang gemessen. Seine Schwerpunktswellenlänge liegt bei $1,2 \times 10^{-12}$ cm. Am hochenergetischen Ende werden die Photonenflüsse sehr gering. Da jedoch jedes Gammaphoton eine sehr hohe Energie besitzt, lässt sich der Energieausstoß im Gammabereich mit demjenigen bei anderen Wellenlängen vergleichen.

Zur Erklärung des Erscheinungsbildes unserer Milchstraße im Licht der hochenergetischen Gammaphotonen können wir auf die oben genannte Zwei-Komponenten-Darstellung zurückgreifen. Zum einen erkennen wir Punktquellen; in der rechten Bildhälfte gruppieren sich von links nach rechts der Velapulsar, Geminga und der Crabpulsar, zum anderen und bei weitem dominierend bestimmt diffuse, in manchen Gegenden stark wolkige Emission die Gammakarte. Im Fall der beiden Pulsare beobachtet man die Gammaquellen auch bei Wellenlängen vom Radio- bis zum Röntgenbereich. Die geheimnisvolle Quelle Geminga wurde 1992 enträtselt: Der Röntgensatellit ROSAT fand eine gepulste Röntgenstrahlung mit einer Periode von 0,0227 Sekunden; die gleiche Periode wurde nachträglich auch in den Gammamessungen nachgewiesen. Geminga ist demnach der Zentralstern einer vor rund 300 000 Jahren explodierten Supernova. In allen drei Fällen liegt der Ursprung der Gammastrahlung bei Neutronensternen, wenngleich die Emissionsmechanismen sicher nicht identisch sind.

Die diffuse Komponente der Gammastrahlung basiert hauptsächlich auf zwei Prozessen: Nichtthermische Bremsstrahlung und den Zerfall von Elementarteilchen, den sogenannten Pi-Null-Mesonen. Die Emission aus nichtthermischer Bremsstrahlung beruht auf dem Effekt, dass ein hochenergetisches Elektron der kosmischen Strahlung ein Nukleon stößt und dabei abgelenkt wird und elektromagnetische Strahlung aussendet, deren Energie größenordnungsmäßig derjeni-

■ Was ist eigentlich ... ■

Pulsare, schnell rotierende Neutronensterne, von denen in regelmäßiger Folge Strahlungspulse empfangen werden. Die Pulsperioden liegen zwischen 0,0015 und 4,5 Sekunden, wobei die Pulslänge selbst nur etwa 5 % der Pulsdauer ausmacht. Die Pulse werden vorwiegend im Radiobereich empfangen, einige Pulsare lassen sich aber auch im Röntgen- und Gamma- sowie im optischen Bereich nachweisen.Es gilt heute als sicher, dass Pulsare als Folge einer Supernova entstehen. Wenn hierbei der Zentralbereich des massereichen Sterns zu einem Neutronenstern kollabiert, bleiben Drehimpuls und wahrscheinlich auch magnetischer Fluss erhalten. Daher rotieren die nur etwa 20 km Durchmesser aufweisenden Körper sehr schnell und besitzen hohe Magnetfeldstärken. Die kritische Rotationsfrequenz, oberhalb derer die Fliehkräfte den Stern zerreißen würden, liegt bei etwa $0,001\ s^{-1}$. Das berühmteste Beispiel ist der Pulsar im Krebs-Nebel (Crabpulsar) mit einer Periode von 0,033 Sekunden. Er wurde aufgrund historischer Aufzeichnungen als Überrest der Supernova aus dem Jahre 1054 identifiziert und nahm damit eine Schlüsselpositon bei der Interpretation dieses Phänomens ein.

gen der Elektronen entspricht. Auch beim Zerfall der Pi-Null-Mesonen sind Nukleonen, d. h. Wasserstoffatome bzw. Moleküle des interstellaren Mediums beteiligt. Hier entstehen zwei Gammaphotonen, wenn ein Pi-Null-Meson zerfällt, welches durch das Aufeinandertreffen eines schnellen Nukleons und eines Atomkerns gebildet wurde. Diffuse Gammastrahlung resultiert also jeweils aus der Wechselwirkung zwischen hochenergetischen Elektronen und Protonen der kosmischen Strahlung und dem interstellaren Gas. Unter der Annahme einer weitgehend gleichmäßigen großräumigen Verteilung der kosmischen Strahlung in der Galaxis passt die gemessene Gammaemission gut zu der Summe der atomaren und molekularen Wasserstoffverteilungen. Es wundert uns also nicht, dass wir in der Gammakarte die Verteilung des Wasserstoffs oder des Staubs wiederfinden. Lokale Gebiete molekularen Wasserstoffs sind für die wolkige Struktur der diffusen Gammastrahlung verantwortlich. Die Sternenzähler, die im sichtbaren Spektralbereich des elektromagnetischen Spektrums arbeiteten, haben unter großen Anstrengungen ein erstes Bild von unserer Milchstraße entworfen. Andere Wellenlängenbereiche liefern uns Informationen auch aus den Tiefen unseres Sternsystems. Aber alles ist noch platt an die Himmelssphäre gepinselt. Um den Schritt in die Tiefe des Raumes zu vollbringen, müssen wir noch weitere Kenntnisse über Sterne und Gas anhäufen. Zwar wissen wir jetzt schon, auch durch Vergleich mit anderen Sternsystemen, dass die Milchstraße ein Sternen- und Gasdiskus ist, und dass verschiedene Milchstraßenkomponenten, wir können auch von Milchstraßenbevölkerungen reden, in verschiedenen Wellenlängen mit unterschiedlicher Intensität strahlen. Aber wie die verschiedenen Bevölkerungen angeordnet sind, das ist die eigentlich spannende und große Frage, die das platt an die Himmelssphäre gepinselte Milchstraßenband uns noch vorenthält.

Grundtext aus: Johannes Viktor Feitzinger *Die Milchstraße. Innenansichten unserer Galaxie*; Spektrum Akademischer Verlag.

Wettlauf um den blassesten Schimmer

Um das schwache Licht fernster Sterne einzufangen, bauen die Astronomen gigantische Teleskope und Observatorien. Mit ihnen blicken sie zurück auf die Geburt der Welt

Dirk Asendorpf

XL ist den Astronomen nicht mehr groß genug. Schon heute lassen sich die vier Spiegel des Very Large Telescope (VLT) der Europäischen Südsternwarte ESO in der chilenischen Atacama-Wüste zum größten Fernrohr der Welt zusammenschalten. Doch ab 2016 soll ein Extremly Large Telescope (ELT) sie weit übertreffen. Der aus 906 Segmenten zusammengesetzte schwenkbare Spiegel wird das Licht von Sternen einfangen können, die zehntausendmal schwächer leuchten als alle bisher von der Erde aus beobachteten. Voraussetzung ist neben dem gewaltigen Durchmesser von 42 Metern eine flexible „adaptive" Optik. Sie gleicht das Flimmern der Atmosphäre aus, die schwache Sterne scheinbar flackern lässt. Einer der Spiegel im Lichtgang des Teleskops wird tausendmal pro Sekunde an mehreren tausend Stellen um Millimeterbruchteile nach vorn oder hinten verschoben. Selbst nach einer halben Stunde Belichtungszeit zeigt sich ein ferner Stern dann als klar umrissene Kontur. Schon jetzt ist klar, dass den Astronomen auch XXL zu klein wird. Den Entwurf eines noch größeren Observatoriums hat die ESO schon in der Schublade. Hundert Meter Durchmesser soll sein Spiegel aufweisen, eine Empfangsfläche, die etwa achtzigmal jene des derzeit größten Einzelteleskops übertrifft. Die Dimension ist überwältigend, der Name entsprechend: OWL, das Overwhelmingly Large Telescope.

Immer schärfer blicken die Astronomen in die Tiefen des Universums und damit in dessen Vergangenheit. Sie spähen nach Ant-

worten auf die großen Fragen: Wie entstanden Sterne und Galaxien? Gibt es erdähnliche, gar belebte Planeten? Woraus besteht die Dunkle Materie, die fünf Sechstel des Universums ausmacht? Sie hält offenbar die Galaxien zusammen, wurde aber noch nie beobachtet. Auch die Dunkle Energie harrt des Nachweises. Vermutlich treibt sie die immer schnellere Ausdehnung des Weltalls an. Zu manchem Aspekt finden die Astronomen eine Antwort. Andererseits werfen neue Observatorien oft auch neue Fragen auf. Roberto Gilmozzi, wissenschaftlicher Projektleiter des ELT, formuliert das Dilemma so: „Die Teleskope, die wir haben, beantworten Fragen, die wir hatten, als sie geplant wurden. Jetzt haben wir neue Fragen und deshalb brauchen wir auch neue Instrumente, um sie zu beantworten."

Die Astronomen träumen von einer „goldene Phase"

Gilmozzi und seine ESO-Kollegen gehen davon aus, sie auch zu bekommen. Die Zeit für neue und teurere Großteleskope scheint günstig. Eine Denkschrift deutscher Astronomen sieht die Zunft in einer „Goldenen Phase von Entdeckungen". Astronomie sei in den Medien „wesentlich stärker vertreten als die gesamte restliche Physik". Schließlich kümmere sie sich um die „Urfragen der Menschheit" und spiele eine wesentliche Rolle, um junge Menschen für Naturwissenschaften und Technik zu begeistern. „Ein paar Milliarden Euro" werde die nächste Generation europäischer Teleskope kosten, schätzt der Niederländer Tim de Zeeuw. Für die EU arbeitet er mit mehreren Dutzend Kollegen an einer „Wissenschaftsvision" bis zum Jahr 2025. Er lockt mit dem Versprechen: „Europa kann eine führende Rolle übernehmen."

Auch amerikanische Sponsoren möchten die Nase vorn behalten im Wettlauf um das größte Teleskop. Gemeinsam mit Forschungsinstituten und Unternehmen aus Kanada und den USA wollen sie mindestens ein Jahr vor dem europäischen ELT einen Riesenspiegel bauen, mit 30 Meter Durchmesser Weltrekord. Den hält zurzeit das Hobby-Eberly-Teleskop in Texas mit einem 11-Meter-Spiegel.

Die spektakulärsten Bilder ferner Galaxien und sterbender Sterne lieferten in den vergangenen Jahren aber nicht Großobservatorien auf der Erde, sondern das Weltraumteleskop Hubble. Das hat zwar nur einen kleinen 2,4-Meter-Spiegel, dafür stört im Weltraum keine Atmosphäre den Blick. Auch Hubble genügt den Astronomen schon lange nicht mehr, der Nachfolger ist bereits im Bau. Das James-Webb-Weltraumteleskop (JWST) soll mit seinem 6,50-Meter-Spiegel die Entstehung der ersten Sterne vor über 13 Milliarden Jahren ins Visier nehmen. Dafür wird es nicht wie Hubble auf eine erdnahe Umlaufbahn gebracht, sondern am Lagrange-Punkt im Erdschatten positioniert, in rund 1,5 Millionen Kilometer Entfernung. Dort lassen sich störendes Licht und die Wärmestrahlung von Mond und Erde mit einem dicken Schutzschild gut abschirmen.

Das hat seinen Preis. Er stieg von einer Milliarde auf 4,5 Milliarden Dollar in zehn Jahren Entwicklungszeit. Ein Wettlauf der Nationen kommt da nicht infrage, Nordamerikaner und Europäer bauen das JWST gemeinsam. Seine Optik ist auf Wärmestrahlung (Infrarot) spezialisiert. Die Strahlung extrem weit entfernter und damit besonders alter Objekte kommt nämlich bei uns nicht als sichtbares, sondern als infrarotes Licht an. Schuld an dieser „Rotverschiebung" ist die rasche Ausdehnung des Weltalls: Die Strahlung der Objekte verliert mit der Entfernung im Kosmos an Energie.

Auch die Großteleskope auf der Erde werden deshalb nicht nur im sichtbaren, sondern auch im infraroten Bereich betrieben. Um besonders interessante Objekte in der Entstehungszeit der Galaxien mit noch besserer Auflösung abzulichten, plant man, das JWST, das europäische VLT und das amerikanische 30-Meter-Teleskop sogar zu einer Art virtueller Riesenlupe zu kombinieren.

Das Universum funkt auf Ultrakurzwelle

Mit ihrer optischen Aufrüstung zum Sichten selbst des blassesten Schimmers möchten Astro- und Kosmologen sogar ins „dunkle Zeitalter" blicken, das etwa 400 000 Jahre nach dem Urknall beginnt und 400 Millionen Jahre später mit dem Aufleuchten der ersten Sterne endet. Wegen der noch weit stärkeren Rotverschiebung ist im sichtbaren und infraroten Spektrum aus diesem Zeitraum nichts zu orten. Wahrscheinlich aber im Bereich der noch energieschwächeren Radiowellen. Auch dafür ist bereits eine XXL-Anlage seit 2003 im Bau. Sie heißt ALMA (Atacama Large Millimeter Array) und entsteht als europäisch-amerikanisches Gemeinschaftsprojekt auf der chilenischen Hochebene Chajnantor, die 5 000 Meter aus der Wüste ragt. Dort oben ist die Luft extrem trocken, fast ungestört treffen Radiowellen aus dem All auf die 50 fahrbaren Parabolschüsseln von ALMA mit je 12 Meter Durchmesser.

Bevor das Universum im dunklen Zeitalter versank, hatten sich bereits die ersten Wasserstoffatome gebildet. Das Standardmodell der Astronomie geht davon aus, dass damals eine Strahlung freigesetzt worden ist, die heute mit der gleichen Frequenz bei uns ankommen müsste, auf der unsere

UKW-Sender funken. Sie können mit einer kleinen Stabantenne empfangen werden.

Der Empfänger für die ersten Radiogeräusche nach dem Urknall ist bereits in Bau, heißt LOFAR (Low Frequency Array) und soll Aufschluss darüber geben, was die allerersten Objekte waren, die sich bildeten: Sterne, Schwarze Löcher oder Galaxien? LOFAR wird halb Deutschland und die Niederlande überspannen. Anders als klassische Teleskope besteht es aus 25 000 einzelnen Empfängern, die in einem Umkreis von 350 Kilometern zwischen Elbmündung, Eifel und holländischer Nordseeküste in Hundertergruppen aufgestellt und über ein Hochleistungsnetz aus Glasfaserkabeln miteinander verbunden werden. Ein Supercomputer im niederländischen Groningen empfängt den Datenstrom und fügt die einzelnen Messwerte zu einem Gesamtbild. Auch hier ist ein noch größeres Teleskop schon in Planung. Das Square Kilometer Array (SKA) soll den Südhimmel von Australien oder dem südlichen Afrika aus belauschen mit einer virtuellen Blende von Tausenden Kilometern.

Trotz der gewaltigen Dimensionen kann kein einziges der neuen Riesenteleskope die wichtigsten Fragen der Astronomie allein beantworten. Entscheidend ist die Kombination der Beobachtungen auf möglichst vielen Frequenzen. Besonders hell leuchtende Quasare sind das Spezialgebiet von Lutz Wisotzki am Astrophysikalischen Institut Potsdam. Gerne möchte er sie mit dem LOFAR auch auf langwellige Strahlung untersuchen. „Der Wellenlängen-Chauvinismus ist vorbei", sagt er.

Den Alltag der Astronomen macht das nicht einfacher. Das Gedrängel auf den Großobservatorien ist enorm. Wisotzki kennt das Problem genau, denn er ist der Vorsitzende des Programmkomitees, das die kostbare Zeit auf den ESO-Teleskopen zuteilt. Knapp 2 000 Forschungsanträge gehen jedes Jahr bei ihm ein, nur jeder vierte bis fünfte kommt zum Zug. Für das Weltraum-

teleskop Hubble wird sogar nur jeder zehnte Antrag bewilligt. Rund 800 Astronomen forschen allein an deutschen Universitäten und Instituten, ohne frische Beobachtungsdaten können sie einpacken.

Die Sicht ins All wird schlechter. Die Astroklimatologie hilft

Was das bedeutet, hat Lutz Wisotzki selbst schon erlebt. Drei Nächte durfte er das chilenische La-Silla-Teleskop für seine Quasarforschung nutzen. Doch am Ende musste er ohne ein einziges Foto wieder nach Hause fliegen. Der Nordwind hatte derart stark geblasen, dass das empfindliche Rohr nicht ausgefahren werden durfte. „Schlechtes Wetter = Pech gehabt", nach dieser einfachen Formel verfahren alle Großobservatorien. Anders lässt sich der Betrieb allein schon wegen der aufwändigen Anreise und räumlichen Enge auf den Gipfeln Chiles oder Hawaiis nicht organisieren. Wer für seinen Blick in die Tiefen des Universums besonders günstige Wetterbedingungen braucht, muss die Beobachtungen deshalb im „Service-Modus" von Mitarbeitern vor Ort durchführen lassen. Nur wenn die Sicht, das „Seeing", gut genug ist, wird das Teleskop auf das gewünschte Objekt ausgerichtet. Der Forscher bekommt seine Daten zugeschickt.

Das kann dauern. So wird am VLT auf dem 2 600 Meter hohen Cerro Paranal in der Atacama-Wüste das beste Seeing noch nicht einmal an zwanzig Nächten im Jahr erreicht. Insgesamt haben sich die Wetterbedingungen im Verlauf der knapp zehn Betriebsjahre deutlich verschlechtert. Warum das so ist, versucht die Astroklimatologie zu klären. Der Hauptverdächtige ist das El-Niño-Phänomen im Pazifik, dessen Häufigkeit mit dem Klimawandel zunimmt. Für einen handfesten Beweis ist der Beobachtungszeitraum aber noch zu kurz.

Wären die Mittel unbegrenzt, könnten sich die Astronomen problemlos darauf verständigen, alle geplanten XXL-Observatorien schnellstmöglich zu bauen. Tatsächlich konkurrieren die Großprojekte sowohl in Europa als auch in den USA hart um begrenzte Budgets. „In der Vergangenheit waren unsere Kostenschätzungen viel zu blauäugig", kritisiert Garth Illingworth, Vorsitzender des astrophysikalischen Beratergremiums der US-Regierung, „außerdem haben wir die verfügbaren Mittel häufig überschätzt." Von 16 im vergangenen Jahrzehnt geplanten astronomischen US-Großprojekten wurden nur sechs umgesetzt.

Bohdan Paczynski sieht darin auch eine Chance. Der angesehene Astronom von der Universität Princeton hält nichts vom Wettlauf um immer größere Observatorien. Astronomie mit kleinen Teleskopen heißt sein

provozierender Aufsatz in der Fachzeitschrift Astrophysics. Ein Dutzend Planeten konnten bisher in entfernten Sonnensystemen genauer bestimmt werden „fast alle mit Teleskopen unter 10 Zentimeter Durchmesser", schreibt Paczynski und plädiert dafür, die Suche auch mit kleinen Instrumenten fortzusetzen. Die sehen zwar nicht so scharf in die Ferne, haben aber einen sehr viel breiteren Blickwinkel. Und sie sind so billig, dass sich viele Forschungsinstitute eins leisten können. So könnten Hunderte Astronomen parallel damit arbeiten.

Schaltet man seine vier Spiegel zusammen, wird aus dem Very Large Telescope das größte Auge der Welt. Weitere Rekorde sind geplant

Aus: DIE ZEIT, Nr. 14, 29. März 2007

W arum haben wir eigentlich aufgehört, nachts an den Himmel zu schauen?", fragt **Michael Rowan-Robinson**. "Heutzutage kennen nur wenige Menschen, auch unter den Astronomen, mehr als ein paar der bekanntesten Sternbilder. Früher war das jedoch ganz anders. Vor zwei- oder dreitausend Jahren wussten die Menschen genauestens über den Nachthimmel und seine Bewegungen Bescheid." Der Professor für Astronomie am Queen Mary and Westfield College der Universität London hat eine Antwort: "Ich vermute, dass die Menschen aufhörten, dem Himmel Beachtung zu schenken, weil mit Kopernikus und Galilei alles erklärt zu sein schien. Die unregelmäßigen Bewegungen der Planeten entlang des Tierkreises bargen kein Geheimnis mehr; und es gab auch keinen Grund mehr anzunehmen, Kometen seien schreckliche Omen. Das menschliche Schicksal war nicht mehr mit dem Nachthimmel verknüpft, und so beachteten wir ihn nach und nach nicht mehr."

Rowan-Robinson leitet von 1993 bis 2007 die Astrophysik-Gruppe im Blackett Laboratory des Imperial College London. Er wird Präsident der Royal Astronomical Society. Die größte Physikervereinigung Großbritanniens, The Institute of Physics, zeichnet ihn 2008 für seine Pionierarbeiten in der Astronomie und Kosmologie mit der Hoyle-Medaille aus. Über vier Jahrzehnte ist Rowan-Robinson einer der führenden Köpfe der beobachtenden Kosmologie in Europa. Asteroid 4599, entdeckt 1985 am European Southern Observatory, wird zu seinen Ehren in "Rowan" umbenannt.

Michael Rowan-Robinson ist ein moderner Himmelspäher, ein Sternkartierer. Er ist Mitglied in den wissenschaftlichen Komitees der wichtigen Weltraumspäher, des Infra Red Astronomical Satellite (IRAS), des Infrared Space Observatory (ISO), des Spitzer Space Telescope der NASA, des Hubble-Weltraum-Teleskops oder des Herschel-Teleskops des ESA zum Beispiel.

Die Instrumente holen den in Vergessenheit geratenen Himmel nicht nur scheinbar näher an uns heran, sondern rücken ihn – davon ist Rowan-Robinson überzeugt – auch wieder ins Bewusstsein: "Die Entdeckungen der modernen Astronomie zeigen, dass sowohl unsere Vergangenheit als auch unser Schicksal sehr wohl mit den Sternen verbunden sind."

Michael Rowan-Robinson

Unsere Nachbarn im Weltall –
Die Magellanschen Wolken und
der Andromeda-Nebel

Von Michael Rowan-Robinson

Große und Kleine Magellansche Wolke

Die Große und die Kleine Magellansche Wolke sind mit bloßem Auge am Südhimmel zu sehen; sie wirken wie kleine abgelöste Teile der Milchstraße. In Europa erfuhr man zum ersten Mal ca. 1524 von ihnen – aus Pigafettas Chronik der Weltumseglung des portugiesischen Seefahrers Ferdinand Magellan (um 1480–1521) in den Jahren 1519 bis 1522. Antonio Pigafetta (um 1480 bis ca. 1534) berichtete:

> Der antarktische Pol ist nicht so sternenreich wie der arktische. Viele kleine Sterne sind zu sehen, die dicht gedrängt stehen und wie zwei Nebelwolken aussehen. Sie liegen nicht weit auseinander und sind ziemlich schwach. Mittendrin liegen zwei große, nicht sehr leuchtstarke Sterne, die sich nur wenig bewegen. Diese beiden Sterne sind der antarktische Pol.

Magellan selbst wurde bei einem Kampf mit Einwohnern Polynesiens getötet. Die nach ihm benannten Wolken waren den Bewohnern der Südhalbkugel wohl seit Jahrtausenden bekannt, und auch arabi-

Zum Weiterlesen ...

Antonio Pigafetta, *Die erste Reise um die Erde. Ein Augenzeugenbericht von der Weltumsegelung Magellans 1519–1522* (Stuttgart 1983)

Die Große und die Kleine Magellansche Wolke sind am Südhimmel mit bloßem Auge zu erkennen.

Was ist eigentlich ...

Cepheiden, Oberbegriff für eine Reihe von Pulsationsveränderlichen (veränderliche Sterne, deren Helligkeitsvariation durch ein rhythmisches Schwingen, Pulsieren, des gesamten Sterns um eine Gleichgewichtslage zustande kommt). Zu den langperiodischen Cepheiden gehören die Delta-Cephei-Sterne (die klassischen Cepheiden) und die W-Virginis-Sterne. Als kurzperiodische Cepheiden bezeichnet man die RR-Lyrae-Sterne. Des Weiteren werden Zwergcepheiden und Delta-Scuti-Sterne dazugezählt.

Porträt

Leavitt, Henrietta Swan, amerikanische Astronomin, * 4.7.1868 Lancaster (Mass.), † 12.12. 1921 Cambridge (Mass.); arbeitete ab 1902 am Harvard-College-Observatorium in Cambridge (Mass.), zunächst als Assistentin, später als Leiterin der Abteilung für fotografische Fotometrie; entdeckte etwa 2 400 Veränderliche, darunter (von Arequipa in Peru aus) ca. 1 800 Cepheiden (Delta-Cephei-Sterne) in den Magellanschen Wolken, an denen sie 1912 die wichtige Perioden-Leuchtkraft-Beziehung dieser veränderlichen Sterne erkannte, die von großer Bedeutung für die Entfernungsbestimmung im Weltall ist.

sche Seefahrer, die den Äquator viele Jahrhunderte vor Magellan überquert haben dürften, müssen sie beobachtet haben – doch erstaunlicherweise haben sie ihren eigenen erfahrenen Astronomen offenbar nichts über die Wolken berichtet. Möglicherweise war jedoch das Objekt, das der persische Astronom As-Sufi (903–986) als Al-Bakr, „weißer Ochse", bezeichnete, tatsächlich die Große Magellansche Wolke. Vor 3 000 Jahren befand sich der südliche Himmelspol in der Nähe der Kleinen Magellanschen Wolke – ein Umstand, der für die polynesischen Seefahrer sicher von Nutzen gewesen sein muss. Mit Sicherheit wurden die Wolken auch von den europäischen Seefahrern des 16. Jahrhunderts zu Navigationszwecken benutzt.

Zu Beginn des 20. Jahrhunderts war man noch der Meinung, dass die Magellanschen Wolken Teil des Milchstraßensystems seien, vergleichbar vielleicht mit dem Orion-Nebel und seiner Umgebung, der ebenfalls ein nebliges Gebiet mit aktiver Sternentstehung deutlich außerhalb der Milchstraßenebene ist.

Ausschlaggebend für die Erkenntnis, dass die Magellanschen Wolken in großer Entfernung und damit außerhalb der Milchstraße liegen, war die Untersuchung der Cepheiden-Veränderlichen in den Wolken durch Henrietta Leavitt im Jahre 1908. Sie entdeckte dabei die Perioden-Leuchtkraft-Beziehung (je länger die Periode eines Cepheiden, desto größer seine Leuchtkraft) und publizierte 1912 ihre Ergebnisse; sie erkannte auch, dass man mit diesem Gesetz Entfernungen bestimmen kann, aber der Direktor des Observatoriums, Edward Pickering, erlaubte ihr nicht, in dieser Richtung weiter zu forschen. Er war der Meinung, die Aufgabe seiner Angestellten sei das Sammeln von Daten, nicht deren Interpretation. So blieb es Harlow Shapley (1885–1972) überlassen, die Perioden-Leuchtkraft-Beziehung zu kalibrieren und so mithilfe der Cepheiden die Entfernungen der Kugelhaufen im Halo unserer Galaxis und die Entfernung der Magellanschen Wolken zu bestimmen. Da aber die Ausdehnung der Milchstraße, die er daraus ableitete, etwa um das Dreifache zu groß war, schrieb er die Wolken irrtümlich dem Milchstraßensystem zu.

Heute wissen wir, dass die Große Magellansche Wolke etwa 150 000 Lichtjahre und die Kleine Magellansche Wolke etwa 200 000 Lichtjahre entfernt ist. Damit liegen sie gerade außerhalb des Milchstraßensystems. Es sind recht kleine, unregelmäßig geformte Galaxien. Die Große Wolke hat etwa ein Viertel der Leuchtkraft unserer Galaxis, die Kleine Wolke ungefähr ein Fünfundzwanzigstel. Sorgfältige Untersuchungen zeigen, dass beide wahrscheinlich eine nur ganz schwach erkennbare Spiralstruktur besitzen. Beide Galaxien sind sehr gasreich, und die Sternentstehungsrate ist bei ihnen sehr viel geringer als in unserer Galaxis. Sie sind blauer, als unsere Milchstraße einem äußeren Beobachter erscheinen würde, da bei ihnen ein größe-

■ Was ist eigentlich … ■

Perioden-Leuchtkraft-Beziehung, Perioden-Helligkeits-Beziehung, Zusammenhang zwischen der Pulsationsdauer und der absoluten Leuchtkraft bzw. Helligkeit pulsationsveränderlicher Sterne. Entdeckt wurde dieser Zusammenhang 1912 von der amerikanischen Astronomin Henrietta S. Leavitt (1868–1921) bei Cepheiden. Er gilt aber grundsätzlich auch bei anderen Pulsationsveränderlichen wie RR-Lyrae-Sternen. Diese Beziehung ermöglichte es erstmals in den 1920er-Jahren, die Entfernungen von Galaxien zu bestimmen. Hierbei muss man die Perioden-Leuchtkraft-Beziehung an nahen Sternen, deren Entfernung sich genau bestimmen lässt, eichen. Dann lässt sich die Distanz eines weiter entfernten Cepheiden ermitteln, indem man die Pulsationsdauer misst und daraus die absolute Leuchtkraft ableitet. Aus der gemessenen scheinbaren Leuchtkraft ergibt sich dann mit dem Entfernungsmodul die Distanz.

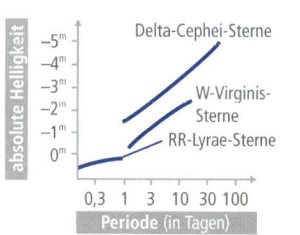

Perioden-Leuchtkraft-Beziehung. Grafische Darstellung für verschiedene Cepheiden.

rer Anteil ihres Lichts von erst kürzlich entstandenen Sternen stammt. In unserer eigenen Galaxis stammt ein Großteil des sichtbaren Lichts sowie der Hauptanteil der bei allen Wellenlängen ausgesandten Strahlung von älteren, röteren Sternen. Ein weiterer Unter-

Eine Region in der Großen Magellanschen Wolke, in der Sterne entstehen. Aufnahme des Hubble-Weltraum-Teleskops aus dem Jahr 2006.

Die Kleine Magellansche Wolke liegt in einer Entfernung von 200 000 Lichtjahren. Sie besitzt nur etwa ein Sechstel der Masse der Großen Magellanschen Wolke.

schied zwischen den Magellanschen Wolken und der Scheibe unserer Galaxis besteht in der Häufigkeit schwererer Elemente, die in den Wolken sehr viel geringer ist und eine niedrige Sternentstehungsrate widerspiegelt. Astronomen verstehen unter „schweren" Elementen alle Elemente von Kohlenstoff, Stickstoff und Sauerstoff an aufwärts, die im Inneren von Sternen gebildet werden.

Während die Magellanschen Wolken unsere weitaus massereichere Galaxis umkreisen, kommt es zu Gezeitenwechselwirkungen – ganz ähnlich wie bei der Entstehung der Gezeiten auf der Erde durch den Mond. Die Gravitationswirkung der Wolken verzerrt die Randbereiche unserer galaktischen Scheibe. Der Einfluss unserer Galaxis auf die Wolken ist dagegen sehr viel dramatischer. Sie entreißt ihnen einen langen Gasstrom, Magellanscher Strom genannt, der in Richtung Milchstraße stürzt. Die Wechselwirkung spielt möglicherweise auch bei der Erzeugung der Spiralarme in unserer Galaxis eine Rolle. Es fällt auf, dass Galaxien mit Begleitgalaxien meistens besonders ausgeprägte und schöne Spiralarme besitzen. Die Astronomen nennen sie „Grand Design"-Spiralgalaxien.

Innerhalb der Großen Magellanschen Wolke liegt eine der größten Sternentstehungswolken, die man kennt: der Tarantel-Nebel oder 30-Doradus. Einige Astronomen behaupten, dass er einen Stern mit mehr als tausend Sonnenmassen enthält, zehnmal massereicher als jeder in der Milchstraße bekannte Stern. Es ist jedoch wahrscheinlicher, dass der Nebel von einem kompakten Sternhaufen mit zehn oder zwanzig massereichen Sternen zum Leuchten angeregt wird.

„... darf er bei aller Aufmerksamkeit für die Streichholzflamme ... keinen Moment lang die Explosion einer Supernova vergessen, die sich im selben Augenblick gerade – das heißt vor ein paar Millionen Jahren – in der Großen Magellan-Wolke ereignet." (Aus: Italo Calvino, *Herr Palomar*)

Die Umstände, unter denen ich auf diesen Nebel stieß, waren recht amüsant. Nach dem Start des IRAS-Satelliten im Januar 1983 gab es eine Phase von mehreren Tagen, in der wir die Ausrichtung des Infrarotteleskops des Satelliten noch nicht exakt angeben konnten. Tom Hibberd, ein Software-Ingenieur am Jet Propulsion Laboratory (JPL) in Pasadena, dem Zentrum für die Datenanalyse während dieser Mission, und ich waren dabei, die Computerprogramme zu überprüfen, die die Rohdaten der Infrarotdetektoren sichten und die astronomischen

Stimmgabeldiagramm nach Hubble zur Klassifikation der Galaxien. Beginnend beim Galaxientyp E0 werden zuerst elliptische Galaxien erfasst, die gemäß ihrer Abplattung eingeteilt werden. Spiralgalaxien werden in Spiralen und Balkenspiralen unterteilt, wobei die Weite der Spiralarme durch den Subtyp (a–c) gekennzeichnet ist.

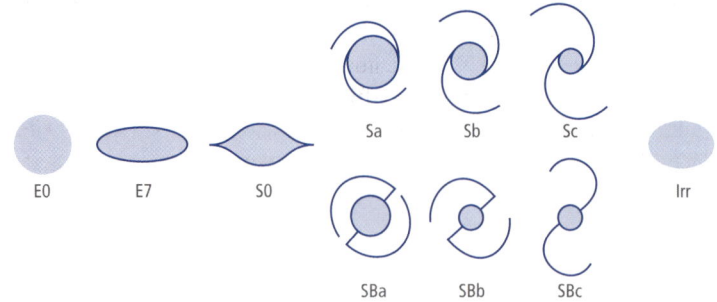

Der Tarantel-Nebel oder
30-Doradus ist 170 000 Lichtjahre entfernt.

Quellen herauspicken sollten. Eines Nachmittags brachte mir Tom einige Aufzeichnungen von einer Erdumkreisung am Tag zuvor. Während des größten Teils dieser Erdumkreisung verhielten sich die Detektoren normal und reagierten ab und zu auf irgendeine astronomische Quelle. Doch an einem Punkt spielten plötzlich sämtliche Detektoren verrückt. „Was für ein Zeug ist denn das?", fragte Tom. Zuerst dachten wir, es müssten einige Trümmer der Satellitenhülle sein, die ein paar Tage zuvor abgestoßen worden war. In jener Nacht blieb ich jedoch lange auf und rätselte über das spaghettiähnliche Durcheinander von Signalen. Ich stellte fest, dass das gleiche bei einigen anderen Umkreisungen an jenem Tag auch passiert war, und zwar etwa an der gleichen Stelle der Umlaufbahn. Allmählich begriff ich, dass die Datenausgaben verschiedener Umkreisungen ja zu einer Karte zusammengesetzt werden konnten. Der Satellit überstrich tatsächlich Hunderte sehr heller Quellen. Als ich Nortons *Star Atlas* zu Rate zog, um ungefähr zu sehen, wo der Satellit eigentlich hinschauen sollte, fiel der Groschen. Wir befanden uns in der Nähe der Großen Magellanschen Wolke, und eine sorgfältige Analyse der Blickrichtung des Satelliten durch Eric Young, einen anderen IRAS-Wissenschaftler ergab, dass der Spaghetti in der Tat der Tarantel-Nebel war. Da die NASA wie üblich Schwierigkeiten hatte, Gelder vom Kongress bewilligt zu bekommen und deshalb verzweifelt nach irgendwelchen ersten Ergebnissen der IRAS-Mission suchte, wurde meine zusammengeklebte Karte von den JPL-Grafikern in düsteren, blutroten Farben neu gezeichnet und an die Weltpresse verteilt.

Was ist eigentlich …

IRAS, Infrared Astronomical Satellite, ein von den Niederlanden, Großbritannien und den USA gebauter astronomischer Satellit für den Infrarotbereich. IRAS wurde am 26.1.1983 in eine 900 km hohe Umlaufbahn geschossen und fertigte von Februar bis November 1983 erstmals eine vollständige Durchmusterung des Himmels in den Wellenlängen 12, 25, 60 und 100 mm an. Kernstück des Teleskops war ein 60-cm-Spiegel mit 64 Halbleitersensoren. Das gesamte Teleskop wurde mit flüssigem Helium bis auf etwa 10 K gekühlt. IRAS entdeckte insgesamt 245 000 Infrarotquellen, rund hundertmal mehr als bis dahin bekannt waren. Wesentliche Entdeckung waren die Staubhülle um den Stern Wega, junge Sterne im Inneren von Staubwolken sowie fein verteilter Staub in der Milchstraße, der die Bezeichnung Infrarotzirrus erhielt.

Die Magellanschen Wolken sind nicht nur deshalb etwas Besonderes, weil sie unsere nächsten Nachbarn im Universum der Galaxien und die auffälligsten in der kleinen Schar unserer treuen Zwergbegleiter sind. Sie sind auch ein wichtiges Testgebiet für Methoden zur Entfernungsbestimmung von Galaxien – seit mehr als 60 Jahren ein sehr umstrittenes Thema. Die Explosion der Supernova 1987A nahe des Tarantel-Nebels war nicht nur deshalb so wichtig, weil sie uns eine wunderbare Gelegenheit bot, den Mechanismus einer Supernovaexplosion aus relativ großer Nähe (aber nicht zu nahe!) zu untersuchen, sondern sie bot uns auch die Gelegenheit zu überprüfen, ob sich Supernovae tatsächlich zur Messung von Galaxienentfernungen eignen. Die Supernova 1987A besaß ziemlich ungewöhnliche und für die Astronomen zunächst überraschende Eigenschaften. Doch nach einigem Nachdenken fand man recht bald eine Erklärung und stellte fest, dass die Entfernung der Supernova sehr gut mit der Entfernung der Großen Magellanschen Wolke übereinstimmt, die mithilfe von Cepheiden, Novae und anderen Entfernungsindikatoren bestimmt worden war. Die Messung der Entfernungen von Galaxien gehört für mich zu den größten Leistungen der Menschheit. Allein mit ihrer Fähigkeit zur Beobachtung und mit ihrer Vorstellungskraft konnte sie sich aus den Fesseln des unbedeutenden Staubpünktchens Erde befreien.

Was ist eigentlich ...

Supernova 1987A, SN 1987A, die seit 1604 erste mit bloßem Auge sichtbare Supernova. Die Supernova vom Typ II leuchtete am 23.2.1987 in der Großen Magellanschen Wolke auf und erreichte eine maximale scheinbare Helligkeit von 2,8 mag. Erstmals konnte auf alten Aufnahmen der Vorläuferstern identifiziert werden, ein blauer Überriese (Stern der Leuchtkraftklasse I). Die bei der Explosion abgesprengte Gashülle expandierte mit etwa 30 000 km/s in den Raum und leuchtete hell auf. Die Supernova ist von mehreren Ringen mit Radien von 0,2 und 0,5 pc umgeben. Der innere Ring scheint sich mit einer Geschwindigkeit von 10 km/s auszudehnen, woraus sich ein dynamisches Alter von 20 000 Jahren ergibt. Die Ringe kommen dadurch zustande, dass der Stern lange vor seiner Explosion in verschiedenen Phasen Teilchenwinde mit unterschiedlichen Geschwindigkeiten ausstieß. Sie stellen Bereiche dar, in denen ein schneller Wind einen langsameren eingeholt und verdichtet hat. Unklar ist aber, warum der Wind offenbar nicht sphärisch symmetrisch abgeströmt ist.

Supernova 1987A: Diese mit dem Weltraumteleskop Hubble erzielte Aufnahme zeigt die Supernova in der Großen Magellanschen Wolke und die sie umgebenden Gasringe .

Der Andromeda-Nebel – Zwilling unserer Galaxis

Der Andromeda-Nebel ist mit bloßem Auge als kleines, verwaschenes Objekt im Sternbild Andromeda zu sehen. Als erste entdeckten ihn arabische Astronomen im 10. Jahrhundert. In seinem *Buch der Sterne* (um 974) führte As-Sufi den Andromeda-Nebel als „eine kleine Wolke" auf. Simon Marius (1573–1624), Hofastronom in Ansbach, hat ihn anscheinend bereits 1611 oder 1612 mit einem Fernrohr beobachtet – nur etwa zwei Jahre, nachdem Galilei (1564–1642) das astronomische Fernrohr erfunden hatte. Er verglich das sanfte Leuchten mit „dem Licht einer Kerze, das durch Horn hindurchscheint". Der französische Astronom Charles Messier (1730–1817) nahm den Andromeda-Nebel als die Nummer 31 in seinen 1784 erstellten *Katalog der nebelartigen Objekte* auf.

Wenn auch einige Astronomen der folgenden Jahrhunderte den Andromeda-Nebel für eine Gaswolke hielten, aus der sich ein neues Sonnensystem bildet, so waren doch andere wie der englische Bau-

Internet-Link

Informationen über Messier und den Messier-Katalog:
http://www.seds.org/messier/

Das Andromeda-Sternbild am Nordhimmel. Die hellsten Sterne sind Alamak, Mirach und Sirrah.

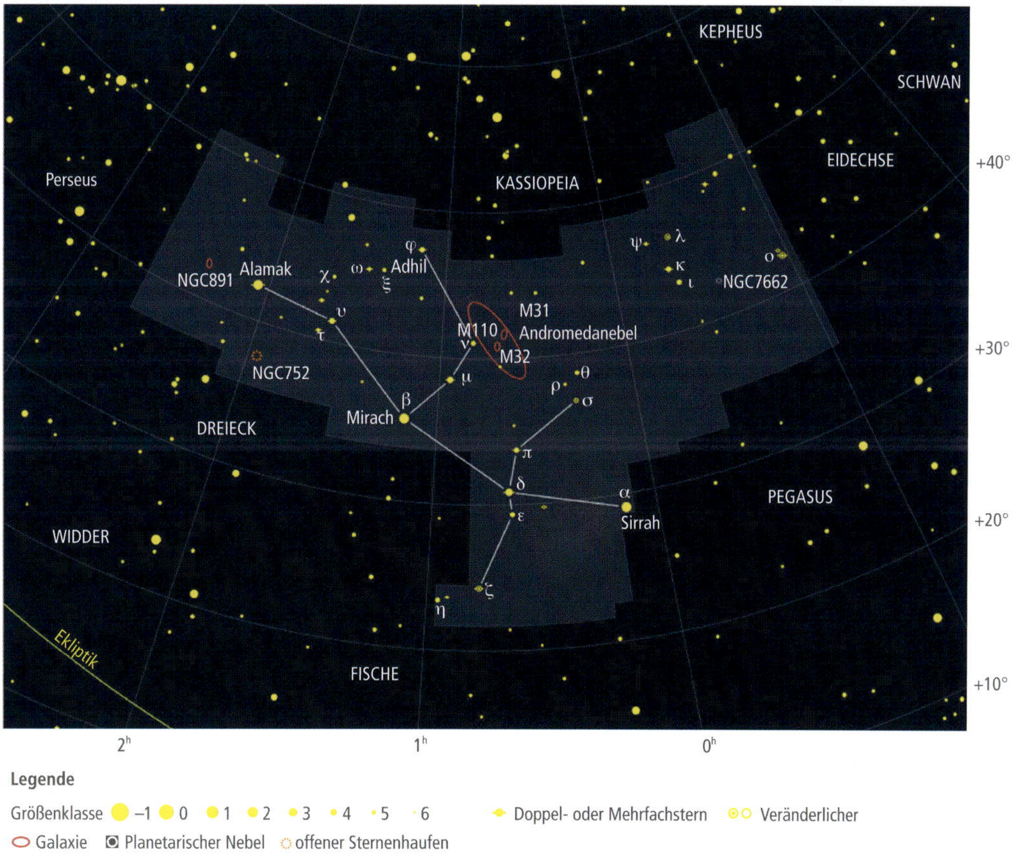

Legende

Größenklasse ●−1 ●0 ●1 ●2 ●3 ·4 ·5 ·6   ● Doppel- oder Mehrfachstern ●○ Veränderlicher
○ Galaxie ◉ Planetarischer Nebel ⊙ offener Sternhaufen

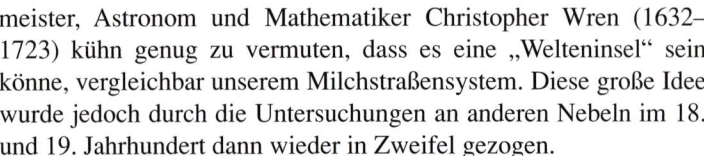

meister, Astronom und Mathematiker Christopher Wren (1632–1723) kühn genug zu vermuten, dass es eine „Welteninsel" sein könne, vergleichbar unserem Milchstraßensystem. Diese große Idee wurde jedoch durch die Untersuchungen an anderen Nebeln im 18. und 19. Jahrhundert dann wieder in Zweifel gezogen.

Am 20. August 1885 entdeckte Ernst Hartwig (1851–1923), Direktor der Sternwarte Bamberg, mit einem Teleskop in der Nähe des Zentrums des Andromeda-Nebels einen neuen Stern, eine „Nova". Dieser Stern war so hell, dass man ihn fast mit bloßem Auge sehen konnte. Seine Helligkeit nahm in den darauffolgenden Monaten immer weiter ab, und am 1. Februar 1886 wurde er – 10 000-mal schwächer als am Anfang – zum letzten Mal beobachtet. Wenn diese „Nova" anderen Novae in der Milchstraße vergleichbar wäre, ergäbe sich aus ihrer Helligkeit eine relativ kleine Entfernung für den Andromeda-Nebel, sodass er innerhalb des Milchstraßensystems liegen würde. Erst als in den 1930er-Jahren Fritz Zwicky erkannte, dass es zwei Typen von Novae gibt – die klassischen Novae und die sehr viel leuchtkräftigeren Supernovae, die er auf die Explosion eines massereichen Sterns zurückführte –, wurde die Natur des Ereignisses aus dem Jahre 1885 klar. Es war tatsächlich eine Typ-I-Supernova gewesen, die erste, die außerhalb unserer Galaxis beobachtet worden war.

Endgültig bestätigt wurde die große Entfernung des Andromeda-Nebels erst 1923, als es Edwin Hubble (1889–1953) mit dem 2,54-Meter-Teleskop auf Mount Wilson in Kalifornien gelang, einige Cepheiden-Veränderliche in der Galaxie zu identifizieren. Mithilfe der von Henrietta Leavitt gefundenen und von Shapley 1916 kalibrierten Perioden-Leuchtkraft-Beziehung leitete Hubble eine Entfernung von 900 000 Lichtjahren für den Andromeda-Nebel ab, der damit weit außerhalb des Milchstraßensystems liegen musste. Als Hubbles Arbeit im Dezember 1924 vor der American Association for the Advancement of Science verlesen wurde, wussten die Zuhörer, dass die Welteninsel-Kontroverse beendet war. Die ersten Schritte ins Universum der Galaxien waren getan.

1953 stellte Walter Baade fest, dass die Cepheiden, die Hubble benutzt hatte, sehr viel leuchtkräftiger waren, als dieser angenommen hatte. Die Entfernung des Andromeda-Nebels wurde deshalb auf 2,0 Millionen Lichtjahre korrigiert, was dem heute angenommenen Wert von 2,2 Millionen Lichtjahren nahekommt. Es gibt in der Tat zwei Arten von Cepheiden: Typ-I-Cepheiden findet man unter den jungen Sternen in den Scheiben von Spiralgalaxien. Die Perioden ihrer Helligkeitsschwankungen liegen zwischen einigen wenigen und einigen Hundert Tagen. Dies sind die Cepheiden, die auch in externen Galaxien beobachtet werden können. Cepheiden vom Typ II sind sehr viel ältere Sterne. Man findet sie hauptsächlich im Halo unserer Galaxis (der Polarstern, Polaris, ist einer von ihnen). Ihre Perioden liegen

Porträt

Zwicky, Fritz, schweizerisch-amerikanischer Physiker und Astronom, * 14.2.1898 Varna (Bulgarien), † 8.2.1974 Pasadena (Cal.); ab 1927 Professor in Pasadena, arbeitete am Mount-Wilson- und Mount-Palomar-Observatorium; lieferte wichtige Beiträge zur Theorie der Supernovae und entdeckte in benachbarten Galaxien zahlreiche Supernovae; zeigte, dass in einer Galaxie alle 1 000 Jahre höchstens zwei oder drei Supernovae aufleuchten; stellte 1933 zusammen mit Walter Baade die Hypothese auf, dass Neutronensterne als Folge von Supernovae entstehen; gab 1937 eine theoretische Beschreibung von Gravitationslinsen, deren erste 1979 im Sternbild Großer Bär entdeckt wurde.

Der Andromeda-Nebel (M 31) in einer zusammengesetzten Infrarotaufnahme des NASA Spitzer Space Telescope.

zwischen einigen Stunden und einigen Tagen. Im Periodenbereich von einigen Tagen kommen also beide Typen vor, wobei ein Typ-I-Cepheide viel leuchtkräftiger ist als einer vom Typ II. Unglücklicherweise waren die Sterne, mit denen Shapley die Perioden-Leuchtkraft-Beziehung kalibriert hatte, vom zweiten Typ, sodass Hubble die Entfernung zum Andromeda-Nebel zu niedrig einschätzte.

Die Messier 31- oder M 31-Galaxie, wie die Astronomen den Andromeda-Nebel nennen, ist fast ein Zwilling unserer Galaxis. Sie enthält einige Hundert Milliarden einzelne Sterne, und ihre Masse beträgt mindestens hundert Milliarden Sonnenmassen. Die Spiralarme, die von der Zentralregion der Galaxie ausgehen, sind markiert durch zahlreiche aktive Sternentstehungsgebiete.

Im Andromeda-Nebel entdeckte Walter Baade auch erstmals die Existenz zweier verschiedener Stern-„Populationen", als er 1944 das 2,54-Meter-Teleskop auf dem Mount Wilson unter außergewöhnlich guten Beobachtungsbedingungen benutzen konnte – wegen des Kriegs war in Los Angeles Verdunkelung angeordnet worden. Die Sterne in den Spiralarmen waren blau und leuchtkräftig wie die, die man in den offenen Sternhaufen unserer Galaxis findet, zum Beispiel in den Hyaden oder Plejaden. Es sind relativ junge Sterne, und sie bildeten Baades Population I. Auf der anderen Seite ähnelten die Sterne im Kern der Galaxie denen in den Kugelhaufen unserer Galaxis. Baade nannte sie Population II und stellte fest, dass es sich um sehr viel ältere Sterne handelte.

Porträt

Baade, *Walter*, deutsch-amerikanischer Astronom, * 24.3. 1893 Schröttinghausen, † 25.6.1960 Göttingen; entdeckte 1920 den Planetoiden Hidalgo; 1931–1958 am Mount-Wilson- und Mount-Palomar-Observatorium in Kalifornien; arbeitete u. a. über Novae und Supernovae und stellte 1933 mit Fritz Zwicky die Hypothese auf, dass Neutronensterne als Folge von Supernovae entstehen; bedeutende Beiträge zur Struktur des Milchstraßensystems und anderer Galaxien sowie zur Verbesserung der kosmischen Entfernungsbestimmung mittels Cepheiden; verdient um die Erforschung von Sternpopulationen, deren Bezeichnung er 1944 einführte.

■ Was ist eigentlich ... ■

Hyaden, Regengestirn, ein offener Sternhaufen im Sternbild Stier. In der griechischen Mythologie waren die Hyaden die Töchter des Atlas und der Pleione und bildeten ein eigenes Sternbild. Es erscheint im Herbst am Himmel und kündigt so die winterliche Regenzeit an. – Bereits im 19. Jh. erkannte man anhand von Messungen der Eigenbewegung, dass die Hyaden zu einem ausgedehnten Sternstrom, dem Taurus-Strom, gehören und sich somit im weiteren Umfeld der Sonne befinden müssen. Aufgrund der Nähe der Hyaden lassen sich die Entfernungen der Sterne noch mit trigonometrischen Methoden bestimmen. Aus diesen und aus der Sternstromparallaxe wurde die Entfernung der Hyaden zu etwa 46,34 pc (ca. 150 Lj) bestimmt. Der genaue Wert bildet eine wichtige Stufe der kosmischen Entfernungsskala, auf der weitere Methoden der Entfernungsbestimmung aufbauen. Man versucht daher ständig, den Wert zu verbessern.

Auch eine Spiralgalaxie: die „Whirlpool-Galaxie" M 51 (NGC 5194).

NGC 1672, ein Beispiel für eine Balken-Spiralgalaxie, bei denen die Spiralarme von den Enden eines Balkens ausgehen.

M104, ein Beispiel für eine Sombrero-Galaxie.

Aus diesen und aus nachfolgenden Untersuchungen hat sich für die Entstehung und Entwicklung von Spiralgalaxien wie dem Milchstraßensystem und der Andromeda-Galaxie folgendes Bild ergeben. Ehe überhaupt Sterne entstanden, war die Galaxie eine riesige Gaswolke mit einer sehr viel größeren Ausdehnung als heute. Unter dem Einfluss der Gravitation begann diese Wolke, in sich zusammenzufallen. Bei diesem Kollaps müssen die Kugelhaufen, die ältesten Gebilde der Galaxie, auskondensiert sein und dichte Zusammenballungen aus Millionen von Sternen gebildet haben. Es entstand ein Halo rings um die Galaxie, in dem sich die einzelnen Haufen auf Bahnen, die den ursprünglichen Kollaps widerspiegeln, um das Galaxienzentrum bewegen. In der Zwischenzeit kollabierte das restliche Gas der Ur-Wolke weiter. Dabei rotierte es immer schneller, sei es weil bereits die ursprüngliche Wolke rotierte, sei es, weil die Gezeitenanziehung anderer naher Protogalaxien es in immer schnellere Rotation versetzte. Schließlich kollabierte die Wolke zu einer rotierenden Scheibe, in der sich Sterne zu bilden begannen. Von da an sah die Galaxie ganz ähnlich aus wie heute, wobei fortgesetzt Sterne aus der Gasscheibe kondensierten. Der eigentliche Mechanismus, der heute die Sternentstehung in Gaswolken auslöst, ist anscheinend eine spiralige Kompressionswelle, die von der Gravitationsanziehung der Sterne in Gang gesetzt wird. Sie läuft rings durch die Galaxie und erzeugt die schönen Spiralarme, die man im Andromeda-Nebel sieht und die auch in unserer eigenen Galaxis mit großer Sorgfalt vermessen wurden.

Dieses Grundmodell von der Entstehung einer Galaxie stellt jedoch nur eine Möglichkeit dar. Seit Jahrzehnten beschäftigen sich die Astronomen mit diesem Problem und sind keineswegs zu einer endgültigen Antwort gelangt. In einigen Theorien zieht sich die Entstehung über einen langen Zeitraum hin, wobei in einem langsamen Aggregationsprozess kleinere Stücke über Milliarden Jahre zusammenschmelzen, ehe das Gas kollabiert und die Scheibe bildet. In anderen Theorien wird die Scheibe allmählich aus Gas aufgebaut, das aus

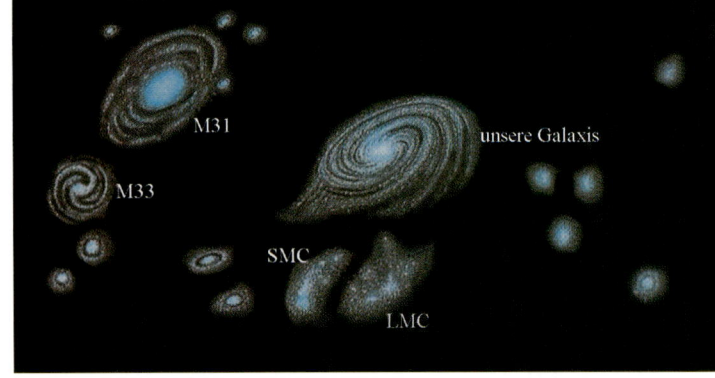

Die Lokale Gruppe von „außen" betrachtet. Sie wird von den Riesenspiralen unserer Galaxis und der Andromeda-Galaxie beherrscht, die jeweils von mehreren kleinen Begleitgalaxien umgeben sind.

dem Halo der Galaxie herabregnet. Und in wieder anderen Theorien spielt die Dunkle Materie eine entscheidende Rolle – Materie, die sich nur durch ihre Gravitationswirkung bemerkbar macht und die möglicherweise aus bislang noch nicht entdeckten, exotischen subatomaren Teilchen besteht. Die sichtbare Materie hätte sich dann nur an bereits bestehende Konzentrationen Dunkler Materie angelagert.

Der Andromeda-Nebel und unsere Galaxis sind die beherrschenden Mitglieder einer Gruppe von vielleicht 20 Galaxien, die man Lokale Gruppe nennt und die sich gemeinsam durch das Weltall bewegen. Die meisten dieser Galaxien sind selbst im Vergleich zu den Magellanschen Wolken extrem klein und Satelliten unserer Galaxis oder der Andromeda-Galaxie. Wenn wir uns unsere Galaxis als Stadt vorstellen, dann sind diese Begleiter die umliegenden Dörfchen. Die Lokale Gruppe wiederum ist nur ein kleiner, unbedeutender Staat in der Welt der Galaxien.

Grundtext aus: Michael Rowan-Robinson *Das Universum der Sterne. Himmelsbeobachtungen und Streifzüge durch die moderne Astronomie*; Spektrum Akademischer Verlag (englische Originalausgabe: *Universe*; Longman Group UK Limited; übersetzt von Margit Röser).

Dem Himmel so nah

In der Sternwarte des Papstes betreiben Priester Astrophysik.
Sie erforschen Schwarze Löcher und den Urknall. Gott ist ihnen nicht
im Weg, nur die Straßenlaternen. Und ein paar Glaubensbrüder, die
man mühsam davon überzeugen muss, dass die Wissenschaft ihnen
nichts Böses will

Max Rauner

Der Papst guckt zu. Ein sanftes Lächeln auf den Lippen, die Hände im Schoß, darunter die Signatur „Benedictus XVI". Gegenüber eine Großaufnahme vom Mond, auf vier Bilderrahmen verteilt. Der Mond ist größer, aber der Papst hängt höher. Zwischen Papst und Mond haben sich 35 Astrophysiker in Plastikstühle mit Klapptisch gezwängt. Einige surfen mit ihren Laptops im Internet, vorne hält jemand einen Vortrag über Schwarze Löcher im frühen Universum.

Die internationale Forscherelite ist zu Gast im Vatikan. Auf dem Sommersitz des Papstes in Castel Gandolfo, 25 Kilometer vor Rom, diskutieren die Astrophysiker, wie die ersten Galaxien im Universum entstanden sind. Der Papst selbst ist abgereist. Zwei Monate verbrachte er im vergangenen Jahr auf seinem Sommersitz, schrieb an der neuen Enzyklika, empfing heimlich den Kirchenkritiker Hans Küng und winkte sonntags den Touristen zu. Nun sind alle weg, die Leibwächter und Polizisten, die Köche, Kardinäle und Hans Küng. Nur der Pförtner ist noch da – er macht den Astrophysikern das Tor auf.

Im Ostflügel der Sommerresidenz unterhält der Vatikan eine eigene Sternwarte mit Teleskopen und forschenden Priestern. Und die hatten zur Konferenz über Schwarze Löcher und aktive Galaxienkerne geladen. Drei Dutzend Physiker reisten an – und waren überrascht, dass der Papst sogar drahtlosen Internetzugang hat. Weiße Computer stehen in den Büros, mit dem angebissenen Apfel im Logo, wie zur Erinnerung an den Sündenfall.

Vor knapp 400 Jahren machte die katholische Kirche Galileo Galilei den Prozess, heute gibt sich das Vatikan-Observatorium alle Mühe, Teil der wissenschaftlichen Gemeinschaft zu sein.

Specola Vaticana, die Sternwarte des Vatikans, ist das Testlabor für die Annäherung der Kirche an die Wissenschaft. Nirgendwo kuscheln Glauben und Wissen so offen wie hier. Die Sternwarte des Papstes ist das einzige Forschungsinstitut des Vatikans. Hier glauben Priester an Relativitätstheorie und Quantenphysik, an Darwins Evolutionstheorie, Plattentektonik und den Urknall. Morgens feiern sie die Messe, tagsüber schreiben sie Fachartikel für *The Astronomical Journal* oder *Astronomy and Astrophysics*.

In Castel Gandolfo wird gebetet und geforscht

George Coyne, 73 Jahre alt und Chef der Sternwarte, hält eine kurze Begrüßungsrede zu Beginn der einwöchigen Astro-Konferenz. Er trägt einen flauschigen Wollpullover und ausgetretene Schuhe. Kein Priestergewand.

Mit einem Augenzwinkern verspricht er den Forschern: „Wir wollen euch Atheisten nicht bekehren." Das wäre eine Herausforderung. „Ich wundere mich, dass die keine Probleme mit uns haben", sagt Luis Ho von den Carnegie Observatories in Pasadena, Kalifornien, in der Kaffeepause, „religiöser Glaube steht doch schon per Definition im Widerspruch zur Natur." Ein anderer Astronom nippt seinen Kaffee vor einer Tafel mit Bronzegesichtern. „Keine Ahnung, was die gemacht haben", murmelt er. Gregor XIII., Leo XIII. und Pius XI. sind darin eingegossen, Gründer und Förderer der päpstlichen Astronomie. Der Katholizismus ist für die Wissenschaftler auf dieser Konferenz nur mehr Folklore, die man auch getrost ignorieren kann.

Nur dem Münchner Astrophysiker Reinhard Genzel, der das Schwarze Loch im Zentrum unserer Milchstraße erforscht, war etwas mulmig, als er zum ersten Mal durch das schwere Holztor trat. „Da sieht man links oben vor dem inneren Auge die Inquisition." Aber die Konferenz ist gut, und die Astro-Jesuiten respektiert er. „Das sind echte Astronomen." Und wie George Coyne im Vatikan die Fahne der Wissenschaft hochhält, das findet Genzel bewundernswert.

In der Geschichte der katholischen Kirche gab es immer mal wieder Päpste, die den Naturwissenschaften zugetan waren. Gregor XIII. ließ 1576 einen Beobachtungsturm bauen, um den Sonnenstand besser bestimmen zu können. Bald darauf ordnete er die Kalenderreform an. 1891 gründete Leo XIII. die Sternwarte. Die Päpste gucken auch selbst durchs Fernrohr, wenn sie den Sommer auf Castel Gandolfo verbringen.

Zwei Kuppeln schmücken den Palast, und sie überwölben keine heiligen Säulenhallen, sondern die beiden Teleskope der Specola. Mit ihnen blickt man allerdings nicht viel weiter als bis zu den Sternen unserer Milchstraße, denn die Instrumente stammen aus den 1950er-Jahren und sind veraltet. Außerdem ist es in Castel Gandolfo zu diesig und hell für moderne Astronomie – Lichtverschmutzung durch Straßenlaternen und Autoscheinwerfer. Auf einem Berg in Arizona,

USA, unterhält das Vatikan-Observatorium deshalb eine Zweigstelle mit einem modernen Teleskop, in Castel Gandolfo werden die Daten ausgewertet und Konferenzen veranstaltet.

Sein Glaube führt Gabriele Gionti zur Quantengravitation

Jesuiten betreiben traditionell die Astrophysik im Vatikan. Der Jesuitenorden, gegründet im 16. Jahrhundert von Ignatius von Loyola, gilt als intellektuelle Elite der Katholiken. Jesuiten geloben Keuschheit und Papsthörigkeit. Rund zehn Jahre dauert die Ausbildung. Sie studieren neben Theologie noch ein anderes Fach, ihre Ordenszugehörigkeit erkennt man am Namenszusatz SJ, was offiziell „Societas Jesu" heißt. Manchmal wird SJ auch mit „Schlaue Jungs" übersetzt.

Ganz oben, im fünften Stock des Sommersitzes, haben die Jungs ihre Büros, ausgestattet mit altem Parkett und dunklen Holzregalen, aber nicht prunkvoll. Zwölf astrophysikalisch geschulte Priester gehören der Specola Vaticana an. Ein schmaler Flur verbindet die Büros, das Parkett knirscht. Gabriele Gionti, mit 37 Jahren die Nachwuchshoffnung der Specola, sitzt am Schreibtisch und bereitet einen Vortrag vor.

Die Vereinigung von Gravitation und Quantenphysik ist sein Thema, die sogenannte Quantengravitation, vulgo Weltformel. Er schreibt mathematische Zeichen auf eine Folie. Am Fuß der Schreibtischlampe hält Maria das Jesusbaby und guckt zu, beide mit Heiligenschein ausgestattet und auf ein Holzklötzchen gemalt.

Gionti ist religiös vorbelastet. Sein Vater wurde von Priestern unterrichtet, sein Großonkel war Missionar in China und wurde von Mao vertrieben. Gionti studierte Astrophysik und lebte in einer säkularen Welt, bis seine Kindheit ihn einholte. „Ich brauchte etwas, um meine spirituellen Bedürfnisse zu nähren." Vor sechs Jahren wurde er Jesuit.

Im praktischen Leben muss Gionti jetzt alles teilen, das ist Vorschrift. „Das war schon etwas hart", sagt er. Früher hat er ein unabhängiges Leben geführt, jetzt lebt er in Gemeinschaft. Bevor er seine Eltern besucht, muss er den Gruppenvorstand fragen. Das Leben in Keuschheit stört ihn nicht. Als Student hatte er Beziehungen zu Frauen. „Ich bin heute glücklicher mit meinem Leben als früher." Für Gionti gibt Gott konkrete Hilfestellung.

Zum Beispiel bei der Entscheidung, ob er der Stringtheorie oder der Quantengravitation folgen soll, zwei konkurrierende Schulen in der Kosmologie. Das sei wie beim heiligen Ignatius, dem Ordensgründer, sagt Gionti, der wollte nach Jerusalem gehen, aber da herrschte Krieg, also ging er nach Rom, um Gott zu dienen. Die Entscheidung für einen bestimmten Weg entspringt der Eingebung und den Möglichkeiten. „Es sieht so aus, als würde Gott mich Richtung Quantengravitation führen." Für nichtreligiöse Menschen mag das albern klingen, und Gionti würde anderen Astrophysikern auch nicht raten, zum Katholizismus zu konvertieren, nur um bessere Wissenschaft zu machen. Es ist eine persönliche Angelegenheit.

Der Chef hat die beste Aussicht auf den Lago d'Albano

Alessandro Omizzolo hat als Priester nicht alle Laster abgelegt: Er raucht. Der 49-Jährige hat die Konferenz organisiert, sein Spezialgebiet sind Riesengalaxien am Rand des Universums. Von Montag bis Freitag arbeitet er als Astrophysiker, am Wochenende zelebriert er die Messe mit einem befreundeten Priester in einer Dorfkirche.

Sein großes Projekt ist die Digitalisierung alter Sternaufnahmen. In den Schränken der Specola lagern rund 10 000 Fotoplatten, aufgenommen zwischen 1894 und 1986 mit den päpstlichen Teleskopen. Omizzolo scannt sie ein und brennt die Daten auf DVD, ein Drittel hat er schon geschafft.

„Viel Arbeit", sagt der Jesuit. Arbeit, die ihm Gott näher bringt. „Was wir sehen, ist so schön und großartig, als Mensch frage ich mich: Woher kommt das?" Er bläst Rauch in die Luft, als würde darin die Antwort liegen. Ist ein gläubiger Astrophysiker der bessere Wissenschaftler? Omizzolo sagt: „Der gläubige Astrophysiker will das Universum verstehen, so wie der Verliebte sein Gegenüber erkennen will."

George Coyne, der Chef der Sternwarte, hat sein Büro gleich neben der Kuppel mit dem Zeiss-Teleskop. Er hat die schönste Aussicht, besser als die des Papstes im Westflügel. Von der Terrasse, groß wie ein Tennisplatz, blickt er hinunter auf den Lago d'Albano, am Horizont sieht er die Ausläufer von Rom. Und am Himmel? Was sieht ein strenggläubiger Astronom, wenn er mit Teleskopen in den Himmel schaut? „Zunächst mal sehe ich Sterne", sagt Coyne, „und ich versuche sie als Wissenschaftler zu verstehen. Ich mache Forschung wie andere Wissenschaftler auch, ob sie nun Atheisten sind oder an Gott glauben."

Mit dem Weltbild der modernen Physik hat Coyne keine Probleme. Das Universum entstand vor rund 14 Milliarden Jahren im Urknall und dehnt sich seitdem immer weiter aus. Die ersten Sterne bildeten sich nach einigen Millionen Jahren und schleuderten nach ihrem Ableben Elemente wie Kohlenstoff ins All, ohne die es heute kein Leben geben würde. Auch Menschen bestehen letzten Endes aus Sternenstaub. Und Jesus? Coyne beugt sich in seinem Bürostuhl nach vorne. „Wenn er wahrer Mensch und wahrer Gott ist, dann ist auch Jesus aus Sternenstaub. Anders kann man nicht Mensch sein."

Natürlich glaubt George Coyne an Gott

Ärger, sagt Coyne, bekomme er für solche Äußerungen nicht. „Dafür hört man mir nicht genug zu." Coyne lässt nicht locker. Immer dann, wenn mal wieder ein katholischer Würdenträger auf die Naturwissenschaft schimpft, tritt er auf den Plan, um den Schaden zu begrenzen – so im vergangenen Herbst, als der Wiener Kardinal Christoph Schönborn in einem Artikel für die *New York Times* an der Evolutionslehre krittelte.

Coyne antwortete postwendend mit einem Beitrag für die britische Zeitung *The Tablet*. „Wer die Erkenntnisse der modernen Naturwissenschaft ernst nimmt", schrieb er, „muss die Vorstellung eines Diktator- oder Designer-Gottes überwinden, eines Gottes, der die Welt wie ein Uhrwerk geschaffen hat." Auch den Papst interpretiert Coyne mitunter öffentlich, etwa dessen jüngste Anmerkung, die Schöpfung sei ein „intelligentes Projekt". Das verstanden viele als Solidaritätserklärung mit der pseudowissenschaftlichen Schöpfungslehre vom Intelligent Design. Unterstützt Ratzinger die Gegenaufklärung? „Der Papst meinte damit in keiner Weise Intelligent Design, wie es in den USA verstanden wird", sagt Coyne. „Ratzinger ist dafür viel zu klug und aufgeschlossen gegenüber der Wissenschaft."

Natürlich glaubt Coyne an Gott. Gott ist der Schöpfer des Universums, Er hat die Naturgesetze gemacht, und Er wirkt im Universum. „Aber das ist ein Glaubensbekenntnis, keine Wissenschaft. Die Wissenschaft ist gegenüber theologischen und philosophischen Schlussfolgerungen absolut neutral."

Aber was ist mit der Genesis? Mit den sieben Tagen der Schöpfung? „Das ist eine wunderschöne Geschichte, aber keine Wissenschaft", sagt Coyne, „am ersten Tag machte Gott das Licht, und am vierten Tag schuf er die Sonne und die Sterne. Nur, mit Verlaub, wo zur Hölle kam am ersten Tag das Licht her, wissenschaftlich gesprochen?" Ein versöhnlich gestimmter Wissenschaftler hat Coyne vorgeschlagen, es könne sich bei dem Licht aus der Bibel um die Mikrowellen-Hintergrundstrahlung handeln, die das gesamte All erfüllt, das Echo des Urknalls. „Das ist absurd", sagt Coyne,

„die Hintergrundstrahlung wurde in den 1960-er Jahren entdeckt, ein Autor der Genesis konnte das nicht vorhersehen."

Coyne kämpft an mehreren Fronten. Seine Glaubensbrüder in der katholischen Kirche muss er davon überzeugen, dass die Wissenschaft ihnen nichts Böses will. „Viele haben Angst, dass wir Gott verlieren werden. Eine absolut unbegründete Angst." Seine Forscherkollegen müsste er dafür gewinnen, sich überhaupt für theologische Fragen zu interessieren. Und dann gibt es da noch Leute wie Stephen Hawking, den er 1981 zu einem Vortrag nach Rom eingeladen hatte.

Gott ist keine Randbedingung des Universums

In seiner *Kurzen Geschichte der Zeit* erzählt Hawking, wie er damals mit anderen Kosmologen vom Papst empfangen wurde und dieser sie ermahnt hätte, nicht den Urknall selbst zu erforschen. Dabei habe er, Hawking, gerade einen Vortrag über Universen ohne Anfang und Ende gehalten, „was bedeuten würde, dass es keinen Augenblick der Schöpfung gibt". Er sei froh gewesen, dass der Papst davon nichts wusste. „Ich hatte keine Lust, das Schicksal Galileis zu teilen, mit dem ich mich sehr verbunden fühle, zum Teil wohl, weil ich genau dreihundert Jahre nach seinem Tod geboren wurde." Eine schöne Anekdote, die Hawking regelmäßig in Vorträgen zum Besten gibt, während er eine Karikatur mit ihm hinter den Gittern der Inquisition zeigt.

Coyne bestreitet diese Version des Treffens, und er ärgert sich über Hawkings Argument. „Wenn es keinen Anfang gibt, sagt Hawking, gibt es keinen Gott – das ist falsch. Man kann die Existenz Gottes nicht mithilfe der Quantenphysik widerlegen – noch kann man sie beweisen."

Der Dialog zwischen Religion und Naturwissenschaft ist Coynes große Mission, und in den letzten 30 Jahren ist er gut vorangekommen. Unter Papst Johannes Paul II.

leitete er die wissenschaftliche Arbeitsgruppe der Kommission, die den Prozess gegen Galileo Galilei untersuchte. 1992 wurde Galilei vom Papst rehabilitiert. Ebenfalls unter Papst Johannes Paul II. initiierte Coyne eine Konferenz mit Naturwissenschaftlern und Theologen zum 300. Jahrestag der Veröffentlichung von Isaac Newtons Hauptwerk *Principia*. Zum Abschluss schrieb ihm der Papst in einem öffentlichen Brief: „Die Wissenschaft kann die Religion von Irrtum und Aberglauben reinigen; die Religion kann die Wissenschaft von Götzendienst und falschen Absolutsetzungen reinigen."

Im November 2004 schließlich veröffentlichte eine Theologenkommission unter Kardinal Ratzinger ein „Orientierungspapier". Die Urknalltheorie und Darwins Evolutionslehre seien mit dem christlichen Glauben vereinbar, heißt es darin so unmissverständlich wie nie zuvor. Jetzt ist Ratzinger Papst und Coyne, so scheint es, am Ziel. Im November verkündete Kardinal Paul Poupard, Chef des päpstlichen Kulturrats: „Die Gläubigen tun gut daran zuzuhören, was die säkulare moderne Wissenschaft anzubieten hat." Viele Jahre hat Coyne auf diesen Moment hingearbeitet.

Kann die Wissenschaft von der Religion profitieren?

Nur mit einer Frage tut sich der Jesuit schwer: Kann auch die Wissenschaft von der Religion profitieren? „Ich sehe kein spezielles Fachgebiet, wo das der Fall sein könnte", sagt Coyne, „generell kann die Religion aber die Wissenschaft davon abhalten, sich allwissend zu fühlen. In diese Versuchung gerät die Wissenschaft leicht, weil sie so erfolgreich ist."

Die katholische Kirche tritt allerdings auch nicht gerade bescheiden auf. Ist nicht der Papst sogar unfehlbar? „Ich leugne das nicht", sagt Coyne, „aber ich sage den Leuten: Der Papst ist unfehlbar, aber man weiß

nie, wann und wie." Am freien Nachmittag der Konferenz dürfen die weltlichen Astrophysiker die päpstlichen Gärten von Castel Gandolfo betreten, Alessandro Omizzolo hat den Schlüssel. Zwei Dutzend Wissenschaftler schlendern vorbei an millimetergenau geschnittenen Hecken, prächtigen Kiefern und römischen Ruinen. Irgendwann taucht rechts der Hubschrauberlandeplatz des Papstes auf. „Zu nah an den Bäumen", befindet ein Wissenschaftler in aller Nüchternheit. Hinter den Zypressen liegt verborgen der päpstliche Swimmingpool.

So viel Kirche steckt an, und plötzlich wird einer der Physiker schwach. „Ich habe meine Kollegen jetzt zweieinhalb Tage lang beobachtet", sagt der Argentinier Felix Mirabel von der Europäischen Südsternwarte. „Wie die über die nackten Schwarzen Löcher diskutieren – das ist auch nichts anderes als religiöser Glaube."

Nackte Schwarze Löcher fliegen ganz allein durchs All. Keine Galaxie, kein Stern in der Nähe. So ein Schwarzes Loch kann beim Zusammenstoß von zwei Galaxien, in deren Zentrum jeweils ein Schwarzes Loch sitzt, ins All katapultiert werden. Das ergeben Computersimulationen. Ein Schwarzes Loch im Zentrum einer Galaxie kann man indirekt sehen, weil Materie aus der Umgebung hineinfällt. Ein nacktes Schwarzes Loch dagegen driftet durchs All und bleibt dunkel. „Wir diskutieren hier ähnlich spekulative Dinge wie die Theologen im Mittelalter", sagt Felix Mirabel. „Vielleicht sind wir im selben Stadium." Die Ironie ist: Während die Jesuiten von Castel Gandolfo immer mehr auf die Wissenschaft zugehen, nimmt die moderne Kosmologie immer stärker quasi-religiöse Züge an. Kosmologen diskutieren über Welten, die außerhalb unseres Universums liegen und prinzipiell niemals beobachtet werden können. Oder sie glauben an Universen, die als Babys in Schwarzen Löchern geboren werden.

Beim Abendessen geht die Diskussion über nackte Schwarze Löcher weiter. Dass man sie nicht beobachten könne, sei in der Tat ein Nachteil, sagt Nahum Ahrav von der University of Colorado in Boulder. „Kann man wohl", entgegnet Luis Ho, setzt eine Strebermiene auf und legt drei Weintrauben vor sich hin, eine in den tiefen Teller, eine auf den Vorspeisenteller und eine in die Ecke des Tisches. Die Teller sind Galaxien, und die Weintrauben sind Schwarze Löcher. Die Traube in der Ecke ist ein nacktes Schwarzes Loch. Dem Rest der Erklärung ist schwer zu folgen, aber Hos Entschlossenheit ist nicht zu übersehen. Er will bald mit den Beobachtungen anfangen.

Priester und Wissenschaftler begegnen einander mit Respekt

Kirche und Wissenschaft, in Castel Gandolfo stehen sie einander nicht im Weg. Die Physiker nähern sich dem Urknall, und vielleicht werden sie eines Tages herausfinden, wie alles angefangen hat. Die modernen Jesuiten stört das nicht mehr. Sie haben den Glauben in einer Parallelwelt angesiedelt, immunisiert gegen die Methoden der Naturwissenschaft. Der Preis dafür ist eine großzügige Auslegung der Bibel. Die Wunder zum Beispiel darf man nicht zu wörtlich nehmen. George Coyne formuliert es so: „Sie weisen auf eine Wirklichkeit, die viel tiefer liegt als die sichtbare Wirklichkeit."

Priester und Wissenschaftler begegnen einander im Vatikan mit Respekt, manchmal aber auch ganz unverstellt: Als vor zehn Jahren Astrophysiker zu Besuch in Castel Gandolfo waren, arrangierte George Coyne ein Treffen mit Papst Johannes Paul II. Einer der Physiker hatte seinen Sohn dabei, und als der Kleine dem Papst in die Arme lief, hob dieser das Kind hoch und sagte zum Vater sinngemäß: Mögest du deinen Sohn in Gehorsam zu Gott erziehen. Ich weiß nicht, ob das geht, antwortete daraufhin der Physiker, denn ich weiß nicht, ob Gott existiert.

Aus: ZEIT-Wissen 2/2006

Der Kosmologe **Alexander Vilenkin** ist Direktor des Institute for Cosmology an der Tufts University im amerikanischen Bundesstaat Massachusetts. Er wird 1949 in der Ukraine geboren. Seinen ersten Studienabschluss in Physik macht er 1971 in der Sowjetunion an der Universität von Charkow – als Jahrgangsbester. Der sowjetische Geheimdienst wird auf den talentierten Forscher aufmerksam und versucht, ihn für seine Zwecke zu gewinnen. Vilenkin weigert sich – und gerät auf die schwarze Liste des KGB: Seine Karriere ist beendet, noch bevor sie begonnen hat. Seinen Lebensunterhalt verdient er als Nachtwächter in einem Zoo.

1976 wandert Vilenkin in die USA aus, wo er nach nur einem Jahr an der State University of New York in Buffalo in Physik promoviert (über Biopolymere). Nach einem Postdoc-Jahr in Cleveland, Ohio (Thema: Theorie der Metalle) wechselt er 1978 an die Tufts University und damit von der Festkörperphysik zur Kosmologie.

Seine Studenten mögen manchmal glauben, er sei doch noch zum Spion geworden. Seine Vorlesungen nämlich hält Vilenkin oft mit einer auffallend großen, dunklen Brille auf der Nase. Die Erklärung für die exotische Erscheinung, die der Professor dann auf dem Podium abgibt, ist jedoch sehr einfach: Seine Augen reagieren sehr empfindlich auf das Licht der Projektoren und er leidet unter Migräneattacken.

Die halten ihn jedoch nicht davon ab, Unerhörtes zu denken. Seine zentrale These lautet: Es gibt nicht nur ein Universum, sondern unendlich viele. Jede mögliche Ereignisabfolge, wie seltsam und unwahrscheinlich sie auch sein mag, hat irgendwo tatsächlich stattgefunden – und das nicht nur einmal, sondern unendlich oft.

„Die Auswirkungen der neuen Theorie sprengen jede Vorstellungskraft", sagt Vilenkin. „Sollte ihre Lieblingsmannschaft die Fußballmeisterschaft nicht gewonnen haben, müssen sie nicht verzweifeln: Auf unendlich vielen anderen Erden hat sie gewonnen. Mehr noch, es gibt eine unendliche Zahl von Erden, wo ihre Mannschaft Jahr für Jahr Meister wird!"

Vilenkin hat gleich noch eine provozierende These parat: die vom Endknall. Alles werde in einem gewaltigen Kollaps zusammenstürzen und dann sei endgültig Schluss. Bis dahin, beruhigt Vilenkin, seien es noch „einige Trillionen Jahre". Genauer will er sich nicht festlegen.

Alexander Vilenkin

Die Inflation des Universums

Von Alexander Vilenkin

> Der Invasion einer Armee kann man widerstehen,
> nicht aber der einer Idee, deren Zeit gekommen ist.
>
> Victor Hugo (1802–1885)

Kosmische Rätsel

Angenommen, wir empfangen eines Tages aus einer fernen Galaxie eine Botschaft übers Radio, dass „Elvis lebt". Wir richten unsere Antenne auf eine andere Galaxie aus und erhalten zu unserer großen Überraschung dieselbe Botschaft! Verblüfft drehen wir die Antenne von einer Galaxie zur nächsten, doch aus allen Himmelsrichtungen erreicht uns nur die eine Botschaft. Erklären könnten wir uns dies damit, dass das Universum voller Elvis-Fans steckt, oder aber damit, dass sie miteinander in Kontakt stehen. Wie sonst könnten sie identische Botschaften aussenden?

So albern es klingt, gleicht dieses Beispiel sehr der Situation, die wir in unserem Universum beobachten. Die Intensität der Mikrowellenstrahlung, die wir aus allen Richtungen empfangen, ist zu einem hohen Grad exakt die gleiche – ein Hinweis darauf, dass Dichte und Temperatur des Universums zum Zeitpunkt der Emission der Strahlung in hohem Maße gleichförmig waren. Diese Beobachtung lässt vermuten, dass die strahlenaussendenden Regionen in einer Art Kontakt zueinander standen, der zu einer Ausbalancierung von Dichte- und Temperaturwellen führte. Problematisch ist daran jedoch, dass seit dem Urknall zu wenig Zeit vergangen war, als dass ein solcher Austausch hätte stattfinden können.

Der Kern des Problems liegt darin, dass physikalische Wechselwirkungen sich nicht schneller fortpflanzen können als Licht. Die Entfernung, die das Licht seit dem Urknall vor etwa 40 Milliarden Jahren zurückgelegt hat, ist die Horizontentfernung. Sie begrenzt unser Blickfeld ins Universum und legt die maximale Distanz fest, innerhalb derer ein Austausch möglich ist. Die kosmische Hintergrundstrahlung, die wir heute beobachten, wurde kurz nach dem Urknall entsandt und erreicht uns aus einer Distanz, die annähernd dem Horizont entspricht. Wenn wir uns nun vorstellen, die Strahlung käme aus zwei entgegengesetzten Himmelsrichtungen, so liegen die beiden Regionen, aus denen diese Strahlung stammt, eine doppelte

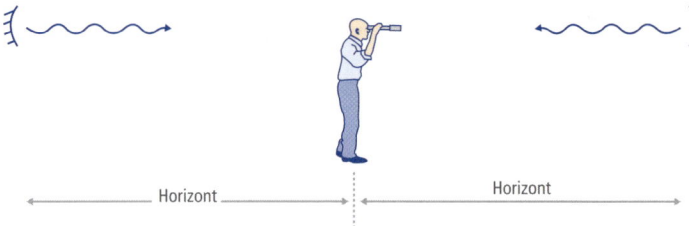

Zwischen der kosmischen Hintergrundstrahlung aus entgegengesetzten Himmelsrichtungen liegt heute eine doppelte Horizontentfernung.

Horizont · Horizont

Horizontentfernung auseinander und könnten demnach unmöglich interagieren. Insbesondere wären sie nicht zu einem Wärmetausch imstande, um ihre Temperaturwerte auszugleichen.

Nun lagen in früheren Zeiten die beiden Regionen dichter beieinander, sodass man annehmen müsste, sie hätten einander leichter ausbalancieren können. Tatsächlich aber ist es früher noch schwieriger. Im zeitlichen Rückblick nämlich verringert sich die Horizontdistanz noch rascher als die Entfernung zwischen den Regionen. Zur Zeit der Freisetzung der kosmischen Hintergrundstrahlung war der beobachtbare Teil des Universums in Tausende kleine Regionen zersplittert, die nicht miteinander „sprechen" konnten. Dies zwingt uns zu der Schlussfolgerung, dass kein physikalischer Prozess den Feuerball hätte gleichförmig machen können, wenn dieser nicht von Anfang an gleichförmig war.

Diese rätselhafte Eigenschaft des Urknalls wird häufig als Horizontproblem bezeichnet. Die einzig mögliche Erklärung für die bemerkenswerte Gleichförmigkeit von Dichte und Temperatur im frühen Universum ist, dass das junge Universum auf diese Weise aus dem Urknall hervorging. In logischer Hinsicht ist an dieser „Erklärung" nichts auszusetzen. Die physikalischen Bedingungen zum Zeitpunkt der Singularität sind nicht definiert, also können wir unmittelbar nach dem Urknall jeden beliebigen Zustand annehmen. Dennoch drängt sich das Gefühl auf, dass dies rein gar nichts erklärt.

Ein zweites Merkmal des Urknalls, das Rätsel aufgibt, ist der gefährlich instabile Balanceakt zwischen der Stärke der Explosion, die sämtliche Teilchen auseinandersprengte, und der Kraft der Gravitation, die die Expansion verlangsamt. Läge die Materiedichte im Universum ein wenig höher, wäre die Gravitationskraft ausreichend, um die Expansion zu stoppen, und das Universum würde letztlich rekollabieren. Läge sie hingegen ein wenig niedriger, würde sich das Universum endlos ausdehnen. Die beobachtete Dichte aber liegt bis auf wenige Prozentpunkte an der kritischen Dichte im Grenzbereich zwischen den beiden Systemen. Das ist sehr eigenartig und verlangt nach einer Erklärung.

Was ist eigentlich ...

Horizontproblem, Kausalitätsproblem, Problem der räumlichen Isotropie der kosmischen Hintergrundstrahlung. Die großräumige Homogenität der Materieverteilung im Universum und insbesondere die der kosmischen Hintergrundstrahlung impliziert eines der Probleme des Standardmodells der Kosmologie. Strahlung des kosmischen Hintergrunds, die aus entgegengesetzten Richtungen die Erde erreicht, hat praktisch stets dieselbe Temperatur, obwohl die Bereiche, von denen die Strahlung emittiert wurde, zu keiner Zeit in kausalem Kontakt standen. Das Standardmodell kann dies nur mit der unnatürlichen Annahme erklären, dass das Universum zu einem frühen Zeitpunkt über den kausalen Horizont, d. h. über die Grenze zu diesen Bereichen, hinaus homogen war. Ebenso wie das Flachheitsproblem kann dieses Problem durch das Postulat einer inflationären Phase als Erweiterung des Standardmodells erklärt werden.

Das Problematische ist hier, dass das Universum im Verlauf der Entwicklung des Kosmos tendenziell schnell von der kritischen Dichte abweicht. Lägen wir beispielsweise zum Zeitpunkt 1 Sekunde n. U. (nach Urknall) 1 Prozent über der kritischen Dichte, wären wir in knapp einer Minute bei der doppelten kritischen Dichte angelangt und in weniger als 3 Minuten wäre das Universum bereits kollabiert. Beginnen wir andersherum bei 1 Prozent unterhalb der kritischen Dichte, läge die Dichte schon nach 1 Jahr um ein 300 000-faches unter dem kritischen Wert. In einem Universum von einer solch niedrigen Dichte entstünden niemals Sterne und Galaxien; es gäbe nichts als verdünntes, eigenschaftsloses Gas. Um bis zum heutigen kosmischen Alter von 14 Milliarden Jahren eine annähernd kritische Dichte zu erreichen, muss die Eingangsdichte mit chirurgischer Präzision auskalibriert sein. Eine Berechnung zeigt, dass die Dichte bis auf eine Abweichung von 0,000 000 000 000 01 Prozent mit dem kritischen Wert übereinstimmen musste.

In engem Zusammenhang damit steht die Geometrie des Universums. Von Friedmann haben wir gelernt, dass die Dichte des Universums und seine großräumige Geometrie miteinander verknüpft sind. Das Universum ist geschlossen, wenn die Dichte ihren kritischen Wert überschreitet, offen, wenn sie darunter liegt, und flach, wenn beide exakt identisch sind. Anstatt zu fragen, warum die Dichte des Universums so nah an ihrem kritischen Wert liegt, könnten wir daher ebenso fragen, warum seine räumliche Geometrie fast flach ist. Aus diesem Grund wird unser Problem der Feinabstimmung häufig als das Flachheitsproblem bezeichnet.

Vom Horizont- und vom Flachheitsproblem hatte man seit den 1960er-Jahren gewusst und doch kaum einmal gesprochen – aus dem einfachen Grund, dass niemand eine Vorstellung davon hatte, wie mit ihnen zu verfahren sei. Um diese Probleme zu bewältigen, musste man sich einem noch größeren Rätsel stellen, das sich hinter ihnen verbarg: Was eigentlich geschah beim Urknall? Worin bestand die Natur dieser Kraft, die die kosmische Explosion verursachte und sämtliche Teilchen auseinandersprengte? Nachdem die Physiker fast ein halbes Jahrhundert auf der Stelle getreten waren, fanden sie sich allmählich mit dem Gedanken ab, dass diese Frage zu jenen gehörte, die man nicht ausspricht – sei es, weil sie in der Physik keinen Platz hat, sei es, weil die Physik noch nicht bereit ist, sich ihr zu stellen. So kam es völlig überraschend, als Alan Guth 1980 seinen dramatischen Durchbruch erzielte, der einen geradlinigen Weg zur Lösung der renitenten kosmologischen Rätsel wies.

Guth formulierte den Gedanken, das Universum sei durch abstoßende Gravitation in die Luft gejagt worden. Das frühe Universum könne einen sehr ungewöhnlichen Stoff enthalten haben, der eine starke abstoßende Gravitationskraft hervorbringe. Wer sich anschicke, eine

Was ist eigentlich ...

kritische Dichte, die mittlere Materiedichte, die nötig ist, um durch ihr Gravitationspotenzial die Expansion des Universums soweit zu verlangsamen, dass es gerade nicht rekollabiert. Der Wert der kritischen Dichte beträgt ca. 5×10^{-30} g/cm^3, was einer Dichte von etwa drei Wasserstoffatomen pro Kubikmeter entspricht. Die beobachtete Dichte der leuchtenden Materie beträgt weniger als 1 % der kritischen Dichte, jedoch kann aus der Rotationsbewegung von Galaxien geschlossen werden, dass mindestens 90 % der im Universum vorhandenen Materie unsichtbar ist (Dunkle Materie). Wegen der Unsicherheit über die Dichte der Dunklen Materie kann heute nicht entschieden werden, ob die Dichte die kritische Dichte übersteigt oder nicht, ob das Universum also offen oder geschlossen ist.

Porträt

Friedmann, Aleksandr Aleksandrowitsch, russischer Mathematiker und Physiker, * 17.6.1888 St. Petersburg, † 16.9.1925 Leningrad (heute St. Petersburg); ab 1918 Professor für Mechanik in Perm, seit 1920 in Leningrad; schuf 1922 und 1924 in seinen kosmologischen Modellen der Allgemeinen Relativitätstheorie die mathematischen Grundlagen für ein offenes und geschlossenes expandierendes Weltall (Friedmann-Modell, Friedmann-Zeit); entwickelte dabei aus den Einstein-Gleichungen die nach ihm benannten Friedmann-Gleichungen, die zeitabhängige Lösungen zulassen, welche Universen beschreiben, in denen sich die Raumkrümmung und die Verteilung der Materie mit der Zeit ändern.

Idee wie diese in einem Vortrag zu präsentieren, sollte tunlichst ein Stück dieses Antischwerkraft-Zeugs aus der Tasche zaubern, zumindest aber einen triftigen Grund nennen können, warum irgendjemand an dessen Existenz glauben sollte. Zu seinem Glück blieb Guth die Erfindung einer magischen Substanz erspart. Die führenden Elementarteilchen-Theorien hatten sie nämlich bereits auf Lager: Ihr Name war „falsches Vakuum".

Das falsche Vakuum

Kannst du von nichts keinen Gebrauch machen, Gevatter?
Ei nein, Söhnchen, aus nichts wird nichts.

Aus: William Shakespeare (1564–1616), *König Lear*

Zum Weiterlesen ...

Alan Guth, *Die Geburt des Kosmos aus dem Nichts: Die Theorie des inflationären Universums* (Droemer, München 1997)

Vakuum ist leerer Raum. Es wird häufig mit „nichts" gleichgesetzt. Aus diesem Grund klang die Idee der Vakuumenergie so sonderbar, als Albert Einstein (1879–1955) sie erstmals vorstellte. Das Bild, das

Physiker sich heute vom Vakuum machen, hat sich jedoch infolge der Entwicklungen in der Teilchenphysik der letzten drei Jahrzehnte drastisch gewandelt. Die Erforschung des Vakuums dauert noch an, und je mehr wir über das Phänomen erfahren, desto komplexer und faszinierender wird es.

Die modernen Elementarteilchen-Theorien definieren das Vakuum als ein physikalisches Objekt; es kann mit Energie geladen sein und kommt in ganz verschiedenen Zuständen vor. In der physikalischen Fachsprache werden diese Zustände als unterschiedliche Vakua bezeichnet. Alle Elementarteilchentypen, ihre Masse und ihre Wechselwirkungen werden vom Vakuum bestimmt, das sie begleitet. Die Beziehung zwischen Teilchen und zugehörigem Vakuum ist mit der Relation zwischen Schallwellen und dem Material vergleichbar, in dem diese sich fortpflanzen. Je nach Material variieren Welle und deren Fortpflanzungsgeschwindigkeit.

Wir befinden uns im Vakuum mit der niedrigsten Energie, dem echten Vakuum. Die Physik weiß heute eine Menge über die Teilchen in dieser Form des Vakuums und über die Kräfte, die zwischen ihnen wirken. So bindet die starke Kraft Protonen und Neutronen in Atomkernen, die elektromagnetische Kraft hält Elektronen auf ihrer Umlaufbahn um den Kern in einem Atom, und die schwache Kraft zeichnet für das Wechselspiel der schwer fassbaren Lichtpartikel, der Neutrinos, verantwortlich. An den Benennungen wird deutlich, dass die drei Wechselwirkungen ganz unterschiedliche Stärken aufweisen, wobei die elektromagnetische Kraft zwischen der starken und der schwachen liegt.

Die Eigenschaften von Elementarteilchen in anderen Vakua können vollkommen anders aussehen. Wie viele Vakua es gibt, wissen wir nicht, die Teilchenphysik hält jedoch neben unserem echten noch mindestens zwei weitere Vakua für wahrscheinlich, die mit einer größeren Symmetrie und einer geringeren Vielfalt an Teilchen und deren Wechselwirkungen ausgestattet sind. Das erste der beiden ist das elektroschwache Vakuum, in dem elektromagnetische und schwache Interaktionen gleich stark sind und als Teile einer einzigen, vereinten Kraft auftreten. Elektronen in diesem Vakuum haben die Masse null und sind von Neutrinos nicht zu unterscheiden. Sie sausen mit Lichtgeschwindigkeit umher und sind nicht in Atome zu bannen. Kein Wunder, dass wir nicht in dieser Art Vakuum leben.

Das zweite ist das „grand-unified" oder große vereinheitlichte Vakuum, in dem alle drei Wechselwirkungstypen der Teilchen vereint sind; Neutrinos, Elektronen und Quarks (aus denen Protonen und Neutronen bestehen) sind in diesem hochsymmetrischen Zustand austauschbar. Während das elektroschwache Vakuum mit annähernder Sicherheit existiert, liegt die Existenz des großen vereinheitlich-

Was ist eigentlich ...

Elementarteilchen, Bezeichnung für die im phänomenologischen Sinn unteilbaren und fundamentalen Bausteine, aus denen sich die gesamte Materie zusammensetzt. Die Frage „Was ist ein elementares Teilchen?" ist nur vorläufig beantwortet. Möglich ist, dass sich Quarks und Leptonen in einer Erweiterung des Standardmodells der Elementarteilchen als Zusammensetzungen anderer „elementarer" Teilchen erweisen. Möglich ist auch, dass die Grundstruktur der Physik gar nicht durch Teilchen, sondern z. B. durch Strings definiert ist.

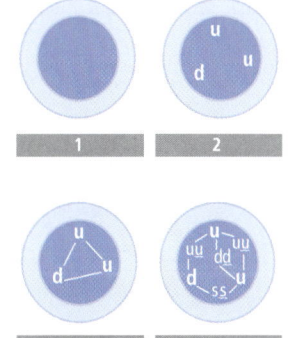

Im Laufe der Zeit wurde die Struktur der Protonen immer komplexer. Galten sie zunächst noch als unteilbar (1), entdeckte man in den 1960er-Jahren die Quarks (2), die über Gluonen zusammengehalten werden (3). Heute macht das komplexe Wechselspiel dieser Bestandteile das Proton noch immer zu einem Forschungsobjekt voller Fragen (4).

ten Vakuums eher im Bereich des Spekulativen. Teilchenmodelle, die seine Existenz voraussagen, haben ihren theoretischen Reiz, beschäftigen sich jedoch mit extrem hohen Energien, sodass es für diese Theorien nur spärliche und recht mittelbare empirische Belege gibt.

Jeder Kubikzentimeter des elektroschwachen Vakuums besitzt eine riesige Energie und nach Einsteins Masse-Energie-Beziehung eine gigantische Masse von annähernd 10 Trillionen Tonnen (etwa die Masse des Mondes). Physiker, die mit derart gigantischen Zahlen arbeiten, bedienen sich einer Kurzschrift für die Notation von Zehnerpotenzen. Eine Billion hat 12 Nullen und wird als 10^{12} geschrieben. Zehn Trillionen sind eine 1 mit 19 Nullen; die Massedichte des elektroschwachen Vakuums beträgt daher 10^{19} Tonnen pro Kubikzentimeter. In einem großen vereinheitlichten Vakuum liegt die Massedichte sogar noch weitaus höher, nämlich um einen überwältigenden Faktor von 10^{48}. Dass diese Vakua in keinem Labor je erzeugt wurden, versteht sich von selbst: Die hierfür erforderlichen Energien sprengen bei Weitem den Rahmen der derzeit verfügbaren Möglichkeiten.

Neben diesen gigantischen Energiewerten nimmt sich die Energie des normalen, echten Vakuums verschwindend klein aus. Lange hatte man sie bei exakt null angesetzt; neuere Beobachtungen weisen jedoch darauf hin, dass unser Vakuum eine geringfügige positive Energie besitzt, die der Masse von drei Wasserstoffatomen pro Kubikzentimeter entspricht.

Hochenergetische Vakua werden als „falsche" Vakua bezeichnet, da sie anders als unser echtes Vakuum instabil sind. Nach einer kurzen Zeitspanne von meist einem kleinen Bruchteil einer Sekunde zerfällt ein falsches Vakuum in das echte, wobei die überschüssige Energie in einem Feuerball aus Elementarteilchen freigesetzt wird.

Wenn Vakuum Energie besitzt, muss es, das wissen wir von Einstein, auch Spannung haben. Und Spannung bewirkt eine abstoßende Gravitation. Beim Vakuum liegt diese repulsive Kraft um ein Dreifaches höher als die von der Masse verursachte Anziehungskraft, sodass sich unter dem Strich eine starke abstoßende Kraft ergibt. Einstein hatte in seinem statischen Modell der Welt mit dieser Antischwerkraft des Vakuums die Anziehungskraft gewöhnlicher Materie ausgeglichen. Dabei hatte er festgestellt, dass sich ein Gleichgewichtszustand erreichen lässt, wenn die Massedichte der Materie doppelt so hoch liegt wie die des Vakuums. Guths Plan sah anders aus: Anstatt das Universum ins Gleichgewicht zu bringen, wollte er es sprengen. Dazu ließ er der abstoßenden Gravitation des falschen Vakuums freien Lauf.

Was ist eigentlich ...

Masse-Energie-Beziehung, Masse-Energie-Äquivalenz, von Albert Einstein 1905 abgeleitete Beziehung zwischen der Ruheenergie und der Ruhemasse eines relativistischen Teilchens. Die Masse-Energie-Beziehung ist der Grund dafür, warum ein ruhendes, massives Elementarteilchen in andere Teilchen zerfallen kann und dabei seine Ruheenergie ganz oder teilweise in kinetische Energie umgewandelt wird. Die Masse eines Teilchens kann also als konzentrierte Form von Energie betrachtet werden, denn schon geringen Massen entspricht eine große Energiemenge; in üblichen Einheiten sind beispielsweise 10^{-4} g äquivalent zu der Energie von 2 500 kWh.

Kosmische Inflation

Was geschähe, wenn der Weltraum früher einmal im Zustand eines falschen Vakuums gewesen wäre? Hätte die damalige Materiedichte die für eine Ausbalancierung des Universums erforderliche Höhe unterschritten, hätte die abstoßende Kraft des Vakuums die Oberhand behalten. In der Folge würde sich das Universum ausdehnen – selbst wenn es dies anfänglich nicht getan hätte.

Um uns dieses Bild vor Augen zu führen, nehmen wir ein geschlossenes Universum an. Dieses Universum bläht sich wie ein expandierender Ballon auf. Mit zunehmendem Volumen des Universums verdünnt sich die Materie und geht die Massedichte zurück. Die Massedichte des falschen Vakuums jedoch ist eine Konstante, sie bleibt stets unverändert. So wird die Materiedichte sehr bald unbedeutend und uns bleibt ein gleichförmiges, expandierendes Meer aus falschem Vakuum.

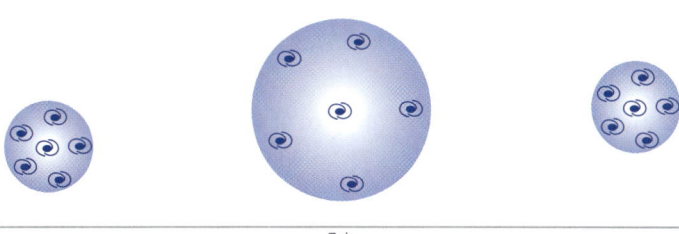

Zeit

Expandierendes und kontrahierendes sphärisches Universum.

Die Expansion wird von der Spannung des falschen Vakuums vorangetrieben, die die Anziehungskraft der Massedichte des Vakuums überwindet. Da sich keine dieser Größen mit der Zeit verändert, bleibt auch die Expansionsrate konstant. Die Expansionsrate gibt an, um welchen Bruchteil das Universum in einer gegebenen Zeiteinheit (zum Beispiel in einer Sekunde) anwächst. Ihre Bedeutung gleicht in Vielem jener der Inflationsrate in der Wirtschaft, dem prozentualen Preisanstieg innerhalb eines Jahres. 1980, als Guth in Harvard sein Seminar hielt, lag die Inflationsrate in den USA bei 14 Prozent. Bliebe dieser Wert konstant, würden sich die Preise alle 5,3 Jahre verdoppeln. Gleichermaßen bedeutet eine konstante Expansionsrate des Universums das Vorhandensein einer festgelegten Zeitspanne, innerhalb derer sich die Größe des Universums verdoppelt.

Eine Zuwachsstruktur mit einer konstanten Verdopplungszeit wird als exponentiell bezeichnet. Bekanntermaßen bringt sie sehr schnell gigantische Zahlen hervor. Für ein Stück Pizza, das heute 1 Dollar kostet, wird man nach 10 Verdopplungszyklen (in unserem Beispiel: 53 Jahre) 1 024 Dollar bezahlen müssen und nach 330 Zyklen 10^{100} Dollar. Diese fantastische Zahl, eine 1 mit 100 Nullen, hat einen Namen: Googol. Guth schlug vor, den Begriff „Inflation" als Definition einer exponentiellen Expansion des Universums in die Kosmologie zu übernehmen.

Die Verdopplungszeit in einem Universum falschen Vakuums ist unfassbar kurz. Je höher die Vakuumenergie, desto kürzer die Zeitspanne. Bei einem elektroschwachen Vakuum würde das Universum im dreizehnten Teil einer Mikrosekunde um ein Googol expandieren, beim großen vereinheitlichten Vakuum liefe die Expansion um ein 10^{26}-faches schneller ab. In diesem minimalen Sekundenbruchteil würde eine Region von der Größe eines Atoms auf Ausmaße gebracht, die das gesamte derzeit beobachtbare Universum um ein Vielfaches übersteigen.

Infolge seiner Instabilität zerfällt das falsche Vakuum schließlich und seine Energie zündet einen heißen Teilchen-Feuerball. Dieses Ereignis signalisiert das Ende der Inflation und den Beginn der normalen kosmologischen Evolution. Aus einem winzig kleinen ersten Keim wird somit ein gewaltiges, heißes und expandierendes Universum. Als besondere Zugabe lösen sich in diesem Szenario erstaunlicherweise das Horizont- und das Flachheitsproblem der Urknall-Kosmologie.

Das Horizontproblem besteht im Kern darin, dass die Abstände zwischen manchen Teilen des beobachtbaren Universums anscheinend immer größer waren als die Strecke, die das Licht seit dem Urknall zurückgelegt hat. Dies bedeutet, dass diese Regionen zu keinem Zeitpunkt interagiert haben, sodass sich schwer erklären lässt, wie sie nahezu identische Temperatur- und Dichtewerte haben erreichen können. Im Standardmodell des Urknalls steigt die vom Licht zurückgelegte Strecke proportional zum Alter des Universums, der Abstand zwischen den Regionen jedoch wächst im Vergleich langsamer, weil die Gravitation die Expansion des Universums bremst. Regionen, die heute nicht in Wechselwirkung treten können, werden in der Zukunft dazu in der Lage sein, wenn die Lichtreise-Distanz den Abstand zwischen ihnen wettgemacht haben wird. Zu früheren Zeiten aber lag die Lichtdistanz noch weiter von diesem Punkt entfernt; wenn also die Regionen zum gegenwärtigen Zeitpunkt nicht interagieren können, konnten sie es in der Vergangenheit ganz sicher nicht. Die Wurzel des Problems steckt also in der anziehenden Kraft der Gravitation, die eine allmähliche Verlangsamung der Expansion verursacht.

In einem Universum falschen Vakuums wirkt die Gravitation abstoßend, sodass die Expansion sich beschleunigt und nicht verlangsamt. Damit kehrt sich die Situation um: Regionen, die heute Lichtsignale austauschen können, werden ihre Fähigkeit zur Interaktion in der Zukunft verlieren. Wichtiger aber: Regionen, die heute füreinander unerreichbar sind, müssen in der Vergangenheit in Wechselwirkung gestanden haben. Das Horizontproblem hat sich gelöst!

Ebenso leicht verschwindet das Flachheitsproblem. Wie sich zeigt, entfernt sich das Universum nur dann von der kritischen Dichte, wenn sich seine Expansion verlangsamt. Bei einer beschleunigten inflationären Expansion hingegen gilt das Gegenteil: Das Universum wird zur kritischen Dichte und damit zur Flachheit *hin*gedrängt. Da sich das Universum durch die Inflation um einen riesigen Faktor vergrößert, können wir nur einen winzigen Teil von ihm sehen. Diese beobachtbare Region erscheint flach, ebenso wie die Erdoberfläche flach erscheint, wenn wir sie aus der Nähe betrachten.

Zusammenfassend macht eine kurze Zeit der Inflation das Universum groß, heiß, gleichförmig und flach und schafft so die idealen Ausgangsbedingungen für das Standardmodell der Urknall-Kosmologie.

Die Theorie der Inflation war im Begriff, die Welt zu erobern. Was Guth betraf, so waren seine Tage als Postdoc vorüber. Er nahm eine ihm angebotene Stelle an seiner Alma Mater, dem Massachusetts Institute of Technology, an und arbeitet dort noch heute.

Ein schönes Happy End für die Geschichte der Inflationstheorie, wäre da nicht ein unseliges Problem gewesen: Die Theorie funktionierte nicht.

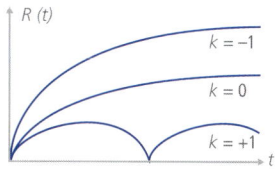

Standardmodell der Kosmologie: Je nach dem Krümmungsparameter k expandiert das Universum entweder ewig ($k = -1$ und $k = 0$), oder es verhält sich symmetrisch und geht von einer Expansionsphase wieder in eine Kontraktionsphase über; für $k = +1$ ergibt sich dann ein pulsierendes Weltmodell.

Die Entstehung von Universen aus dem Nichts – Inflation am Ende des Tunnels

Ex nihilo nihil. – Aus nichts wird nichts.

Lukrez (um 97–55 v. Chr.)

1982 war die Inflation noch ein sehr neues Feld voller unerforschter Ideen und komplexer Fragen – eine Goldgrube für aufstrebende Nachwuchskosmologen. Die rätselhafteste und für den derzeitigen Zustand des Universums vielleicht am wenigsten relevante dieser Fragen betraf den Beginn der Inflation. Ein inflationär expandierendes Universum „vergisst" rasch, unter welchen Bedingungen es entstand, sodass sein Zustand zu Beginn der Inflation spätere Ereignisse nur geringfügig beeinflusst. Wer daher nach Möglichkeiten sucht, die Inflation anhand von Beobachtungen zu überprüfen, sollte sich nicht unnötig damit auseinandersetzen, wie sie begann. Dennoch stand das Rätsel des Anfangs unverändert und unausweichlich im Raum. Wie von einem Magneten fühlte ich mich zu ihm hingezogen.

Auf den ersten Blick stellte sich das Problem relativ einfach dar. Wie wir wissen, reicht eine kleine, mit falschem Vakuum gefüllte Region aus, um die Inflation anzutreiben. Ich musste also lediglich herausfinden, auf welche Weise aus einem früheren Zustand des Universums eine solche Region hatte entstehen können.

Was ist eigentlich ...

Friedmann-Modelle, Friedmann-Kosmos, die Klasse der homogen-isotropen kosmologischen Modelle, deren Materie durch eine perfekte Flüssigkeit angenähert wird. Friedmann-Modelle sind Lösungen der Friedmann-Gleichungen, wobei die wichtigsten Modelle ein Universum mit verschwindendem Druck p beschreiben (materiedominierter Kosmos). Dazu gehören der Einstein-Kosmos (1917), der De-Sitter-Kosmos (1917), und der Lemaître-Kosmos (1935). Die Friedmann-Modelle ohne kosmologische Konstante bilden die geometrische Grundlage des Standardmodells der Kosmologie.

Porträt

Gamow, *George Anthony*, russisch-amerikanischer Physiker, * 4.3. 1904 Odessa, † 19.8. 1968 Boulder (Colo.); 1931–1933 Professor in Leningrad, danach in Washington (D.C.), ab 1965 an der University of Colorado in Boulder; bedeutende Arbeiten zur Struktur der Atomkerne; entwickelte 1928 die Gamow-Theorie des Alphazerfalls; ferner wichtige Beiträge zur Kosmologie, insbesondere zur Urknall- oder Big-Bang-Theorie (prägte die Begriffe „Big Bang" und „Ylem"); sagte 1949 die Existenz einer kosmischen Hintergrundstrahlung voraus (1965 entdeckt). Die Gamow-Theorie beschreibt den Durchgang eines Alphateilchens aus dem Inneren eines Atomkerns durch die als Coulomb-Wall bezeichnete Potenzialschwelle an dessen Oberfläche.

Die vorherrschende Meinung der damaligen Zeit gründete auf dem Friedmannschen Modell, in dem die Inflation des Universums aus einem singulären Zustand unendlicher Krümmung und unendlicher Materiedichte heraus begann. Geht man davon aus, dass das Universum mit einem hochenergetischen falschen Vakuum angefüllt ist, wird jegliche anfänglich vorhandene Materie verdünnt, bis zu einem bestimmten Zeitpunkt die Vakuumenergie überwiegt. In diesem Moment übernimmt die abstoßende Kraft der Gravitation des Vakuums die Vorherrschaft und die Inflation setzt ein.

Soweit ginge das in Ordnung; nur warum eigentlich expandierte das Universum überhaupt? Zu den Verdiensten der Inflation zählte, dass sie die Expansion des Universums erklärte. Dennoch schien es, als bräuchten wir die Expansion, noch bevor die Inflation überhaupt einsetzte. Die anziehende Kraft der Gravitation ist anfänglich viel stärker als die abstoßende Kraft des Vakuums; ohne das Postulat eines starken ersten Expansionsschubs also würde das Universum schlicht kollabieren und die Inflation würde niemals einsetzen.

Eine Zeitlang dachte ich über diese Argumentation nach, doch sie folgte einer simplen Logik und schien unausweichlich. Dann jedoch ging mir mit einem Schlag auf, dass das Universum, anstatt zu kollabieren, etwas sehr viel Interessanteres und Dramatischeres tun konnte ... Nehmen wir an, wir hätten ein geschlossenes sphärisches Universum, das mit einem falschen Vakuum gefüllt ist und eine bestimmte Menge gewöhnlicher Materie enthält. Nehmen wir weiter an, dieses Universum befände sich derzeit im Ruhezustand, würde also weder expandieren noch kontrahieren. Das Schicksal eines solchen Universums wird von seinem Radius bestimmt. Ist der Radius klein, wird die Materie auf eine hohe Dichte komprimiert und das Universum kollabiert zu einem Punkt. Ist der Radius hingegen groß, dominiert die Vakuumenergie und das Universum bläht sich auf. Zwischen kleinen und großen Radien liegt eine Energiebarriere, die sich nur in einem Universum mit hoher Expansionsrate überwinden lässt.

Was mir schlagartig klar wurde, war, dass der Kollaps eines kleinen Universums allein in der klassischen Physik eine unausweichliche Folge darstellte. In der Quantentheorie konnte das Universum die Energiebarriere durchtunneln und auf der anderen Seite wieder erscheinen – wie eines der Kernteilchen in Gamows Theorie des radioaktiven Zerfalls.

Dies schien mir eine saubere Lösung des Problems. Das Universum beginnt extrem klein und wird aller Wahrscheinlichkeit nach zu einer Singularität kollabieren. Jedoch besteht eine geringe Chance, dass es, anstatt zu kollabieren, die Barriere in einen größeren Radius durchtunnelt und sich aufzublähen beginnt. In einem größeren Zu-

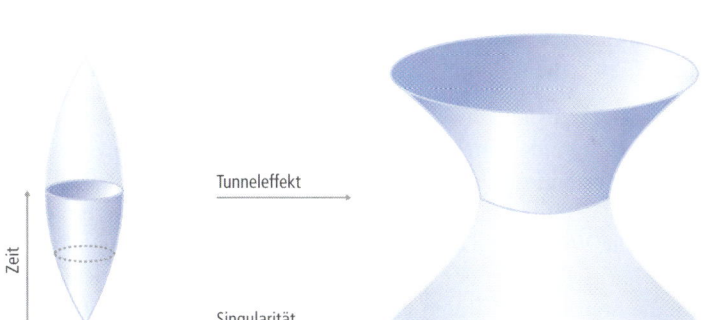

Bild links: Raumzeit-Diagramm eines geschlossenen Friedmann-Universums: Dieses expandiert aus einer Singularität, erreicht einen maximalen Radius und rekollabiert. Die Zeitfunktion verläuft in vertikaler Richtung, horizontale Linien markieren einzelne Momentaufnahmen des Universums. Bild rechts: Von Vakuumenergie dominiertes Universum: Dieses kontrahiert und expandiert erneut (de-Sitter-Raumzeit). Anstatt zu rekollabieren, kann das Universum links die Energiebarriere zu einem größeren Radius durchtunneln und sich auszudehnen beginnen. In diesem Fall setzt sich die Raumzeit-Geschichte des Universums ausschließlich aus den dunkelschattierten Teilbereichen beider Raumzeiten zusammen.

sammenhang betrachtet gäbe es somit etliche misslungene Universen, die nur einen flüchtigen Augenblick lang existieren; einige jedoch kämen ganz groß heraus.

Im Gefühl, voranzukommen, ging ich einen Schritt weiter. Ist der geringen Größe des Anfangsuniversums irgendeine Grenze gesetzt? Was geschieht, wenn wir es immer kleiner werden lassen? Zu meiner Überraschung stellte ich fest, dass die Wahrscheinlichkeit eines quantenmechanischen Tunneleffekts selbst dann noch gegeben war, wenn ich die Anfangsgröße gegen null gehen ließ. Darüberhinaus bemerkte ich, dass meine Berechnungen merklich einfacher wurden, wenn ich zuließ, dass der Anfangsradius des Universums aus ihnen verschwand. Das schien nun wirklich verrückt: eine mathematische Beschreibung eines Universums, das aus der Größe null – aus nichts! – zu einem endlichen Radius durchtunnelte und sich aufzublähen begann. Es schien, als wäre ein Anfangsuniversum gar nicht erforderlich!

Was ist eigentlich ...

Tunneleffekt, mit den Gesetzen der klassischen Physik nicht zu erklärende quantenmechanische Erscheinung, bei der ein Durchgang eines Teilchens durch einen Potenzialwall auch dann erfolgen kann, wenn die kinetische Energie dieses Teilchens geringer ist als die Höhe der Barriere.

Quantentunneln aus dem Nichts

Der Vorstellung von einem Universum, das aus dem Nichts Gestalt annimmt, lässt sich nur sehr schwer folgen. Was genau ist mit „Nichts" gemeint? Und wenn dieses „Nichts" zu etwas durchtunneln konnte, was konnte den ersten Tunneleffekt verursacht haben? Und wie steht es mit dem Gebot der Energieerhaltung? Und doch – je län-

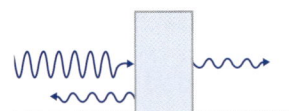

Der Tunneleffekt: einlaufende, reflektierte und getunnelte Welle.

ger ich darüber nachdachte, desto einleuchtender erschien mir die Idee.

Der Anfangszustand vor dem Tunneleffekt ist ein Universum mit einem verschwindenden Radius – also überhaupt kein Universum. In diesem Zustand gibt es weder Materie noch Raum. Auch Zeit existiert nicht. Zeit hat nur dann Bedeutung, wenn im Universum etwas geschieht. Wir messen die Zeit nach regelmäßig ablaufenden Prozessen wie der Rotation der Erde um ihre Achse oder deren Kreisbahn um die Sonne. Ohne Raum und Materie lässt sich Zeit nicht definieren.

Dennoch darf der Zustand des „Nichts" nicht mit einem *absoluten* Nichts gleichgesetzt werden. Da der Tunneleffekt mit den Gesetzen der Quantenmechanik beschrieben wird, muss das „Nichts" diesen Gesetzen unterliegen. Die Gesetze der Physik müssen demnach existiert haben, obwohl es kein Universum gab.

Ausgelöst durch das Ereignis des Tunneleffekts entsteht aus dem Nirgendwo spontan ein mit einem falschen Vakuum gefülltes Universum endlicher Größe und beginnt sich sofort aufzublähen. Der Radius des neu entstandenen Universums leitet sich von der Energiedichte des Vakuums ab: Je höher die Dichte, desto kleiner der Radius. Der Radius eines großen vereinheitlichten Vakuums liegt bei einem Hundertstel Billionstel Zentimeter. Aufgrund der Inflation bläht sich dieses winzige Universum in schwindelerregendem Tempo auf und ist binnen eines winzigen Sekundenbruchteils viel größer als unsere beobachtbare Region.

Wenn vor der spontanen Entstehung des Universums nichts existierte, was konnte dann den Tunneleffekt verursacht haben? Erstaunlicherweise bedarf dieser Prozess keiner Ursache. Während in der klassischen Physik aufeinanderfolgende Ereignisse dem Diktat der Kausalität unterliegen, ist das Verhalten physikalischer Objekte in der Quantenmechanik inhärent unvorhersehbar; manche Quantenprozesse haben keinerlei Ursache. Ein radioaktives Atom beispielsweise wird mit einem Grad an Wahrscheinlichkeit zerfallen, der zu jedem Zeitpunkt gleich ist. Irgendwann wird es zerfallen, ohne dass jedoch irgendetwas den Zerfall in genau diesem Moment ausgelöst hätte. Die spontane Entstehung des Universums ist ebenfalls ein Quantenprozess und erfordert keine Ursache.

Die meisten unserer Gedankengänge sind in Raum und Zeit verwurzelt, sodass wir uns ein spontan aus dem Nichts entstehendes Universum nur schwer vorstellen können. Ein Szenario, in dem wir im „Nichts" sitzen und auf die Materialisation eines Universums warten, ist undenkbar – denn weder gibt es dort einen Raum, in dem wir sitzen könnten, noch eine Zeit.

In einigen jüngeren auf der String-Theorie aufbauenden Modellen wird unser Raum als eine dreidimensionale Membran (Bran, auch: Brane) beschrieben, die in einem Raum aus mehr Dimensionen umhertreibt. In derartigen Modellen können wir uns einen höherdimensionalen Beobachter vorstellen, vor dessen Augen hier und da wie Dampfblasen in einem Topf kochenden Wassers spontan kleine Blasenuniversen – Branenwelten – entstehen. Auf einer dieser Blasen, einer expandierenden dreidimensionalen sphärischen Bran, leben wir. Für uns gibt es keinen Raum außerhalb dieser Bran. Wir können sie nicht verlassen und wissen nicht um die zusätzlichen Dimensionen. Verfolgen wir die Geschichte unseres Blasenuniversums zurück, landen wir letztlich beim Augenblick der spontanen Entstehung. Jenseits dieses Augenblicks verschwinden unser Raum und unsere Zeit.

Von diesem Bild ist es nur ein kleiner Schritt zu jenem, das ich anfangs zeichnete. Allein den höherdimensionalen Raum gilt es sich wegzudenken. An unserem internen Blickwinkel ändert dies nichts. Wir leben in einem geschlossenen, dreidimensionalen Raum, der jedoch nirgendwohin treibt. Ein zeitlicher Rückblick zeigt uns, dass unser Universum einen Anfang hatte. Jenseits dieses Anfangs gibt es keine Raumzeit.

Eine elegante mathematische Beschreibung des quantentheoretischen Tunneleffekts liefert die sogenannte Euklidische Zeit. Diese Zeit lässt sich mit keiner Uhr messen. Sie wird in imaginären Zahlen wie der Quadratwurzel von -1 ausgedrückt und wird allein aus rechnerischen Gründen eingeführt. Die Zeit euklidisch zu machen, hat eine eigentümliche Wirkung auf das Wesen der Raumzeit: Die Grenze zwischen der Zeit und den drei Raumdimensionen löst sich vollständig auf, sodass wir es statt mit einer Raumzeit nun mit einem vierdimensionalen Raum zu tun haben. Wäre ein Leben nach Euklidischer Zeit möglich, würden wir diese ebenso wie die Länge mit einem Lineal messen. So seltsam das anmuten mag – die euklidische Beschreibung der Zeit ist eine sehr nützliche Sache: Mit ihrer Hilfe können wir bequem die Wahrscheinlichkeit des Tunneleffekts und den Anfangszustand des entstehenden Universums bestimmen.

Grafisch lässt sich die Geburt des Universums mit dem Raumzeit-Diagramm beschreiben. Die dunkle Halbkugel im unteren Teil der Abbildung auf Seite 148 entspricht dem Tunneleffekt (in diesem Teil der Raumzeit ist die Zeit euklidisch). Die helle Fläche darüber stellt die Raumzeit des inflationär expandierenden Universums dar, und die Grenze zwischen beiden Raumzeit-Regionen repräsentiert das Universum zum Zeitpunkt seiner spontanen Entstehung.

Eine bemerkenswerte Eigenschaft dieser Raumzeit ist, dass sie keine Singularitäten aufweist. Die Friedmannsche Raumzeit beginnt mit einem singulären Punkt unendlicher Krümmung, an dem die Berech-

Was ist eigentlich ...

String-Theorie [von englisch *string* = Schnur, Faden], eine Klasse physikalischer Theorien, die als fundamentale Gebilde mikroskopische, kurvenartig ausgedehnte Objekte, die Strings, betrachten. Den Anregungszuständen („Vibrationen") der Strings entsprechen die punktartigen Elementarteilchen, deren Massen ganzzahlige Vielfache der Inversen einer Stringkonstante („Stringspannung") sind.

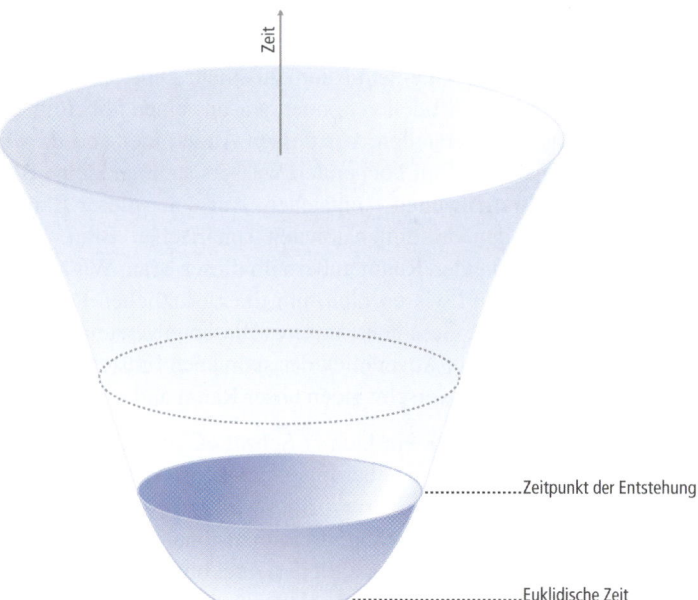

Zeit

..................Zeitpunkt der Entstehung

...................Euklidische Zeit

Raumzeit-Diagramm des
aus dem Nichts tunnelnden
Universums.

nungen von Einsteins Gleichungen ihre Gültigkeit verlieren. Dieser
Punkt bildet die untere Spitze (mit „Singularität" beschriftet) des linken Schaubilds in der Abbildung auf Seite 145. In der Euklidischen
sphärischen Region hingegen gibt es solche Spitzen nicht; sie weist
überall die gleiche endliche Krümmung auf. Erstmals wurde so in
rechnerisch schlüssiger Form beschrieben, wie die Geburt des Universums aussehen könnte. Das Raumzeit-Diagramm, das in seiner
Form einem Federball gleicht, ist heute Teil des Logos des Tufts Institute of Cosmology.

All dies fasste ich in einem kurzen Artikel mit dem Titel *Creation of
Universes from Nothing* („Entstehung von Universen aus dem
Nichts") zusammen. Bevor ich den Artikel bei einem Magazin ein-
reichte, begab ich mich für einen Tag an die Princeton University, um
diese Gedanken mit Malcolm Perry, einem bekannten Experten der
Quantengravitationstheorie, zu besprechen. Nach einer Stunde an
der Tafel sagte Malcolm: „Nun, vielleicht ist das gar nicht so verrückt
... Warum bin ich nicht selbst darauf gekommen?" Gibt es ein schö-
neres Kompliment von einem Physikerkollegen?

Das Universum als Quantenfluktuation

Mein Modell des aus dem Nichts tunnelnden Universums war keinesfalls aus dem Nichts hervorgegangen – es gab einige Vorläufer.
Der erste Vorschlag in diese Richtung stammte von Edward Tryon

Internet-Link

Das Internetportal des Tufts Institute of Cosmology:
cosmos.phy.tufts.edu/

Was ist eigentlich ...

Quantengravitation, bezeichnet
allgemein die Beschreibung der
gravitativen Wechselwirkung im
Rahmen einer Quantentheorie.
Im Besonderen versteht man darunter eine Theorie, welche Allgemeine Relativitätstheorie und
Quantentheorie konsistent zu-
sammenführt.

am Hunter College der City University of New York. Er brachte den Gedanken auf, das Universum sei aus dem Vakuum infolge einer Quantenfluktuation entstanden.

Erstmals war ihm diese Idee 1970 während eines Physik-Kolloquiums gekommen. Tryon berichtet, sie sei wie ein Blitz auf ihn niedergefahren, als wäre ihm jählings eine profunde Wahrheit eröffnet worden. Als der Redner innehielt, um sich zu sammeln, platzte es aus Tryon heraus: „Vielleicht ist das Universum eine Quantenfluktuation!" Der Saal brüllte vor Lachen.

Das Vakuum ist, wie wir bereits gesehen haben, alles andere als eintönig oder statisch; es ist vielmehr ein Schauplatz hektischer Betriebsamkeit. Auf subatomarer Ebene fluktuieren infolge von Quantenprozessen unaufhörlich elektrische, magnetische und andere Felder. Auch die Raumzeit-Geometrie ist infolge von Fluktuationen im Bereich der Planck-Länge (ca. 10^{-35} m) ein wilder Raumzeitschaum. Darüber hinaus ist der Raum von virtuellen Teilchen bevölkert, die da und dort spontan entstehen und blitzartig wieder vergehen. Diese virtuellen Teilchen sind äußerst kurzlebig, da sie ihre Energie nur geliehen haben. Das Energiedarlehen müssen sie zurückzahlen, und dies nach der Heisenbergschen Unschärferelation umso schneller, je mehr Energie sie sich vom Vakuum ausborgen. Virtuelle Elektronen und Positronen verschwinden normalerweise binnen etwa einer Billionstel Nanosekunde. Das Leben schwererer Teilchen ist sogar noch kürzer, da sie mehr Energie benötigen, um sich materialisieren zu können. Tryon nun schlug vor, dass unser gesamtes Universum mit seinen Unmengen an Materie eine einzige gigantische Quantenfluktuation sei, die sich aus unerfindlichen Gründen über mehr als 10 Milliarden Jahre gehalten habe. Alle hielten dies für einen äußerst gelungenen Scherz.

Doch Tryon hatte keinen Scherz machen wollen. Die Reaktion seiner Kollegen war für ihn derart niederschmetternd, dass er seine Idee vergaß und den Vorfall vollständig verdrängte. In seinem Hinterkopf jedoch arbeitete sie weiter und trat drei Jahre später erneut an die Oberfläche. Nun beschloss Tryon sie zu veröffentlichen. Sein Artikel erschien 1973 unter dem Titel *Is the Universe a Vacuum Fluctuation?* („Ist das Universum eine Vakuumfluktuation?") im britischen Wissenschaftsmagazin *Nature*.

Tryon gründete seinen Vorschlag auf einer bekannten mathematischen Tatsache: Die Energiebilanz eines geschlossenen Universums ist stets gleich null. Die Energie der Materie ist positiv, die Energie der Gravitation negativ, und in einem geschlossenen Universum heben beide einander restlos auf. Ein geschlossenes Universum, das als Quantenfluktuation entsteht, müsste demnach keine Energieanleihe beim Vakuum machen und die Lebensdauer der Fluktuation könnte beliebig lang sein.

Was ist eigentlich ...

Unschärferelation, Unbestimmtheitsrelation, quantitativer mathematischer Ausdruck für das von Werner Heisenberg 1927 begründete Unbestimmtheitsprinzip nach dem es Paare von beobachtbaren physikalischen Größen gibt, die man nicht gleichzeitig mit beliebig großer Genauigkeit messen kann. Eine Unschärferelation wird im Allgemeinen unter Angabe eines Wertes formuliert, den ein Unbestimmtheitsprodukt nicht unterschreiten kann, gegebenenfalls unter Festlegung des Maßes für die Unbestimmtheit (Ungenauigkeit) einer Messung.

Porträt

Heisenberg, Werner Karl, Physiker, * 5.12.1901 Würzburg; † 1.2.1976 München, studierte an den Universitäten München und Göttingen, Stipendiat und Dozent bei Niels Bohr (1885–1962) in Kopenhagen. Einem Ordinariat in Leipzig folgte die Leitung des Max-Planck-Instituts für Physik in Berlin, Göttingen und München. 1933 erhielt er den Physik-Nobelpreis für 1932. Heisenberg hat die Physik seines Jahrhunderts, namentlich die Gebiete Atom-, Kern- und Elementarteilchenphysik, entscheidend mitgestaltet. Frühe Untersuchungen über die Quantentheorie der Atomstruktur führten ihn zum Durchbruch in der Quantenmechanik, dem sich die Formulierung der Matrizenmechanik und die Entdeckung der später nach ihm benannten Unbestimmtheitsrelationen (Heisenbergsche Unschärferelation) als Basis für die physikalische Deutung der Quantentheorie anschlossen.

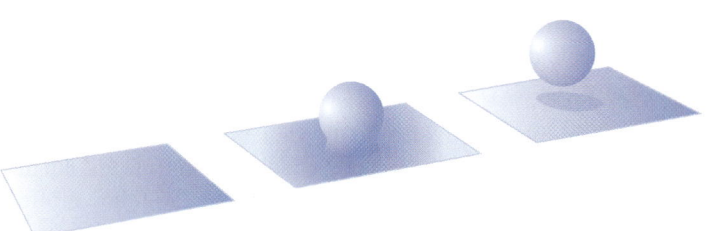

Aus einer großen Region des Raums löst sich ein geschlossenes Universum.

Die Entstehung eines geschlossenen Universums aus dem Vakuum ist in der Abbildung oben dargestellt. Eine Region flachen Raums beginnt sich ballonförmig herauszustülpen. Gleichzeitig bildet sich in dieser Region spontan eine Unmenge an Teilchen. An einem gewissen Punkt löst sich der Ballon ab und – voilà! – wir haben ein mit Materie gefülltes, geschlossenes und vom ursprünglichen Raum vollständig losgelöstes Universum. Tryon beschrieb diesen Vorgang als möglichen Ursprung unseres Universums und unterstrich, dass ein solches Ereignis nicht einmal einer Ursache bedürfte. „Als Antwort auf die Frage, warum dies passierte", schrieb er, „schlage ich in aller Bescheidenheit vor, dass unser Universum schlicht zu jenen Dingen gehört, die von Zeit zu Zeit geschehen."

Das Hauptproblem in Tryons Gedankengang ist, dass er die Größe des Universums nicht erklärt. Aus jeder großen Region des Raums lösen sich unablässig geschlossene Baby-Universen, jedoch spielen sich diese Ereignisse sämtlich und ausschließlich im Größenbereich der Planck-Länge ab. Die Entstehung eines großen geschlossenen Universums ist grundsätzlich zwar möglich, als Ereignis aber noch um einiges weniger wahrscheinlich als ein Affe, der auf einer Schreibmaschine wahllos im Gesamtwortlaut Shakespeares *Hamlet* zu Papier bringt.

In seinem Artikel schreibt Tryon, dass die meisten der Universen wohl winzig seien, Beobachter jedoch könnten sich allein in einem großen Universum entwickeln, sodass nicht überraschen dürfe, dass wir in einem solchen leben. Eine Lösung des Problems bietet dieses Argument jedoch nicht, denn unser Universum ist viel größer, als für die Entwicklung von Leben erforderlich wäre.

Ein grundlegenderes Problem besteht darin, dass Tryons Szenario den Ursprung des Universums nicht wirklich erklärt. Eine Quantenfluktuation des Vakuums setzt die Existenz eines Vakuums in einem zuvor vorhandenen Raum voraus. Und wir wissen mittlerweile, dass „Vakuum" und „Nichts" zwei völlig verschiedene Dinge sind. Vakuum oder leerer Raum besitzt Energie und Spannung, es kann sich biegen und verzerren und ist somit definitiv *etwas*. Wie Alan Guth schrieb: „Von diesem Standpunkt aus betrachtet scheint der Vorschlag, das Universum sei aus dem leeren Raum entstanden, nicht

■ Quantenmechanische Entstehung aus dem Vakuum ■

Ende der 1970er- und Anfang der 1980er-Jahre wurden mehrere Versuche unternommen, mathematische Modelle der quantenmechanischen Entstehung aus dem Vakuum zu entwickeln. Robert Brout, François Englert sowie Edgard Gunzig von der Freien Universität Brüssel schlugen 1978 vor, superschwere Teilchen eines 1020-fachen Protonengewichts könnten spontan im Vakuum entstehen. Die Teilchen würden die Raumzeit krümmen, die zunehmende Krümmung würde die Entstehung weiterer Teilchen auslösen, und als expandierende Blase würde der Prozess eine immer größere Region erfassen. Im Inneren der Blase würden die schweren Teilchen rasch zu leichten Teilchen und Strahlung zerfallen, sodass letztlich ein expandierendes und mit Materie gefülltes Universum vorliege. Dieses Modell wirft das gleiche Problem auf wie Tryons Szenario: Den Ursprung des Universums erklärt es letztlich nicht. Wäre der flache, leere Raum tatsächlich so instabil, würde er sich rasch mit expandierenden Blasen füllen. Ein derart instabiler Raum hätte nicht ewig existieren können und kann somit nicht als Anfangspunkt der Entstehung gelten.

David Atkatz und Heinz Pagels von der Rockefeller University stellten in einem 1982 verfassten Artikel die Hypothese auf, das Universum habe vor dem Urknall in Form eines kleinen sphärischen Raums voller exotischer, hochenergetischer Materie existiert – als eine Art „kosmisches Ei". Sie entwarfen ein Modell, in dem das „Ei" klassisch stabil war, jedoch zu einem größeren Radius durchtunneln und expandieren konnte. (Dies war meines Wissens die erstmalige Beschreibung einer Quantentunnelung des gesamten Universums.) Das Problem besteht hier erneut darin, dass das instabile „Ei" nicht ewig hätte existieren können und wir uns fragen müssen, wo es herkam.

grundsätzlich verschieden zu sein von dem Vorschlag, das Universum sei aus einem Stück Gummi hervorgegangen. Das mag zwar richtig sein, aber man fragt sich immer noch, wo das Stück Gummi herkommt."

Das Bild des Quantentunnelns aus dem Nichts wirft keines dieser Probleme auf. Unmittelbar nach diesem Prozess ist das Universum winzig; gleichzeitig jedoch ist es mit einem falschen Vakuum gefüllt und beginnt sich sofort aufzublähen. Binnen eines Sekundenbruchteils ist es auf eine gigantische Größe angewachsen.

Vor dem Tunneleffekt existieren weder Raum noch Zeit; die Frage, was *vorher* geschah, wird damit bedeutungslos. *Nichts* – ein Zustand ohne Materie, ohne Raum und ohne Zeit – scheint der einzig zufriedenstellende Ausgangspunkt der Schöpfung zu sein.

Einige Jahre nach der Veröffentlichung meines Artikels über den Tunneleffekt aus dem Nichts stellte ich fest, dass ich einen wichtigen Autor zu erwähnen versäumt hatte. Im Normalfall wird einem dies anhand von Beschwerde-Mails der übergangenen Autoren deutlich früher klar.

Dieser eine Autor jedoch hatte mir aus einem gutem Grund nicht geschrieben: Seine Arbeiten entstanden vor über 1 500 Jahren. Die Rede ist vom Hl. Augustinus, dem Bischof von Hippo, einer der größten Städte im damaligen Nordafrika.

Augustinus rang mit der Frage, was Gott vor dem Schöpfungsakt tat – eine Suche, die er in seinen *Bekenntnissen* (um 400 n. Chr.) sprachgewandt beschreibt. „Wenn er sich Ruhe gönnte ... und wenn er nichts bewirkte, warum denn dann nicht später und immer, so wie er sich auch vorher jedes Werkes enthielt?" Um seine Frage beantworten zu können, meinte Augustinus zunächst herausfinden zu müssen, was Zeit sei: „Was also ist die Zeit? Wenn niemand mich danach fragt, weiß ich es, wenn ich es jemandem auf seine Frage hin erklären soll, weiß ich es nicht." Über eine scharfsinnige Analyse gelangte er zu der Erkenntnis, dass sich Zeit ausschließlich über Bewegung messen lasse und folglich vor dem Universum nicht habe existieren können. Im letzten Schluss stellte Augustinus fest, die Welt sei mit der Zeit, nicht in der Zeit erschaffen worden, „und es konnten keine Zeiten vorübergehen, bevor du die Zeiten gemacht hast." Demnach sei die Frage, was Gott damals gemacht habe, sinnlos, „[d]enn es gab kein Damals, wo noch keine Zeit war." Das kommt der Begründung meines Szenarios vom Quantentunneln aus dem Nichts sehr nahe.

Von den Überlegungen Augustinus' erfuhr ich per Zufall während eines Gesprächs mit meiner Kollegin am Tufts Institute Kathryn McCarthy. Daraufhin las ich die *Bekenntnisse* und zitierte Augustinus in meinem nächsten Artikel.

Viele Welten

Das aus dem Tunneleffekt entstehende Universum muss nicht vollkommen sphärisch sein. Es kann vielfältige unterschiedliche Formen annehmen, ebenso wie es mit verschiedenen Arten falschen Vakuums gefüllt sein kann. Wie stets in der Quantentheorie lässt sich nicht feststellen, welche dieser Möglichkeiten Realität wurde; wir können lediglich ihre Wahrscheinlichkeiten berechnen. Gibt es also möglicherweise eine Vielzahl anderer Universen, die anders begannen als unseres?

Diese Frage steht in einem engen Zusammenhang mit der heiklen Frage nach der Interpretation der Wahrscheinlichkeitswerte von Quantenprozessen. Hierfür gibt es im Wesentlichen zwei Möglichkeiten. Nach der Kopenhagener Deutung ordnet die Quantenmechanik jedem denkbaren Ergebnis eines Experiments einen Wahrscheinlichkeitswert zu, wobei jedoch nur eines dieser Ergebnisse tatsächlich eintrifft. Die Everett-Deutung hingegen besagt, dass in voneinander getrennten „parallelen" Universen sämtliche möglichen Ergebnisse eintreffen.

Folgen wir der Kopenhagener Deutung, stand am Anfang ein einmaliges Ereignis, bei dem ein einziges Universum aus dem Nichts entstand. Dies wirft jedoch ein Problem auf. Mit der größten Wahrscheinlichkeit entsteht aus dem Nichts ein winziges Universum Planckscher Größe, das keinen Tunneleffekt durchlaufen, sondern

Was ist eigentlich ...

Kopenhagener Deutung der Quantenmechanik, Kopenhagener Interpretation, Bezeichnung für die vor allem auf Niels Bohr (1885–1962) zurückgehenden Versuche, den Formalismus, d. h. den mathematischen Kalkül, die neuartigen physikalischen Konzepte und die oft als paradox empfundenen Eigenschaften quantenmechanischer Systeme philosophisch zu interpretieren. Diese Deutung, Interpretation oder Sinngebung des Formalismus der Quantenmechanik, welche auch bezeichnenderweise die orthodoxe Interpretation der Quantenmechanik genannt wird, war lange die am häufigsten akzeptierte, um nicht zu sagen dominante Auslegung des Formalismus und der Quantenphänomene. Kritisch anzumerken ist aber, dass dieses Akzeptieren vielfach nur den Charakter eines Verweises oder eines einfachen Bekenntnisses hatte und noch hat, um sich einer interpretierenden Auseinandersetzung mit den durch die Quantentheorie auftretenden grundsätzlichen Fragen zu entziehen.

umgehend kollabieren und verschwinden würde. Ein quantenmechanisches Durchtunneln zu einem größeren Volumen hat einen niedrigen Wahrscheinlichkeitswert und erfordert daher zahlreiche Anläufe. Es scheint daher nur mit der Everett-Deutung vereinbar.

Die Everett-Deutung zeichnet das Bild eines Ensembles aus Universen in allen denkbaren Anfangszuständen. In deren überwiegender Zahl handelt es sich dabei um „aufflackernde" Universen von Planckscher Größe, die nur einen Sekundenbruchteil lang aufblitzen. Daneben gibt es jedoch einige Universen, die zu einem größeren Volumen durchtunneln und sich aufblähen. Der entscheidende Unterschied zur Kopenhagener Deutung ist dabei, dass all diese Universen nicht nur möglich, sondern real sind. Da sich Beobachter in den „aufflackernden" Universen nicht entwickeln können, werden ausschließlich große Universen beobachtet.

Sämtliche der Universen im Ensemble existieren vollkommen getrennt voneinander. Jedes besitzt einen eigenen Raum und eine eigene Zeit. Am größten ist Berechnungen zufolge die Wahrscheinlichkeit – und damit die Anzahl – jener Tunneleffekt-Universen, die mit dem kleinsten Anfangsradius und der höchsten Energiedichte des falschen Vakuums entstehen. Die beste uns mögliche Einschätzung lautet daher, dass auch unser Universum auf diese Weise ins Dasein kam.

In Skalarfeld-Modellen der Inflation liegt die höchste Vakuumenergiedichte auf dem Gipfel des Energiehügels; die meisten Universen entstehen somit, wenn ihr Skalarfeld sich in Gipfelnähe befindet. Dies ist der günstigste Ausgangspunkt für eine Inflation. Zuvor hatte ich zu erklären versprochen, wie das Feld auf den Gipfel des Hügels gelangt: Im Szenario des Quantentunnelns aus dem Nichts bildet dieser Punkt den Moment der Entstehung des Universums.

Die spontane Entstehung des Universums ist im Grunde eine Quantenfluktuation; seine Wahrscheinlichkeit reduziert sich rapide mit dem Volumen, das es umfasst. Universen mit einem größeren Anfangsradius sind weniger wahrscheinlich, und im Grenzwert eines unendlichen Halbmessers wird die Wahrscheinlichkeit verschwindend gering. Da die Wahrscheinlichkeit der spontanen Entstehung eines unendlichen, offenen Universums definitiv bei null liegt, müssen alle Universen im Gefüge geschlossen sein.

Der Hawking-Faktor

Im Juli 1983 versammelten sich mehrere Hundert Physiker aus aller Welt im italienischen Padua zur zehnten Internationalen Konferenz über Allgemeine Relativität und Gravitation. Veranstaltungsort der

Porträt

Everett III, Hugh, amerikanischer Physiker, * 11.11.1930 Maryland, † 19.07.1982 McLean; in den 1950er-Jahren Doktorand von John A. Wheeler in Princeton; veröffentlichte 1957 eine berühmte Arbeit über die Grundlagen der Quantenmechanik, die als Viele Welten-Theorie bekannt wurde. Die Theorie postuliert, dass alle über die Wahrscheinlichkeiten der Quantenphysik möglichen Messergebnisse sich zugleich in verschiedenen Universen einstellen, während jeder zugehörige Beobachter nur ein bestimmtes Messergebnis wahrnimmt. Diese Interpretation hat trotz ihrer scheinbaren Exotik nach der Kopenhagener Deutung die zweitgrößte Anhängerschaft.

Der Palazzo della Ragione mit der Piazza delle Erbe in Padua.

Konferenz war der im 13. Jahrhundert erbaute Palazzo della Ragione, der frühere Gerichtssaal im Herzen Paduas. Im Erdgeschoss des Palazzo befindet sich der berühmte städtische Markt, der sich nach draußen auf die angrenzende Piazza ergießt. Das Obergeschoss nimmt ein geräumiger Saal ein, dessen Wände ringsum mit einem Fresko bedeckt sind, auf dem die Sternzeichen zu sehen sind. Hier fanden die Vorträge statt. Den Höhepunkt des Programms bildete der Vortrag von Stephen Hawking unter dem Titel *The Quantum State of the Universe* („Der Quantenzustand des Universums"). Zum Vortragssaal führte eine lange Treppe, und Hawking mit seinem Rollstuhl hinaufzutragen war kein leichtes Unterfangen. Glücklicherweise war ich frühzeitig gekommen, denn als Hawking schließlich auf der Bühne erschien, war der Saal bis auf den letzten Platz besetzt.

In seinem Vortrag enthüllte Hawking ein neues Bild vom Quantenursprung des Universums, das auf seiner Arbeit mit James Hartle von der University of California in Santa Barbara aufbaute. Statt sich auf die frühen Augenblicke der Entstehung zu konzentrieren, formulierte Hawking eine allgemeinere Frage: „Wie lässt sich die Quantenwahrscheinlichkeit eines Universums für einen bestimmten Zustand berechnen?" Die Vorgeschichte zu diesem Zustand des Universums kann einer Vielzahl möglicher Pfade folgen, deren einzelne Beiträge zur Wahrscheinlichkeit wir mithilfe der Regeln der Quantenmechanik errechnen können. Der letztlich errechnete Wahrscheinlichkeitswert richtet sich nach der Art der Geschichtsverläufe, die in die Kalkulation einbezogen werden. Hartles und Hawkings Vorschlag bezog ausschließlich Geschichtsverläufe ein, die durch Raumzeiten ohne Grenzen in der Vergangenheit dargestellt werden.

Ein Raum ohne Grenzen ist leicht nachvollziehbar: Gemeint ist damit schlicht ein geschlossenes Universum. Hartle und Hawking jedoch forderten, dass die Raumzeit auch im zeitlichen Rückblick keine Grenze, keinen Rand haben dürfte. In allen vier Dimensionen müsse sie mit Ausnahme der Grenze, die dem derzeitigen Augenblick entspricht, geschlossen sein.

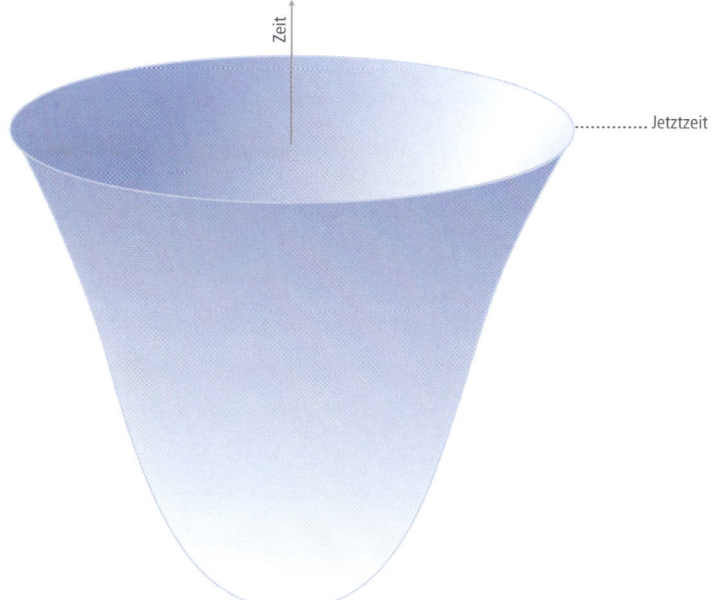

Jetztzeit

Zeit

Zweidimensionale Raumzeit ohne Grenze in der Vergangenheit.

Eine Grenze im Raum würde bedeuten, dass es ein Jenseits des Universums gäbe und somit etwas über die Grenze herein- und hinausgelangen könnte. Eine Grenze in der Zeit entspräche dem Beginn des Universums, für den es gewisse Anfangsbedingungen festzulegen gälte. Eine derartige Grenze des Universums schließt der Vorschlag von Hartle und Hawking aus; das Universum ist „vollkommen in sich geschlossen und wird von nichts außerhalb seiner selbst beeinflusst". Dies klang sehr einfach und ansprechend. Das einzige Problem war jedoch, dass es gegen die Vergangenheit abgeschlossene Raumzeiten, wie obige Abbildung sie zeigt, nicht gibt. Jeder Punkt der Raumzeit müsste drei raumartige und eine zeitartige Richtung aufweisen, in einer geschlossenen Raumzeit jedoch gibt es diverse neuralgische Punkte mit mehr als einer zeitartigen Richtung.

Um dieses Problem zu lösen, schlugen Hartle und Hawking vor, von der realen in die Euklidische Zeit zu wechseln. Wie wir zuvor in diesem Beitrag gesehen haben, unterscheidet sich die Euklidische Zeit nicht von anderen Raumdimensionen: aus der Raumzeit wird somit schlicht ein vierdimensionaler Raum, den wir problemlos als geschlossen annehmen können. Der Vorschlag ging demnach dahin, die Wahrscheinlichkeitswerte über die Aufsummierung der Beiträge sämtlicher grenzenloser Euklidischer Raumzeiten zu berechnen. Hawking betonte, dass es sich dabei nur um einen Vorschlag handelte. Einen Beweis für dessen Richtigkeit hatte er nicht vorzuweisen, dies ließe sich allein durch die Überprüfung feststellen, ob der Vorschlag vernünftige Voraussagen hervorbringt.

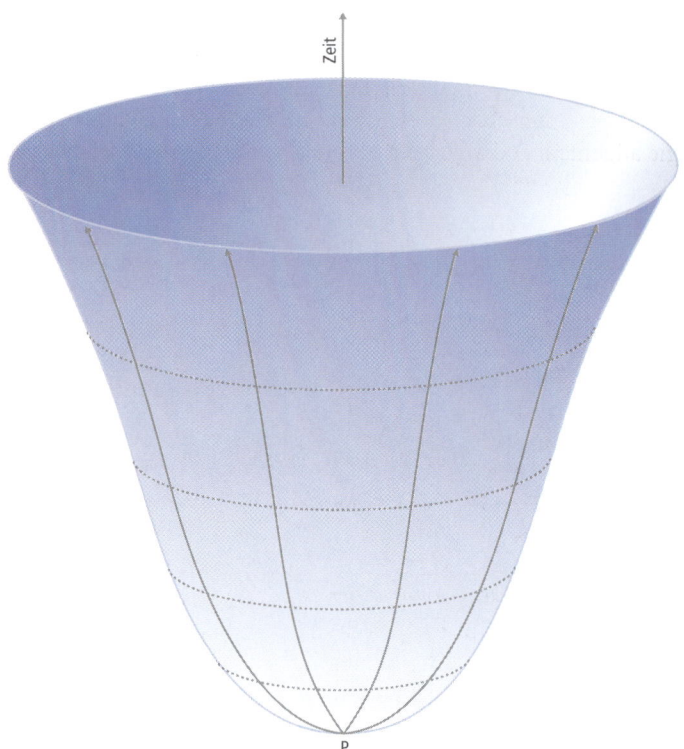

Durchgezogene Linien: zeitartige Richtung; gestrichelte Linien: raumartige Richtung. Neuralgisch ist Punkt P, da hier sämtliche Richtungen zeitartig sind.

Die Hartle-Hawking-Hypothese entbehrte nicht einer gewissen mathematischen Eleganz, verlor jedoch nach meinem Empfinden durch den Wechsel in die Euklidische Zeit einen Großteil seines intuitiven Reizes. Statt tatsächlich mögliche Pfade des Universums aufzusummieren, soll dies nun mit Geschichtsverläufen geschehen, die mit Sicherheit unmöglich sind, da wir nicht in einer Euklidischen Zeit leben. Ohne das Gerüst der ursprünglichen Motivation aber bleibt uns eine recht formale Anleitung zur Berechnung von Wahrscheinlichkeitswerten.

Im Schlussteil seines Vortrags erläuterte Hawking die Auswirkungen der neuen Hypothese auf das inflationär expandierende Universum: Der maßgebliche Beitrag zu den gleichgewichtigen Geschichtsverläufen entstamme der Euklidischen Raumzeit, die die Form einer Halbkugel habe – gleich der in meinen Tunneleffekt-Kalkulationen –, und die folgende Entwicklung stelle sich durch die inflationäre Expansion in der gewöhnlichen Zeit dar. (Der erneute Wechsel von Euklidischer in gewöhnliche Zeit wurde durch ein kompliziertes Verfahren vollzogen, von dessen Erläuterung ich an dieser Stelle absehen möchte.) Insgesamt ergab sich der gleiche Raumzeit-Pfad wie in meiner Abbildung auf Seite 148, jedoch hergeleitet aus einer ganz anderen Anfangsbedingung.

Ich hatte erwartet, dass Hawking meine Arbeit über quantentheoretische Tunneleffekte aus dem Nichts erwähnen würde, und war enttäuscht, als er dies nicht tat. Gleichzeitig war ich sicher, dass nun, da Hawking auf den Plan getreten war, das Thema der Quantenkosmologie allgemein und meine Arbeit im Besonderen sehr viel mehr Beachtung finden würden als zuvor.

Viel Lärm um nichts

Ein wichtiger Unterschied zwischen der Hypothese des „Quantentunnelns aus dem Nichts" und der „No boundary"- oder „Keine-Grenzen"-Hypothese besteht darin, dass sie sehr unterschiedliche und in gewisser Weise gegensätzliche Voraussagen hinsichtlich der Wahrscheinlichkeiten machen. Der Tunneleffekt-Vorschlag favorisiert eine Entstehung aus der höchsten Vakuumenergie und dem kleinsten Universum. Im Gegensatz dazu hält der „No boundary"-Vorschlag ein Universum für am wahrscheinlichsten, das die geringstmögliche Vakuumenergie und die maximal denkbare Größe besitzt. Das wahrscheinlichste Produkt der spontanen Entstehung aus dem Nichts wäre demnach ein unendlicher, leerer und flacher Raum. Es fällt mir schwer, das zu glauben!

Der Konflikt zwischen beiden Ansätzen wurde erst nach einer anfänglichen Verwirrung deutlich. Mein Artikel von 1982 schrieb als Ergebnis größeren Universen eine *höhere* Entstehungswahrscheinlichkeit zu, sodass es schien, als stimmten beide Vorschläge überein. Immer wieder kehrte ich zu meinen Berechnungen zurück – zu sehr widersprach das Ergebnis dem intuitiven Empfinden. 1984 entdeckte ich einen Fehler, der die Wahrscheinlichkeitstendenz umgekehrt hatte. Zum damaligen Zeitpunkt besuchte Hawking die Harvard University und ich suchte ihn eilends auf, um ihm meine neue Erkenntnis mitzuteilen. Stephen zeigte sich jedoch nicht überzeugt und hielt meine erste Berechnung für richtig.

Hawking ist eine Legende in Physikerkreisen und weit darüber hinaus. Ich bewundere seine wissenschaftliche Arbeit ebenso sehr wie seinen Elan, und jede Gelegenheit zu einem Gespräch mit ihm bedeutet mir viel. Da es ihn so viel Mühe kostet, sich verständlich zu machen, scheuen sich viele, ihn anzusprechen. Es hat eine ganze Weile gedauert, bis mir klar wurde, dass Stephen das Gespräch genießt und auch nichts gegen den einen oder anderen Scherz einzuwenden hat. Dass unsere Meinungen über ewige Inflation und Quantenkosmologie weit auseinandergehen, macht dabei die Diskussion nur interessanter.

1988 verlagerte ich die Auseinandersetzung auf Hawkings Territorium und hielt vor seiner Forschungsgruppe an der Cambridge Uni-

Was ist eigentlich ...

Quantenkosmologie, Anwendung der Quantentheorie auf das Universum als Ganzes. Allgemein versteht man darunter eine Quantentheorie abgeschlossener Systeme ohne äußere Beobachter, was für die Diskussion des Messprozesses in der Quantenmechanik von Bedeutung ist. Im Besonderen handelt es sich um die Anwendung einer Theorie der Quantengravitation auf das gesamte Universum.

versity einen Vortrag, in dem ich die Vorzüge meines Ansatzes hervorhob. Im Anschluss an den Vortrag kam Hawking in seinem Rollstuhl auf mich zu. Ich machte mich auf kritische Bemerkungen gefasst; stattdessen jedoch lud er mich zum Abendessen ein. Nach Ente mit Kartoffeln und einem Pflaumenkuchen, die Stephens Mutter zubereitet hatte, sprachen wir über die Verwendung von Wurmlöchern – tunnelförmigen Abkürzungen durch die Raumzeit – für intergalaktisches Reisen. Unter Physikern entspricht dies der Vorstellung von einer zwanglosen Unterhaltung nach dem Essen. Hinsichtlich des Keine-Grenzen-Vorschlags änderte Stephen seine Meinung nicht.

Der Disput zwischen Anhängern beider Ansätze läuft weiter. Mit dem internationalen Cosmo-98-Workshop im kalifornischen Monterey wurde sogar eine „offizielle" Diskussion veranstaltet, bei der Hawking das Keine-Grenzen-Modell verteidigte und Andrei Linde und ich als Vertreter des Tunneleffekt-Modells auftraten. Eine richtige Diskussion entstand dabei letztlich nicht. Da Hawking sich über seinen Sprachcomputer nur sehr langsam verständigen kann, kamen wir kaum über die vorbereiteten Statements hinaus.

Der Konflikt ließe sich durch die Entwicklung eines Experiments lösen, über welches wir die beiden Vorschläge voneinander abgrenzen könnten. Aufgrund der ewigen Inflation erscheint dies jedoch recht unwahrscheinlich. Die Quantenkosmologie formuliert Voraussagen über den Anfangszustand des Universums, im Verlauf der ewigen Inflation jedoch werden jegliche Auswirkungen der Anfangsbedingungen restlos eliminiert. Nehmen wir beispielsweise die bereits beschriebene String-Theorie-Landschaft. Ob wir in nun diesem oder in jenem inflationär expandierenden Vakuum beginnen – unweigerlich werden sich Blasen anderer Vakua bilden, sodass letztlich die gesamte Landschaft ausgeschritten wird. Wie die Inflation beginnt, hat auf die Eigenschaften des daraus resultierenden Multiversums keinerlei Einfluss.

Die Quantenkosmologie steht also nicht im Begriff, sich zu einer experimentellen Wissenschaft zu entwickeln. Der Konflikt zwischen den unterschiedlichen Ansätzen wird voraussichtlich anhand theoretischer Erwägungen gelöst werden und nicht auf Grundlage beobachteter Daten. Der Quantenzustand des Universums etwa könnte einem neuen, bislang noch verborgenen Prinzip der String-Theorie unterliegen. Ebenso gut natürlich könnte dieses Prinzip sich auch von beiden derzeit vertretenen Modellen unterscheiden. Bis diese Frage geklärt ist, wird wohl noch eine gewisse Zeit vergehen.

■ EPILOG

An: Galaktischer Rat
Von WSX-23EDJ

Seid gegrüßt!

Gemäß dem Protokoll habe ich meine Inspektion des Planeten Erde, Sektor S-16 in der peripheren Zone der Galaxie, abgeschlossen. Die menschliche Spezies, die diesen Planeten bewohnt, hat in den 1 000 Erdenjahren seit der letzten Inspektion gute Fortschritte gemacht. Ich habe ihren Status von „im Anfangsstadium" auf „technisch minderbegabt" aufgewertet.

Es wird Euch belustigen, zu hören, dass die Menschen sich der Entdeckung der Endgültigen Theorie des Universums nahe wähnen. Ich beneide sie um ihren jugendlichen Enthusiasmus ... In gewissen Fragen sind sie den richtigen Antworten nicht mehr fern – erstaunlich, würde ich sagen, für eine primitive Zivilisation wie die ihre. In anderen Bereichen sind sie jedoch ziemlich rückständig. Sie haben nicht einmal die richtigen Fragen gefunden.

Insgesamt ist diese Spezies noch recht unreif. Eine Aufnahme in die Galaktische Union halte ich zum gegenwärtigen Zeitpunkt für nicht empfehlenswert. Weitere Einzelheiten folgen in meinem regulären Bericht.

Mit respektvollen Grüßen
WSX-23EDJ

Grundtext aus: Alexander Vilenkin *Kosmische Doppelgänger*; 280 Seiten, Springer-Verlag (englische Originalausgabe: *Many Worlds in One*; Hill and Wang; übersetzt von Nicola Fischer); mit freundlicher Genehmigung.

Das neue Bild vom Weltall wird immer löchriger und löchriger und löchriger ...

Schwarze Löcher galten als Exoten im All. Doch es gibt Millionen von ihnen. Forscher finden immer neue sternfressende Monster

Hans Schuh

An dieser Stelle galt das All als besonders „leer". Doch dann richtete der europäische Röntgensatellit XMM-Newton seine drei Spezialkameras knapp zwölf Tage lang auf den Himmelsausschnitt. Und siehe da – wo es früher duster war, glimmen mehrere hundert Röntgenquellen. „Das Foto zeigt hauptsächlich Galaxien, Milliarden von Lichtjahren entfernt – und in deren Zentren sitzen äußerst massereiche Schwarze Löcher, die in ihrem Inneren Millionen oder gar Milliarden Sonnenmassen enthalten", erklärt Günther Hasinger. Wenn der Direktor des Max-Planck-Instituts für Extraterrestrische Physik von der nur vollmondgroßen Fläche der Röntgenaufnahme auf den gesamten Kosmos hochrechnet, kommt er zu einer unglaublich klingenden Prognose. „Mindestens 400 Millionen unentdeckte Schwarze Löcher" vermutet Hasinger am Firmament. Ein Weltall voller Leerstellen? In der Tat ist das moderne Universum ohne Schwarze Löcher nicht mehr vorstellbar. Galten die Sterne verschlingenden Schwerkraftstrudel früher als Kuriosum der Relativitätstheorie, als beliebte Objekte abgehobener theoretischer Erwägungen, so mehren sich jetzt die Zeichen, dass die merkwürdigen Gebilde die Struktur des Kosmos wesentlich bestimmen.

Ohne Schwarze Löcher ist die Entwicklung von Sternen oder Galaxien wie unserer Milchstraße nicht mehr zu erklären. Schwarze Löcher werden hinter den geheimnisvollen Gammablitzen vermutet, und Schwarze Löcher könnten jene „Gravitati-onswellen" auslösen, denen Forscher in aller Welt nachspüren. Derzeit strotzt die aktuelle Fachliteratur von Veröffentlichungen über die merkwürdigen Gebilde, die der Physiker John Wheeler 1967 erstmals *black holes* taufte. Sogar Science-Fiction-Fans dürfen hoffen: Ende März spekulierten Forscher in der Fachzeitschrift *Physical Review Letters*, dass man mit einer Raumfähre in ein Schwarzes Loch fliegen könne, ohne zermalmt zu werden. Doch Vorsicht bleibt geboten: Die Reise führt nur in ein Nebenuniversum – günstigstenfalls. Das Ethik-Komitee für solche Einwegtickets ist noch nicht gegründet.

Wer mehr über die dunklen Schwerkraftriesen wissen möchte, fährt am besten ins Zentrum der deutschen Lochwissenschaft. Das befindet sich in Garching bei München. Hier liegen, unmittelbar benachbart, das Max-Planck-Institut für Extraterrestrische Physik, das Max-Planck-Institut für Astrophysik (MPA) und die Europäische Südsternwarte ESO, deren Direktor einst Riccardo Giacconi war, der das erste Schwarze Loch entdeckte.

Der Röntgenblick enthüllt den kosmischen Kannibalismus

Giacconi, der im vergangenen Jahre den Physiknobelpreis erhielt, gilt als Pionier der Röntgenastronomie. Um die energiereiche Strahlung zu messen, die von der irdischen Lufthülle verschluckt wird, schoss er schon in den 1960er-Jahren mit Raketen Geigerzähler in den Himmel – allerdings mit mäßigem Erfolg. Doch die Idee, außerhalb der Erdatmosphäre ins All zu spähen, ließ ihn nicht mehr los. Erst dort erschließen sich den Astronomen viele Dramen im Kosmos – die Explosion von Sonnen, Galaxienkollisionen und der Kannibalismus von Sternen –, die sich durch das Abstrahlen von energiereichem Röntgenlicht bemerkbar machen. Mit unermüdlicher Zähigkeit boxte Giacconi bei der NASA den Bau des Röntgensatelliten Uhuru durch, der schließlich vor 30 Jahren den Himmel durchmusterte und rund 400 Röntgenquellen entdeckte, darunter eine besonders aufregende Röntgenfackel: Cygnus X-1, das erste Schwarze Loch.

Wie aufregend die Röntgenastronomie auch heute noch ist, zeigt das eingangs erwähnte Foto des Röntgensatelliten XMM-Newton. Nicht nur dass die Astronomen dabei gleich Hunderte gigantische Schwarze Löcher auf einen Streich erwischten. Zugleich dokumentierten sie damit auf einem Bild etwa so viele Röntgenquellen, wie Uhuru nach jahrelanger Musterung am ganzen Firmament fand. Basierend auf den Bildern von XMM-Newton ist im April 2003 ein neuer Himmelsatlas erschienen, mit etwa 30 000 Sternen und Galaxien. Viele davon wurden erstmals beobachtet.

Für Günther Hasinger, dessen Institut an dem europäischen Großprojekt maßgeblich beteiligt war, ist das unscheinbare Foto der beste Beweis, dass der Himmel noch immer voller Überraschungen steckt. Der 49-jährige Astrophysiker, der jungenhafte Begeisterung ausstrahlt, hält sogar die eigene kühne Prognose von den 400 Millionen unentdeckter Schwarzer Löcher möglicherweise noch für untertrieben. Denn der überwiegende Teil der Schwarzen Löcher verrate sich gar nicht durch Röntgenlicht. Die Schwerkraftmonster ruhten vielmehr still am Firmament und seien bei den riesigen Distanzen nicht zu entdecken. „Die meisten Schwarzen Löcher sind auf Diät", sagt Hasinger. „Und wenn sie nichts fressen, dann sieht man auch nichts."

Diät halten die kosmischen Monster nicht freiwillig. Sie haben schlicht bereits alles in sich hineingesogen, dessen ihre enorme Anziehungskraft habhaft werden konnte. Nun müssen sie auf neue Opfer warten.

Wenn allerdings ein Schwarzes Loch einen Stern verspeist, geht es am Himmel hoch her. Ein Blitzlichtgewitter erhellt die gesamte Region, ein Feuerwerk, das heller strahlt als Milliarden Sonnen. Gerät nämlich ein Stern in den Sog eines Schwarzen Lochs, wird er auf einer Spiralbahn beschleunigt – ähnlich wie strudelndes Wasser im Abfluss einer Badewanne. Dabei wird er von der Anziehungskraft des Schwarzen Loches förmlich zerrissen und zermalmt. Die Sternmaterie wird in ihre elementaren Bausteine zertrümmert und Millionen Grad heiß. Dieses sogenannte Plasma strahlt die Röntgenblitze aus, quasi die letzten Todesschreie eines Sterns, bevor er in das Schwarze Loch gurgelt. Die Vernichtung einer Sonne kann monatelang das Zentrum einer Galaxie zum Leuchten bringen, und bis dieses leer gefressen ist, können Millionen Jahre vergehen.

Was macht das Loch mitten in der Milchstraße?

Wenn aber das Gruppenfoto von XMM-Newton hauptsächlich Galaxien zeigt – sind dann Schwarze Löcher und Galaxien identisch? „Nein", sagt Hasinger. „Aber eine der spannendsten Fragen ist derzeit, warum dickbäuchige Galaxien mit einem großen sogenannten *bulge* besonders massereiche Schwarze Löcher in ihrem Zentrum haben." Der *bulge* besteht aus einem kugelförmigen Sternenhaufen in der Galaxienmitte. Dort steckt meist ein supermassives Schwarzes Loch mit Hunderten Millionen oder gar Milliarden Sonnenmassen.

Wie kommt ein solcher Moloch in die Galaxie? Ist er bei ihrer Geburt aus einem Gigantenstern entstanden, der nach seinem frühen Verglühen ein gewaltiges Loch zurückließ? Oder ist im galaktischen Zentrum früh ein eher kleiner Stern kollabiert, dessen Schwarzes Loch umgebende Sterne angesaugt und vernichtet hat? Sind gar mehrere mittelschwere Löcher herangewachsen, die sich gegenseitig verschlungen haben?

„Genau das möchten wir auch wissen", lacht Simon White, Direktor am Max-Planck-Institut für Astrophysik. Hier, in der Schwarzschildstraße, sitzen die Theoretiker und simulieren auf Supercomputern, wie Galaxien entstehen. „Wir wissen inzwischen, dass sehr viele Galaxien ein supermassives Loch enthalten. In diesem steckt etwa ein Prozent der Gesamtmasse der Galaxie. Warum das so ist, ist noch unbekannt", sagt White.

Inzwischen haben Forscher erstmals eine junge Galaxie direkt beobachten können, die schon ein massives Schwarzes Loch enthält und in dessen Umgebung reichlich neue Sterne heranwachsen. Französische und amerikanische Astronomen berichteten dies Anfang April von einem sehr weit entfernten, äußerst lichtstarken Quasar. Sein Licht benötigte 12 Milliarden Jahre bis zur Erde, stammt also aus einer Zeit, als das Universum erst ein Zehntel seines heutigen Alters hatte. Um das Schwarze Loch schwebt eine Gas- und Staubscheibe, aus der jährlich Sterne von mehr als 900 Sonnenmassen entstehen – 1 000-mal mehr als in der Milchstraße.

Auch im Zentrum unserer Milchstraße lauert ein massives Schwarzes Loch. Allerdings ist es von relativ bescheidenem Ausmaß, umfasst „nur" drei Millionen Sonnenmassen und ist derzeit auf Diät. Denn die erreichbaren Sterne in seiner Umgebung hat es in den vergangenen Jahrmillionen schon abgegrast. Deshalb lässt sich das hungernde Schwerkraftmonster auch nur indirekt nachweisen. Doch Reinhard Genzel, einem Kollegen von Günther Hasinger, ist dies in den vergangenen Jahren nach und nach gelungen. Mit dem neuen Riesenteleskop VLT

der Europäischen Südsternwarte konnte Genzels Team vor wenigen Monaten die extreme Bahn eines Sterns vermessen, der um das dunkle Zentrum unserer Milchstraße rast. Der Stern erreicht dabei eine ungewöhnlich hohe Geschwindigkeit (18 Millionen Kilometer pro Stunde) und kommt dem unsichtbaren Gravitationszentrum äußerst nah, nur 17 Lichtstunden. Die ungewöhnliche Bahn sowie die Tatsache, dass Tausende anderer Sterne in derselben Region um ein unsichtbares Zentrum wirbeln, erlauben nur den Schluss, dass auch unsere Milchstraße mit ihren 100 Milliarden Sonnen um ein Schwarzes Loch spiralisiert.

Im Abfluss der Badewanne werden Galaxien geboren

Kürzlich konnten die Garchinger Astrophysiker noch ein weiteres wichtiges Indiz beibringen, dass Schwarze Löcher zu dicken Galaxien gehören wie die Speiseröhre zum Vielfraß. Stefanie Komossa, eine Mitarbeiterin Hasingers, beobachtete mithilfe des amerikanischen Röntgensatelliten Chandra das Feuerwerk, das die außerordentlich helle Galaxie NGC 6240 abbrennt, etwa 400 Millionen Lichtjahre von der Erde entfernt. Dieses etwas zerzaust wirkende Objekt gilt als Musterbeispiel für zwei kollidierende Galaxien – deshalb brodelt es dort so heftig. „Wir konnten dank der scharfen Bilder von Chandra und einer detaillierten Analyse des Röntgenlichts nachweisen, dass diese Galaxie gleich zwei superschwere Schwarze Löcher enthält", erzählt Stefanie Komossa. „Die beiden Löcher werden in einigen hundert Millionen Jahren miteinander verschmelzen und dabei einen gigantischen Ausbruch von Gravitationswellen verursachen", prophezeit sie. Auf ähnliche, allerdings weniger heftige Katastrophen (etwa Supernovae) lauern extrem sensible Gravitationswellen-Detektoren wie zum Beispiel das Projekt GEO 600 bei Hannover. Bisher haben die empfindlichen Instrumente nur irdische Störsignale, aber noch keine der ersehnten Wellen in der Raumzeit entdecken können.

Da es Milliarden Galaxien am Himmel gibt und diese oft supermassive Schwarze Löcher enthalten – steckt dort eventuell jene berüchtigte Dunkle Materie, nach der die Astronomen seit Jahrzehnten fahnden? „Nein", sagt Günther Hasinger, „das wäre viel zu wenig." Die Schwarzen Löcher bilden nur einige Prozent der klassischen „baryonischen" Materie im All – und auch die reicht bei weitem nicht aus, um die Entstehung von Galaxien und Galaxienhaufen im frühen Universum zu erklären. Hasinger holt seinen Laptop und lässt darauf einen Kurzfilm ablaufen. Hauptrolle: die Dunkle Materie. Kurz nach dem Urknall ist sie noch gleichmäßig verteilt. Dann gerinnt sie unter dem Einfluss der Schwerkraft zu lockeren Fäden, die bald ein zunehmend feineres Netz und lokale Knoten bilden.

„Genau dort, an solchen Knotenpunkten, formt die Schwerkraft der Dunklen Materie eine Art gravitatorische Badewanne", erklärt Hasinger. „Zu deren tiefstem Punkt, quasi zum Abfluss, strömt die klassische Materie und kann Sterne und Galaxien bilden. Just da sitzen aber auch die ersten Schwarzen Löcher. Die wissen genau, wo es tüchtig zu fressen gibt", lacht er. Ist das nicht extreme Spekulation? Unbekannte Dunkle Materie formt Auffangwannen für Materie und Schwarze Löcher, die alsbald reihenweise junge Sonnen verspeisen? Und die wachsende Schwerkraft im Zentrum sorgt dafür, dass immer neue Materie he-

reinspiralisiert? „Absolut nicht", kontert Hasinger. „Es gibt inzwischen eine Fülle von Phänomenen wie die Geschwindigkeit der Galaxienbildung oder die Stärke von Gravitationslinsen, die sich nur mit Dunkler Materie erklären lassen." Er geht davon aus, dass die Entdeckung eines neuen Teilchens fällig ist, aus dem die Dunkle Materie besteht. „Sonst stimmt unsere Physik nicht mehr." Es wäre nicht das erste Mal, dass zur Rettung des physikalischen Weltbildes ein neues Teilchen postuliert – und später tatsächlich entdeckt – wird.

Doch die Geschichte des Neutrinos, das 1930 von Wolfgang Pauli vorhergesagt und erst ein Vierteljahrhundert später nachgewiesen wurde, zeigt, dass das mitunter lange dauern kann. Bis dahin hat sich die geschätzte Zahl der Schwarzen Löcher im Universum möglicherweise noch einmal dramatisch erhöht. Denn wie der argentinisch-französische Astrophysiker Felix Mirabel in *Science online* berichtet, kann ein Schwarzes Loch möglicherweise auch in aller Stille entstehen. Anhand von alten Beobachtungen an der Mutter aller Schwarzen Löcher, an Cygnus X-1, will Mirabel belegen, dass ein ausgebrannter Stern klammheimlich durch seine eigene Schwerkraft in sich zusammensacken kann. Solche Schwarzen Löcher würden sich also nicht einmal durch spektakuläre Supernova-Explosionen verraten. Sollte sich das bestätigen, dann wäre der Himmel noch mehr als bisher gedacht voller Schwarzer Löcher.

Aus: DIE ZEIT, Nr. 19, 30. April 2003

Jemand wie **Percy Seymour** scheut nicht davor zurück, sich Feinde zu machen. Der Brite glaubt, die bei Astronomen so verhasste Astrologie könne durchaus eine wissenschaftliche Basis haben. Die Bewegung von Planeten und Sternen könne das Gehirn ungeborener Kinder beeinflussen. In seinem Buch *The Scientific Proof of Astrology* schwört Seymour zwar den klassischen Sternzeichen-Horoskopen der Illustrierten und Frauenzeitschriften ab. An eine heimliche Macht des Himmels glaubt der Professor für Astronomie und Astrophysik an der University of Plymouth aber durchaus.

Seine Argumentation lautet stark verkürzt: Das Erdmagnetfeld interagiert mit den Magnetfeldern von Sonne und Mond, mit Jupiter, Mars und Venus. Die Veränderungen des Geomagnetismus wiederum könnten auf das werdende Leben im Mutterleib einwirken. „Das heißt, das ganze Sonnensystem spielt eine Symphonie auf dem Magnetfeld der Erde. Wir alle sind genetisch gestimmt, unterschiedliche Melodiesätze dieser Symphonie zu empfangen."

Mit seinen Thesen wird Seymour vor allem in den Zeitschriften der Esoterik-Szene gefeiert. Bei Kollegen stößt sein intellektuelles Hobby auf heftigen Widerspruch. Zu den leidenschaftlichen Gegnern der Astrologie zählen prominente Forscher wie Sir Martin Rees: „Für die Astrologie gibt es in unserer wissenschaftlichen Weltsicht keinen Platz. Ihre Vorhersagen halten keiner kritischen Überprüfung stand."

Aber Percy Seymour hat neben seiner esoterischen auch eine solide astronomische Seite. „Ich bin in der Szene vermutlich ziemlich einzigartig. Ich bin gleichzeitig Fellow der Royal Astronomers' Society und der Astrological Society." Zudem ist Seymour Direktor des William-Day-Planetariums und hat am Royal Observatory in Greenwich geforscht. Zusammen mit dem Ingenieurwissenschaftler und Wissenschaftspublizisten **Dennis Bacon** hat er eine Entwicklungsgeschichte der astronomischen Technologien geschrieben: von Teleskopen über Satelliten und Sonden bis zum elektronisch simulierten Himmel.

Für seine Ausflüge in den Randbereich der Wissenschaft (und darüber hinaus) hat der Brite eine biografische Erklärung. Er ist im Apartheidsregime Südafrikas als Sohn eines gemischtrassigen Paares aufgewachsen und sein Erleben dort, sagt Seymour, habe ihn dazu gebracht, größtmögliche Toleranz zu üben.

Percy Seymour

Das technologische Universum

Von Percy Seymour und Dennis Bacon

Im Laufe des gesamten 20. Jahrhunderts haben technologische Entwicklungen unser Bild der Erde und des Universums umgeformt. Dieser Prozess verlief zu Beginn des Jahrhunderts noch relativ langsam, hat sich während der zweiten Hälfte aber beträchtlich beschleunigt, und das Tempo heute wird wahrscheinlich so bleiben, wenn nicht sogar noch zunehmen. Diese technoastronomische Revolution hat einerseits zu bestimmten Problemen bei der Entwicklung mechanischer Modelle für das Universum geführt, andererseits aber auch neue Lösungen für die Darstellung unseres heutigen Verständnisses des Universums geliefert.

Einer von Newtons ersten Reflektoren aus dem Jahre 1671. Der Spiegel besaß einen Durchmesser von fünf Zentimetern.

Neue Teleskope und neue Astronomien

Zwischen dem Ende des 19. und der Mitte des 20. Jahrhunderts gab es enorme Fortschritte bei der Konstruktion optischer Teleskope. Die Grenze für die Größe von Teleskopen mit einer reinen Linsenoptik machte sich immer deutlicher bemerkbar. Eine sehr große Linse von etwa einem Meter Durchmesser würde sich unter ihrem eigenen Gewicht verbiegen, weil sie nur an ihrem Rand gehalten werden könnte. Spiegelteleskope der Bauart, die Sir Isaac Newton (1643–1727) erfunden hatte (bereits 1668 hatte er ein solches Teleskop konstruiert), konnte man sehr viel größer machen, da der passend gekrümmte Spiegel auf seiner Rückseite unterstützt werden konnte. Im Jahr 1917 wurde am Mount Wilson Observatory ein Spiegelteleskop mit einem Durchmesser von 2,54 Metern fertiggestellt, und 31 Jahre spä-

---

■ Was ist eigentlich ... ■

Spiegelteleskope, Reflektoren, astronomische Fernrohre, deren lichtsammelndes Element aus einem parabolisch geschliffenen Hohlspiegel besteht. Dieser sog. Primärspiegel befindet sich am unteren Ende des Tubus – im Gegensatz zu Refraktoren, deren Objektiv sich am oberen Ende befindet. Bei modernen Großteleskopen besteht der Primärspiegel aus einer Glaskeramik mit geringem Wärmeausdehnungskoeffizienten, sodass sich die Spiegelform bei Wärmeänderungen nicht wesentlich verändert. Auf diese Keramik ist eine dünne Aluminiumschicht aufgedampft. Die von einem Objekt einfallenden parallelen Lichtstrahlen werden von dieser Schicht reflektiert und im Brennpunkt gebündelt, wo sie mithilfe eines Okulars (in der Regel nur noch bei Amateurteleskopen zu finden) oder unterschiedlichen astronomischen Detektoren registriert werden. Je nach der Lage dieses Brennpunktes unterscheidet man unterschiedliche Teleskoptypen. Bei Newton-Teleskopen befindet sich am oberen Ende des Tubus ein um 45° geneigter Sekundärspiegel, der das Licht zur Seite in das Okular reflektiert.

Porträt

Jansky, *Karl Guthe*, amerikanischer Rundfunkingenieur, * 22.10.1905 Norman (Okl.), † 14.2.1950 Red Bank (N.J.); stellte 1931 im Zusammenhang mit Untersuchungen der Ursachen des Rauschens bei drahtloser Telefonie zum ersten Mal die Existenz kosmischer Radioquellen (im Sternbild Schütze) fest und begründete damit die Radioastronomie; die Astronomen wurden auf seine (nur in elektrotechnischen Zeitschriften veröffentlichte) Entdeckung allerdings erst Mitte der 1940er-Jahre aufmerksam. Nach ihm ist die physikalische Einheit der spektralen Energieflussdichte elektromagnetischer Strahlung, das Jansky (1 Jy = 10^{-26} W m^{-2} Hz^{-1}), benannt.

Die zwei größten voll beweglichen Radioteleskope weltweit. Links: Das Robert-C.-Byrd-Radioteleskop (West Virginia, USA) des National Radio Astronomy Observatory (NRAO); rechts: das 100-m-Radioteleskop Effelsberg des Max-Planck-Instituts für Radioastronomie Bonn.

ter ging am Mount Palomar Observatory ein 5-Meter-Teleskop in Betrieb. Diese Instrumente lieferten nicht nur ein genaueres Bild unseres Sonnensystems, sondern sie ermöglichten es uns auch, sehr viel tiefer in die Weiten jenseits der Grenzen unseres eigenen Milchstraßensystems vorzudringen. Bald wurde klar, dass es im Universum viele weitere riesige Sternansammlungen gibt, ähnlich unserer eigenen Galaxis, und dass die meisten dieser fremden Galaxien sich mit hohen Geschwindigkeiten von uns wegbewegen. Diese Beobachtung führte zu der Theorie, dass das Universum in einem Urknall entstand und sich immer weiter ausdehnt.

Weitere Entdeckungen folgten. Zwischen 1932 und 1942 wurde die Radioastronomie geboren. Karl Jansky, Rundfunkingenieur bei den Bell Telephone Laboratories in den USA, suchte die Ursache für ein ständiges Rauschen in speziellen Radioempfängern und kam zu dem Schluss, dass ein Teil dieser „statischen" Störgeräusche von außerhalb des Sonnensystems stammten. Im Jahr 1933 konnte er als Quelle unsere eigene Milchstraße identifizieren. Seine Untersuchungen wurden von dem amerikanischen Amateurastronomen Grote Reber (1911–2002) fortgesetzt, der 1937 das erste steuerbare Radioteleskop baute und damit eine sehr viel genauere Radiokarte der Milchstraße erstellte. Nach dem Zweiten Weltkrieg wurde die Radioastronomie von Bernard Lovell (*1913) in Manchester, Martin Ryle (1918–1984) in Cambridge sowie Jan Oort (1900–1992) und Hendrik van der Hulst (1918–2000) in Leiden in den Niederlanden weiterentwickelt. Die Radioastronomie enthüllte ein Universum, das für das bloße Auge unsichtbar ist. Einige Planeten, unsere Sonne, viele Sterne wie auch der scheinbar leere Raum zwischen den Sternen und viele Galaxien – sie alle senden Radiowellen aus, die von Radioteleskopen empfangen werden. Die sorgfältige Interpretation dieser Signale aus dem All haben unser Wissen über das Universum jenseits der Erdatmosphäre erheblich vermehrt.

■ Was ist eigentlich … ■

Radioteleskope, Anlagen zur Untersuchung kosmischer Objekte im Radiobereich. In den meisten Fällen handelt es sich um paraboloidförmige Empfangsantennen, welche die elektromagnetischen Wellen phasengleich auf einen Empfänger reflektieren. Radioteleskope besitzen eine Richtwirkung, d. h. die empfangene Strahlungsleistung eines Objekts hängt von seiner Lage relativ zur Reflektorachse ab. Der Winkel, bei dem der Strahlungsstrom auf die Hälfte des Maximalwertes abgesunken ist, gibt etwa die Auflösung des Teleskops an. Wegen der großen Wellenlängen im Radiobereich ist das Auflösungsvermögen, das sich nach denselben Gesetzen berechnet wie bei optischen Teleskopen, nur gering. Dieses Problem ließ sich durch den Bau von Radiointerferometern lösen.

Es gibt viele verschiedene Arten elektromagnetischer Wellen, zu denen auch Licht- und Radiowellen zählen. So gibt es Infrarotstrahlen, die manchmal auch Wärmestrahlung genannt werden. Es gibt Ultraviolettstrahlen, die Sonnenbrand verursachen. Es gibt Röntgenstrahlen, die in der Medizin zur Diagnose benutzt werden, und es gibt Gammastrahlen, die von einigen radioaktiven Substanzen ausgesandt werden. Einige Himmelsobjekte senden alle diese unterschiedlichen Strahlungsarten aus, sodass wir mit ihrer Hilfe die Natur und Entwicklung von Objekten im Universum näher untersuchen können. Das ist die neue Astronomie. Die Erdatmosphäre ist jedoch

Auswahl elektromagnetischer Wellen: Wellenlängen und Frequenzbereiche.

Wellenlängen-bereich	Frequenz-bereich	deutsche Bezeichnung (Abkürzung)		internationale Abkürzung	Verwendung (Beispiele)
10–1 m	30–300 MHz	Ultrakurzwellen (UKW)		VHF, FM	Hör- und Fernsehrundfunk, Flugfunk, Richtfunk, Radioastronomie
1–0,3 mm	300–1 000 GHz	Submillimeterwellen		–	noch nicht technisch ausgenutzt
1 mm–780 nm	3×10^{11} $-3,8 \times 10^{14}$ Hz	Infrarot		IR	Wärmeortung, Wärmelampe (Tierhaltung), Infrarotnachrichten
780–380 nm	$3,8 \times 10^{14}$ $-7,9 \times 10^{14}$ Hz	[sichtbares] Licht		VIS	Beleuchtung, Mikroskopie, Lasertechnik, Astronomie
380–10 nm	$7,9 \times 10^{14}$ -3×10^{16} Hz	Ultraviolett		UV	Fotochemie, Leuchtstoffröhre („Neonröhre"), Sterilisation medizinischer Geräte
25–2,5 nm	$10^{16} - 10^{17}$ Hz (0,5 – 5 keV)	Röntgenstrahlen[*]	weich	X	Röntgendiagnostik, -therapie, Röntgenspektroskopie, Kristallstrukturanalyse, Materialprüfung
2,5–0,25 nm	$10^{17} - 10^{18}$ Hz (5 – 50 keV)	Röntgenstrahlen[*]	mittelhart	X	
0,25–3,10^{-3} nm	$10^{18} - 10^{20}$ Hz (50 keV – 5 MeV)	Röntgenstrahlen[*]	hart	X	
< 1 nm	3×10^{17} Hz (> 10 keV)	Gammastrahlen[*]		γ	Strahlentherapie, Materialprüfung, kosmische Sekundärstrahlung

[*] Die Grenzen zwischen UV-, Röntgen- und Gammastrahlen sind fließend. UV- und Röntgenstrahlen entstehen in der Elektronenhülle, Gammastrahlen durch Kern- oder Elementarteilchenreaktionen.

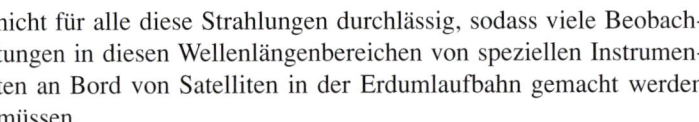

nicht für alle diese Strahlungen durchlässig, sodass viele Beobachtungen in diesen Wellenlängenbereichen von speziellen Instrumenten an Bord von Satelliten in der Erdumlaufbahn gemacht werden müssen.

Künstliche Satelliten

Was ist eigentlich ...

Weltraumforschung, umfassender Begriff, der jede Art der im Weltraum betriebenen Forschung einschließt. Die Weltraumforschung wird einerseits in bemannte und unbemannte Weltraumforschung unterschieden, andererseits nach den Fachbereichen gegliedert, die weltraumgestützte Forschung betreiben. Daneben lässt sich alle im Weltraum durchgeführte Forschung noch in erdnahe und in Tiefraumforschung untergliedern. Hauptarbeitsmittel der Weltraumforschung sind unbemannte Satelliten und Raumsonden, die Experimente und Messgeräte in den Weltraum tragen. Im Bereich der bemannten Raumfahrt konzentriert sich die Weltraumforschung auf die Weltraummedizin, insbesondere die Auswirkungen der Schwerelosigkeit auf pflanzliche und tierische Organismen. Neben einem ersten Höhepunkt durch die bemannten Mondlandungen wird die bemannte Weltraumforschung heute in Form von kurzzeitigen Flügen der Raumfähren sowie an Bord der internationalen Raumstation ISS durchgeführt. Sie transportieren unterschiedliche Experimente der Materialwissenschaften, Biochemie und Medizin in den Weltraum.

Radioastronomie und Weltraumwissenschaft sind beides Produkte des Zweiten Weltkriegs. Die Verwendung von Radiokommunikation während des Kriegs und die Entwicklung des Radars zur Entdeckung feindlicher Flugzeuge trieben die Elektronik bis an ihre Grenzen. Die Raketen, die die Deutschen für ihre V2-Bomben entwickelten, bildeten die Grundlage der Raketentechnologie, mit der später Satelliten in die Erdumlaufbahn und Raumsonden zum Mond und zu den Planeten geschossen wurden.

Fotografien, die von Kameras auf Satelliten beim Umkreisen der Erde aufgenommen und über Funk zurück zur Erde geschickt worden waren, ermöglichten es uns, die Erdoberfläche mit hoher Genauigkeit zu kartieren und bessere Erdgloben herzustellen. Im Jahr 1972 wurde der Satellit *Landsat I* gestartet, der Pionierarbeit bei der Kartierung von Vegetation, Landnutzung und geologischer Strukturen vom Weltraum aus leistete. Zu den neuesten Erdvermessungs-Satelliten gehören die französischen *SPOT*-Satelliten, die Objekte von

Erkundung einer Millionenstadt – der Blick auf Rom vom französischen *SPOT 5*-Satelliten aus gesehen.

rund einem Meter Größe nachweisen können. *Seasat* und *Nimbus 7*, gestartet 1978, waren die ersten Satelliten zur Erkundung der Meere vom Weltraum aus, so wie mit dem 1960 gestarteten *Tiros I* die Untersuchung atmosphärischer Erscheinungen von außerhalb der Atmosphäre selbst begann.

Telstar 1, gestartet 1962, eröffnete das Zeitalter der Kommunikationssatelliten, das es uns heute ermöglicht, zu Hause Satellitenfernsehen zu genießen. Die Technologie, die man für Start und Nutzung von Satelliten in der Erdumlaufbahn entwickelt, und die Erfahrungen, die man dabei gesammelt hatte, wurden auch auf Raumsonden zum Mond und zu anderen Planeten ausgedehnt.

Trägerrakete *Atlas-Centaur 10* mit Sonde *Surveyor 1* beim Start. Die unbemannte Sonde diente zur Erkundung der Mondoberfläche und geeigneter Landemöglichkeiten für künftige *Apollo*-Raumflüge.

Die Erforschung des Monds

Zwischen dem 2. Januar 1959 und dem 15. August 1976 starteten die Russen 24 *Lunik*- und *Luna*-Sonden. Wenn auch nicht alle dieser Sonden erfolgreich waren, so führten doch mehrere ihre geplanten Missionen durch. *Luna 3*, gestartet am 4. Oktober 1959, machte die ersten Fotos von der Rückseite des Monds, und *Luna 24*, gestartet am 9. August 1976, kehrte mit 170 Gramm Bodenmaterial vom Mare

Ein Mondglobus.

Crisium zurück. Um die Mondoberfläche weiter zu erkunden und sich auf bemannte Landungen vorzubereiten, starteten die Amerikaner drei verschiedene Serien von Mondsonden. Die erste war die *Ranger*-Serie, die zwischen 1961 und 1965 zum Mond geschossen wurde. Diese Serie machte die ersten Nahaufnahmen von der Mondoberfläche, auf denen metergroße Krater und Felsbrocken zu sehen waren. Die *Lunar-Orbiter*-Serie war speziell dafür ausgelegt, den Mond großräumig zu kartieren und nach möglichen Landeplätzen für die bemannten *Apollo*-Flüge zu suchen. Die unbemannten *Surveyor*-Sonden, die weich auf dem Mond landeten, hatten verschiedene Aufgaben: Panoramaaufnahmen, die Untersuchung physischer Strukturen und die Überprüfung der Tragfähigkeit und chemischen Zusammensetzung der Mondoberfläche. Alle diese Missionen haben unser Wissen über unseren nächsten natürlichen Nachbarn im All enorm vermehrt. Ein unmittelbares Ergebnis hiervon war, dass wir zum ersten Mal Globen von der gesamten Oberfläche des Monds herstellen konnten.

Planetensonden

Mit Planetensonden war es möglich, die Planeten und ihre Monde mit höherer Genauigkeit zu kartieren als mit erdgebundenen Teleskopen und überdies noch neue Monde zu entdecken. Eine Planetensonde ist ein unbemanntes Raumfahrzeug, das die Verhältnisse in der Nähe oder auf einem Planeten und seinen Monden untersucht. Die von ihr gesammelten Daten werden per Funk zur Erde zurückgesandt. Bei Raumsonden, die sich näher an der Sonne befinden als Mars, werden die Instrumente zum Sammeln der Daten und die Funkausrüstung durch Sonnenzellen mit Energie versorgt; in größeren Entfernungen zur Sonne ist die Energiequelle Elektrizität, erzeugt durch Wärme radioaktiver Substanzen. Eine Raumsonde wird von Raketenmotoren auf ihre Bahn gebracht; Kurskorrekturen während des Flugs sind mithilfe kleinerer Raketenmotoren möglich, doch auf dem größten Teil ihrer Bahn wird eine Sonde nicht aktiv angetrieben. Im Wesentlichen stellt eine Raumsonde einen künstlichen Sonnenplaneten dar. Bald nach Verlassen der Erde wird die Sonde auf eine elliptische Bahn um die Sonne gebracht, die so verläuft, dass sie mit dem einen Ende ihrer Hauptachse gerade die Erdbahn und mit dem anderen Ende die des Planeten berührt.

Der Zeitpunkt für den Start von der Erde muss jedoch so gewählt werden, dass die Sonde zur gleichen Zeit die anvisierte Stelle der Planetenumlaufbahn erreicht wie der Planet. Manchmal kann dieselbe Sonde mehr als einen Planeten erforschen, wobei die Anziehungskraft des einen Planeten genutzt wird, um die Sonde weiter zum nächsten zu schleudern. Diese Technik heißt schwerkraftgestützt und

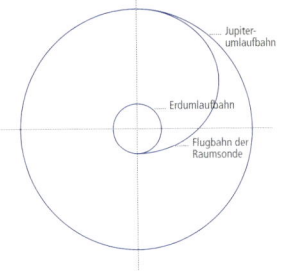

Einfache Flugbahn einer Raumsonde von der Erde zum Jupiter.

wurde bei den *Voyager*-Sonden verwendet, die nacheinander Jupiter, Saturn, Uranus und Neptun besuchten.

Es gab mehrere Serien von Planetensonden, darunter *Mariner, Pioneer, Viking, Voyager* und *Venera*. Die *Mariner*-Serie bestand aus zehn Sonden, von denen drei keinen Erfolg hatten. *Mariner 2* gelang der erste erfolgreiche Vorbeiflug an einem Planeten: Am 14. Dezember 1962 passierte die Sonde die Venus in einem Abstand von 34 830 Kilometern. Damit kam sie nahe genug heran, um die Temperatur zu messen und nach einem Magnetfeld zu suchen. Doch sie stellte fest, dass die Venus im Gegensatz zur Erde kein nachweisbares Magnetfeld besitzt. Da sie keinen Mond hat, war es schwer, ihre Masse zu bestimmen. Sehr zuverlässige Schätzungen ihrer Masse hatte man aus der Art und Weise erhalten, wie sie die Bahnen von Erde und Merkur beeinflusst. Doch eine sehr viel genauere Messung erhielt man durch die Ablenkung der zweiten vorbeifliegenden Sonde – *Mariner 5*. Diese Sonde näherte sich am 19. Oktober 1967 dem Planeten auf 3 990 Kilometer. Sie führte auch detailliertere Untersuchungen der Atmosphäre des Planeten und eine genauere Bestimmung seines Durchmessers durch. Die Atmosphäre der Venus ist so dicht, dass keine der beiden Sonden Oberflächenmerkmale des Planeten untersuchen konnte, da das Sonnenlicht die Wolkendecke nicht durchdringen konnte.

Mariner 4, 6 und *7* nahmen detailliertere Fotos vom Mars auf, doch die bis dahin genaueste Kartierung seiner Oberfläche stammt von *Mariner 9*, der am 13. November 1971 in eine Umlaufbahn um den

William H. Pickering, Direktor des NASA-Zentrums Jet Propulsion Labarotory, zeigt Präsident Lyndon B. Johnson Bilder der Mariner-Sonde.

Was ist eigentlich ...

Planetenatmosphäre, Sammelbegriff für jede um einen planetaren Körper befindliche Atmosphäre. Während die Bestimmung der chemischen Zusammensetzung von Planetenatmosphären nur durch spektroskopische Beobachtungen vom Erdboden aus möglich war, brachten Raumsonden zahlreiche neue Erkenntnisse über die Zusammensetzung und die Prozesse in den Atmosphären anderer Planeten. Sie führten zur Erstellung unterschiedlicher Atmosphärenmodelle für die einzelnen Planeten, anhand derer die gewonnenen Daten überprüft werden. Erkenntnisse über Planetenatmosphären wirken zurück auf die Modelle der Erdatmosphäre sowie auf Klimamodelle.

Ein Marsglobus aus dem späten 20. Jahrhundert.

Künstlerische Impression von
Mars Express.

Mars einschwenkte und damit der erste künstliche Satellit eines anderen Planeten wurde. Mit den Daten all dieser Sonden wurden weitere noch genauere Karten des Mars erstellt, aus denen dann auch Marsgloben hergestellt werden konnten. Die europäische Mars-Mission „Mars-Express" hat 2004 damit begonnen, die gesamte Marsoberfläche mithilfe einer Spezialkamera abzulichten (Missionsende voraussichtlich Mai 2009), die auch 3-D-Aufnahmen ermöglicht. Damit wird eine Kartierung des Mars mit nie da gewesener Auflösung möglich sein. *Mariner 10* vollbrachte eine weitere Ersttat für die USA: Sie flog mehrmals dicht an der Venus vorbei und dreimal am Merkur – und war damit die erste Zwei-Planeten-Mission. *Mariner 10* nahm mehr als 10 000 Fotos vom Merkur auf, die eine genauere Kartierung von dessen Oberfläche ermöglichten, und machte die unerwartete Entdeckung, dass dieser Planet ein Magnetfeld besitzt, ähnlich dem Erdfeld, aber viel schwächer.

Die *Pioneer*-Serie begann mit drei Mondsonden, die 1958 gestartet wurden, aber nur teilweise erfolgreich waren. *Pioneer 1* und *3* kamen nicht nahe genug an den Mond heran, aber *Pioneer 3* gelang es, die Verteilung von zwei Gürteln energiereicher Teilchen aufzuzeichnen, die im äußeren Magnetfeld der Erde gefangen sind und Van-Allen-

Strahlungsgürtel genannt werden. *Pioneer 2* hatte einen Fehlstart. *Pioneer 4* und *5* gingen auf eine Sonnenumlaufbahn und sendeten nützliche Informationen über den Strom subatomarer Teilchen, der uns von der Sonne erreicht – den sogenannten Sonnenwind. Sie beobachteten auch einige heftige magnetische Energieausbrüche auf der Sonne, die als Sonnenflares (kurzzeitige Helligkeitsausbrüche) bekannt sind. *Pioneer 6, 7, 8* und *9* gingen zwischen 1965 und 1968 auf eine Sonnenumlaufbahn. Sie bildeten ein Netzwerk von Sonnenwetterstationen, die gewaltige Ereignisse auf der Sonne überwachten und so als Frühwarnstationen für die *Apollo*-Flüge dienten.

Pioneer 10 flog am 4. Dezember 1973 als erste Sonde am Jupiter vorbei. Sie war am 3. März 1972 gestartet und benötigte 21 Monate, um zu dem Planeten zu gelangen. Sie nahm Fotos von drei der Galileischen Monde – Europa, Ganymed und Kallisto – sowie von der Jupiteratmosphäre auf. *Pioneer 11* wurde am 5. April 1973 gestartet und erreichte Jupiter am 3. Dezember 1974. Dann flog sie weiter zum Saturn, den sie am 1. September 1979 passierte, fast fünf Jahre nach dem Vorbeiflug am Jupiter. Die Sonde machte Aufnahmen vom Saturn, seinen Ringen und Monden und flog dann weiter in die Tiefen des Alls. Jupiter und Saturn unterscheiden sich in ihrem Aufbau sehr von den terrestrischen Planeten (Merkur, Venus, Erde und Mars). Die Riesenplaneten bestehen hauptsächlich aus Gasen und Flüssigkeiten und haben nur einen kleinen Gesteinskern in ihrem Zentrum. Sie besitzen keine dauerhaften Formationen, wie man sie von festen Planeten her kennt, obwohl einige Gebilde in ihren Atmosphären sehr langlebig sein können, wie zum Beispiel der Große Rote Fleck auf dem Jupiter, der möglicherweise schon fast von Anfang an auf dem Jupiter existierte. Da sich ihre sichtbaren Merkmale zeitlich verändern, kann man keine dauerhaften Karten oder Globen von diesen Gasplaneten herstellen.

Was ist eigentlich ...

Strahlungsgürtel, Bereiche der Magnetosphäre eines Planeten, in denen Elektronen und Protonen, aber auch ionisierte Atome schwererer Elemente eingefangen sind. Die elektrisch geladenen Partikel bewegen sich spiralförmig um die Magnetfeldlinien und oszillieren zwischen den Magnetpolen. Dabei senden die Teilchen Synchrotronstrahlung aus, die ihre Entdeckung bei den Planeten des Sonnensystems ermöglichte. Die Erde enthält zwei derartige Strahlungsgürtel, die als Van-Allen-Gürtel bezeichnet werden. Der innere Gürtel erstreckt sich zwischen 1 000 und 5 000 km über der Erdoberfläche und enthält Teilchen des Sonnenwindes sowie der Erdatmosphäre. Der äußere Gürtel liegt zwischen 15 000 und 25 000 km Höhe und enthält überwiegend Partikel des Sonnenwinds. Aufgrund der hohen Strahlungsintensität sowie der elektrischen Ladungen bilden die Strahlungsgürtel eine Gefahr für die Instrumente der Raumsonden, welche die Strahlungsgürtel durchqueren.

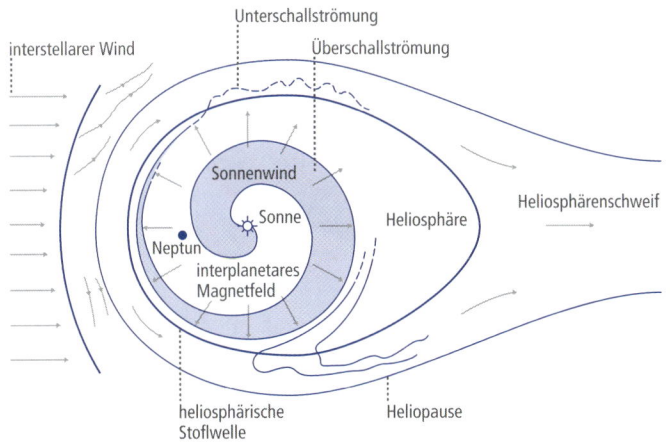

Sonnenwind: Die von der Sonne radial nach außen abströmenden solaren Teilchen (Sonnenwind) bilden durch die Rotation der Sonne eine spiralförmige Feldlinienstruktur aus, die beim Auftreffen auf den interstellaren Wind wulstartig zusammengepresst wird. Im Bereich der davor entstehenden heliosphärischen Stoßwelle (deren Existenz jedoch noch nicht gesichert ist) geht die Überschallströmung des Sonnenwinds in eine Unterschallströmung über.

■ *Columbus* – Europas direkter Zugang zum „außerirdischen Haus" ■

Columbus, das ist Europas wissenschaftlicher Stützpunkt im All und der bislang wichtigste Beitrag der Europäer zur ISS (International Space Station), einer bemannten Raumstation, die in internationaler Kooperation betrieben wird. Mindestens zehn Jahre lang soll *Columbus* der Forschung unter Weltraumbedingungen dienen und jüngst haben die ersten Experimente begonnen. Für die europäische Wissenschaft und die Raumfahrtindustrie besteht nun ein direkter Zugang zum „außerirdischen Haus".

Columbus ist 6,87 Meter lang und hat einen Durchmesser von 4,47 Metern. Im Endausbau an der ISS wird es eine Masse von 19,3 Tonnen haben. In die zylindrische Form sind standardisierte Nutzlastschränke eingepasst, sogenannte Racks, in denen wie bei Einbauschränken Laborausrüstung, Computer und technische Systeme untergebracht werden können. Jedes Rack ist etwa so groß wie eine Telefonzelle, bis zu 500 Kilogramm schwer und besitzt eine eigene Stromversorgung, Kühlsysteme sowie Video- und Datenleitungen. Da die Racks in den amerikanischen und japanischen Modulen nach den gleichen Standards aufgebaut sind, können sie zwischen den verschiedenen internationalen Labors ausgetauscht, aber auch bei Bedarf problemlos ersetzt werden.

Im *Columbus*-Labor gibt es insgesamt 16 Racks. Zehn stehen für die Unterbringung von wissenschaftlichem Gerät zur Verfügung, drei dienen als Stauraum. Drei weitere werden für die Unterbringung der Infrastruktur, vornehmlich für die Strom- und Wasserversorgung, die Klimaanlage sowie das „Feuerlöschsystem" benötigt. Des Weiteren sind an der Außenseite von Columbus vier Plattformen angebracht, die direkt den Umgebungsbedingungen des Weltraums ausgesetzt sind und eine freie Sicht auf die Erde oder das Weltall bieten.

Bis zu drei Astronauten können gleichzeitig im europäischen Forschungszimmer arbeiten und dabei jene Experimente durchführen, die unter den Bedingungen der Schwerkraft auf der Erde so nicht möglich wären. Arbeitsschwerpunkte sind Materialwissenschaften, Flüssigkeitsphysik, Chemie, Fernerkundung, Lebenswissenschaften – Biologie, Biotechnologie, Medizin und Humanphysiologie – sowie Experimente auf dem Gebiet angewandter Technologieprojekte. Die Experimentanlagen im *Columbus*-Labor arbeiten weitgehend automatisch oder werden von der Erde aus ferngesteuert. Per Tele-Operation können die Wissenschaftler auch teilweise direkt in den Versuchsablauf eingreifen.

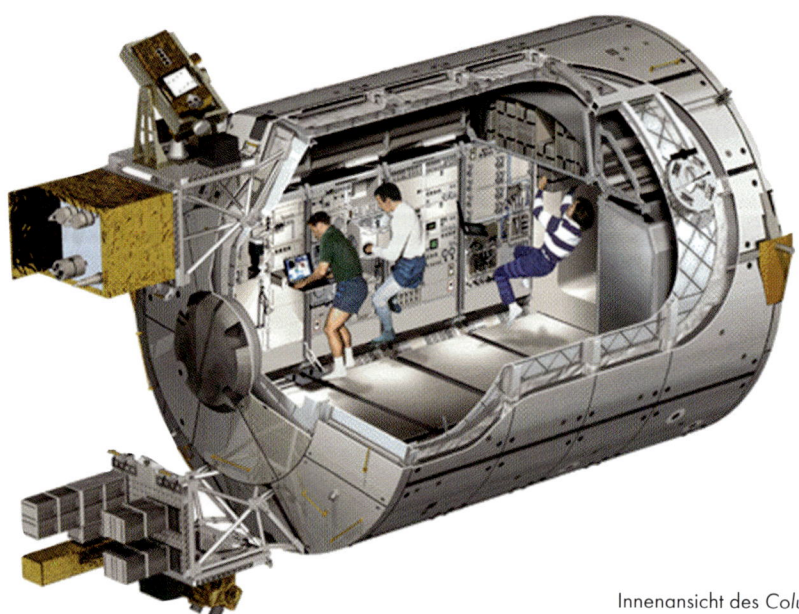

Innenansicht des *Columbus*-Labors.

Die im Mai und August 1978 gestarteten *Pioneer-Venus*-Sonden führten detaillierte Untersuchungen durch: *Pioneer-Venus 2* war eine Vielfachsonde, bestehend aus einer großen und drei kleineren Sonden; *Pioneer-Venus 1* untersuchte von der Umlaufbahn aus mithilfe von Radar die Oberflächenstrukturen des Planeten. Das Grundprinzip des Radars ist das Aussenden und Wiederempfangen von Radiowellen mit einer Radarschüssel. Solche Wellen können Nebel und Wolken durchdringen, an entfernten Objekten reflektiert und dann von der Schüssel wieder empfangen werden. Aus der Zeitdauer zwischen der Aussendung eines Radiopulses und seinem Empfang nach seiner Reflexion kann die Entfernung zu dem reflektierenden Objekt bestimmt werden. *Pioneer-Venus 1* sandte mit seinem Radargerät Radiowellen durch die Wolkendecke der Venus hindurch auf ihre Oberfläche und konstruierte dann aus den reflektierten Wellen ein Bild des Planetenterrains. Die Radarkarten zeigten einen großen tektonischen Graben, Hochebenen und Vulkanregionen. Die vollständige Radarkartierung der Venus geschah ab 1990 durch die amerikanische *Magellan*-Sonde. Somit können heute auch Reliefkarten und Globen von der Venus hergestellt werden.

Venussonde *Magellan*, welche am 4. Mai 1989 an Bord des Space Shuttle *Atlantis* in eine Umlaufbahn gebracht wurde und ein Jahr später nach anderthalbfacher Sonnenumkreisung schließlich in eine 250 km hohe Umlaufbahn um den Planeten Venus einschwenkte. Von dort aus kartierte *Magellan* ca. 90 % der ständig durch Wolken verdeckten Venusoberfläche mittels Radaraufnahmen.

Die *Voyager*-Raumsonden wurden beide 1977 gestartet. *Voyager 1*, gestartet am 5. September, nutzte die Schwerkraft des Jupiter, den sie im März 1979 erreichte, um sich weiter zum Saturn schleudern zu lassen, wo sie im November 1980 ankam; danach flog sie weiter, um das Sonnensystem zu verlassen, ohne einem weiteren Planeten zu begegnen. *Voyager 2* nutzte eine spezielle Anordnung von vier Planeten aus, die in den 1980er-Jahren auftrat. Nach ihrem Start am 20. August 1977 erreichte die Sonde im Juli 1979 den Jupiter, im August 1981 den Saturn, im Januar 1986 Uranus und im August 1989 Neptun. Beide Sonden machten eine Reihe wichtiger Entdeckungen bei allen vier Planeten, doch die größte Datenausbeute lieferte *Voyager 2*. Sie zeigte weitere Einzelheiten auf den Oberflächen der Galileischen Monde, sammelte mehr Erkenntnisse über die Physik und Chemie des Saturnmonds Titan, entdeckte zehn weitere Monde um Uranus und sechs um Neptun, lieferte neue Informationen über die Magnetfelder von Jupiter und Saturn, entdeckte die Magnetfelder von Uranus und Neptun und lieferte weitere Daten über den dünnen Ring des Jupiter sowie die Ringe von Saturn, Uranus und Neptun.

Verschiedene Arten von Modellen

Die Gesamtzahl der bekannten Monde ist inzwischen zu groß, um sie in Orrery- und anderen Planetarien zu zeigen. Doch eine neuartige Technologie ermöglicht es uns heute, das Sonnensystem und andere Bereiche des Universums auf sehr viel flexiblere Weise modellhaft darzustellen. Elektronische Taschenrechner und Computer verwenden mathematische Modelle von Himmelserscheinungen, um grafische und visuelle Darstellungen wechselnder Aspekte des Himmels zu erzeugen. Die folgenden Abschnitte beschreiben kurz die unterschiedlichen Modellarten, die in der Wissenschaft allgemein verwendet werden.

Ikonische Modelle

Das Wort „ikonisch" bedeutet bildhaft, anschaulich. Ein ikonisches Modell gleicht somit dem realen Subjekt in jeder Hinsicht, wenn es auch eine verkleinerte Version des untersuchten tatsächlichen Systems sein kann. Technische Prototypen sind ikonische Modelle, doch es ist fast unmöglich, derartige Modelle für natürliche Systeme herzustellen. Orrery-Planetarien, die die Bewegungen der Planeten um die Sonne und des Monds um die Erde nachahmen, stellen Versuche dar, das Sonnensystem ikonisch darzustellen. Doch sie sind allenfalls eine sehr grobe Näherung eines ikonischen Modells: Sie zeigen keine elliptischen Umlaufbahnen, alle Planeten bewegen sich in derselben Bahnebene, und statt der natürlichen Kräfte bewegen mechanische Arme, Hebel und Zahnräder die Planeten auf ihren Bahnen.

Symbolische Modelle

Symbolische Modelle zählen zu der am weitesten verbreiteten Modellklasse. Solche Modelle versuchen nicht, die Realität einfach eins zu eins abzubilden, sondern verwenden stattdessen Symbole, um die

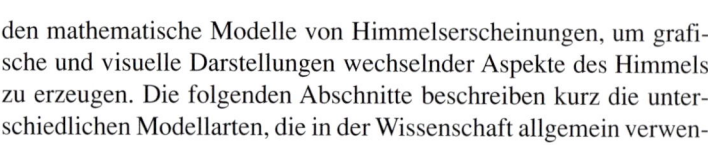
■ Das Orrery ■

Der englische Uhrmacher George Graham (1673–1751) stellte im Jahre 1704 zwei Modelle des Systems Erde-Mond-Sonne her. Darin drehte sich der Mond um die Erde, während die Erde sich um ihre eigene Achse drehte und um die Sonne bewegte. Diese Konstruktion wurde durch ein Uhrwerk angetrieben. Ein Exemplar gab Graham an John Rowley in Irland, der es 1712 für Charles Boyle, den IV. Earl of Orrery, kopierte. Dieser besaß eine umfangreiche Sammlung von derartigen Spielzeugen. Seitdem benennt man Modelle, die ein mechanisches Sonnensystem wie eine kleine Tischuhr darstellen, nach ihm.

Die Orrerys wurden schon damals auch mit dem Oberbegriff „Planetarien" versehen. Sie sind nicht maßstabsgetreu, denn bei ihnen kommt es nur auf die Entstehung des Phänomens an. Eine Abwandlung des Orrery ist ein „Tellurium", bei dem die Erde mit ihrer Rotations- wie Revolutionsbewegung den wesentlichen Anteil ausmacht. Die Sonne ist dabei eine Lampe, sodass die Tag-Nacht-Grenze auf der Erdkugel erkennbar wird. Eine andere Form kann ein „Lunarium" sein. Hier wird berücksichtigt, dass der Mond Phasen zeigt (aus irdischer Sicht) und gegen die Ekliptikebene geneigt ist. Dadurch lassen sich Finsternisbedingungen nachvollziehen. Ein anloges System mit Jupiter und seinen Monden heißt „Jovilabium". Geschichtlich ging dieses sogar den Orrerys voraus: Das erste Jovilabium baute Galileo Galilei 1612 aus Pappkarton, um die Positionen der Monde im Voraus zu bestimmen. 1677 entwarf Ole Römer ein Jovilabium mit Zahnrädern und einer Handkurbel.

tatsächlichen Objekte des Systems darzustellen, das sie simulieren. Die von Elektro-, Elektronik- und Radioingenieuren verwendeten Schaltpläne sind Beispiele für symbolische Modelle, ebenso astronomische Sternkarten, auf denen die Sterne durch Punkte dargestellt sind, deren Größe die Helligkeit der Sterne symbolisiert, und auf denen Sterne mit besonderen Eigenschaften durch eine Vielzahl unterschiedlicher Symbole verkörpert werden. Auch astrologische Karten sind insofern symbolische Modelle, als sie durch Symbole die Positionen der Planeten entlang des Tierkreises angeben, wie sie von der Erde aus erscheinen.

Analogie-Modelle

Analogie-Modelle beruhen auf den Analogien, die zwischen vielen scheinbar unterschiedlichen Systemen im physikalischen Universum existieren. Alle tätigen Wissenschaftler machen ausgiebig Gebrauch von solchen Modellen.

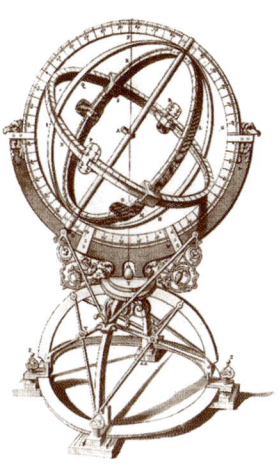

Armillarsphäre.

Der herausragende amerikanische Mathematiker ungarischer Herkunft, Georg Pólya (1887–1985), hat mehrere Bücher über mathematisches Denken verfasst. In *How to Solve It* („Wie man es löst") schrieb er: „Analogie durchdringt all unser Denken, unsere Alltagssprache und unsere banalen Schlussfolgerungen wie auch künstlerische Ausdrucksweisen und höchste wissenschaftliche Leistungen. Analogie wird auf sehr unterschiedlichen Stufen angewandt. Die Menschen verwenden oft vage, unbestimmte, unvollständige oder unvollständig geklärte Analogien, doch Analogie kann auch die Stufe mathematischer Präzision erreichen. Alle Arten der Analogie können bei der Entdeckung einer Lösung eine Rolle spielen, und wir

---

■ Was ist eigentlich ... ■

Armillarsphäre, Armille, altertümliches astronomisches Beobachtungsgerät, oft mit einer Visiereinrichtung versehen und dann auch Astrolabium genannt. Die Armillarsphäre ist ein geozentrischer Himmelsglobus, der aus einer Folge von Ringen besteht, welche die Groß- und Kleinkreise an der Sphäre darstellen: Äquator, Koluren, Ekliptik und Wendekreise. Diese sind fest miteinander verbunden und gegen einen Horizontring und einen Meridianring drehbar, sodass die Armillarsphäre auf jeden Breitengrad nach Datum und Tageszeit einstellbar ist.

Astrolabium, Astrolabe, historisches Instrument in der Astronomie und Vorläufer der drehbaren Sternkarten, die das jeweilige Aussehen des Himmels nach Einstellung von Datum und Uhrzeit zeigt. Das Astrolabium besteht aus einer ebenen Projektion des Sternhimmels, die gegen eine nach Breitengraden veränderliche Darstellung des Horizonts drehbar ausgeführt ist. Eine zusätzliche Visiereinrichtung ermöglicht die Messung von Zenitdistanzen, sofern das Astrolabium frei hängt. Das Prismenastrolabium ist ein modernes Gerät zur Bestimmung der Ortszeit, der lokalen Sternzeit sowie der geographischen Breite.

sollten keine Art gering einschätzen." Armillarsphären, Astrolabien und astronomische Uhren sind alles eine Art von Analogie-Modellen, da sie versuchen, einen Aspekt der himmlischen Bewegung in einer mechanisch analogen Form darzustellen.

Mathematische Modelle

Mathematische Modelle sind präzise symbolische Modelle. Werden solche Modelle auf physikalische oder astronomische Systeme angewandt, stellen die Symbole gewöhnlich irgendwelche messbaren physikalischen Größen dar. Die Beziehungen, die zwischen verschiedenen physikalischen Größen bestehen, werden durch mathematische Formeln ausgedrückt. Ein mathematisches Modell des Sonnensystems muss die Positionen der Planeten aufgrund der aus der Vergangenheit bekannten Positionen für jeden beliebigen Zeitpunkt in der Zukunft vorhersagen können.

Mathematische Modelle, selbst hochkomplizierte, stellen die Realität nicht in einer Form dar, die einen direkten Bezug zu dem hat, was wir in der realen Welt sehen. Wie der große Mathematiker John von Neumann sagte: „Die Wissenschaften versuchen nicht zu erklären, sie versuchen noch nicht einmal zu interpretieren, sie stellen hauptsächlich Modelle auf. Mit einem Modell ist ein mathematisches Konstrukt gemeint, das – mit dem Zusatz bestimmter verbaler Interpretationen – beobachtete Phänomene beschreibt. Die Berechtigung eines solchen mathematischen Konstrukts besteht einzig und exakt darin, dass man von ihm erwartet, dass es funktioniert."

Mathematische Modelle der Bewegungen der Himmelskörper sind eine Voraussetzung für elektronische Simulationen des Himmels und für Computer-Planetarien.

Der elektronisch simulierte Himmel

Die grafischen Fähigkeiten moderner Computer ermöglichen es, Sternkarten und Planisphären auf dem Bildschirm eines Computers zu simulieren. Eine spezielle Computersoftware kann dafür sorgen, dass nur die Bereiche der Himmelssphäre auf dem Bildschirm dargestellt werden, die sich zu einem bestimmten Zeitpunkt an einem bestimmten Ort oberhalb des Horizonts befinden, sodass wir damit im Grunde eine äußerst vielseitige Planisphäre zur Verfügung haben. Diese Planisphäre (oder drehbare Sternkarte) kann auch die Präzessionsbewegung der Erdachse mit berücksichtigen. Die Software enthält zudem mathematische Verfahren zur Berechnung der Positionen von Sonne, Mond und Planeten relativ zu den Hintergrundsternen,

Porträt

Neumann, *John von*, eigentlich Johann Baron von Neumann, ungarisch-amerikanischer Mathematiker, * 28.12.1903 Budapest, † 8.2.1957 Washington (D.C.); zuletzt (ab 1929) Professor in Princeton (N.J.), 1954 Mitglied der Atomenergiekommission; Begründer (1928) der Spieltheorie, die er auf volkswirtschaftliche und andere Probleme anwandte; ferner Arbeiten zur Funktionen-, Maß- und Gruppentheorie, Mengenlehre, über mathematische Grundlagen der Quantenmechanik, zur Automatentheorie, Quantenstatistik (von Neumannsches Theorem) und insbesondere zur Kybernetik; gab wichtige Impulse zur Entwicklung von programmgesteuerten elektronischen Rechenanlagen; war entscheidend an der Entwicklung der amerikanischen Atombombe im Zweiten Weltkrieg beteiligt.

sodass man, mit Einschränkungen, den Anblick des Himmels in ferner Vergangenheit erkunden kann.

Die Hauptunsicherheiten betreffen die Bewegung des Monds. Der Mond ist der schnellste der Himmelskörper, die ihre Position gegen den Sternhintergrund verändern. Seine Bewegung ist daher mehr als alle anderen Körper von der Veränderung der Rotationsgeschwindigkeit der Erde betroffen. Die meisten Computerprogramme gehen von einer konstanten Erddrehung aus, doch Atomuhren haben gezeigt, dass sie es nicht ist. Selbst die modernste Computersoftware kann allenfalls eine konstante Verlangsamung der Erdrotation miteinrechnen. Dennoch hilft diese Software bei der Berechnung der Daten alter Finsternisse. Außerdem können auf diese Weise der Betrag dieser Verlangsamung sowie die Effekte von plötzlichen, unerwarteten Sprüngen in der Rotationsgeschwindigkeit abgeschätzt werden, indem man die errechneten Zeiten und Orte mit historischen Aufzeichnungen vergleicht.

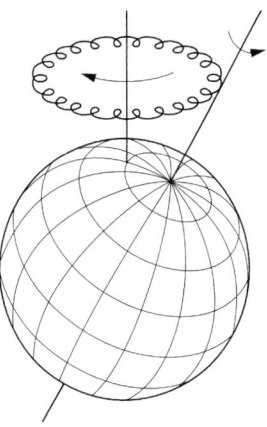

Prinzip der lunisolaren Präzession.

Die Fähigkeit von Computern, ein Bild des Nachthimmels zu erzeugen, ist auch die Grundlage des modernen Digistar-Planetariumsprojektors. Ähnliche Computerprogramme wie die, die einen Sternenhimmel auf den Bildschirm eines PCs bringen, werden auch in dem Digistar-Projektor verwendet, um ein Bild des Nachthimmels, wie er zu einem bestimmten Zeitpunkt an einem bestimmten Ort zu sehen wäre, auf dem Schirm einer gekrümmten Kathodenstrahlröhre (wie man sie von älteren Fernsehgeräten her kennt) zu erzeugen. Mithilfe einer Speziallinse ähnlich dem Fischaugenobjektiv einer Kamera wird dieses Bild an die Innenseite der halbkugelförmigen Planetariumskuppel projiziert. Sie liefert eine ausreichend realistische Ansicht des Nachthimmels und erzeugt so ein ikonisches Himmelsmodell.

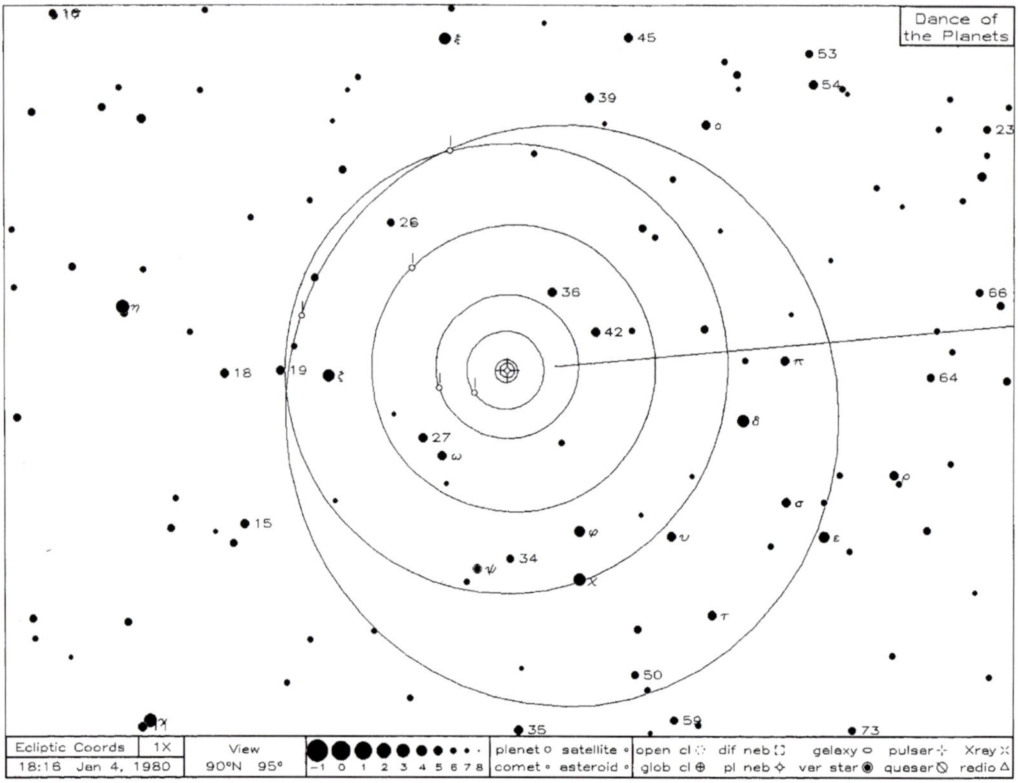

Eine vom Computer erzeugte
Ansicht vom äußeren Sonnensystem.

Computer-Orrery-Planetarien

Die Fähigkeit eines Computers, eine große Zahl von Berechnungen
innerhalb weniger Sekunden auszuführen, macht ihn zu einem idealen Instrument zur Berechnung der Bahnen von Planeten. Die Bewegungen der Planeten einschließlich der Erde, wie sie von einem
Punkt oberhalb der Erdumlaufbahn aus zu sehen wären, können um
mehr als das Hunderttausendfache beschleunigt werden, sodass sich
ein Jahr auf weniger als eine Stunde verkürzen lässt. Oder aber man
kann innerhalb von Sekunden 5 000 Jahre in der Zeit zurück- oder
vorausgehen und sich ansehen, in welchem Zustand das Sonnensystem da war. Das ist im Grunde ein computererzeugtes Orrery-Planetarium auf dem Monitorbildschirm. Die Größen der Planetenumlauf-
bahnen können maßstabsgetreu dargestellt werden, doch wenn die
Bahnen aller Planeten einschließlich des Zwergplaneten Pluto gezeigt würden, wäre die Merkurbahn zu klein, um noch erkennbar zu
sein. Dieses Problem kann man lösen, indem man auf die inneren
Planeten zoomt und die äußeren weglässt. Man kann auch Ausdrucke
der Bildschirmansicht machen, wobei man für die äußeren Planeten

Was ist eigentlich ...

Umlaufbahn, geschlossene ebene Kurve, die bei der Bewegung
eines natürlichen oder künstlichen Körpers im Weltraum unter
der Einwirkung einer zentralen
Gravitationskraft entsteht. Die
Bahnformen sind Kegelschnitte
und liegen zwischen Kreis und
(Flucht-)Parabel, sind also Ellipsen mit unterschiedlicher Exzen-
trizität.

einen kleinen und für die inneren einen größeren Maßstab verwendet. Diese grafischen Orrery-Planetarien können die elliptische Form der Planetenbahnen (deutlich erkennbar bei Pluto) und Kometenbahnen wiedergeben und auch die Bahnen einiger Asteroiden darstellen.

Nach dem Newtonschen Gravitationsgesetz zieht jedes Teilchen im Universum jedes andere Teilchen an, doch die Anziehungskraft hängt von den Massen beider Teilchen ab und wird mit wachsendem Abstand zwischen den Teilchen immer geringer. Das bedeutet, dass jeder Planet sehr viel stärker von der Sonne angezogen wird als von den anderen Planeten in seiner Nähe. Über lange Zeiträume hinweg haben die gegenseitigen Wechselwirkungen zwischen den Planeten aber doch einen Einfluss auf ihre jeweiligen Umlaufbahnen. Ein spezielles Computerprogramm kann diese Wechselwirkungen mitberücksichtigen und somit ein genaueres Bild der Positionen und Bewegungen der Planeten liefern, als es mit einer astronomischen Uhr oder einem Orrery-Planetarium möglich ist. Wird ein mit einer solchen Software ausgestatteter Computer an einen Videoprojektor angeschlossen, kann ein dynamisch bewegtes Bild des Sonnensystems auf den Schirm eines Planetariums projiziert werden, sodass man nicht auf den geozentrischen Standpunkt beschränkt ist, den der Hauptprojektor des Planetariums liefert.

Computer-Planetarilabien

Das Jovilabium ist ein Modell des Jupitersystems, das die Bewegungen der Galileischen Monde um den Planeten zeigt. Computersoftware kann ein Jovilabium auf dem Bildschirm erzeugen. Obwohl es sich da-

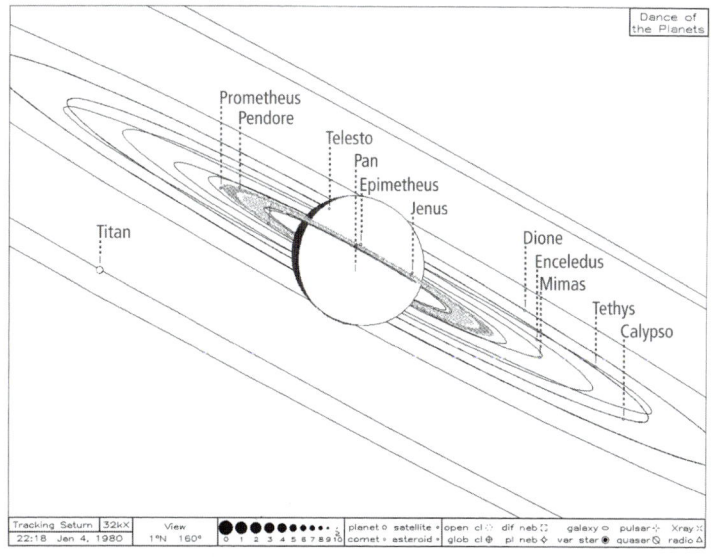

Eine vom Computer erzeugte Ansicht vom Saturnsystem.

bei um eine zweidimensionale Ansicht handelt, kann man den Betrachtungswinkel so verändern, dass man sich ein Bild von der räumlichen Verteilung der Monde um den Planeten machen kann. Die Flexibilität des Computers ermöglicht es zudem, alle bekannten Jupitermonde mit einzubeziehen. Es ist überdies ein dynamisches Modell, das zeigen kann, mit welchen Geschwindigkeiten die verschiedenen Monde den Planeten umkreisen, entweder in Echtzeit (das heißt mit ihren wahren Winkelgeschwindigkeiten) oder vielfach beschleunigt. Dieser allgemeine Modelltyp kann auch auf die anderen Planeten mit Monden angewandt werden, zum Beispiel auf Saturn, Uranus und Neptun.

Planeten-, Stern- und Galaxienmodelle

Mithilfe von Computern können auch Bereiche des Universums, die wir nicht sehen können, in Modellen dargestellt werden, wie zum Beispiel das Innere von Planeten und Sternen. Newtons Bewegungsgesetze und sein Gravitationsgesetz sind universelle Gesetze, gelten also überall im Universum – vom Inneren der Erde bis zu den entferntesten Regionen des Weltalls. Das Konzept, dass dies für alle Gesetze der Physik der Fall ist, entwickelte sich langsam, nachdem Newton sein mechanisches Bild des Sonnensystems geschaffen hatte.

Im Laufe der letzten 300 Jahren hat sich die Astrophysik entwickelt, ein wichtiger Zweig der Astronomie, der versucht, die Botschaften zu entziffern, die aus dem extraterrestrischen Universum jenseits unserer Atmosphäre zu uns gelangen. Dabei nutzt sie die bekannten physikalischen Gesetze als Schlüssel, um die in den vielen verschiedenen Strahlungsarten kodiert enthaltenen Informationen zu dechiffrieren. Anhand dieser Informationen kann man versuchen, mathe-

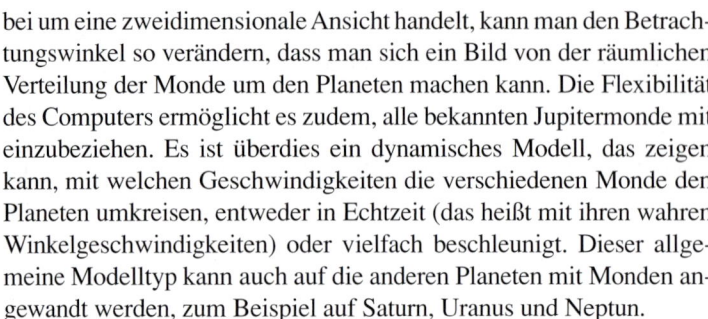

■ Was ist eigentlich … ■

Astrophysik, Teilgebiet der Astronomie, das sich mit der Untersuchung der physikalischen Beschaffenheit der kosmischen Objekte befasst. Die Astrophysik nimmt gegenwärtig den breitesten Raum innerhalb der Astronomie ein. Sie ist wie die gesamte Astronomie ihrer Natur nach eine beobachtende, keine experimentierende Wissenschaft, sodass sich ihre Forschungsmethodik zum Teil wesentlich von der der übrigen Physik unterscheidet. Die astrophysikalischen Beobachtungen beziehen sich vor allem auf die Untersuchung der Intensität und der spektralen Zusammensetzung der von den Himmelskörpern kommenden elektromagnetischen Strahlung. Je nach dem untersuchten Spektralbereich haben sich innerhalb der allgemeinen Astrophysik spezielle Teilgebiete herausgebildet, u. a. die Radioastronomie, die Infrarotastronomie, die Röntgenastronomie und die Gammaastronomie. Andere Teilbereiche der Astrophysik untersuchen die aus dem Weltall kommende Teilchenstrahlung, speziell die ankommenden Neutrinos (Neutrinoastronomie) und die Teilchen der kosmischen Strahlung. Aus den Beobachtungsergebnissen leiten die theoretisch orientierten Zweige der Astrophysik unter Verwendung allgemeiner physikalischer Gesetze und Erkenntnisse ihre Aussagen ab.

matische Modelle vom Inneren unserer Sonne, der Planeten des Sonnensystems und anderer Sterne aufzustellen.

Große Fortschritte wurden in den ersten fünfzig Jahren des 20. Jahrhunderts mit den Mitteln der Algebra, Geometrie und Trigonometrie gemacht, doch weitaus größere Möglichkeiten ergaben sich nach der Erfindung und Weiterentwicklung von Computern. Mit Computern kann man Sternmodelle berechnen sowie die Änderungen, die bei Sternen unterschiedlicher Masse über große Zeitspannen hinweg auftreten. Auf diese Weise lässt sich die Entwicklung von Sternen verfolgen: wie sie aus großen Gaswolken, die zwischen den Sternen vorhanden sind, entstehen, wie sie durch Kernprozesse in ihrem extrem heißen Inneren ihre Energie erzeugen und wie sie sich verändern, sobald sie ihre nuklearen Brennstoffe aufgebraucht haben, die sie Milliarden Jahre lang haben scheinen lassen.

Galaxien gibt es in einer Vielzahl von Formen und Größen, alle sind riesige Ansammlungen von Sternen. Unsere eigene Milchstraßengalaxie besteht aus 100 Milliarden Sternen, von denen die meisten das Zentrum unserer Galaxis auf eine Weise umkreisen, die der der Planeten um die Sonne nicht unähnlich ist. Doch obwohl es eine Massenansammlung im Zentralgebiet unserer eigenen Galaxis gibt, hat diese keine so große Auswirkung wie die Sonne auf unser Planetensystem. Die Sterne bewegen sich hauptsächlich unter der Anziehungskraft der meisten der anderen Sterne in der Galaxis. Die Geschwindigkeiten, mit der die Sterne um die zentrale Masse kreisen, hängen zwar von ihrem Abstand zum Zentrum ab, doch sie folgen nicht dem 3. Keplerschen Gesetz wie die Planeten. Aus der Art, wie sich ihre Geschwindigkeiten mit dem Abstand ändern, kann man die Massenverteilung in unserer Galaxis ableiten und daraus mathematische Modelle unseres Milchstraßensystems aufstellen. Diese Technik kann man im Allgemeinen auch auf andere Galaxientypen anwenden, die gewisse Ähnlichkeiten mit unserer eigenen haben. Andere Galaxienarten lassen sich mithilfe verschiedener anderer Methoden berechnen, die ebenfalls auf Newtons Bewegungsgesetzen und seinem Gravitationsgesetz beruhen.

Modelle des Universums

Viele Galaxien gehören zu einem Galaxienhaufen. Unsere Milchstraße ist Mitglied eines Haufens von etwa 30 bis 40 Galaxien, der Lokale Gruppe heißt. Dabei sind die Abstände zwischen den einzelnen Galaxien groß, verglichen mit ihren Durchmessern. Einige reiche Haufen enthalten mehr als 1 000 Galaxien. Diese großen Haufen haben eine annähernd kugelförmige Gestalt. Etwa fünf Prozent aller Galaxien gehören zu einem solchen reichen Haufen. Es gibt auch kleinere Ansammlungen, die aus nur wenigen Galaxien bestehen.

Was ist eigentlich ...

Sternmodelle, theoretische Modellrechnungen, mit denen aus den Zustandsgrößen Masse und chemische Zusammensetzung der Sternaufbau und die physikalischen Zustandsgrößen (wie Temperatur, Dichte und Druck) sowie deren zeitliche Veränderung ermittelt werden. Sternmodelle werden heute ausschließlich mit Computern berechnet, wodurch sich ausgedehnte Sternentwicklungsrechnungen unter Einbeziehung verschiedener Randbedingungen erstellen lassen. Neben detaillierten Grafiken des Sternaufbaus zu einem vorgegebenen Zeitpunkt liefern Sternmodelle Entwicklungssequenzen, in denen der Weg eines Sterns von seiner Entstehung bis zu seinem Ende verfolgt werden kann.

Was ist eigentlich ...

Keplersche Gesetze, die die Bewegung der Planeten beschreibenden Gesetze. Sie wurden 1609 und 1619 von Johannes Kepler (1572–1630) aus dem Beobachtungsmaterial Tycho Brahes (1546–1601) zunächst für den Mars und dann allgemein formuliert und in drei Sätzen zusamengefasst: 1. Die Planeten bewegen sich auf Ellipsen, in deren Brennpunkt die Sonne steht. 2. Der „Radiusvektor" (der Strahl Sonne – Planet) überstreicht in gleichen Zeiten gleiche Flächen. 3. Die Quadrate der Umlaufzeiten der Planeten verhalten sich wie die dritten Potenzen der großen Halbachsen ihrer Bahnellipsen.

Die beiden Antennen-Galaxien NGC 4038 (links) und NGC 4039 (rechts) sind im Begriff zu verschmelzen.

Im Jahr 1929 entdeckte Edwin Hubble (1889–1953), dass ferne Galaxien sich von uns wegbewegen, wobei ihre Geschwindigkeiten umso größer sind, je weiter sie von uns entfernt sind. Diese Gesetzmäßigkeit wird heute Hubble-Gesetz genannt. Den mathematischen Rahmen zur Erklärung dieses Gesetzes liefern kosmologische Modelle, von denen viele auf Einsteins Theorie der Gravitation, der Allgemeinen Relativitätstheorie, beruhen. Diese Modelle setzen voraus, dass das Universum homogen ist, das heißt, dass es (im Mittel) keinen durch irgendeine Eigenschaft der Materie oder des Raums ausgezeichneten Ort gibt, und dass es isotrop ist, mit anderen Worten, in alle Richtungen gleich aussieht. Ein solches Modell ist das „Urknallmodell", demzufolge das Universum vor etwa 15 Milliarden Jahren mit einer gewaltigen Explosion aus einem unendlichen kleinen Punkt mit unendlich hoher Dichte und Temperatur seinen Anfang nahm. Seither dehnt sich der Raum aus, wodurch sich die Materie darin immer mehr „verdünnt" und abkühlt. Ab einer bestimmten Temperatur und Dichte war sie dann in der Lage, sich zusammenzuballen und Galaxien zu bilden. Wie dies alles im Einzelnen ablief, ist noch immer Gegenstand intensiver Forschung und Diskussionen. Es ist unmöglich, mechanische Modelle der Urknalltheorie herzustellen, und darum müssen wir uns mit mathematischen Modellen zufriedengeben, die auf Computern untersucht werden können.

Die intellektuelle Herausforderung, die die Bewegungen von Sonne, Mond, Sternen und Planeten an die Menschen stellen, ist der zentrale Kern der westlichen rationalen Wissenschaftstradition. Die gedanklichen Modelle, die in einem Zeitraum von mehr als 2 000 Jahren aufgestellt wurden, und die Versuche, diese Modelle mechanisch darzustellen, haben in großem Maße dazu beigetragen, das wissenschaftliche Denken von Menschen zu fördern, die nicht Teil der wissenschaftlichen Unternehmungen selbst waren. Obwohl sich die Art dieser Modelle mit der Zeit gewandelt hat, von mechanischen und optischen zu mathematischen und elektronischen, spielen sie immer noch eine bedeutende Rolle in der astronomischen Forschung und stellen wichtige Hilfsmittel dar, wenn kosmische Konzepte einem größeren Publikum vermittelt werden sollen.

Grundtext aus: P. A. Seymour und D. H. Bacon *Das Ticken des Kosmos*; Spektrum Akademischer Verlag (englische Originalausgabe: *The Nuts and Bolts of Space and Time*; Philip Wilson Publishers; übersetzt von Margit Röser).

Menschen im Weltraum, wie peinlich!

Raumfahrer der Zukunft werden neue Planeten erkunden – mit allen Sinnen, aber vom heimischen Kontrollzentrum aus. Ins All schicken sie diejenigen, die das am besten können: ihre Roboter

Robert L. Park

Schnell, sehr schnell nähert sich die Ära der bemannten Raumfahrt ihrem verdienten Ende. Wobei man sogar sagen könnte, dass sie bereits 1972 mit der Rückkehr von *Apollo 17* vom Mond aufgehört hatte. In den 33 Jahren danach hat sich jedenfalls kein Mensch mehr weiter von der Erde entfernt, als es der Distanz zwischen Paris und London entspräche.

Was noch? Ach ja: Gefangen von der Erdanziehungskraft, nur knapp über der Atmosphäre, zieht die noch immer unfertige Internationale Raumstation ISS trost- und endlos ihre Bahn. Das hochgezüchtete Forschungslabor für 100 Milliarden Dollar, eine einzige Peinlichkeit! Die Flotte der amerikanischen Raumfähren, auf die sich die ISS stützen sollte – für Ersatzteile, Nachschub und steten Personalwechsel –, ist seit dem *Columbia*-Absturz im Jahr 2003 gelähmt. Also müssen die weitaus kleineren russischen *Sojus*-Kapseln die ISS versorgen – und ihre Besatzung, die wegen ihrer Putz- und Haushaltspflichten kaum Zeit zum Forschen hat. Gelegentlich überweist ein milliardenschwerer Tourist den Russen einen Haufen Geld, damit er auch mal hochfliegen und Astronaut spielen darf.

Nur wenige aus meiner Generation, die in einer magischen Sommernacht des Jahres 1969 am Fernseher miterlebten, wie Neil Armstrong den Fuß auf den Mond setzte, hätten sich dieses Ende der bemannten Raumfahrt vorstellen können. Allerdings hat der US-Präsident kürzlich angekündigt, 2018 wieder Menschen zum Mond entsenden zu wollen – für 100 Milliarden Dollar.

Sein Vater hatte vor 16 Jahren übrigens den gleichen Plan. Diese Mondfahrt, so wurde uns damals und wird uns jetzt wieder weisgemacht, würde die weitaus schwierigere und natürlich teurere Reise zum Mars vorbereiten.

Man erinnere sich: Der Wettlauf zum Mond, den Sowjetunion und Vereinigte Staaten in den 1960er-Jahren austrugen, war ein Nebenprodukt des Kalten Krieges. Dieser wurde mehr mit Symbolen geführt als mit Atom-U-Booten, und die Vorherrschaft im Weltall war vielleicht das stärkste Symbol von allen. Aber dieser Kalte Krieg ist vorbei. Vielleicht sollte jemand Herrn Bush darüber informieren. Auch darüber, dass wir schon auf dem Mond waren. Und dass wir längst auf dem Mars angekommen sind.

Roboter sind Verlängerungen menschlicher Körper

Spirit und *Opportunity* kennen keine Mittagspause, jammern nicht über kalte Nächte und ernähren sich vom Sonnenschein. Die beiden Roboter erkunden mittlerweile sogar einander entgegengesetzte Seiten des roten Planeten, auf dem sie sich nun seit zwei Jahren befinden. Sie 100 Millionen Kilometer weit zu entsenden war indes billiger als ein einziger Flug zur Wachablösung auf die ISS. Alles, was Menschen im All tun, kostet zehn- bis hundertmal so viel, als wenn Roboter es täten.

Die beiden Marsroboter können wir als die Verlängerungen verletzlicher Menschenkörper betrachten, nämlich der ihrer

Bediener im Kontrollraum. Solche virtuellen Astronauten werden das Universum erkunden und niemand sonst. Und das ist auch besser so. In Raumanzüge verpackte Astronauten könnten auf dem Mars nichts fühlen, nichts riechen. Sie müssten sich allein auf ihre Augen verlassen. Maschinen hingegen können wir mit allen Sinnen ausstatten, die uns einfallen, und uns die Sinnesdaten ins Kontrollzentrum funken lassen. Virtuelle Realität: Wissenschaftler auf der Erde fühlen die Wärme der Mittagssonne auf dem Marssand, weil die Räder der Roboter mit Thermoelementen bestückt sind. Und wenn ein Roboter schließlich kaputtgeht oder seinen Job erledigt hat, wird er einfach abgeschaltet. Niemand muss ihn zur Erde zurückfliegen und einen nationalen Trauertag ausrufen.

Der Fortschritt der Menschheit lässt sich daran messen, inwieweit Maschinen gefährliche oder stumpfsinnige Arbeit übernehmen. Zwar wirkt die Vorstellung romantisch, dass menschliche Erkundungstrupps heroisch die Gefahren seltsamer Planeten überwinden – aber sie ist hoffnungslos altmodisch. Astronauten werden wegrationalisiert.

Abgesehen von den *Apollo*-Missionen zum Mond unternahmen Maschinen sämtliche Entdeckungsreisen ins All. Das begann 1962, als die Raumsonde *Mariner II* das erste Mal an einem fremden Planeten vorbeiflog. Sie passierte die wolkenverhangene Venus, 100 Millionen Kilometer weit von der Erde entfernt, und kreist seitdem um die Sonne. *Mariner II* sandte Daten zur Erde zurück, die die Lehrbücher über die Astronomie der Planeten zu Makulatur machten. Bis dahin war man davon ausgegangen, dass die Venus eine Art Sumpfplanet sei. Doch die Wolken, undurchdringlich für Teleskope auf der Erde, sind aus Schwefelsäure und nicht aus Wasser, und die Oberfläche des Planeten ist heiß genug, um Blei zu schmelzen.

Sechs Monate vor *Mariners* Vorbeiflug hatten die USA ihren Astronauten John Glenn gefeiert. Er war der erste Amerikaner, der die Erde im All umrundet hatte. Sein Flug baute das nationale Selbstbewusstsein wieder auf, das wegen der erfolgreichen Raumflüge der Sowjets reichlich angeschlagen war. Glenn avancierte zum Nationalhelden und wurde in den US-Senat gewählt. *Mariner II*, die millionenmal weiter gereist war, geriet dagegen in Vergessenheit. Roboter bekommen eben keine Parade auf dem Broadway.

Mit der Raumsonde *Magellan* kehrten wir später wieder zur Venus zurück. Sie schaute mit ihren Radaraugen durch die Säurewolken und erblickte eine Landschaft, die kein menschliches Auge jemals sehen wird. *Viking* kratzte vom Mars Bodenproben ab, um diese gleich nach Spuren von Leben zu untersuchen (sie fand nichts). Sonden navigierten geschickt durch den gefährlichen Asteroidengürtel, sendeten die ersten Nahaufnahmen von Riesenplaneten und überwanden die Grenzen des Sonnensystems. *Galileo* entdeckte Ozeane auf Jupitermonden, *Cassini* umkreiste den Saturn, untersuchte dessen Ringe und setzte eine Sonde auf Titan ab, dem größten seiner Monde.

Die Internationale Raumstation raubt Enerige und Ressourcen

Sehen wir vom Mars ab, dann gibt es praktisch keinen Ort im Sonnensystem, dem Astronauten einen Besuch abstatten könnten: Weg zu weit, Planet zu heiß, Schwerkraft zu groß, Radioaktivität zu stark. Selbst zum Mars ist keine Hin- und Rückreise garantiert. Drei Jahre müsste die Reise dauern, und die ganze Zeit wären die Raumfahrer starker kosmischer Strahlung ausgesetzt.

Was sollen wir dort überhaupt? Die aufregendste wissenschaftliche Unternehmung unserer Zeit ist die Suche nach Lebensformen, mit denen wir nicht verwandt sind. Mit jedem Lebewesen auf der Erde, selbst den primitivsten Bakterien, teilen wir Erbgut. Nun die Frage: Könnte die Natur noch eine andere Lösung für das Problem des Lebens gefunden haben? Wenn wir das wissen, wissen wir vermutlich viel mehr über uns selbst als jetzt. Manche Leute glauben, am ehesten finde man Lebensformen auf dem Mars. Gut, *Spirit* und *Opportunity* grasen ihn jetzt ab und suchen nach Anzeichen für Wasser, von dem Evolutionsbiologen annehmen, seine Existenz sei eine Voraussetzung für Leben. Tatsächlich haben sie Spuren gefunden, die auf Wasser in früheren Zeiten hindeuten – aber das ist bisher auch alles. Der Mars scheint ein komplett öder Planet zu sein.

Die Suche geht weiter, gewiss. Aber Menschen zu schicken wäre absolut unverantwortlich. Im Gedärm eines jeden von uns siedeln Milliarden lebender Organismen. Die Wahrscheinlichkeit, dass der Mars von irdischen Lebensformen kontaminiert würde, wäre riesig. Ein Besucher müsste zudem so lange ausharren, bis die Konstellation von Erde und Mars den Rückflug erlauben würde, mindestens eineinhalb Jahre. So, und nun stellen Sie sich bitte einmal – nur kurz – die Masse an Urin und Fäkalien vor, die ein Mensch in dieser Zeit produziert, alles voller Bakterien.

Sollte der Mensch den Mars auf diese Weise mit irdischem Leben kontaminieren, dann ist die Suche nach Leben dort vorbei. Infrage kämen dann noch die Ozeanmonde des Jupiters. Europa, so heißt einer von ihnen, ist beispielsweise vollständig von einem gefrorenen Meer bedeckt. Es schirmt den Himmelskörper vor der extremen Strahlung aus dem All ab, und es ist denkbar, dass sich irgendwo tief im Inneren Leben entwickelt hat. Wenn wir es jemals finden sollten, dann gewiss nicht mit Tauchern.

Eine der interessantesten Entdeckungen der vergangenen zehn Jahre war der Nachweis, dass auch andere Sterne als die Sonne Planeten haben, vielleicht sogar die meisten Sterne. Die Quoten für Wetten auf die Existenz von Leben außerhalb des Sonnensystems sind daher wieder gestiegen. Die

schlechte Nachricht ist, dass die interstellaren Entfernungen sehr groß sind; so groß, dass wir niemals einen dieser extrasolaren Planeten besuchen werden. Die gute Nachricht lautet, dass wir von dort nie Besuch bekommen werden.

Zurück zur Peinlichkeit, die da oben schwebt: Früher dachte man einmal, dass eine Raumstation ein notwendiger Schritt auf dem Weg zur Eroberung des Weltraums sei. Von dort aus ließen sich Kommunikationsnetze rund um die Erde spannen, Wetterphänomene verfolgen, militärische Bedrohungen frühzeitig erkennen, Schiffe und Flugzeuge navigieren und die Himmelskörper frei von atmosphärischen Störungen beobachten. Mit der ISS geht das alles leider nicht. Macht aber nichts: Satelliten und ihre Roboter erledigen den Job. Und zwar weitaus effizienter und billiger, als das jemals von einer bemannten Raumstation aus möglich wäre. Stattdessen ist die ISS zum größten Hindernis für Entdeckungsreisen ins All geworden. Sie verbraucht die Energien und Ressourcen der Raumfahrtbehörden für nichts und wieder nichts.

Die Marsmission wird niemals stattfinden

Wieso um alles in der Welt hält der amerikanische Präsident dann an der bemannten Raumfahrt fest? Nun, würde sie während seiner Amtszeit offiziell beerdigt, dann ginge er in die Geschichte ein als jemand, der ein großes Abenteuer abgeblasen hat. Deshalb propagiert er stattdessen ein sinnloses und unfassbar teures Programm mit Flügen zum Mond und zum Mars – mit einem Zeitplan, der alles so lange hinausschiebt, bis Bush ohne politische Havarien das Weiße Haus verlassen hat.

Nein, diese Mission wird weder stattfinden, noch sollte sie es jemals. Unterdessen wird China zur Weltraummacht. Was für eine Demonstration der am schnellsten wachsenden Wirtschaftsnation der Welt, dass sie es sich leisten kann, ihre Ressourcen nicht minder zu verschwenden als andere Supermächte! Tolle Sache. Lasst uns den Chinesen helfen! Schenken wir ihnen die Raumstation! Jeder Yüan, den sie in diesen Weltraumquark stecken, ist ein Yüan, der nicht für Waffen ausgegeben wird.

Robert L. „Bob" Park lehrt Physik an der University of Maryland (USA), vertritt die Gesellschaft amerikanischer Physiker in Washington und kommentiert seit vielen Jahren Politik und Gesellschaft in seinem Blog (www.bobpark.org). In seinem Buch *Voodoo Science* beschäftigt er sich mit Dummheit und Betrug in der Forschung.

Aus: ZEIT-WISSEN 1/2006
(Übersetzung von Gero von Randow)

Die Weltöffentlichkeit ist ungerecht. Pannen und Katastrophen behält sie jahrzehntelang im kollektiven Gedächtnis. Wenn hingegen eine Unternehmung überraschend gut verläuft, fällt sie schnell dem globalen Vergessen zum Opfer. Die amerikanische Weltraumbehörde NASA leidet sehr unter dieser Wahrnehmungsstörung: Ihre Misserfolge werden zum Menetekel der Raumfahrt, ihre Erfolge gehen oft unter.

Vielleicht machen zwei kleine Roboter auf dem Mars eine Ausnahme. Drei Monate sollten die Rover *Spirit* und *Opportunity* den Planeten erkunden. Dass sie jahrelang ihren Dienst tun würden, hatte niemand zu hoffen gewagt. Tausende Bilder und unzählige Daten haben die beiden Rover inzwischen vom Mars zur Erde gesandt. Und jedes Farbfoto vom Mars landet zunächst auf dem Laptop von **Jim Bell**.

Bell ist außerordentlicher Professor für Astronomie an der Cornell University in Ithaca und studierte am Caltech in Pasadena. Er ist Mitglied der American Astronomical Society und der International Astronomical Union sowie im Board of Directors der Planetary Society.

Am Ames Research Center der NASA in Kalifornien forscht er drei Jahre lang über die Geologie, Geochemie und Mineralogie von Planeten und Asteroiden und nutzt dazu die Daten von Teleskopen und Raumfahrtmissionen. Schließlich leitet er die Arbeit am Bildverarbeitungssystem der Panoramakameras, die die NASA für die Mission der Marsroboter *Spirit* und *Opportunity* entwickelt hat. Von Beginn der Mission an ist es seine Aufgabe als leitender Fotograf der Mission, die Welt mit Postkarten vom Mars zu versorgen.

„Als Kind war ich begeistert von Landschaftsfotografie", erinnert sich Bell. „Meine Eltern hatten mir eine Pentax-Spiegelreflexkamera mit einem 35-Millimeter-Objektiv gekauft. Ich verbrachte viel Zeit damit, draußen mit meinen Freunden aus dem Fotoclub der Highschool Aufnahmen zu machen. Ich war fasziniert vom Zusammenspiel von Licht und Schatten in meiner Umwelt und von den Möglichkeiten, ein Foto wie ein Musikstück so zu gestalten und aufzubauen, dass es auf seine Art dem Betrachter eine Geschichte erzählt." Und dann folgt in Bells Fotografenkarriere der entscheidende Schritt: „Als ich herausbekam, wie ich die Kamera an meinem Teleskop anbringen konnte, wurde ich süchtig: Der Weltraum war die ultimative Landschaft."

Jim (James F.) Bell

Die Mission der Mars-Rover –
Mit *Spirit* im Gusev-Krater

Von Jim Bell

Man landet nicht jeden Tag auf dem Mars. Im Gegenteil: Vor den Rovern waren in den letzten 40 Jahren nur drei der zehn Versuche der NASA und der Russen, auf dem Mars zu landen, erfolgreich verlaufen. Jahre von Stress und Angst, in denen wir die Fahrzeuge gebaut, getestet, ihre Probleme gelöst, sie gestartet und auf ihre lange interplanetare Reise gebracht hatten, verdichteten sich, um mit den Worten eines NASA-Vertreters zu sprechen, zu „sechs Minuten Höllenqualen", als sie in die Marsatmosphäre eintauchten und sich auf die Landung vorbereiteten.

Internet-Link

Alles über die *Mars Exploration Rover* Mission: marsrovers.jpl.nasa.gov/home/index.html

Cruising – Fahrt zum Mars

Die Starts der Rover *Spirit* und *Opportunity* verliefen problemlos. Abgesehen von kleineren Kurs- und Lagekorrekturen auf dem Weg und dem Test einiger Instrumente ist die Reise zum Mars normalerweise eine ruhige und entspannte Zeit für das Raumschiff. Zwischen

Der Mars in natürlichen Farben, aufgenommen am 26. Juni 2001 mit dem Hubble-Weltraumteleskop.

■ Der Rote Planet – der vierte Planet des Sonnensystems ■

Frühe Beobachtungen des Mars führten zu der Ansicht, dass der Mars ähnlich wie die Erde Meere besitzt. Nachdem bekannt wurde, dass die Marsatmosphäre zu dünn ist, um offenes Wasser zu enthalten, nahm man an, dass die dunkleren Regionen ehemalige Meeresböden sind, in denen durch niedere Vegetation jahreszeitliche Variationen hervorgerufen wurden. Mit Großteleskopen durchgeführte Beobachtungen sowie Landungen verschiedener Sonden auf dem Mars lieferten jedoch ein grundsätzlich anderes Bild des Mars.

Die Marsatmosphäre ist außerordentlich dünn. Der Druck an der Oberfläche beträgt nur ein Hundertstel des irdischen Drucks. Sie besteht zu 95 % aus Kohlendioxid, zu 2,7 % aus Stickstoff und zu 1,6 % aus Argon. Wasserdampf kommt ebenfalls nur in Spuren vor und entstammt überwiegend der nördlichen Eiskappe, da die südliche Polkappe im Wesentlichen aus Kohlendioxid besteht. Aufgrund der extremen Temperaturunterschiede zwischen Tag und Nacht, die am Äquator im Sommer zwischen etwa −110 °C und +25 °C liegen, können sich in den frühen Morgenstunden in der hohen Atmosphäre Eiswolken bilden, die aus Kohlendioxid und Wasser bestehen. Die Dynamik der Atmosphäre wird durch die solare Wärmestrahlung bestimmt, da offenes Wasser nicht vorhanden ist.

Topographisch gliedert sich der Mars in ein Hochland, das den größten Teil der Südhalbkugel bedeckt und über dem Normalniveau liegt. Diese Region ist mit zahlreichen Kratern übersät. Das Alter dieser Gesteine entspricht mit etwa 4,5 Milliarden Jahren demjenigen der lunaren Gesteine. Der größte Teil der Nordhalbkugel liegt unterhalb des Normalniveaus und ist weniger verkratert. Obwohl auf dem Mars keine Plattentektonik wirkt, ist er vulkanisch aktiv. Mehrere Schildvulkane, wie etwa der Olympus Mons, der mit einer Höhe von 26,4 km mehr als doppelt so hoch ist wie der Mauna Kea – der höchste Schildvulkan der Erde – erheben sich über die Ebene. Die deutlich sichtbaren Lavaströme zeigen, dass der Vulkan in der Vergangenheit des Mars immer wieder ausgebrochen ist. Von diesen Vulkanen gehen Bruchsysteme aus, wobei Canyons von einigen Tausend Metern Tiefe und mehreren Tausend Kilometern Breite existieren, die sich vermutlich durch die Aufwölbung der Lithosphäre während der Entstehung der Vulkane bildeten. Starke Staubstürme, die auch von der Erde aus beobachtbar sind, können einen Großteil der Hemisphäre überziehen und verteilen den Staub über die gesamte Oberfläche. Größere geschichtete Ablagerungen befinden sich daher nur in der Nähe der Polkappen und beruhen vermutlich auf dem jahreszeitlich bedingten Anwachsen und Abschmelzen der Polkappen.

Bis zum Anfang des 20. Jh. herrschte die Ansicht, dass ausgedehnte Kanalsysteme („canali") den Mars überdeckten und daher offenes Wasser existiere. Diese mit bloßem Auge an Teleskopen gemachten Beobachtungen beruhen aber auf einer optischen Täuschung, der Verbindung von Kraterketten und länglichen Oberflächenmerkmalen zu durchgehenden Linien. Detaillierte Aufnahmen, die insbesondere in den 1970er- und 1990-Jahren von Raumsonden gewonnen wurden, zeigen allerdings ausgedehnte Urstromtäler mit einer Länge von mehreren hundert Kilometern und etlichen Kilometern Breite, die allem Anschein nach von Wasser eingeschnitten wurden. Sie deuten daraufhin, dass in der frühen Vergangenheit des Mars eine Periode existierte, in der offenes Wasser in großen Mengen vorkam. Aufgrund der geringen Schwerkraft des Mars konnte das Wasser aber allmählich aus der Atmosphäre entweichen. Offenes Wasser kommt heute auf dem Mars nicht vor. Das größte bekannte Wasserreservoir bildet die nördliche Eiskappe. Unsicher ist, ob im Oberflächengestein des Mars größere Wassermengen in Form von Eis eingeschlossen sind.

Die Marsoberfläche ist von Geröll und Felsbrocken unterschiedlicher Größe bedeckt, zwischen denen sich durch den Wind angehäufte Sanddünen befinden. Eine großräumige einheitliche Ausrichtung der Blöcke scheint ebenfalls auf eine frühere Flutperiode hinzuweisen. Die Blöcke erinnern an irdische Basalte. Chemische Analysen des Bodens zeigen, dass nicht nur das Gestein aus ursprünglichem vulkanischen Basalt besteht, sondern auch der Staub aus der Verwitterung von Basaltgestein entstanden ist, wobei die rötliche Farbe durch Eisenoxid im Marsgestein hervorgerufen wird. Weitere Experimente, die nach den Spuren von Leben suchen sollten, verliefen nach Ausschließung aller Fehlerquellen negativ. Erste Ergebnisse zeigten zwar das Austreten von Gasen, ähnlich wie es bei irdischen Bakterien der Fall wäre, als Ursache wurden aber chemische Reaktionen des Marsgesteins gefunden. Ein Wachstum organischer Substanzen wurde nicht festgestellt.

Der Mars besitzt zwei sehr kleine Monde, Phobos und Deimos, deren Durchmesser bei etwa 14 bzw. 8 km liegt, wobei Phobos eine eher ellipsoide Form aufweist. Ihre Umlaufbahnen liegen bei etwa 9 300

■ Der Rote Planet – der vierte Planet des Sonnensystems (Fortsetzung) ■

bzw. 24 000 km. Die Massen der beiden Monde sind zu klein, um einen merklichen Einfluss auf die Rotation des Mars auszuüben. Ähnlich wie die Erdachse ist die Rotationsachse des Mars um etwa 23° gegen die Bahnebene geneigt. Während jedoch der Erdmond die Lage der Erdachse über geologische Zeiträume hinweg weitgehend stabil halten konnte, sind die Marsmonde dazu nicht in der Lage. Modellrechnungen zeigten, dass die Lage der Rotationsachse des Mars ein chaotisches Verhalten aufweist und innerhalb relativ kurzer Zeiten – im geologischen Sinne – große Sprünge durchführen kann. Die derzeitige Ähnlichkeit der Neigung der Marsachse mit der Neigung der Erdachse sowie die daraus resultierenden Jahreszeiten sind daher nur ein Zufall und nicht von Dauer. Der Mars besitzt ein schwaches Magnetfeld, das aufgrund der Interaktion mit dem Sonnenwind zu einem Strahlungsgürtel führt.

Durchmesser	6 794 km
Masse	$6,42 \times 10^{23}$ kg
mittlere Dichte	3,93 g/cm³
Rotationsdauer	1,02 Tage
Umlaufzeit	1,88 Jahre
mittlere Oberflächentemperatur	218 K
Atmosphärendruck	0,007 bar

Physikalische Daten des Mars.

Start und Landung kontrollierten Isaac Newton und sein berühmtes physikalisches Gesetz die Mission. Unten auf der Erde war es aber alles andere als ruhig und entspannend. Wir mühten uns ab, die Software zu vollenden. Manchmal wurstelten wir uns durch zermürbende Echtzeitsimulationen der Mission, die entworfen worden waren, um herauszufinden, an welchem Punkt Menschen, Hardware oder Software zusammenbrechen. Wir wollten so viele Fehler wie möglich während des Fluges finden, damit wir nicht zu viele entdecken müssten, wenn wir erst einmal auf dem Mars gelandet waren.

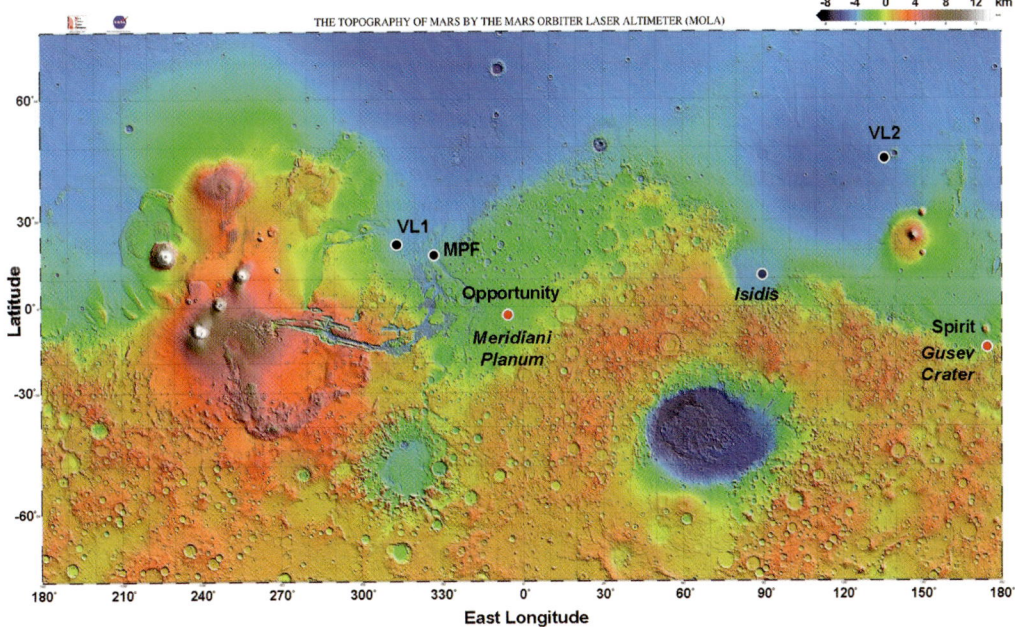

Alte und neue Landestellen auf dem Mars. VL = Raumsonde *Viking*, MPF = Raumsonde *Mars Pathfinder*.

■ Die Rover-Zwillinge ■

Mitte 2003 wurde es eng auf der Weltraumautobahn zwischen Erde und Mars: Nicht nur die europäische Raumsonde *Mars Express* machte sich mitsamt dem britischen Mars-Lander *Beagle 2* auf den langen Weg zu unserem äußeren Nachbarplaneten, sondern auch zwei amerikanische Raumsonden mit Ziel Mars wurden zu dieser Zeit kurz hintereinander gestartet, mit je einem sogenannten *Mars Exploration Rover* an Bord. Bei diesen eineiigen Zwillingen handelt es sich gewissermaßen um große Brüder des 1997 äußerst erfolgreich auf dem Roten Planeten debütierten Mini-Rover *Sojourner* der Marssonde *Pathfinder*. *Sojourner* führte damals zwar bereits erste wissenschaftliche Experimente durch, war aber in erster Linie ein technologisches Demonstrationsobjekt.

Der erste Rover *Spirit* wurde Anfang Juni 2003 als Nutzlast einer *Delta II*-Rakete von Cape Canaveral aus gestartet, und wenige Wochen später folgte ihm sein Zwillingsbruder *Opportunity*.

Wenn man die beiden *Mars Exploration Rover* des Jahres 2003 im Vergleich mit *Sojourner* betrachtet, fällt einem unwillkürlich das Bild von Kindern ein, die ihrer Mutter über den Kopf gewachsen sind: Brachte *Sojourner* bei einer Schulterhöhe von 28 Zentimetern gerade einmal 11,5 Kilogramm auf die Waage, so kommt jeder der beiden neuen Rover auf 185 Kilogramm „Lebendgewicht". Die an einem aufrichtbaren Mast angebrachten Kameras ragen rund eineinhalb Meter über die Marsoberfläche empor und erlauben so einen weiten Blick über das Terrain.

Dennoch ist das grundlegende Design der beiden Rover-Generationen vergleichbar, denn beide bewegen sich auf sechs Rädern an drei Achsen über den felsigen und staubigen Untergrund und beziehen die für ihren Betrieb notwendige elektrische Energie aus Solarzellen. Auch der Landevorgang der beiden *Mars Exploration Rover* verläuft analog zu dem der *Pathfinder*-Mission mithilfe von Bremsfallschirm und Airbags (sowie Bremsraketen, die unmittelbar vor dem Aufprall für einige Sekunden gezündet werden). Die beiden Rover sind in der Lage, sich pro Marstag theoretisch maximal 100 Meter weit zu bewegen – das entspricht ungefähr der Strecke, die der erste Mars-Rover *Sojourner* während seiner gesamten Lebensdauer zurückgelegt hat. Die wissenschaftliche Ausstattung umfasst drei Kameras – unter anderem eine Kamera, die mikroskopische Aufnahmen von Gesteinsoberflächen anfertigen soll – sowie zwei Spektrometer, die mithilfe eines Teleskoparms gegen Gesteinsbrocken gepresst werden können und so deren Zusammensetzung untersuchen sollen. Daneben verfügen die Rover noch über sechs weitere Kameras, die Aufnahmen der unmittelbaren Umgebung zur Navigationsunterstützung anfertigen.

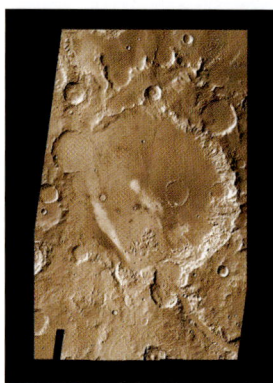

Gusev-Krater und Lande-Ellipse für *Spirit* auf einem eingefärbten Infrarotbild.

Aber auch auf dem Raumschiff liefen die Dinge nicht ganz so ruhig und entspannend. Beim Flug durch den interplanetaren Raum wurden die Rover von hochenergetischen Partikeln aus einer der stärksten jemals beobachteten Sonneneruptionen bombardiert. Dieser bemerkenswerte Energieausbruch der Sonne erzeugte auf der ganzen Welt nachts wunderschöne Nordlichter (sogar im Hinterland von New York, das normalerweise zu weit südlich für Nordlichter liegt). Aber er war auch eine potenzielle Gefahr für die Rover. Hochenergetische Partikel können die empfindliche Elektronik wie Detektoren oder Speicherchips zerstören. Das ist auch der Grund, warum manche Stromversorgungs- und Kommunikationseinrichtungen auf der Erde und in Satelliten im Erdorbit nach starken Sonneneruptionen beschädigt werden. Natürlich hatten wir eine Unzahl solcher elektronischen Bauteile in beiden Raumschiffen. Wir überwachten den Zustand der Rover sorgfältiger und öfter, vor allem nachdem die stärksten Sonnenwindstürme vorübergezogen waren. Tests zeigten, dass

hintere Abdeckung

Fallschirm

Einschlagstelle des Hitzeschilds

Bonneville crater

SPIRIT

Landegerät

200 m

Aufnahme der Landestelle von *Spirit* im Gusev-Krater.

wir eine Menge dieses Teilchenbeschusses abbekommen hatten, aber nichts war kaputtgegangen. Es gab da aber einen Bereich des Computerspeichers, der nicht überprüft werden konnte, und gerade das war ein sehr kritischer Part für die Landung. Deshalb installierten die Ingenieure die Software in diesem Teil des Speichers im Laufe des letzten Abschnitts der Reise neu, nur für den Fall, dass etwas schiefgelaufen war.

Die Rover *Spirit* und *Opportunity* auf dem Mars zu landen, war nicht einfach. Jedes Raumschiff kommt mit einer Geschwindigkeit von mehr als fünf Kilometern pro Sekunde (mehr als 18 000 Kilometern pro Stunde) aus dem interplanetarischen Raum an. Es muss in einem ganz bestimmten kritischen Winkel in die Atmosphäre eintreten, damit die Luft es abbremsen kann, ohne es gleich verglühen zu lassen. Dann müssen Sprengbolzen gezündet werden, Fallschirme und Airbags sollen sich entfalten und andere computergesteuerte Prozeduren funktionieren. Mit all diesen Dingen waren die wenigen wichtigsten Momente der ganzen Mission vollgestopft. Wenn alles gut ging, sollte jeder Rover weniger als eine Stunde nach dem ersten Kontakt mit der oberen Atmosphäre sicher auf dem Boden und aus seiner Schutzhülle heraus sein. Es gab Tausende von Dingen, die schieflaufen konnten, doch das System war in unzähligen Simulationen und echten Airbag-Abwürfen getestet worden. Die Ingenieure waren so zuversichtlich, wie sie nur sein konnten, denn sie hatten alles getestet und so viele Zusatzsicherungen eingebaut, wie es die Zeit und die finanziellen Mittel zuließen. Das Landesystem war wirklich so robust wie möglich, doch man sollte bedenken, dass die einzigen echten Tests bei den Landungen im Januar 2004 auf dem Mars stattfanden. Deshalb konnte sich niemand wirklich gut dabei fühlen.

Internet-Link

Der genaue Ablauf der *Spirit*-Landung:
www.raumfahrer.net/
raumfahrt/marsrover2003/
mer1_ablauflandung.shtml

Computersimulation der *Spirit*-Entfaltung.

Wie schon *Mars Pathfinder* wurden *Spirit* und *Opportunity* in einem vierflächigen Landegerät zum Mars getragen, das sich nach der Landung wie ein Blütenblatt entfaltete. Anders als bei *Pathfinder* trugen diese Landegeräte keine Kameras, Stromversorgungen oder Kommunikationseinrichtungen mit sich. Sie waren nur einfache „Paletten" mit einem Rover darauf. Nach dem Aufschlag, der Landung und der Entfaltung sitzt jedes Landegerät mit seinem Rover auf einem Haufen zusammengefallener Airbags. Das Ganze liegt wiederum auf Felsen oder Dünen, die vielleicht alles kippen. Die aufregende Sache war dann, dass wir dem Rover befehlen mussten, sich vom Landegerät zu lösen und irgendwo hinab zum Boden zu fahren. Wir wussten nicht genau, wo wir hinunterfahren würden, denn das hing von den Hindernissen ab, die um uns herum lagen. Wir wussten auch nicht genau, wie weit wir den Rover vom Landegerät herunterfallen lassen mussten, es hing davon ab, wie gut die Airbags zusammengefallen waren und ob das Landegerät gekippt war oder nicht. Wir wussten nicht genau, wie lange es dauern würde, bis wir vom Landegerät herunterkämen. Es würde ein vorsichtiger, systematischer Vorgang aus Echtzeitentscheidungen über Losfahren und Stehenbleiben unter den Flugingenieuren auf der Erde sein. In manchen Szenarien hatte es vier oder fünf Marstage (Sol) gedauert (ein Marstag hat 42 Stunden, 37 Minuten, 23 Sekunden), bis wir den Rover von dem Landegerät bekommen hatten, es hätte aber auch sechs oder sieben Marstage oder sogar länger dauern können. Wir wussten aber, dass wir einen Teil dieser Zeit nutzen konnten, um uns umzuschauen und einige Bilder des Panoramas aufzunehmen, um ein Gefühl für den Ort zu bekommen, bevor wir uns auf den Weg machten. Doch die Mission konnte nicht losgehen, bevor wir diese sechs Räder im Dreck hatten.

Spirit landete am 4. Januar 2004. Manche waren schon im Voraus optimistisch, andere liefen herum und murmelten zu sich selber Dinge wie „nur noch ein weiterer Test" oder „ich hoffe, die Notfallsysteme funktionieren". Ich teilte den Fatalismus der meisten Ingenieure – wir hatten alles getan, was uns Zeit, Geld und Technik möglich gemacht hatten, um den Erfolg zu garantieren. Jetzt lag es wirklich an *Spirit* und dem Mars. Einige Hundert Millionen Kilometer weit weg führte ein Computer eine Abfolge von Befehlen aus, die das Team ein Jahr zuvor programmiert und getestet hatte. Zur Zeit der Landung dauerte es fast zehn Minuten, bis Funksignale mit Lichtgeschwindigkeit vom Mars zur Erde kamen. Alles war also längst vorbei, bevor wir überhaupt wussten, was passiert war. Fatalismus war wirklich angemessen. Wir sahen zu und gingen hin und her und warteten.

Das ganze Raumschiff fiel auf den Boden und hüpfte herum wie ein Wasserball. Der erste Aufschlag erfolgte mit 25 Metern pro Sekunde (90 Kilometer pro Stunde), und der Rover traf noch mindestens ein Dutzend Mal auf, bevor er letztlich zur Ruhe kam. Die Airbags fie-

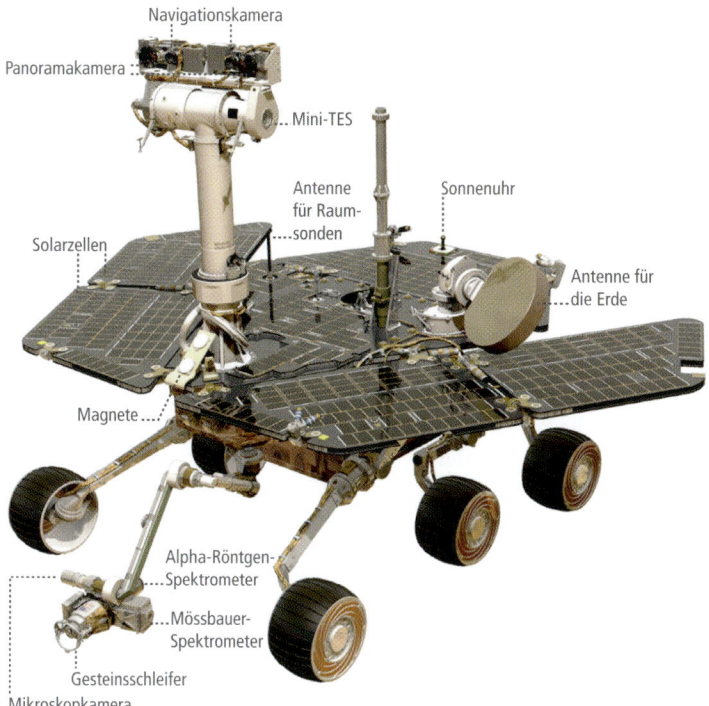

Navigationskamera

Panoramakamera

Mini-TES

Antenne für Raum- sonden

Sonnenuhr

Solarzellen

Antenne für die Erde

Magnete

Alpha-Röntgen- Spektrometer

Mössbauer- Spektrometer

Gesteinsschleifer

Mikroskopkamera

Die Instrumentenausstattung der Mars-Rover.

len zusammen, und die Blütenblätter des Landegerätes öffneten sich, um den Rover im Inneren freizugeben. Dann entfaltete der Rover seine Solarzellenflächen, streckte seinen Mast aus und sah sich zum ersten Mal um.

Wir sahen das alles nicht in Bildern, sondern nur durch einfache Messkurven und Zahlenkolonnen auf unseren Monitoren. Es ähnelte den immer gleichbleibenden Bildern, die die Mitarbeiter im Mission Control Center in Houston vor sich sehen, wenn sie die Astronauten im Weltraum überwachen. Natürlich war niemand auf dem Mars, um Zeuge bei dieser außerordentlichen Reihe von Vorgängen zu sein. Ich musste mir vorstellen, was wohl ein potenzieller Marsbewohner auf einem Nachmittagsspaziergang gedacht hätte, wenn er einen Feuerball durch die Luft fliegen sieht, der plötzlich direkt über seinem Kopf anhält und mit einem fast komisch wirkenden Hüpf, Hüpf, Roll schließlich auf den Boden kracht. Dass es ein Besuch vom Blauen Planeten ist, wäre an seiner Stelle nicht meine erste Idee gewesen.

Als der Rover daheim anrief, um uns zu sagen, dass er überlebt hatte, fing ich einen vielsagenden Blick von Rob Manning auf, einem der JPL-Rover-Ingenieure, der die Landung koordiniert hatte. „Wir haben unseren Teil erledigt", sagte dieser Blick, „jetzt sollen die Wissenschaftler weitermachen." Hatten die Kameras unbeschädigt über-

Das „Mission erfolgreich"-Pano-
rama von *Spirit*.

lebt? Zum ersten Mal fühlte ich, wie die ganze Last des Projekts auf
meine Schultern und die meiner Kollegen herabkam. Jetzt ging ich
hin und her und murmelte Dinge über Linsenabdeckklappen und
Lichtverhältnisse, hatte ein heftiges Verlangen nach Kaffee und über-
legte mir, ob wir wirklich bereit waren. Das gleiche Magendrücken,
das ich vor sieben Monaten beim Start gefühlt hatte, war wieder da.
Entweder sähen wir in den nächsten Stunden das erste Bild und andere Daten vom Rover, oder wir müssten eine quälende Untersuchung beginnen, um herauszufinden, was nicht stimmte.

Das „Mission erfolgreich"-Panorama

Anders als die ersten Postkarten erlaubte uns das spektakuläre „Mission erfolgreich"-Panorama einen weit vollständigeren Blick auf die
geologischen Eigenschaften des neuen Zuhauses unseres Rovers.
Die Landestelle befand sich in einer sanft geschwungenen Ebene.
Ungefähr fünf Prozent davon waren bedeckt mit dunklen oder hellen,
eckigen oder glatten Steinen. Hinter einigen Felsen gab es helle Stellen, die auf den Windschatten hinwiesen. Sie enthüllten, welche
Windrichtung vorherrschte. Am Horizont gab es viele Hügel und Tafelberge. Eine Berggruppe im Osten war nur etwa drei Kilometer
weit weg. Sie und ich hätten nur eine Stunde gehen müssen, um dorthin zu gelangen, doch für einen Rover, von dem wir dachten, dass er
in seinem vielleicht 90 Tage dauernden Leben nur 500 oder 600 Meter weit fahren würde, war es ein ewig weiter Weg.

Unsere Kameras konnten am Boden undeutlich hellere und dunklere
Bänder erkennen, als wir über die Ebenen in Richtung der Berge
schauten. Dies waren die dunklen Streifen, die wir schon vom Orbiter entdeckt hatten, diesmal aus der Nähe. Im Norden gab es einen
Bergrücken, den Rand eines großen Kraters. Aus dem Orbit konnten
wir erkennen, dass auf seinem Boden helles Material lag, aber vom
Rover aus konnten wir nicht feststellen, was es war. Wir konnten
auch noch einige weitere dieser rätselhaften Vertiefungen mit ihrem

Was ist eigentlich ...

Orbiter, derjenige Teil eines
Raumschiffs, der in die (Erd-)Um-
laufbahn, den Orbit, gelangt.
Zentralkörper der Umlaufbahn
eines Orbiters kann neben der
Erde und dem Mond auch jeder
andere planetare Körper sein.
Die Bezeichnung Orbiter für einen Satelliten wird meist dann
verwendet, wenn der betreffende Raumflugkörper eine besondere Rolle im Ablauf einer Mission zu erfüllen hat: z. B. als Funk-
relaisstation für eine Planeten-
Landungssonde, als wieder-
verwendbare Oberstufe eines
Raumtransporters oder als Mo-
dul eines bemannten Mondfahr-
zeugs, welches am Ziel während des Abstiegs der Lande-
fähre in einer Parkbahn um den
Zielkörper verbleibt.

hellen Grund sehen. Um sie herum lagen immer viele Steine, doch in ihrem Inneren gab es nur wenige davon. Und wir entdeckten noch mehr dieser schmutzigen Airbag-Teile am Rand des Landegerätes. Was vorher ein makelloses weißes Gewebe gewesen war, war nun von feinkörnigem rötlichen Staub bedeckt. Es war wirklich eine schmutzige, staubige und fremde Umgebung.

Und doch wirkt manches in diesen Bildern vom Mars vertraut. Man hat dieses Ich-habe-diesen-Platz-schon-mal-gesehen-Gefühl, als ob man aus einem Fenster auf eine lange Straße durch irgendeine Wüste schaut. Felsen, Hügel, Himmel – irgendwie ist es ein bisschen wie auf der Erde, und das ist auf seine Art tröstlich. Doch es handelt sich um eine Illusion. Es herrschen da draußen durchschnittliche Temperaturen von 30 bis 50 Grad unter Null. Die Luft besteht fast nur aus Kohlendioxid mit nur einer Spur von Sauerstoff, und es hat – wenn überhaupt –

Der Mars-Erkundungs-Rover bereitet Messungen an einem Stein vor.

die letzten zwei bis drei Milliarden Jahre nicht geregnet. Es gibt nicht den geringsten Hinweis auf einen Kaktus oder eine Schildkröte oder den wuscheligen Kondensstreifen eines vorbeifliegenden Düsenflugzeugs. Wenn man die Landschaft genauer, sorgfältiger betrachtet, erkennt man, wie altertümlich die Gegend wirklich ist. Die Felsen wurden von Sand und Staub ausgewaschen und geformt, der über Milliarden von Jahren hinweg vom Wind herumgeblasen wurde. Der Boden ist übersät von runden Löchern, großen und kleinen – die Narben von Asteroiden- und Kometeneinschlägen, die den Planeten vor langer Zeit getroffen haben. *Spirit* fährt über und durch eine Landschaft, die älter ist als jede Oberfläche auf der Erde. Manche der Felsen, die wir erforscht haben, sind vielleicht drei oder vier Milliarden Jahre alt, und dass *Spirit* vorbeigefahren ist, war an manchen dieser Stellen vielleicht das Interessanteste, was in den letzten Milliarden Jahren geschehen ist. In dieser Umgebung bekommt man eine Ahnung für die Zeit, die Zeitalter und die Vorgänge, die länger gedauert haben, als sich sogar die meisten Geologen vorstellen können. Im Vergleich dazu ist unser Heimatplanet jung, geologisch lebendig und verändert sich ständig. Es ist manchmal schwierig und gefährlich, die geologischen Erfahrungen, die wir auf der Oberfläche eines so jungen Planeten wie der Erde gesammelt haben, auf einen so alten Ort wie den Mars zu übertragen. Doch es ist einfach menschlich, dass wir uns überall, wo wir zu Besuch sind, ein wenig zuhause fühlen möchten.

Die Columbia Hills

Internet-Link

Das Kennedy Space Center – Startgelände der NASA auf Cap Canaveral: www.kennedyspacecenter.com/

Die Berge, die wir im Osten erkennen konnten, waren aufregend, aber auch ein wenig demoralisierend. Es war spannend, interessante geologische Merkmale zu entdecken, die uns verrieten, dass wir in einem geologisch abwechslungsreichen Gebiet gelandet waren. Aber es war auch entmutigend daran zu denken, dass wir vermutlich niemals in die Nähe dieser Berge kommen würden. *Spirit* und *Opportunity* waren dafür ausgelegt, im Laufe ihrer Lebenszeit von 90 Marstagen etwa 500 bis 600 Meter weit zu fahren. Doch diese Berge waren 3 500 bis 4 000 Meter entfernt. Quälend ähnliche Berge waren 1997 in der Ferne von der Landestelle von *Mars Pathfinder* gesehen worden, aber damals konnten wir den Rover *Sojourner* der Mission nur ein paar Meter von seinem Landegerät wegfahren. Es fühlte sich an, als ob *Spirit* in einem großen Ozean treiben würde, zwar in Sichtweite von Land, aber mit zu wenig Wind in den Segeln, um das Schiff zum interessantesten Hafen zu steuern.

Trümmer des Space-Shuttle *Columbia*, das am 1. Februar 2003 beim Wiedereintritt in die Erdatmosphäre auseindergebrochen war.

Etwas, das unser Team mit den Bergen im Gusev-Krater tun konnte, war, ihnen einen Namen zu geben. Wir waren nur knapp ein Jahr, nachdem das Space-Shuttle *Columbia* im Februar 2003 beim Wiedereintritt in die Erdatmosphäre zerstört wurde, auf dem Mars gelandet. Der Verlust von sieben mutigen Forschern war eine menschliche Tragödie und ein enormer Rückschlag für die bemannte Raumfahrt der NASA. Viele von uns steckten mitten in den letzten Tests der Rover und Startvorbereitungen in Cape Canaveral, als die *Columbia* und ihre Mannschaft umkamen. Wir fühlten eine schmerzliche Seelenverwandtschaft und Trauer mit unseren Kollegen im benachbarten Kennedy Space Center und der ganzen NASA. Als Anerkennung für die Mannschaft der *Columbia* hatte unser Team eine spezielle Gedenktafel auf der Rückseite der Hochleistungsantennen der beiden Rover entworfen, um an die Astronauten und ihr letztes Opfer im Namen der Weltraumerkundung zu erinnern. Eine zweite Anerkennung war, dass die Landestelle selbst „Columbia Memorial Station" genannt wurde. Dies folgte einer Tradition, die bei früheren Marslandemissionen eingeführt worden war. Der Landeplatz von *Viking 1* wurde „Mutch Memorial Station" getauft, nach dem verstorbenen Planetengeologen und führenden *Viking*-Wissenschaftler Dr. Thomas A. („Tim") Mutch. Der Landeplatz von *Viking 2* hieß „Soffen Memorial Station", nach dem verstorbenen Viking-Projekt-Wissenschaftler Gerald Soffen. Und der Ort, auf dem *Mars Pathfinder* gelandet war, hieß nun „Sagan Memorial Station", nach Carl Sagan, dem verstorbenen Astronomen der Cornell University, der diese Wissenschaft populär gemacht hatte. Die letzte Anerkennung war, die spektakuläre Hügelkette, die wir östlich von *Spirit*s Landestelle ausmachen konnten, „Columbia Hills" zu taufen. Jeder Berggipfel bekam den Namen eines Crewmitglieds. Die ersten sechs wurden nach dem Piloten William C. McCool, Nutzlastleiter Michael P. Anderson, Missionsspezialisten David M. Brown, Kalpana Chawla und Laurel Blair Salton Clark und dem Nutzlastspezialisten Ilan Ramon benannt. Der höchste Berg wurde passender Weise „Husband Hill" getauft, nach dem Kommandanten der Columbia, Rick D. Husband. In einem weiteren Akt des Andenkens wurde eine zweite Gruppe von Hügeln in der Ferne „Apollo 1 Hills" genannt, mit Einzelerhebungen, die die Namen der Astronauten Virgil I. („Gus") Grissom, Edward H. White und Roger B. Chaffee bekamen, die 1967 im Feuer von *Apollo 1* während eines Bodentests gestorben waren.

Die Aussicht von oben

Nach fast einem Erdenjahr, in dem wir fotografiert hatten, während wir im Zickzack den Hügel hinaufgefahren und wieder zurückgerutscht waren, Furchen gegraben hatten und zum Schluss wild geklettert waren, erreichte *Spirit* schließlich den Gipfel von Husband Hill, ein breites Plateau etwa 100 Meter über der Ebene, in der wir gelandet waren. Auf der Erde wäre Husband Hill wohl ein ziemlich kleiner Hügel, für den Rover und sein Team war es aber ein erhabe-

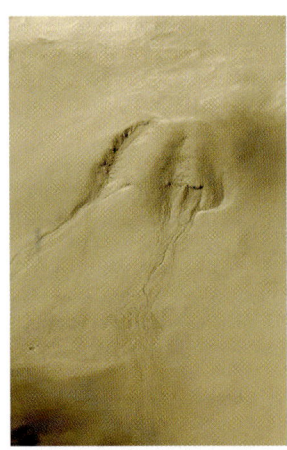

Rinnen in einer Kraterwand – möglicher Beweis für flüssiges Wasser auf dem Mars? Aufnahme der NASA-Sonde *Mars Global Surveyor* (5. April 2003).

Der beschwerliche Weg von *Spirit* zum Gipfel des Husband Hill (eingezeichnet ist die Wegstrecke zwischen dem 313. und 330. Marstag (Sol).

ner Moment, als wir den Gipfel erreichten. Im Laufe dieser Reise mussten wir den eisigen Winter überleben, mit einem manchmal unzuverlässigen rechten Vorderradmotor zurechtkommen und herausfinden, wie wir die relativ geringe Datenmenge verplanen und bestmöglich einsetzen konnten, die uns erreichte, als der Mars auf der anderen Seite des Sonnensystems war. Dennoch hatte sich das alles wirklich gelohnt. Wir entdeckten Dinge, von denen wir gehofft hatten, dass wir sie finden würden: Aufschlüsse, Steine mit Schichten, physikalisch und chemisch verwitterte Steine und Böden – vermutlich Beweise dafür, dass es vor langer Zeit flüssiges Wasser auf dem Mars gegeben haben muss. Doch diese Geschichte mit dem Wasser in den Columbia Hills ist immer noch kaum zu verstehen. Von unserem Aussichtspunkt hoch über der Ebene aus machten wir *Spirit*s größtes Panoramafoto der Mission: ein gigantisches Mosaik aus 653 Einzelbildern mit fünf Filtern, das jeden Quadratzentimeter des Geländes vom Rover-Deck bis hin zum Horizont erfasste. Es war ein großartiger Blick. Ein Moment wie im Film *Rocky*, als der Außenseiter zum Dach der Welt kletterte und uns zum ersten Mal einige neue und geheimnisvolle Orte zeigte. Einige der Orte blieben unserem Blick verborgen, denn sie wurden von den Bergen verdeckt, die am ersten Marstag nach der Ankunft so unerreichbar weit entfernt schienen. Die Gegend jenseits der Berge, das Inner Basin im Süden und das East Basin, präsentierten uns einige Verlockungen – raue, knochenartige Tafelberge, sehr dunkle Ablagerungen an manchen Berghängen und weißliche, geschichtete Ablagerungen an den oberen Hängen des McCool Hill in der Ferne. Doch das Interessanteste und Rätselhafteste, was wir sahen, war ein quadratischer, ungefähr eini-

ge hundert Meter großer, hell getönter Fleck Boden, den wir „Home Plate" nannten, denn auf den Bildern aus dem Orbit erkannte man, dass er die gleiche Form hatte wie die fünfeckige Home Plate auf einem Baseballfeld.

Spirit hatte den Gipfel von Husband Hill gerade zu einer Zeit erreicht, als die täglich zur Verfügung stehende Sonnenenergie ihren Maximalwert erreicht hatte. Es war sogar mehr Energie vorhanden, als wir jeden Marstag zum Fotografieren, für wissenschaftliche Untersuchungen oder zum Weiterfahren verbrauchen konnten, deshalb musste der Rover jeden Tag überschüssige Energie als Abwärme abgeben. Ich hatte die Idee, diese sonst verschwendete Energie dafür zu verwenden, einige neue Nachtbilder aufzunehmen. Zusammen mit meinen Kollegen, den Astronomen Mark Lemmon und Mike Wolff, dachten wir uns eine Reihe nützlicher astronomischer Beobachtungen aus, die wir gelegentlich bei Nacht machen konnten. Unseren Standort nannten wir nun Husband-Hill-Observatorium. Wir fotografierten die beiden Marsmonde Phobos und Deimos, wie sie über den Nachthimmel wanderten. Im Hintergrund sahen wir die gleichen vertrauten Sternbilder, die wir auch auf der Erde sehen können. Wir sahen, wie die Monde in einer Art Mondfinsternis in den Schatten des Mars und wieder heraus traten. Wir hielten Ausschau nach Meteoren, als der Mars den Weg des Halleyschen Kometen kreuzte, und wir fingen die prächtigen Farben des marsianischen Dämmerungshimmels ein. Die Panoramakamera ist und bleibt jedoch eine Kamera, kein Teleskop, deshalb hatten die Aufnahmen nicht die gleiche Auflösung und vermittelten nicht das gleiche Gefühl wie ein Fernrohr. Trotzdem sind die Fotos von gekrümmten Sternenpfaden, kartoffelförmigen Monden, die sich durch die Nacht bewegen, Sternschnuppen, der untergehenden Sonne und der aufgehenden Erde vertraut und doch fremdartig und bewegend. Das alles würden wir in der Dämmerung und in der Nacht mit unseren eigenen Augen sehen, wenn wir auf dem Mars wären. Eines Tages werden die Menschen

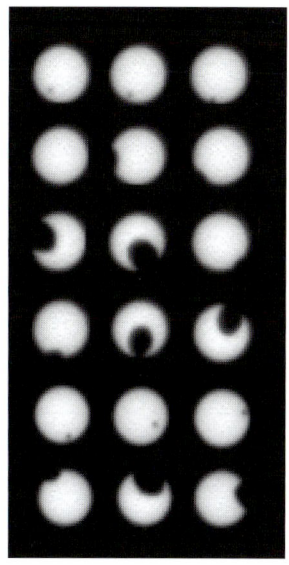

Belichtungsreihe der Marsmonde Phobos und Deimos.

Daten im Überblick	Phobos	Deimos
Durchmesser:	26,8×22,0×18,4 km	15,0×12,2×10,4 km
Masse:	$1,06 \times 10^{16}$ kg	$1,80 \times 10^{15}$ kg
mittlere Dichte:	2,20 g/cm³	1,70 g/cm³ (Wasser = 1 g/cm³)
Oberflächentemperatur:	−110 ° bis −5 °C	−110 ° bis −5 °C
Bahndaten		
mittlere Entfernung zum Mars:	9 378 km	23 459 km
Umlaufdauer um den Mars:	7 Std. 39 Min.	30 Std. 18 Min.
Bahnekzentrik:	0,015	0,0005

Fakten zu den Marsmonden Phobos und Deimos.

■ Was ist eigentlich ... ■

Mineralbildung, physikochemischer Prozess, der sich unter den auf der Erde oder im Kosmos herrschenden Bedingungen abspielt. Minerale entstehen fast ausschließlich in Vielstoffsystemen und unter irdischen Verhältnissen in Anwesenheit von H_2O, was für die auch heute noch andauernden mineralbildenden Prozesse von außerordentlicher Bedeutung ist. Da bei der Mineralbildung aus wässrigen Lösungen, schmelzflüssigen oder gasförmigen Phasen eine Vielzahl von Elementen beteiligt sein kann, treten nur sehr selten reine Verbindungen auf. Vielmehr entstehen fast ausschließlich Mischkristalle. Da die Art der Mischkristallbildung oft von den Bildungsbedingungen, insbesondere von der Temperatur, dem Druck und den Konzentrationsverhältnissen abhängig ist, lassen sich daraus Hinweise auf die Genese der betreffenden Mineralart ableiten. Nur sehr wenige Mineralbildungsprozesse sind der direkten Beobachtung zugänglich. Bei solchen handelt es sich vor allem um mineralbildende Vorgänge, die sich an der Erdoberfläche oder in nicht allzu großen Tiefen abspielen. Hierzu zählen vulkanogene Prozesse, Mineralbildungen durch Exhalationen und Sublimation, Mineralabscheidungen aus Geysiren, Thermen oder erzhaltigen Quellen.

---

ihre eigenen kleinen Observatorien auf dem Mars aufstellen, genau wie wir es einige erfreuliche Monate lang mit *Spirit* Ende 2005 getan haben.

Jedoch bedeutete das unerbittliche Fortschreiten der Jahreszeiten zusammen mit der Tatsache, dass unser Fahrzeug nach Süden geneigt war, als wir auf der anderen Seite von Husband Hill weiter in Richtung Home Plate fuhren, dass wir nicht mehr genug Energie für Routinebeobachtungen in der Nacht hatten. Auf dem Weg bergab hielten wir, um ein großes Sanddünenfeld mit dem Namen El Dorado zu fotografieren und zu beschreiben. Es war poetisch, dass eine unserer letzten Nachtbeobachtungen in Richtung des Sternbilds Schwertfisch (Dorado) am südlichen Nachthimmel zeigte, während wir durch den tatsächlich goldenen Sand von El Dorado fuhren. In der Ferne von der Spitze des Husband Hill aus gesehen schien die Home Plate ein kleines Becken, außen umgeben von einem Ring aus hellem, rötlichem Material, zu sein. Manche aus unserem Team begannen, diese helle Kante Badewannen-Ring zu nennen. Waren das gewissermaßen verdampfte mineralische Ablagerungen, wie Sulfate oder Carbonate oder andere Salze? Oder waren es verhärtete Staubkrusten, wie wir sie auf einigen der weißen Gesteine in der Ebene gefunden hatten? Oder etwas ganz anderes? Als wir die Home Plate zum ersten Mal gesehen hatten, war sie ungefähr etwas mehr als einen Kilometer weit weg, von der Spitze aus gesehen bergab in Richtung Süden. Das bedeutete einige Monate Fahrzeit bis dorthin oder noch länger, wenn wir auf dem Weg etwas Interessantes entdecken sollten. Wir beschlossen, dass die leichteste Art herauszufinden, um was es sich wirklich handelt, war, einfach hinzufahren.

Manchmal schaue ich mir die ersten vom Landegerät aus aufgenommenen Bilder an. Ich kann mir nicht helfen, aber ich habe ungefähr das gleiche Gefühl, als betrachtete ich Babyfotos meiner Kinder. Oh!

Wir waren so jung und naiv! Wir waren unglaublich geizig mit unseren Möglichkeiten, nutzten oft weniger Filter, als wir wirklich gewollt hatten, oder komprimierten die Bilder stärker, als wir hätten tun sollen. Wir hatten zu viel Angst vor einem vorzeitigen Abbruch der Mission und der Tatsache, dass jedes Bild, jedes Spektrum, jede chemische Analyse unsere letzte sein könnte. Die Katastrophe traf uns einmal beinahe, und der Rover wäre einige Wochen nach der Landung fast kaputtgegangen. Hätte es nicht die unglaubliche Genialität und gute Spürnase von so vielen klugen Leuten gegeben, die intensiv zusammenarbeiteten, um ein schwieriges Problem zu lösen, wäre die Mission schon ganz am Anfang gescheitert. Seitdem waren wir einigen weiteren Kugeln ausgewichen und hatten einfach ein großes Stück gutes altes Glück. Es ist kaum zu glauben, dass unsere tapfere kleine Maschine da oben an der Spitze dieser Marsberge saß, die nach einer Gruppe gefallener Kollegen benannt sind. Und wir wussten immer noch nicht, wann unser fotografisches und wissenschaftliches Abenteuer enden würde.

Grundtext aus: Jim Bell *Postkarten vom Mars*; Spektrum Akademischer Verlag (englische Originalausgabe: *Postcards from Mars*, Dutton; übersetzt von Bernhard Gerl).

Der Rote Planet in der Arktis

Eine irdische Wüste wird zum Testgelände der Raumfahrt. Helfen die Felsen Spitzbergens, das Rätsel vom Leben auf dem Mars zu entschlüsseln? Ein Expeditionsbericht

Thomas Kleine-Brockhoff

Letzte Pause vor dem Ziel. Zwei Dutzend Körper, in Daunenjacken gehüllt und mit Rucksäcken bepackt, kauern im Windschatten einer Geländekuppe. Heißer Tee aus Thermoskannen wird gereicht. Vom Gletscher weht es eisig herunter. „Alle mal herhören“, mahnt es aus einer Kapuze. „Wir stürmen die Felsen nicht wie wildgewordene Geologen. Wir verhalten uns wie Mars-Rover: Erst beobachten, dann nähern, dann analysieren.“ Die Daunen-Menschen erheben sich. Ein paar hundert Meter noch, dann beginnt die Arbeit. Ans Ende der Welt sind sie gereist, um eine ferne Welt zu erkunden. Fast nirgends auf dem Blauen Planeten lässt sich mehr über den Roten Planeten erfahren als auf Spitzbergen, Norwegens Archipel, nah am Nordpol. Hier ist Mars auf Erden.

Glatt und lotrecht steigen Felsplatten aus dem Tal empor. Der Talgrund selbst ist weit und flach, vom Gletscher in Jahrmillionen ausgefräst. In der Mitte mäandert ein Bächlein. Drumherum nur Stein, als Findlingsfelsen oder Moräne, als Haufen oder Halde. Nirgends ein Baum, nirgends ein Busch. Nur Flechten und Zwerggräser krallen sich im Permafrostboden fest. Ihr gelblicher Flaum signalisiert, dass der Planet Erde auch unter extremen Bedingungen Leben hervorbringt.

Im Gänsemarsch geht es voran. „Da sind sie“, ruft jemand, „Blaubeeren!“ Alle Blicke richten sich, nein, nicht nach unten, sondern nach oben. Über dem Hang steht haushoch eine Gesteinsrippe. Die Daunen-Menschen jubeln, werfen ihre Rucksäcke ab und treten vorsichtig, beinahe ehrfürchtig heran an die Gebirgswand. Was ist bloß dran an diesem Allerwelts-Felsen irgendwo in der arktischen Ödnis?

Auf der Erde scheint es Kopien von Marsgestein zu geben

Aus der Nähe wird ein Muster sichtbar. Gesteinskügelchen sind im Fels eingelagert wie Blaubeeren im Muffin. In dieser frostigen Welt bringt nicht der Boden Blaubeeren hervor, sondern der Berg. „Tatsächlich“, sagt einer, „genau wie auf den Fotos.“ Die Fotos: Das sind jene rätselhaften Aufnahmen des Mars-Gesteins und seiner runden Inlays, die der NASA-Rover *Opportunity* 2004 vom Mars schickte. Kurz darauf wurde eine ähnliche Formation, inzwischen Blaubeeren getauft, auf der Erde entdeckt genau hier, im Gletschertal Ebbadalen. Was auf dem Mars nur durch eine Fotolinse zu betrachten ist, lässt sich auf Spitzbergen mit Menschenhand studieren. Irdische Kopien marsianischen Gesteins. Das ist eine kleine Sensation. Drum stecken in den Daunenjacken Mars-Forscher: Geologen, Mikrobiologen, Astrobiologen und Astronomen. Aus europäischen Universitäten und amerikanischen Forschungszentren sind sie herbeigeeilt. Auch die NASA darf nicht fehlen, denn es ist die US-Weltraumbehörde, die den Rover *Opportunity* und seinen Zwilling *Spirit* bis heute auf dem Mars herumfahren lässt.

Das neue Paradies der Mars-Forscher ist ein Wundergarten der Geologie. Auf Spitzbergen sind auf engstem Raum alle Gesteinsarten der Erdgeschichte konzentriert.

Fast jeder Felstypus, der auf dem Mars identifiziert wurde, findet irgendwo in der arktischen Wildnis sein Pendant. Mag sein, dass Spitzbergen aussieht wie eine Mondlandschaft. In Wahrheit ist es eine Mars-Landschaft. Sogar die Klimata ähneln einander. Auf Spitzbergen ist es kalt und ziemlich trocken, ähnlich kalt und ähnlich trocken wie auf dem Mars zum Zeitpunkt von dessen größter Erwärmung vor Jahrmillionen. Während jener Periode könnten dort die Bedingungen zur Entstehung von Leben geherrscht haben. Wasser gibt es jedenfalls noch heute. Das haben die beiden NASA-Rover *Spirit* und *Opportunity* belegt.

Seither herrscht auf dem Globus Mars-Fieber. Und die irdische Polkappe wird zur Pilgerstätte. Hier ist Tummelplatz und Testgelände. Hier lässt sich studieren und simulieren. Hierher zieht es nicht bloß ein paar Exoten, die sich entlegener Forschung widmen. Eine der großen Fragen der Menschheit stellt sich jetzt neu: Gibt es oder gab es Leben, wo dessen Grundlage, das Wasser, nachgewiesen ist? Und: Was können die Steine Spitzbergens dazu beitragen, das Rätsel vom marsianischen Leben zu entschlüsseln?

Aus den Rucksäcken tauchen Pipetten und Tuben auf, sterile Tüten und Latexhandschuhe. Binnen Minuten verwandelt sich eine arktische Steinwüste in eine Feldstation der Mars-Forschung. Mittendrin Lonnie Lane, 67 Jahre alt, Senior der Gruppe und ihre Respektsperson. Er gilt als einer der großen Weltraumschrauber der NASA, baut seit Jahrzehnten Instrumente für Amerikas Missionen im All. Nun kauert er zwischen den Felsen und fingert mit eiskalten Händen am künftigen Fuhrpark für den Mars herum. Lanes neues Weltraumgerät heißt „*Tucs*" und ist ein pechschwarzer Metallkasten, so groß wie zwei Schuhkartons, oben ein roter Griff, unten Wölbungen, die aussehen wie Kuheuter. Dort treten jene ultravioletten Laserstrahlen aus, die eines Tages den Mars abtasten und totes Gestein von lebenden Organismen unterscheiden sollen.

Vorerst richtet *Tucs* seine Strahlen dorthin, wo die Erde dem Mars am ähnlichsten ist: ins Blaubeerfeld von Spitzbergen.

Mikroben suchen in Gesteinsritzen Schutz

„Kriegst du Messwerte?", ruft jemand. „Manchmal", knurrt Lane. „Einfach nur anschalten wie eine Taschenlampe, das geht noch nicht." „Schau", sagt der andere Forscher, „so könnte es aussehen, das Leben auf dem Mars." Vor Lane liegt ein Stein, nichts als ein profaner Stein, soeben herausgebrochen aus dem Blaubeerfeld. Eigenartig nur, dass er an der Bruchkante grünlich schimmert. Dieser Farbfleck ist es, dessentwegen sich die Reise ans Ende der Welt lohnt. Kleinstlebewesen haben sich hier an den Fels geschmiegt, endolithische Mikroben genannt. Sie suchen in Gesteinsritzen Schutz vor dem lebensfeindlichen Klima der Arktis. In solch winzigen Refugien, lautet die Theorie, könnte sich primitives Leben auf dem Mars verstecken. Nähme *Tucs* eines Tages am Mars ähnliche Messwerte wie im Blaubeerfeld Spitzbergens auf, so würden die Grundfesten menschlichen Denkens erschüttert.

Stellt sich nämlich heraus, dass auf dem Mars Urformen des Lebens existieren (oder einst existiert haben), dann ist Leben im Universum wahrscheinlich ein gewöhnliches Phänomen. Die Erde wäre nicht einzigartig. Es gäbe ein mächtiges Motiv zur weiteren Erkundung des Sonnensystems. Größer können jedenfalls die Fragen nicht sein, die aus den Farbflecken und Gesteinskügelchen der arktischen Ödnis herzuleiten sind.

Für Lonnie Lane ist der Bau eines planetarischen Leben-Detektors die größte und letzte Herausforderung seines Berufslebens. „Meine dritte Kindheit", nennt er das Mars-Projekt. „Ich kann teure Spielzeuge bauen und große Träume leben. Welcher Mann darf das schon?!" An allerlei Weltraumsonden hat er gebaut, zu allerlei Planeten sind seine Raumschiffe geflogen. Und doch ist die Marsmission ein Projekt wie kein zweites. Früher hat ihn die Technik fasziniert; jetzt ist es die weltstürzende Frage nach der Einzigartigkeit des Lebens. Derselben Faszination scheint auch der amerikanische Präsident George W. Bush erlegen zu sein. Denn im Januar 2004 erklärte er den Mars zum großen Ziel aller Weltraumambitionen. Er rief jenen romantischen Traum wach, der Amerikas Raumprogramm von jeher angetrieben hat: Wie die eigenen Vorfahren einst den großen Ozean überquerten, um ein fremdes Land zu erforschen, würden nun Astronauten ins Weltall vorstoßen und die Grenzen der Zivilisation verschieben.

Roboter sollen die erste Welle der Erkundung bilden. Später würden auch Menschen auf dem Mars landen und dabei den Mond als Zwischenstation nutzen. *Tucs*, das Spektrometer in dem schwarzen Schuhkarton, könnte schon bei einer der frühen Missionen mitfliegen, vielleicht 2011, vielleicht 2013. Lonnie Lane dürfte die Reise seiner Kreatur nur als Rentner erleben. Er weiß, dass sich die Erforschung des Mars über Generationen erstrecken wird wie im Mittelalter der Bau der Kathedralen.

Die Kälte kriecht unter die Pullover

Mehr als ein paar Stunden ist es im Blaubeerfeld nicht auszuhalten. Der Tee geht zur Neige. Die Kälte kriecht unter die Pullover. Also zurück zum Fjord. Schon aus der Ferne ist die Polarsyssel an ihrem Ankerplatz zu sehen, feuerrot der Rumpf, froschgrün der Hubschrauberlandeplatz, eisblau das Nordmeer drumherum. Im Winter dient das Schiff als Eisbrecher, von Frühjahr bis Herbst als Robbenjäger und Forschungsstation. Im Laderaum stehen zwei Baucontainer. Drinnen haben die Forscher Labors eingerichtet. Messgeräte stapeln sich auf Klapptischen. Sogar ein staubfreier Reinraum ist unter einem Tischzelt entstanden.

Binnen Stunden müssen die Gesteinsproben aus dem Blaubeerfeld untersucht werden, denn blitzschnell kann sich die Mikrobiologie jeder Probe verändern. In weißen Kitteln und lila Latexhandschuhen kreuzen Wissenschaftler im Laderaum umher, dort, wo sich sonst getötete Robben stapeln. Die Nacht zwischen den Landgängen wird zur Labor-Schicht. Wer hineinhört in die Gespräche, erfährt von „Zellwandkomponenten" und von „Biosignaturen", von der „Matrix" und allerlei anderen Wunderdingen. Jenseits der Fachbegriffe sind die Forschungsfragen leicht verständlich: Sind die Gesteins-Blaubeeren nur Ergebnis der Verwitterung oder Hinweis auf biologische Aktivität? Wie lässt sich überhaupt Leben am Stein entdecken? Woran ist abgestorbenes Leben erkennbar? Gibt es eine klimatische Grenze der Lebensfähigkeit ähnlich der Baumgrenze im Gebirge? Ohne Antworten auf diese Fragen wird kein Raumschiff auf die Suche nach dem Leben geschickt werden können.

Lebenszeichen auf dem Mars treiben die Menschheit seit der frühen Neuzeit um. Über riesige Wasservorräte auf dem Mars spekulierte man schon 400 Jahre vor dem wissenschaftlichen Nachweis. So wurde der Mars, nicht der Mond, zur Projektionsfläche menschlicher Fantasien. Die utopische Literatur sah im Mars den Ausgangspunkt interplanetarer Invasionen, beginnend 1898 mit H. G. Wells Roman *Krieg der Welten*, der zum Klassiker der Marsmenschen-Märchen wurde.

Wahrscheinlich hat aber niemand den Mythos vom Lebensraum Mars stärker befördert als der Mailänder Astronom Giovanni Schiaparelli und sein amerikanischer Kollege Percival Lowell. Die beiden wollten Ende des 19. Jahrhunderts ein Netz schnurgerader Linien auf dem Roten Planeten erkannt haben. Aus dieser Entdeckung wurde eine populäre Theorie über das marsianische Leben. Ein Klimawechsel habe den Planeten fast austrocknen lassen. Die

Bewohner hätten daraufhin ein System aus Kanälen angelegt, gespeist vom Eis der Pole. Die schiere Größe des Bewässerungsnetzes konnte nur bedeuten, dass es keine politischen Grenzen gab. Die Mars-Bewohner hatten sie abschaffen können und waren damit den Menschen haushoch überlegen.

Hinweise auf Leben? Keine!

Die zweite Phase der Erkundung führte zu einer gewaltigen Enttäuschung. Die Bilder der Raumsonden aus den 1960er- und 1970er-Jahren zeigten einen staubigen und zerklüfteten Planeten. Bewässerungskanäle? Fehlanzeige. Hinweise auf Leben? Keine. Die dritte Ära der Marsforschung führt gegenwärtig zur Revision der These vom öden Planeten. Die Orbiter- und Rover-Missionen haben derart genaue Daten über Oberfläche und Mineralogie geliefert, dass geologische Prozesse nachvollziehbar werden. Weil unter der Marsoberfläche Eis lagert, könnte es dort Mikroben gegeben haben oder noch geben. Die Eisdepots sowie die Bruchstellen und Aufschlüsse des Planeten könnten Ziele der vierten Erkundungswelle sein. Nicht mehr nur Kameras und Spektrometer sollen zum Mars fliegen, ganze „Life Detection"-Laboratorien werden den nächsten Mars-Mobilen mitgegeben.

In den Forschungsinstituten der gesamten westlichen Welt ist schon ein Wettlauf ausgebrochen, wer die Instrumente für die Raumlabors bauen darf. Darum hat die Universität Oslo zum dritten Mal nach Spitzbergen zu AMASE eingeladen, der Arctic Mars Analog Svalbard Expedition. Das Team aus Norwegern und Amerikanern, Spaniern und Engländern testet einen Gerätepark, der sich als Komplettausstattung im Greifarm der nächsten Mars-Rover wiederfinden soll.

Die Polaryssel hat den Anker gelichtet. Am dritten Tag der Expedition geht es in den Norden, dem Pol entgegen. Entlang der Westküste ergießen sich immer neue Gletscher ins Meer. Die Bruchkanten wirken wie alpine Nordwände, von denen sich ständig hausgroße Eisblöcke lösen. Längsseits sind Zwergwale zu sehen und die Fontäne eines Finnwals. Einmal taucht eine Herde Walrosse auf.

Im Windschatten der Brücke steht Marilyn Fogel und betrachtet die Erhabenheit um sich herum. Als sie zu Hause in Washington erstmals von der Spitzbergen-Expedition hörte, glaubte sie: „Eine Vergnügungsreise." Und deshalb nichts für sie. Zu viel zu tun im Labor der Carnegie Institution. Erst langsam begriff sie, dass in Stein und Eis und All womöglich eines der großen Rätsel der Menschheit zu knacken wäre. Eine Frage von jener Dimension, deren Beantwortung sich ein Forscher erst in der zweiten Hälfte einer Karriere zumutet. So ist Fogel, 53 Jahre alt, hineingewachsen in die Rolle der Generalistin der Expedition. Sie denkt zusammen, was zusammengehört. Wenn sie ihre Reibeisenstimme erhebt, kehrt unter den Kollegen Ruhe ein. Sie führt den schönen Titel „Senior Scientist".

Schon Fogels Promotion förderte einst die NASA. Inzwischen gehört sie zu jener Arbeitsgruppe, die plant, wie Amerika künftig Mars-Gestein lagert. Bevor ein Astronaut den Mars betritt, sollen erst Bodenproben genommen und zur Erde zurückgebracht werden. Eine Technologie dafür gibt es nicht. Lauter offene Fragen: Dürfen Forscher an den Proben arbeiten? Oder nur Roboter? Wie ist das Gestein vor biologischer Verunreinigung von der Erde zu schützen? Und wie die Menschen vor den Proben? Was, wenn das Gestein sich als gefährlich erweist? Wird es Quarantäne geben? Unterdruck? Marsianische Tiefsttemperaturen? Ihre Arbeitsgruppe, sagt Fogel, treffe sich „wieder und wieder und wieder". Noch zehn Jahre werde es dauern, fürchtet sie, bis die Lagerhalle endlich stehe. Der Weg bis zum Mars ist eben weit.

Immerhin hat Marilyn Fogel für sich die wichtigste aller Fragen geklärt: warum es überhaupt notwendig sei, einen Menschen zum Mars zu schicken. „Glauben Sie wirklich", fragt Fogel, „wir blieben hier unten auf der Erde hocken, wenn oben auf dem Mars ein Rover Lebenszeichen fände?" Für den Entdeckungswettlauf, den sie dann erwartet, hat Fogel sich vorsorglich schon als Astronautin gemeldet und zuvor die Familie gefragt: „Darf ich?" Eines Nachts träumte Fogel, die NASA habe sie erwählt. „Das richtige Alter hätte ich ja", sagt sie. „Wäre etwa 70, wenn es losgeht." Die NASA plant tatsächlich, ältere Astronauten zu schicken wegen der Krebsgefahr durch kosmische Strahlung. „Ich würde sogar fliegen, wenn ich nicht zurückkäme", meint Fogel. „Es wäre das Abenteuer meines Lebens."

Die Marssucht steckt viele Forscher an

Ihr Leben wäre es wert, meint sie, wenn auf dem Mars die Entdeckung des Jahrhunderts auf sie wartete. Nicht nur marsianisches Leben, sondern der Ursprung allen Lebens. „Wenn wir erst einmal Leben außerhalb der Erde entdecken, dann können wir Zusammenhänge erklären, das ganze System des Lebens, den Bauplan", hofft Fogel. „Das hat der Mensch schon immer wissen wollen." Die Evolution, meint Fogel, sei besser auf dem Mars zu erforschen, da auf der Erde das Leben selbst die Geschichte seiner Entstehung unlesbar gemacht habe. Der Mars stelle jene unberührte Welt dar, die der Erdball nicht mehr sei. Allerdings kann sich Marilyn Fogel eines nicht erklären: warum das gigantische Projekt zur Entschlüsselung der Evolution ausgerechnet „von einem Präsidenten angestrengt wird, der zugleich nichts dagegen hat, die schöpfungsgeschichtliche Lehre vom Intelligent Design in der Schule zu unterrichten".

In der Vergangenheit war es nicht selten der Glaube an übersinnliche Kräfte, der den menschlichen Geist zum Mars entführte. Aus Spinnereien wurden ernsthafte Pläne, wie jene des deutschen Raumfahrtpioniers Wernher von Braun. Mit seinen Freunden im Verein für Raumschifffahrt erträumte er sich in den 1920er-Jahren die Erkundung des Weltalls, besonders des Mars. Sogar während er Raketen für den Endsieg der Nazis entwickelte, ließ er nicht von seiner Leidenschaft. 1944 wurde er kurzzeitig verhaftet, weil er zu viel Zeit auf seine Raumfahrtpläne verwandt hatte. Erst in Amerika ließ man seiner Marssucht freien Lauf.

1952 erschien sein Aufsatz *Das Marsprojekt* in der deutschen Zeitschrift *Weltraumfahrt*: die erste ingenieurtechnische Kalkulation für eine Marsreise. Sieben Passagier- und drei Transportschiffe sollten 963 Tage lang unterwegs sein. Für alle großen Probleme Antrieb, Schwerelosigkeit, Landung, Rückkehr hatte von Braun sich eine Lösung ausgedacht. Seine Ideen und Berechnungen gingen in das Apollo-Projekt ein, das zur Landung auf dem Mond führte. Auch Amerikas Mars-Rakete, deren Pläne 2005 vorgestellt wurden, greift zurück auf die Apollo-Technologie. Ein Kreis schließt sich.

Der Bockfjord ist ein erdgeschichtlicher Wundergarten

Die Polarsyssel umrundet inzwischen den nördlichsten Zipfel Spitzbergens und fährt in den Bockfjord ein. Es ist die wichtigste Station der Expedition und zugleich ihre schönste. Durch eine Meerenge geht es hinein in ein windgeschütztes Bassin, das still daliegt wie ein Binnensee. Drumherum wachsen aus dem Wasser Felsen in den Himmel. Es scheint, als gehe das Expeditionsschiff mitten in einem polaren Amphitheater vor Anker. Von majestätischer Kargheit und doch verblüffender Vielfalt ist dieser Platz. Im Osten stehen wie aus einem Canyon des amerikanischen Westens hierher verpflanzt Pyramiden aus rotem Sandstein. Fällt der Blick nach Westen, ähnelt die

Gegend den Alpen. Scharfzackige Bergketten begrenzen dunkel und drohend das Blickfeld. Dazwischen hat der Mahlstrom der Gletscher gewaltige Täler ausgefräst, mit rund geschliffenen Felsen aufgefüllt und in schier endlose Felder aus anthrazitgrauem Geröll verwandelt. Für diese Szenerie aus Weiß und Schwarz und Grau und Rot scheint der Begriff der Urlandschaft eigens geprägt worden zu sein.

Geologen halten den Bockfjord für einen erdgeschichtlichen Wundergarten. Auf engstem Raum erheben sich nebeneinander Gesteinsformationen aus allen Entstehungsphasen der Welt. Ein Berg kann hier 500 Millionen Jahre älter sein als sein Nachbar. Der Star unter ihnen heißt Sverrefjell, ein schwarzer Lavahaufen von 520 Metern Höhe und gerade mal eine Million Jahre alt. Just dieses erdgeschichtliche Baby ähnelt dem Mars wie kein zweiter Ort auf dem Globus: Ground Zero für Mikrobenjäger und Instrumentenbastler. Kaum hat die Polarsyssel Anker geworfen, baut sich Expeditionsleiter Hans Amundsen auf dem Hubschrauberdeck auf, weist mit dem Arm hinüber auf den Lavakegel. Drei Worte sagt er, die aber ehrerbietig: „Das ist er."

Was Bergsteigern ihr Schicksalsberg, ist Hans Amundsen sein Sverrefjell. Sein ganzes Leben kreist um diesen Steinkegel. Hier wurde er zum Mars-Forscher. Alles begann, als er nach der Schule als Assistent eines Geologen auf Spitzbergen anheuerte. Sein Einsatzort war ihm eine fremde Welt. Amundsen erinnert sich genau, wie er zum ersten Mal mit dem Eisbrecher in Spitzbergens Fjordwelt einfuhr: „Ich war hin und weg, wie süchtig." Der Polar-Bazillus hatte ihn befallen: „Diese Welt, die anderen lebensfeindlich erschien, war für mich faszinierend wie nichts zuvor in meinem Leben."

Jede Entschuldigung war ihm fortan recht, den Vulkan wieder besuchen zu können. Für seine Magisterarbeit suchte er sich ein Thema auf Spitzbergen, genauso für seine Doktorarbeit. Beide Male war der Vulkan Sverrefjell sein Ziel. Doch musste er einsehen, dass die karge Landschaft Spitzbergens ihn nicht ernähren würde. Schweren Herzens nahm Amundsen einen Job in Norwegens Öl-Industrie an. Eines Tages aber erhielt er eine E-Mail von einer berühmten Institution. Die NASA erkundigte sich nach seiner Doktorarbeit. Am anderen Ende der Welt, in der Antarktis, sei ein Mars-Meteorit entdeckt worden. Dieser Klumpen Gestein, „ALH 84001" getauft, habe beinahe dieselbe Zusammensetzung wie der Sverrefjell, den er, Amundsen, erforscht habe. „Von diesem Moment an", erinnert Hans Amundsen sich, „haben sich die Ereignisse überschlagen." Hänschens Mars-Fahrt beginnt.

Spitzbergen wird zum Testzentrum der Raumfahrt

Der Überraschung folgt eine Sensation: Ein NASA-Experte will auf ALH 84001 Spuren von Leben entdeckt haben. Eine ganze Wissenschaftsdisziplin fällt nun über einen einzelnen Fels her. Plötzlich wird auch jener entlegene Steinhaufen, den Amundsen so gut kennt wie niemand sonst, zu einem Zentrum der Mars-Forschung. Sverrefjell nimmt Amundsen wieder gefangen. Er sattelt um auf Mars-Forschung und beginnt, die erste Expedition nach Spitzbergen zu organisieren. Heute, dreieinhalb Jahre später, verbirgt sich unter Deck der Polarsyssel schon eine ganze Instrumentengalerie: sieben Geräte, die mit unterschiedlichen Methoden dem Leben nachspüren können. Am Sverrefjell werden sie auf Mars-Tauglichkeit getestet.

Amundsen denkt längst weiter. Die NASA hat seinen Antrag schon genehmigt, den Prototyp des nächsten Mars-Rovers am steilen Sverrefjell-Westhang zu testen. Später sollen Astronauten dazukommen, um zu üben, das Mars-Mobil aus einer Landekapsel heraus zu steuern. Spitzbergen wird dann zum Testzentrum der Mars-Raumfahrt.

Die Symbolik seiner Expedition ist Amundsen nicht entgangen. Natürlich weiß er, dass Spitzbergen einst Ausgangspunkt für die mutigsten aller Abenteurer war. Mit Schlitten, mit Skiern, zu Fuß und mit Ballons versuchten sie, den Pol zu erreichen. Nach dieser letzten Runde irdischer Entdeckungen nehmen nun planetarische Erkundungen hier ihren Ausgangspunkt. Und vielleicht ist es mehr als ein Zufall, dass wieder der Name Amundsen im Zentrum steht. Nicht mehr Roald Amundsen, der Norwegens Farben im Wettrennen zu den Polen trug und 1928 vor Spitzbergen im Packeis starb, sondern Hans Amundsen, der Norwegen zum Standort der Mars-Forschung macht. Den Vergleich mit seinem berühmten Vorfahr wehrt Hans Amundsen vorsorglich ab: „Ist doch nur ein Namensvetter." Aber dann räumt er doch ein, dass er Amundsens Biografie vor der eigenen Expedition sehr wohl gelesen hat. Und zumindest eine Ähnlichkeit sieht er: „Den Willen, Fesseln zu sprengen und zu träumen."

So steht an der Reling der Polaryssel ein Kerl von einem Mann, wie hineingeboren in diese Landschaft, der mit rotem Schopf und rotem Vollbart aussieht wie, nun ja, ein Wikinger. Nicht einen Wissenschaftler, eher einen Polartrapper wird man in ihm vermuten. Seine Kapuze ziert ganz altmodisch ein Fellbesatz, im Gürtel führt er ein Buschmesser, hinter seiner Schulter ist der Lauf eines Eisbärentöters zu sehen. Ganz ruhig gibt er Verhaltensregeln für die Forscher aus. Dann geht es an Land.

Sverrefjell ist weniger ein Berg denn eine schwarze Düne. Über Jahrtausende haben sich die Lavabrösel im Permafrost kaum verfestigt. Darum finden die Füße nirgends Halt. Immer rutscht Vulkansand nach. Jeder kleine Anstieg wird zur Anstrengung. Der Wind hat auf Nord gedreht. Über Packeis und Gletscher weht es direkt in die Gesichter. In Nebel gehüllt, liegt der Berg da. Es schneit leicht. Nicht gerade ideale Bedingungen für wissenschaftliche Experimente.

Aber die Forscher haben sich ein Jahr lang auf diesen Moment vorbereitet. Eine läppische Wetterfront schreckt niemanden, wenn der Höhepunkt der Expedition naht. Das Septett der Mars-Instrumente soll heute zusammenspielen wie ein Orchester. Und zwar in der Eisgrotte.

Auf der Suche nach dem ältesten Eis der Welt

Knapp unter dem Gipfel springt einer der Wissenschaftler vom Grat, lässt sich eine kleine Schaufel reichen und beginnt in der Bergflanke zu graben. Alle anderen kauern im Windschatten und warten. Minutenlang ist nur Geröll zu hören, das zu Tal rutscht. An der Schaufel steht der Mikrobiologe Andrew Steele, ein Brite, mit 39 Jahren Jungstar der Expedition. Er leitet für die NASA jene Arbeitsgruppe, die das Konzept für die Suche nach dem Leben auf dem Mars erarbeitet. Bei der Carnegie Institution in Washington haben sie ihm ein brandneues Labor hingestellt. Wie jedem großen Geist verzeihen ihm die Kollegen seine Zerstreutheit. Pünktlich ist er selten, und irgendetwas hat er meistens vergessen. Sein Haar reicht beinahe bis zum Po. So recht vermag man sich nicht vorzustellen, wie dieser englische Freak zusammen mit Hans, dem Wikinger, im Weißen Haus zu Washington von der Suche nach dem Leben auf dem Mars berichtete.

In der Flanke des Sverrefjell haben Steele und seine Kollegen vor einem Jahr eine kleine Höhle entdeckt, die einst wie eine Badewanne mit Wasser voll lief und dann gefror. Den Eispfropfen bedeckt inzwischen eine Geröllschicht. An den Wänden der Grotte hängt Lava in Tropfenform, offenbar im Fluss versteinert. Die Forscher glauben, dass sich gleich nach dem Ausbruch des Vulkans Eis bildete und in der arktischen Kälte nie mehr schmolz. Es wäre demnach etwa eine Million Jahre alt. Andrew Steele will den ältesten Eisblock freilegen, der je auf Erden gefunden wurde. Vielleicht zehn Minuten dauert es, bis die Schaufel auf eine harte Schicht trifft und Steele ruft: „Da ist es, Gott sei Dank, es ist wirklich da." Ein Jahr lang hatte Steele geträumt, das Eis sei „zwischenzeitlich geklaut worden oder mitten im arktischen Winter geschmolzen". Eine bizarre Angstfantasie. Nun kann er selbst den Schatz heben.

Seit er vor Jahren den Meteoriten ALH 84001 untersuchte, hat sich Steele vollständig der Mars-Forschung hingegeben. Eine existenzbeherrschende Faszination hat ihn ergriffen. Er weiß, dass ein Forscherleben nur Zeit lässt für zwei Mars-Missionen, vielleicht drei. Bei der Vorbereitung eines Fluges kann leicht ein Jahrzehnt vergehen. Danach gilt es, „den Staffelstab weiterzugeben an die nächste Generation". Deshalb wirkt Steele beständig, als habe er keine Zeit zu verlieren. Jeden Morgen, sagt er, stehe er „mit dem Gedanken an Leben auf dem Mars auf". Und doch zählt er zu jenen Experten, die davor warnen, die Frage nach dem Leben ins Zentrum des amerikanischen Mars-Projekts zu stellen. Zunächst nennt Steele taktische Gründe: Was, wenn die Suche nach Biosignaturen auf dem Mars nicht bei der ersten Mission erfolgreich wäre? Würden Öffentlichkeit und Parlament Milliarden für weitere Mars-Flüge bewilligen?

Steele will deshalb lieber die „Bewohnbarkeit" des Roten Planeten untersuchen. Dann ließen sich die Fragen leichter bejahen. Und jeder Mars-Flug könnte eher zum Erfolg werden. „Bewohnbarkeit" meint Steele freilich auch ganz wörtlich. Wie so viele Marsforscher treibt Steele das Arche-Noah-Motiv an: „Wir machen unseren Planeten in atemberaubender Geschwindigkeit kaputt. Deshalb sollten wir anfangen, uns anderswo umzuschauen." Der Mensch sei ungemein adaptionsfähig.

An der Grotte lehnt jetzt ein Eisbohrer. Damit soll ein Eiskern herausgelöst werden

aus dem gefrorenen Pfropf. Und das alles unter biologisch reinen Bedingungen, damit das Eis auf Mikroben untersucht werden kann. Im Rucksack liegt ein kleines Handgerät, das Steele und seine Kollegen erfunden haben. Sie nennen es „Labor auf dem Chip". Binnen Minuten kann das Kästchen Zellwandkomponenten und Bakterien analysieren. Es ist ein Wunderwerk der Forschung, wie es sich bislang nur Science-Fiction-Autoren vorstellen konnten. Im Raumschiff Enterprise etwa ließ sich Captain Kirk auf fremde Planeten beamen und analysierte dort mit einem Handgerät blitzschnell die Beschaffenheit der fremden Welt. So ein Instrument erlebt nun auf Spitzbergen seinen Jungferneinsatz.

Nichts darf schiefgehen. Der Eisblock ist unersetzbar

Vorsichtig treiben die Forscher den Bohrer ins Eis. Nichts darf schiefgehen. Der Eisblock ist unersetzbar. „In so eine Grotte könnte sich Leben auf dem Mars zurückgezogen haben, irgendwo unter der Erde", mutmaßt Steele. Die irdische Versuchsanordnung ist ideal: Geologie wie auf dem Mars, Wasser wie auf dem Mars, Klima (fast) wie auf dem Mars, Analytik wie in einem künftigen Mars-Rover. Die lange Reise nach Spitzbergen hat sich gelohnt.

Schon nach einem halben Meter trifft der Bohrer auf Fels. Wie ein Weinkorken wird nun der Eiskern hochgezogen. Steele und Amundsen liegen sich in den Armen. Das älteste Eis der Welt ruht bereit zur Untersuchung auf einer Alufolie. Vielleicht werden Mikroorganismen zu finden sein, die dort seit einer Million Jahren eingeschlossen sind. Näher als an diesem Tag ist die Menschheit dem Mars auf Erden nie gekommen.

Aus: DIE ZEIT, Nr. 20, 11. Mai 2006

Im August 1986 sucht die Deutsche Forschungs- und Versuchsanstalt für Luft- und Raumfahrt (DLR) nach Wissenschaftsastronauten. Die Bewerber müssen ein abgeschlossenes Hochschulstudium in Physik, Chemie, Biologie, Medizin oder Ingenieurwissenschaften und eine mehrjährige Forschungstätigkeit vorweisen können. Ein guter physischer und psychischer Allgemeinzustand und ausgezeichnete Englischkenntnisse sind weitere unabdingbare Voraussetzungen für den Job.

Von 1 799 Bewerbern kommen 312 in die engere Auswahl. Nach den ersten Prüfungen bleiben nur 23 übrig. Und nach den medizinischen Tests sind es noch 13, aus denen eine Jury fünf Anwärter bestimmt. Am Ende werden die beiden Physiker **Ulrich Walter** und Hans Schlegel mit dem europäischen Raumlabor Spacelab an Bord der *Columbia* in die Umlaufbahn geschickt – vom 26. April bis zum 6. Mai 1993.

Walter, geboren am 9. Februar 1954 in Iserlohn, hat an der Universität Köln Physik studiert und danach in Chicago und im Rahmen eines Research Fellowship der Deutschen Physikalischen Gesellschaft an der University of California in Berkeley geforscht.

Im Frühjahr 1993 umkreist er 159 Mal die Erde. Mit einer Durchschnittsgeschwindigkeit von 28 000 Kilometern in der Stunde legt er dabei 6,7 Millionen Kilometer zurück.

Nach seinem Flug leitet Walter vier Jahre lang das Satellitenbildarchiv des DLR im bayerischen Oberpfaffenhofen. 1998 wechselt er zu IBM in Böblingen, seit März 2003 ist er Inhaber des Lehrstuhls für Raumfahrttechnik an der Technischen Universität München.

Seit seinem Ausflug ins All bewegt ihn eine große Frage: „Ist es vorstellbar, dass im Weltall mit seiner unvorstellbar großen Zahl von Sternen und Planeten – das sind immerhin 10 000 Millionen Millionen Millionen Sterne und Planeten, mehr als es Sandkörner auf allen unseren Stränden gibt – unsere kleine Erde als einziger Planet intelligentes Leben beherbergt?"

Walter glaubt durchaus an intelligente Wesen im All. „Wir werden mit ihnen aber nie in Kontakt treten können. Zu groß sind die Entfernungen zu ihnen. Intellektuelle Kulturen werden also immer völlig getrennt von anderen Kulturen einherleben, ohne jemals zu erfahren, ob es außer ihnen noch andere Kulturen gibt. Die Menschheit bildet, so bedauerlich das sein mag, in dieser Hinsicht keine Ausnahme."

Ulrich Walter

Gibt es intelligentes Leben im Kosmos?

Von Ulrich Walter

> Wenn ich bedenke,
> meine kleine Spanne des Lebens
> aufgesogen in der Unendlichkeit der Zeit,
> oder den kleinen Teil des Raumes,
> den ich berühren oder sehen kann,
> eingebettet in die Unermesslichkeit des Weltraums,
> den ich nicht kenne und der mich nicht kennt,
> bin ich erschrocken und erstaunt zugleich,
> mich hier zu sehen und nicht dort,
> jetzt anstatt dann.
>
> Blaise Pascal (1623–1662), französischer Mathematiker
> und Philosoph

Einer Umfrage der Deutschen Welle vom 2. Januar 1998 zufolge glauben 52 % aller Deutschen an außerirdische Lebewesen, ETIs, und UFOs. 37 % glauben nicht daran, und der Rest weiß nicht so recht. In den Vereinigten Staaten ist der Prozentsatz der „Gläubigen" sogar noch höher: Eine Umfrage Anfang der 1990er-Jahre zeigte, dass 57 % der Bevölkerung glauben, an UFOs (womit sie Außerirdische meinen) sei etwas dran. Bei den unter 30-Jährigen waren es sogar 70 %. Diese Zahlen spiegeln die seit dem 13. Jahrhundert ungebrochene, populäre Meinung wider, das Universum sei so enorm groß, dass es doch unwahrscheinlich sei, wenn wir Menschen die einzigen Wesen im Universum wären. Dies gebiete allein der gesunde Menschenverstand.

Nun ist es mit dem gesunden Menschenverstand so eine Sache. Als Kolumbus die Meinung vertrat, die Erde sei rund und daher müsse man Indien auch auf einem westlichen Seeweg erreichen können, wurde er verhöhnt. Schließlich sei die Erdoberfläche offensichtlich flach, die Erde also eine Scheibe; wäre sie tatsächlich rund und man befände sich auf der unteren Erdhalbkugel, so müsse das Schiff doch von der Erde herunterfallen! Offensichtlich lohnt es sich, manchmal die Fakten auch gegen den gesunden Menschenverstand zu hinterfragen.

Was ist eigentlich ...

ETI, Extraterrestrial Intelligence, außerirdische intelligente Zivilisation.

Was ist eigentlich ...

SETI, Search for Extraterrestrial Intelligence, langjähriges Forschungsprogramm zur Suche nach außerirdischen Intelligenzen. Das SETI-Programm begann in den frühen 1960er-Jahren und wurde seitdem in den USA und in der ehemaligen UdSSR durchgeführt. Es stützt sich insbesondere auf radioastronomische Beobachtungen, mit denen Radiosignale einer möglichen Zivilisation aus dem Radiohintergrund gefiltert werden. Das SETI-Projekt wurde offiziell 1993 eingestellt, das SETI-Institut in Kalifornien befasst sich seitdem weiter mit radioastronomischen Aufgaben und wird nun privat finanziert.

Argumente auf dem Prüfstand
– das populär-pluralistische Argument

Tatsächlich ist das genannte populäre Argument, das die Existenz vieler Zivilisationen in unserem Universum fordert, schlichtweg falsch. Denn die Existenz einer sehr, sehr großen Anzahl von erdähnlichen Planeten allein reicht nicht aus, eine Vielzahl Außerirdischer zu begründen. Tendiert nämlich zugleich die Wahrscheinlichkeit des Auftretens einer Zivilisation gegen Null – und gerade dafür spricht zur Zeit vieles –, dann bleibt nach wie vor alles offen oder kann gar zum gegenteiligen Ergebnis führen. Frank W. Cousins veranschaulichte den logischen Makel dieses pluralistischen Argumentes an einem bekannt gewordenen Beispiel: „Vergleichen wir die Entstehung von intelligentem Leben mit der Entstehung eines großen literarischen Werkes und nehmen an, beides sei in unserem Universum zufällig entstanden. Ließe man zum Schreiben von, sagen wir, Shakespeares *Hamlet* einen Affen nur lange genug an einer Schreibmaschine herumtippen, dann würde er nach sehr, sehr langer Zeit – um genau zu sein nach $10^{460\,000}$ Sekunden – *Hamlet* genau einmal verfasst haben. Mit anderen Worten, wenn man nur lange genug wartet, werden alle möglichen großen literarischen Werke irgendwann einmal geschrieben und das überall im Universum, wo eine Schreibmaschine existiert. Man wird sich jedoch schnell davon überzeugen, dass dies im Prinzip zwar möglich ist, jedoch praktisch nie passieren wird. Denn würde man selbst in allen 10^{22} Sternensystemen des für uns sichtbaren Universums jeweils etwa zehn erdähnliche Planeten, bewohnt mit jeweils 10 Milliarden (das entspricht der Erdbevölkerung) schreibenden Affen annehmen und die Affen seit der Entstehung unseres Universums vor 15 Milliarden Jahren ununterbrochen Maschine schreiben lassen, dann wären seitdem lediglich 5×10^{50} Schreibsekunden zusammengekommen, unvergleichlich wenig zu den notwendigen $10^{460\,000}$ Sekunden. *Hamlet* würde also in unserem Universum praktisch nirgendwo jemals geschrieben."

Was jedoch unserer Erfahrung, dass es nämlich auf der Erde dennoch geschrieben wurde, nicht im Geringsten widerspricht. Denn jedermann wird zustimmen, dass die Zeit, ein großes literarisches Werk zu verfassen, sich drastisch reduziert, wenn man einen Affen durch einen geistig vermögenden Schriftsteller ersetzt; zweitens wird es sehr, sehr viele große Werke geben, von denen bis heute nur sehr wenige, darunter eben auch *Hamlet* geschrieben wurden, und von denen in den kommenden Jahrmilliarden sicherlich noch sehr viele verfasst werden. Mit anderen Worten, *Hamlet* wird aller Voraussicht nach in der Historie des Universums nur einmal verfasst werden, dafür werden aber hier und da andere große Werke aus der schier unerschöpflich großen Anzahl großartiger Werke entstehen, die wiederum einmalig sein werden. Die Unwahrscheinlichkeit der Schaffung eines großen Werkes widerspricht also keineswegs der Tatsache, dass es wenigstens einmal (jedoch auch nicht öfter) zustande kommt. Und genau diese Erkenntnis könnte der Grund dafür sein, warum es trotz der enorm großen Zahl von Sternen in unserem Universum das große Schöpfungswerk biologischen Lebens nur einmal gibt.

Solche Einsichten liegen jedoch nicht auf der Hand, vielmehr widersprechen sie der menschlichen Intuition. Und dies hat dazu geführt, dass sich über die Jahrhunderte an den falschen Argumenten und Schlussfolgerungen nichts geändert hat – und aller Voraussicht nach auch so schnell nichts ändern wird.

Die Logik der Wissenschaft will es aber, dass selbst mit falschen Argumentationen in manchen Fällen eine richtige Aussage getroffen werden kann. Ein schönes Beispiel ist für mich die Astrologie. Die Frage, ob es tatsächlich extraterrestrische Zivilisationen gibt oder nicht, ist also keinesfalls entschieden. Der einfachste Beleg wäre, wenn sich UFOs tatsächlich als die Spur Außerirdischer nachweisen ließen.

Sind UFOs wirklich außerirdisch?

Interessanterweise werden in der öffentlichen Meinung UFOs grundsätzlich immer mit dem Erscheinen von außerirdischen Raumschiffen und damit auch mit ETIs gleichgesetzt. Wörtlich genommen be-

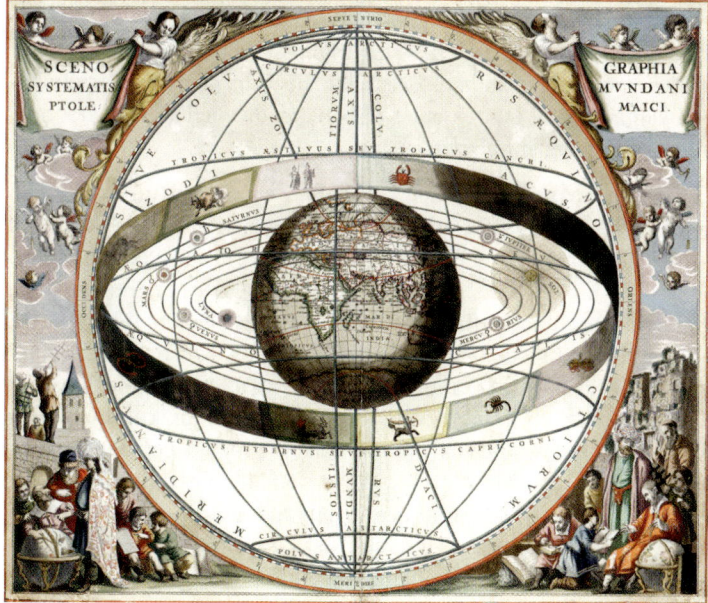

Andreas Cellarius *Harmonia Macrocosmica* von 1660/61. Dargestellt sind die Sternzeichen und das Sonnensystem mit der Erde im Zentrum.

Was ist eigentlich ...

Astrologie, bis zum 4. Jahrhundert n. Chr. Synonym zu Astronomie, später nur noch die Sterndeutekunst, die individuelles Schicksal und Charakter, aber auch Ereignisse wie Krieg, Frieden, Katastrophen oder Glück verheißende Tage aus dem Einfluss der Gestirnskonstellationen deutet oder vorhersagt. Astrologische Lehren finden sich bei Naturvölkern und in allen Hochkulturen; zugrunde liegt die Anschauung, alle Teile der Welt seien durch erfassbare Ähnlichkeit miteinander verbunden, also auch der Mikrokosmos Mensch mit dem Makrokosmos Welt: „Wie oben – so unten!" Die Kritik wirft der Astrologie vor, ihre Lehren seien überholt. Denn seit der Antike sind neue Planeten entdeckt worden, das geozentrische Weltbild wurde abgelöst; durch die Verschiebung der Daten der Tagundnachtgleiche infolge der Präzession der Erdachse stimmt der astrologische („tropische") Tierkreis heute nur noch kalendarisch, Tierkreiszeichen und Tierkreissternbilder sind heute um etwa eine Einheit gegeneinander verschoben. Dem begegnet die Astrologie mit Modifikationen ihrer Lehre und neuen Hypothesen, die verschiedene, sich auch bekämpfende Schulen erarbeitet haben.

deutet UFO aber lediglich *unidentified flying object*, also „unbekanntes Flugobjekt". Diese Namensgebung deutet darauf hin, dass es sich zunächst einmal um allgemeine, flugfähige Objekte handelt, also nicht zwangsläufig um ETI-Raumschiffe, und dass ihre Herkunft vorerst noch unbekannt ist. Die naheliegende Frage wäre also, wie viele der gemeldeten Fälle unbekannter Flugobjekte sich unter genauer Analyse als identifizierbar herausstellen und ob es darunter „harte" Fälle gibt. Inwieweit diese wirklichen UFOs dann mit ETIs in Zusammenhang gebracht werden können, ist eine zweite Frage.

Internet-Links

Gesellschaft zur Erforschung des UFO-Phänomens e. V.: www.ufo-forschung.de/

Gesellschaft zur wissenschaftlichen Untersuchung von Parawissenschaften e. V.: www.gwup.org/

Mit diesem Fragenkomplex beschäftigen sich viele, meist private Institutionen weltweit. In Deutschland widmet sich die seriöse Gesellschaft zur Erforschung des UFO-Phänomens e. V. (GEP) seit 20 Jahren mit wissenschaftlichen Methoden der Untersuchung von UFO-Berichten. Von den Hunderten untersuchter Fälle hat die GEP angeblich bisher keinen einzigen Fall gehabt, der als einzige Erklärung einen außerirdischen Ursprung des beobachteten Phänomens zuließe. Im Jahre 1991 hat die Gesellschaft zur wissenschaftlichen Untersuchung von Parawissenschaften e.V. (GWUP) die erste deutsche Statistik mit mehr als 3 000 UFO-Meldungen veröffentlicht. Dieser Statistik zufolge gingen die meisten UFO-Meldungen nicht auf außerirdische, sondern auf sehr irdische Erscheinungen zurück. Die gemeldeten UFO-Fälle waren Lichteffektgeräte (18 %), Flugzeuge und Hubschrauber (15 %), Modell-Heißluftballons (13 %) oder Meteore, Wetterballone, Sterne oder Sonstiges (37 %). Bei 9 % der Fälle lagen nur ungenügende Daten vor, 6 % waren problematische UFO-Fälle und nur ganze 2 % waren „harte" (nicht erklärbare) UFOs. Leider erfährt die Öffentlichkeit von den Aufklärungen nichts, denn wenn nach langer Arbeit endlich ein Fall geklärt ist, haben die Medien in der Regel das Interesse bereits wieder verloren. Außerdem sind noch ungeklärte Fälle, über die man blumig fantasieren kann, allemal interessanter als solche, die sich als schnöde optische Täuschung entpuppen.

Um zu klären, was es mit den problematischen und harten UFO-Fällen auf sich hat, veröffentlichte der amerikanische UFO-Experte Allan Hendry im Jahre 1979 einen Vergleich zwischen allen berichteten UFOs eines Jahres. Er verglich die 90 % der berichteten UFO-Fälle, die sich identifizieren ließen (Identifizierbare Flugobjekte, IFOs), mit den restlichen 10 %, die sich aus welchen Gründen auch immer nicht identifizieren ließen, also den vermeintlich wahren UFOs. Statistisch gesehen waren beide Gruppen praktisch ununterscheidbar, was die Dauer und den Tageszeitpunkt der Beobachtungen, das Alter und Geschlecht der Zeugen, ihren beruflichen Hintergrund, und ihre früheren Verbindungen zu UFO-Beobachtungen betrifft. Einzig das generelle Interesse der Zeugen für UFOs schien wesentlich höher zu sein als beim Bevölkerungsdurchschnitt. Daraus

Sizilien 1954: Vier Italiener starren auf ein angebliches UFO am Himmmel. Der Fotograf schwörte Stein und Bein, dass die Objekte am Himmel tatsächlich da waren.

kann man schließen, dass es statistisch gesehen keinen Unterschied zwischen IFOs und vermuteten UFOs gibt und dass die vermeintlichen UFOs wahrscheinlich ebenfalls einen irdischen Ursprung haben dürften.

Es gibt tatsächlich keinen einzigen UFO-Fall, der als Erklärung einen außerirdischen Ursprung des beobachteten Phänomens zuließe, erst recht nicht die Gegenwart von ETIs auf der Erde. Auch gibt es keine direkten Hinweise für ETIs.

Alle UFO-Gläubigen sollten ein Prinzip beachten, was in wissenschaftlichen Kreisen seit jeher gilt, nämlich Occam's Razor (Ockhams Rasiermesser): Von mehreren Theorien, die den gleichen Sachverhalt erklären wollen, ist die einfachste zu bevorzugen. Wer dieses Prinzip verwirft, der öffnet das Feld für Fantasien. Aber Jahrhunderte menschlicher Erfahrungen lehren uns, dass dies selten der Weg ist, die Wahrheit zu finden.

Wenn nach aller Einsicht und überaus vielen Erläuterungen von UFO-Spezialisten in Presse und Medien UFOs also keine übernatürlichen Phänomene sind, warum berichten dann Menschen aus der aufgeklärten westlichen Hemisphäre immer wieder von UFO-Sichtungen und warum glauben praktisch alle an diesem Phänomen Inte-

Zwölf verschieden große Kreise haben Unbekannte in Meensen (Kreis Göttingen) in ein Weizenfeld gezogen (7.8.2006).

ressierte an das Auftauchen Außerirdischer? Meiner Ansicht nach hat das UFO-Phänomen vieles mit den Kornkreisen gemeinsam, die erstmals im Herbst 1989 auf englischen Feldern beobachtet wurden und sich in kürzester Zeit über die ganze Welt ausbreiteten. Sofort entstanden Theorien, die übernatürliche Ursachen heranzogen, am populärsten natürlich die, dass es sich dabei um die verschlüsselte Nachricht Außerirdischer handle. Erst als sich nach 1991 immer mehr „Kreismacher" outeten und damit der Euphorie über die Kreise mehr und mehr der ernüchternden Erkenntnis wich, dass sich praktisch alle Fakten durch menschliche Hoaxes erklären ließen, setzte sich diese Erkenntnis, wenn auch nur langsam und widerstrebend, durch. Warum nahm man nicht von Beginn an diese naheliegendste Erklärung an, und warum sträuben sich Kornkreisfreaks bis auf den heutigen Tag gegen sie? Ein englischer Geständiger, der selbst nächtliche Kornkreise gezogen hatte, beschrieb das Phänomen in einem Interview auf eine sehr treffende Weise:

> Im Laufe der Zeit bin ich mit immer mehr Leuten in Kontakt gekommen, sowohl Forschern als auch Hoaxern, und habe dadurch immer mehr begriffen, auf welcher Ebene das Phänomen abläuft. … Es wurde mir dann immer mehr klar, dass es nicht darum geht, ein Rätsel zu lösen, sondern ein Mysterium aufrechtzuerhalten.

Menschen lieben nun einmal die faszinierende Mystik mehr als eine desillusionierende Profanität. Mystik und Esoterik sind Denkmuster, die interessanterweise gerade im ausgehenden 20. Jahrhundert immer beliebter wurden. Damit deckt sich diese Interpretation weitgehend mit den Überlegungen des britischen Physikers Paul Davies, einem Vordenker an der Schnittstelle zwischen Glaube und Wissenschaft, der nach seiner Auseinandersetzung mit dem UFO-Phänomen konstatierte:

Zum Weiterlesen …

Paul C. W. Davies, *Sind wir allein im Universum? Über die Wahrscheinlichkeit außerirdischen Lebens* (München 2003).

> In einer Zeit, in der die konventionelle Religion im Niedergang begriffen ist, bietet der Glaube an unendlich überlegene Außerirdische irgendwo draußen im Universum ein gewisses Maß an Trost und Ermutigung für Menschen, denen ihr Leben sonst langweilig und sinnlos erschiene. … Die Außerirdischen spielen also ihre traditionelle Rolle als Engel, als Vermittler zwischen der Menschheit und Gott, die uns verschlüsselte Wege zu okkultem Wissen über das Universum und die menschliche Existenz weisen. … [Die Anziehung von Außerirdischen] scheint darin zu liegen, dass der Mensch Zugang zu höherem Wissen gewinnt, wenn er mit überlegenen Wesen in Kontakt tritt, und dass die daraus resultierende Erweiterung unseres Horizontes uns in gewissem Sinne Gott einen Schritt näher bringen würde.

Außerirdische? Ein kurzer historischer Rückblick

Historisch gesehen wechselte die Einschätzung, ob es Außerirdische gibt, mit dem herrschenden Weltbild. Die ersten vorsokratischen Naturphilosophen, die ein geschlossenes Weltbild aufbauten – beginnend mit dem griechischen Philosophen Anaxagoras (um 500–428 v. Chr.) und weiter über die Atomisten wie den Epikuräern und Demokrit – vertraten die Ansicht, es müsse andere Welten und damit erdähnliche Wesen geben. Ihre Argumentation war die folgende: Es existieren unendlich viele Atome, die sich in der zwischen ihnen befindlichen Leere konstant bewegen und sich auf diese ursächliche Weise zusammenfinden und die verschiedensten Stoffe formen können. Weil dies aber alles mehr oder weniger zufällig geschieht, könnte diese Genesis im Prinzip zu unzählig vielen Welten führen, wes-

Was ist eigentlich ...

Atomismus, Atomistik, in allgemeinster Form die Vorstellung, dass die Eigenschaften eines Ganzen auf die Eigenschaften seiner Teile zurückgeführt werden können. Seine Präzisierung findet der Atomismus in der Atomhypothese: Die Vielfalt der beobachtbaren Erscheinungen entsteht durch die unterschiedlichen Wechselwirkungen und Zusammenlagerungen einfacher, nicht direkt wahrnehmbarer Elementarbausteine („Atome"). Dabei spielt es keine Rolle, wie diese Elementarbausteine im Einzelnen beschaffen sind. Das atomistische Weltbild hat seinen Ursprung in der antiken Naturphilosophie, spielte dort aber keine wesentliche Rolle und verschwand aus dem durch Aristoteles geprägten Naturbild der späten Antike und des Mittelalters. Erst zu Beginn der Neuzeit wurden ähnliche Gedanken wiederaufgenommen.

Was ist eigentlich ...

Peripatetiker, der im Gehen im Wandelgang (peripatos) seiner Schule in Athen lehrende Aristoteles und seine Schüler, später allgemein Angehörige der aristotelischen Lehre.

wegen nach ihrer Vorstellung unzählig viele Welten in verschiedenen Größen koexistierten.

Die gegensätzliche Meinung vertraten die Peripatetiker, basierend auf der Weltanschauung des Aristoteles. Demnach gab es nur die eine Welt und somit indirekt auch kein Leben in anderen Welten. Selbst die Existenz einer einzigen anderen Welt schloss Aristoteles aus. Diese Ansicht basierte auf den von ihm postulierten vier Grundelementen des Seins: Erde, Luft, Feuer und Wasser. Die natürliche Position des schweren Elementes Erde war der Mittelpunkt der Welt, unsere Erde. Jedes Teil des Elementes Erde bewegte sich auf die Erde zu. Einzig Feuer als das leichteste Element bewegte sich von der Erde nach außen weg. Luft und Wasser mit mittlerem Gewicht nahmen Positionen dazwischen ein. In diesem System strebte jedes Element somit zu seinem natürlichen Platz. Gäbe es nun zwei Welten mit zwei gegensätzlichen Anziehungspunkten, so Aristoteles, dann würde sich beispielsweise ein Element Erde zum Mittelpunkt der einen Welt hin- und umgekehrt vom Mittelpunkt der anderen Welt wegbewegen. Die Elemente in jeder der beiden Welten würden sich also stets im Widerspruch zur Ordnung der jeweils anderen Welt bewegen. Aus diesem Grunde schloss er prinzipiell andere Welten aus. Als zweiten Grund führte er an, dass unsere Welt aus aller überhaupt existierenden Materie bestände. Es könne also keine anderen Welten geben, weil es dort keine weitere Materie gäbe.

Bis ins 4. Jahrhundert gab es diese beiden gegensätzlichen Meinungslager. Danach wurde die abendländische Philosophie durch den arabischen Halbmond in Südeuropa von ihren altertümlichen Quellen abgeschnitten und damit verlor sich vorerst das atomistische Denken. Im frühen Mittelalter wurde das Ptolemäische Weltbild basierend auf den Aristotelischen Prinzipien von der Kirche zur wahren Lehre erhoben, und tatsächlich wurde die Wechselwirkung der aristotelischen Gedanken mit denen der Theologie der Eckstein der Scholastik und der Philosophie des Mittelalters, in dem es keinen Platz für andere Welten gab. Das Blatt wendete sich erst, als Thomas von Aquin (1224/25–1274) in Überhöhung der aristotelischen Weltsicht feststellte, „dass der Erste Grund [Gott] nicht viele Welten schaffen könne". Dies wurde von der Kirche als Affront auf die Omnipotenz Gottes gesehen, weshalb der Bischof von Paris, Etienne Tempier, im Jahre 1277 diese und 218 andere an Universitäten verbreitete häretische Vorstellungen kirchlich verdammte. Dies gab den Wissenschaften die Legitimation, nicht nur das singularistische aristotelische Weltbild, sondern damit auch die gesamte aristotelische Naturphilosophie zu hinterfragen. Wegen deren Unvereinbarkeit mit den nun angestellten Naturbeobachtungen kam es zu einem Meinungsumschwung, bis schließlich mit dem Durchbruch der Wissenschaften in der Aufklärung sowohl Wissenschaftler, Theologen als auch die Öffentlichkeit an die Existenz vieler Außerirdischer glaubten. Grob gesprochen kam es mit dem Neo-Atomismus der wieder auflebenden Wissenschaften im späten Mittelalter zum Meinungsumschwung, der bis zum heutigen Tag anhält.

Das pluralistische Argument heute

Aus dem demokritschen Atomismus folgt jedoch nicht logischerweise die Existenz von ETIs, sondern nur die prinzipielle Möglichkeit ihrer Existenz. Diese Erkenntnis entspricht in der heutigen Axiomatik der Kosmologie dem „Prinzip der Mittelmäßigkeit", welches besagt, dass das Leben auf der Erde kein Sonderfall ist. Leben, insbesondere das uns bekannte irdische, biologische Leben und die Evolution zu diesem Leben, kann im Prinzip überall im Universum stattfinden. Ein wichtiger Zusatz sind die Worte „im Prinzip", denn so ist noch nicht gesagt, ob überhaupt und in welcher Vielfalt Leben anderswo existiert, obwohl die Befürworter extraterrestrischen Lebens mit der Berufung auf das Prinzip der Mittelmäßigkeit auch stets implizieren, dass es tatsächlich viele außerirdische Lebensformen gibt. Diese letzte Schlussfolgerung, die insbesondere gerne für die Verteidigung interstellarer Kommunikationstechniken ins Feld geführt wird (wie etwa von Carl Sagan, 1934–1996), ist also nicht *a priori* richtig. Wir hatten bereits mit dem Affen-Beispiel gezeigt, dass aus der Existenz vieler Planeten und dem meist unausgesprochen gebliebenen Prinzip der Mittelmäßigkeit nicht notwendigerweise die Existenz von ETIs folgt.

Doch gibt es Überlegungen, die eine definitive Aussage über die Existenz bzw. Nichtexistenz von ETIs zulassen? Die gibt es in der Tat. Doch bevor wir dazu kommen eine kurze Vorüberlegung. Jede quantitative Aussage über ETIs muss rein statistischer Natur sein. Denn wollte man eine Aussage zur exakten Zahl heutiger Außerirdischer in unserer Milchstraße machen, dann müsste man zwangsläufig jeden einzelnen Planeten anderer Sternensysteme besuchen und selbst nachschauen. Das ist nicht möglich und wird es auch offensichtlich nie sein. Es wird also nie eine genaue Antwort darauf geben. Obwohl auf den Einzelfall nicht anwendbar – und unsere Milchstraße ist nur ein Einzelfall –, sind statistische Aussagen dennoch definitiv. Sie sind nicht beliebig, sondern bilden die Basis für eine berechtigte Erwartung. Man kann sein Leben und Handeln nach statistischen Wahrscheinlichkeiten ausrichten. Davon lebt eine ganze Versicherungsindustrie, und genau darin liegen auch ihr Wert und ihr Reiz.

Es gibt heute drei verschiedene Argumentationslinien, die eine Antwort geben:

Porträt

Aristoteles, griechischer Philosoph, neben Platon der bedeutendste Philosoph der Antike, * 384 v. Chr. Stagira , † 322 v.Chr. bei Chalkis; lebte vorwiegend in Athen, 20 Jahre als Schüler Platons in der athenischen Akademie, 343 v. Chr. Lehrer Alexander des Großen, gründete 334 v. Chr. in Athen eine philosophische Schule. Aufbauend auf Platon gelingt Aristoteles von wenigen Grundbegriffen aus eine streng systematische Bewältigung des damaligen Wissens; er gilt u. a. als Begründer der Logik und als Schöpfer der philosophischen Terminologie. Die Welt teilt sich für Aristoteles nicht in die sinnliche und geistige, wie bei Platon, sondern ist ein einziger Kosmos des Geistes und der Materie. Aristoteles baut nur auf Erfahrungen und Tatsachen auf und unterscheidet vier Urgründe allen Geschehens: Materie, Form, bewegende Ursache und Zweck. In der Astronomiegeschichte ist Aristoteles u. a. deswegen von Bedeutung, als er die Lehrmeinung seiner Zeit über das geozentrische Weltsystem in seine Philosophie übernahm. Er schloss aus der Überlegung, dass bei einer Reise nach Süden immer neue Sterne über dem südlichen Horizont auftauchen, auf die Kugelgestalt der Erde.

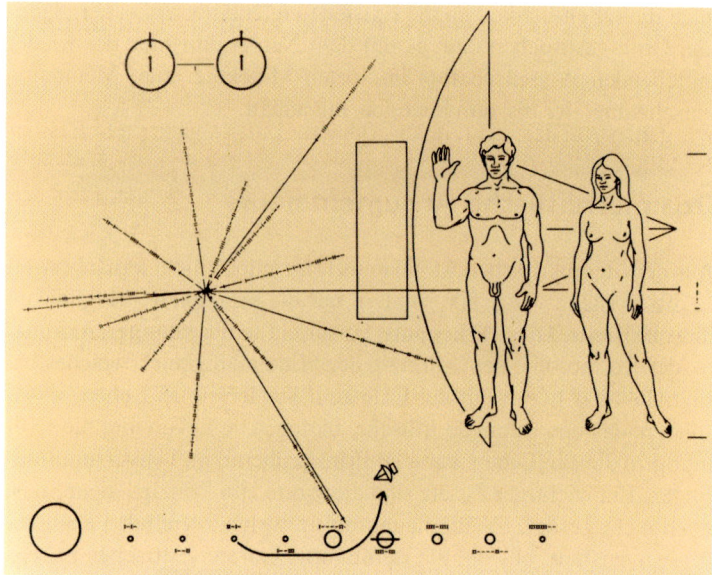

Eine Nachricht an Außerirdische, eingraviert in eine Aluminiumplatte auf *Pioneer10* und *11*. Die beiden Kreise links oben stellen die Hyperfeinübergänge des Wasserstoffatoms mit einer Wellenlänge von 21 cm dar. Dies ist die Grundeinheit aller auf der Platte dargestellten Längen. In der Mitte links sieht man die Position des Sonnensystems relativ zu 14 markanten Pulsaren und dem Zentrum unserer Milchstraße, unten die Sonne mit den neun Planeten. Der Pfeil verdeutlicht den Weg der Raumsonde.

1.) Der indirekte Beweis für die Nichtexistenz vieler ETIs geht von der Annahme aus, es gäbe viele ETIs. Durch eine Beweiskette wird nachgewiesen, dass dann ETIs auf der Erde bis heute hätten auftauchen müssen. Das ist aber, wie wir gesehen haben, nicht der Fall. Wir werden im Folgenden die Beweiskette in verkürzter Form nachvollziehen.

2.) Die Drake-Gleichung (Green-Bank-Gleichung) listet die notwendigen Bedingungen für die Entwicklung von intelligentem Leben auf, multipliziert ihre Wahrscheinlichkeiten und erhält im Idealfall eine statistische Zahl für die Gesamtwahrscheinlichkeit der Existenz von ETIs.

3.) Das biokosmologische Argument basiert auf dem Postulat der Entkopplung zwischen Mikro-, Makro- und Biokosmos. Es zeigt aufgrund logischer Argumente, dass die Entwicklung zu Intelligenz extrem unwahrscheinlich ist und wir daher wahrscheinlich die Einzigen in unserer Milchstraße sind.

Wir werden uns auf die Milchstraße beschränken, weil nur innerhalb der Milchstraße eine Kolonialisierung mit einer Spezies über einen Hopping-Mechanismus zwischen benachbarten erdähnlichen Planeten möglich ist. Die Reise zwischen Galaxien ist aus zeitlichen und technischen Gründen nicht möglich, weshalb der indirekte Beweis nicht mehr anwendbar ist. Die Drake-Gleichung liefert heute einen positiven Hinweis, dass es ETIs in anderen Galaxien geben könnte. Auch das biokosmologische Argument kann das nicht ganz ausschließen.

Der indirekte Beweis für die Nichtexistenz vieler ETIs

Wir gehen von der verbreiteten Annahme aus, es gäbe viele ETIs in der Milchstraße; die Schätzungen von ETI-Befürwortern schwanken zwischen Tausend und einer Milliarde ETI-Zivilisationen. Falls das zuträfe, stünden wir vor dem „Großen Rätsel", wie es in der Literatur genannt wird:

> Wenn viele Millionen ETI-Rassen in unserer Galaxis existieren, sollten sich ETIs auf unserer Erde tummeln und der Raum sollte ausgefüllt sein mit vielen Nachrichten und Raumsonden zwischen den Kulturen. All das ist nicht der Fall.

Die Artikel, die sich mit der Beantwortung dieses Rätsels beschäftigen, füllen Bücher. Man ist sich dabei nur in dem einen Punkt einig: Entweder die hochentwickelten ETIs wollen oder können nicht kolonialisieren, oder es gibt praktisch nur eine Kultur in unserer Galaxie, nämlich uns. Warum aber sollten ETIs nicht kolonialisieren wollen oder können? Dafür gibt es viele Vermutungen:

Soziale Gründe

- Beschaulichkeits-Hypothese (*contemplation hypothesis*): ETIs haben ganz einfach kein Interesse oder ausreichende Motivation für eine Kolonialisierung.

- Selbstzerstörungs-Hypothese (*self-destruction hypothesis*): ETIs existieren nicht lange, weil sie sich vor den Auswanderungsbemühungen durch nukleare Kriege selbst zerstören.

- Zoo-Hypothese (*zoo hypothesis*): ETIs wollen die Erde als Naturschutzgebiet oder als urtümliches „Freiwildgehege" erhalten.

Es gibt eine Reihe von Einwänden gegen diese Hypothesen. Alle genannten sozialen Gründe sind temporäre Gründe. Sie können sich über die Entwicklungsstadien der ETIs verändern und sich genau ins Gegenteil verkehren. Und selbst wenn eine Kultur ständig soziale Gründe hat, erklärt das nicht, dass alle der vermuteten Millionen ETI-Kulturen zu allen Zeiten dieselben oder ähnliche soziale Gründe haben. Es ist auch keine universell gültige soziologische Theorie vorstellbar, die solche Gründe ableiten könnte. Denn die müsste sich auf Erkenntnisse stützen, und die einzige Erkenntnis über kulturelles Verhalten kommt von uns selbst, die wir diese Verhaltensweisen bisher noch nicht zeigten. Diese Theorien können also *a priori* keinen allgemeingültigen Charakter haben.

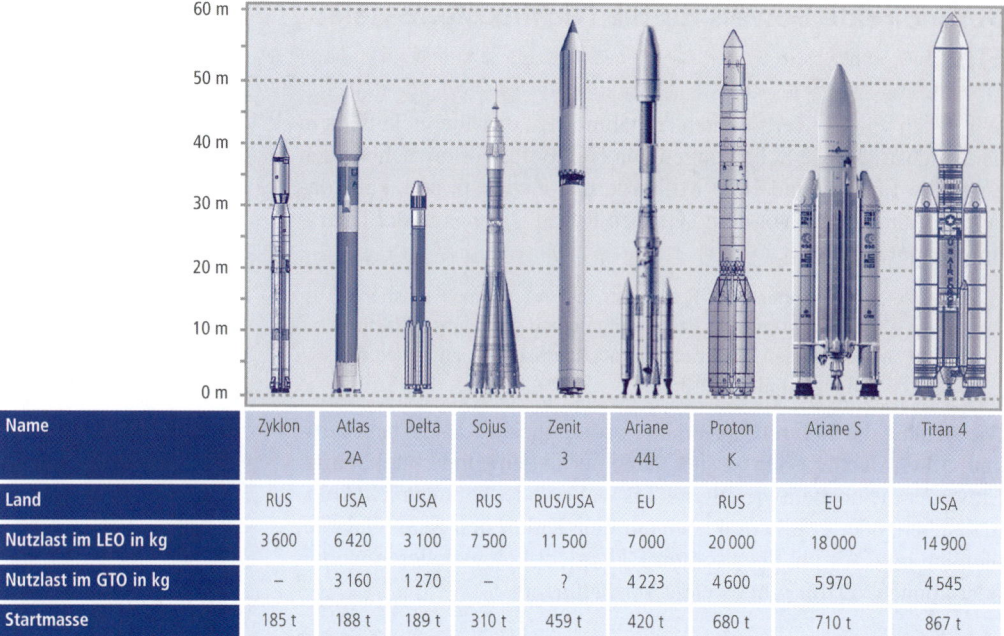

Name	Zyklon	Atlas 2A	Delta	Sojus	Zenit 3	Ariane 44L	Proton K	Ariane S	Titan 4
Land	RUS	USA	USA	RUS	RUS/USA	EU	RUS	EU	USA
Nutzlast im LEO in kg	3 600	6 420	3 100	7 500	11 500	7 000	20 000	18 000	14 900
Nutzlast im GTO in kg	–	3 160	1 270	–	?	4 223	4 600	5 970	4 545
Startmasse	185 t	188 t	189 t	310 t	459 t	420 t	680 t	710 t	867 t

Raketen, Trägersysteme, Raumtransporter.

Physische Gründe

> Irgendwelche physikalischen, biologischen oder technischen
> Schwierigkeiten machen interstellare Raumfahrt unmöglich.

Nach allem, was wir heute wissen, ist eine Kolonialisierung sehr wohl möglich. Mit gegenwärtiger Raketentechnologie ließen sich geräumige Raumschiffe, sogenannte Weltschiffe mit erdähnlichen Bedingungen konstruieren, die Menschen innerhalb einiger Hundert Jahre zu anderen Sternen bringen. Wenn es die technische Möglichkeit gibt, werden Menschen dies auch irgendwann einmal tun. Nehmen wir an, ein Weltschiff würde nach 1 000 Jahren auf einen 10 Lichtjahre entfernten Planeten treffen, der bewohnbar wäre. Die Raumreisenden würden ihn bevölkern und ihre Nachkommen würden sich nach 1 000 Jahren der Regeneration auf eine erneute Reise begeben. Unter diesen Umständen würde sich die Menschheit mit einer Geschwindigkeit von 100 Lichtjahren pro 2 000 Jahre ausbreiten. Unsere Milchstraße hat einen Durchmesser von 100 000 Lichtjahren und wäre daher innerhalb von 20 Millionen Jahren vollständig besiedelt. Etwas genauere und konservativere Überlegungen beziffern die mittlere Kolonialisierungszeit auf 50 Millionen Jahre, maximal 100 Millionen Jahre. Zu dem Einwand, Raumreisen, die sich über Generationen erstrecken, könnten ETIs abschrecken, ist zu sagen, dass die Weltschiffe eine ebenso lange Autarkie und erdähnliche Verhältnisse

---

■ Sind Zeitreisen möglich? ■

Die Antwort auf diese oft gestellte Frage lautet: „Ja, aber nicht die, die wir uns idealerweise wünschen."
Denn nur solche Zeitreisen, sogenannte relativistische Zeitreisen, werden im Prinzip möglich sein, bei denen
der Reisende, der sehr lange mit nahezu Lichtgeschwindigkeit fliegt oder stark gekrümmte Raumbereiche unseres Universums besucht, eine wesentlich kürzere Reisezeit erlebt, als die, die ein Außenstehender misst, also zum Beispiel ein auf der Erde zurückgebliebener Mensch.

Nehmen wir an, zwei Zwillingsbrüder gehen im Alter von 20 Jahren unterschiedliche Lebenswege. Der
eine wird Astronaut und beschließt, zu einem anderen Stern zu fliegen, um für die Menschheit nach bewohn-
baren Planeten zu suchen. Sein Bruder hingegen bleibt auf der Erde und versichert, ihn nach seiner Rückkehr wieder zu empfangen. Der Astronaut besteigt also als Commander mit mehreren Gleichgesinnten sein
Raumschiff und wird fünf Jahre lang mit 1 g (1 g ist die übliche Erdanziehungskraft) beschleunigt. Der Trieb-
werksschub soll so gewählt sein, dass die Beschleunigungskraft genauso groß ist wie die Schwerkraft auf der
Erde. (Das hat den Vorteil, dass die Astronauten im Raumschiff wie auf der Erde leben könnten und sie nicht
der hinderlichen, muskel- und knochenabbauenden Schwerelosigkeit ausgesetzt wären.) Nach diesen fünf
Jahren hat das Raumschiff eine Geschwindigkeit von genau 99,99 Prozent der Lichtgeschwindigkeit erreicht.
Danach bremst das Raumschiff mit 1 g wieder auf intragalaktische Geschwindigkeiten ab und die Astronau-
ten erreichen nach wiederum fünf Jahren einen nach ihrer Zeitrechnung zehn Lichtjahre entfernten Stern.

Die Astronomen auf der Erde sehen das etwas anders. In ihren Katalogen ist die Entfernung des Sternes
mit 137 Lichtjahren angegeben, und das ist seine wahre Entfernung von der Erde. Nachdem die Astronauten sich dort nach einem lebenswerten Planeten umgesehen haben, geht es wieder zurück zur Erde und zwar
wieder fünf Jahre lang mit einer Beschleunigung von 1 g auf 99,99 Prozent Lichtgeschwindigkeit und eine
fünf Jahre dauernde Abbremsung zur Erde. Gemäß der gültigen Relativitätstheorie Einsteins wären die Astronauten nach ihrer eigenen Zeitrechnung 20 Jahre lang unterwegs, der Commander wäre nach der Reise also 40 Jahre alt, sie hätten aber dabei eine Strecke von 274 Lichtjahren zurückgelegt! In den Augen mancher
Astronomen entspricht das ungefähr der mittleren Entfernung zur nächsten ETI! Und wen träfe unser Astronaut
bei der Rückkehr auf der Erde an? Jedenfalls nicht mehr seinen Bruder oder überhaupt einen Menschen seiner Generation, denn diese wären bereits lange verstorben; für die Daheimgebliebenen hätte die Reise der
Astronauten eben diese 274 Jahre gedauert. Die Astronauten hingegen wären nur 20 Jahre älter geworden!

---

bieten. Darüber hinaus gibt es keinen Grund anzunehmen, dass es
auch ETIs gibt, die wesentlich älter (oder jünger) werden als die
menschliche Rasse, deren Reise zum nächsten Stern also weniger als
eine Generation dauert.

Zeithypothese

> Die Kolonialisierung unserer Milchstraße dauert länger als 10 Milli-
> arden Jahre (15 Milliarden Jahre = Alter der Galaxis – 4,5 Milliarden
> Jahre = ETI-Entwicklung)), oder unsere Kultur tauchte als Erste oder
> vor dem Erscheinen der Kolonialisierung der ersten Kultur auf. Aus
> zeitlichen Gründen hätte uns die Kolonialisierung also noch nicht er-
> reicht.

Diese Vermutung wurde bereits widerlegt. Die mittlere Bevölke-
rungszeit beträgt 50 Millionen Jahre, maximal 100 Millionen Jahre.
Bei vielen Tausenden oder mehr ETIs gibt es sicherlich ETI-Kulturen, die älter sind als die Menschheit.

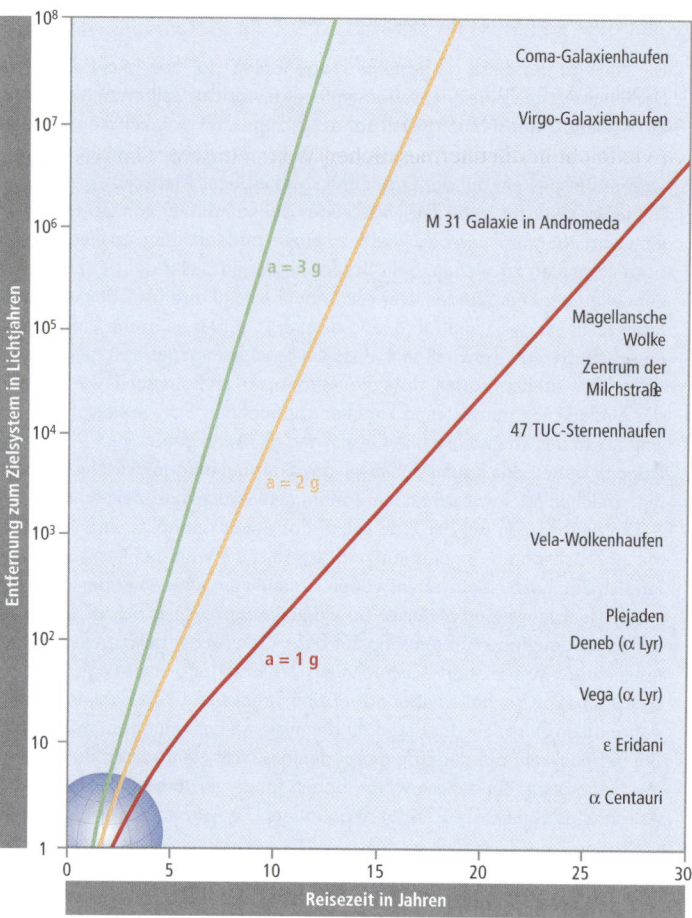

Reisezeit eines Raumschiffes zu unterschiedlich weit entfernten Zielen. Die Reisezeiten werden umso kürzer, je höher die Antriebsbeschleunigungen a (a in Einheiten der Erdbeschleunigung g) beim Abflug von der Erde und die identischen Abbremsungsbeschleunigungen beim Anflug auf die Ziele sind.

Sollte man bis hierher doch noch Zweifel daran haben, es gäbe keine universalen sozialen Gründe für eine Auswanderung, oder die unüberwindbare Furcht vor einem katastrophalen Ausgang der Reise könne doch Auswanderungen verhindern, wird mit folgender Überlegung eines Besseren belehrt. Ben Zuckerman zeigte 1985, dass für viele ETI-Kulturen die Motivation inzwischen hoch genug sein muss, ihren Heimatplaneten zu verlassen: Ihr Stern ist inzwischen verloschen! In mathematisch einfacher Form zeigte er, dass dies für 700 Millionen bewohnbare Sternensysteme unserer Milchstraße zutrifft. Sollte es 10–100 ETI-Kulturen in unserer Galaxie geben, dann müsste wenigstens eine von ihnen dieses Schicksal inzwischen ereilt haben. Bei angenommen einer Million ETI-Kulturen wären es mehr als 10 000.

Konfrontiert mit dem Überleben der eigenen Rasse, werden alle genannten wie denkbaren sozialen Gründe einer Nichtkolonialisierung obsolet. Die ETI-Rasse muss sich eine neue Sternenheimat suchen, um zu überleben. Alle anderen Einwände wie Kosteneffektivität oder Missionsrisiko verblassen demgegenüber. Damit sind wir genau am Kern der interstellaren Raumfahrt angelangt. Die Menschheit wird sich vielleicht in die unermesslichen Weiten unserer Galaxis wagen, wenn erstmals eine zuverlässige Technik existiert, die die Hoffnung, einen neuen lebenswerten Stern zu erreichen und zu besiedeln, zur Gewissheit werden lässt. Der Zwang dies zu tun wird umso größer werden, je stärker das eigene Überleben auf dem Spiel steht.

Fassen wir zusammen: Es gibt eine Raumfahrttechnologie, mit der sich unsere Milchstraße in 50 Millionen Jahren vollständig besiedeln

■ Die Drake-Gleichung (Green-Bank-Gleichung)

Die Drake-Gleichung lautet explizit:

$$N_{heute} = R_* \, f_h \, f_p \, n_e \, f_l \, f_i \, f_c \, L$$

mit

N_{heute} - Anzahl intelligenter Zivilisationen, die heute in einer Galaxie existieren

L - mittlere Lebensdauer technisch hochentwickelter Zivilisationen

R_* - mittlere Sternenentstehungsrate dieser Galaxie gemittelt über L

f_h - Anteil der Sterne, die eine Ökosphäre (habitable Zone, HZ) haben

f_p - Anteil der Sterne, die ein Planetensystem besitzen

n_e - mittlere Anzahl von Planeten in einem Planetensystem, die in die Ökosphäre fallen, also geeignet sind, biologisches Leben hervorzubringen

f_l - mittlere Anzahl solcher geeigneter Planeten, die tatsächlich Leben hervorbringen

f_i - Anteil solcher Biosphären, auf denen sich intelligentes Leben bildet

f_c - Anteil solcher Zivilisationen, die fortgeschrittene Techniken zur Kommunikation entwickeln

Ohne auf Details einzugehen, lassen sich R_*, f_h, f_p und n_e heute ziemlich gut abschätzen zu:

$R_* \cong$ 20/Jahr
$f_p \cong$ 1/4
$f_h \cong$ 1/10
$n_e \cong$ 1/100

Damit lässt sich die Drake-Gleichung zusammenfassen:

$$N_{heute} = R_* \, f_{astro} \, f_{life} \, L \approx 10^{-2}/\text{Jahr} \times f_{life} \, L$$

Dabei fasst f_{life} alle biologischen Evolutionsfaktoren zusammen. Es sind diese beiden Beiträge, f_{life} und L, die bisher so gut wie nicht bestimmbar sind und der Drake-Gleichung ihre Bedeutung nehmen, die ihr im Prinzip zustände. Die beiden Faktoren lassen sich lediglich abschätzen zu:

$f_{life} = 10^{-15}? - 10^{-2}$
$L = 10^2 - 10^{10}$

$L = 10^2$ stellt die Erfahrung aus unserer Zivilisation dar und $L = 10^{10}$ das Alter unseres Universums.

lässt. Es gibt langfristig keine sozialen, physischen, zeitlichen oder sonstigen Gründe, eine Kolonialisierung nicht durchzuführen. Im Gegenteil, wenn es viele ETIs in unserer Milchstraße gibt, dann gab es für einige von ihnen einen so hohen Überlebensdruck, dass sie zur Auswanderung gezwungen waren. Wenigstens diese müssten unsere Milchstraße flächendeckend ausgefüllt haben, müssten also inzwischen auch die Erde erreicht haben. Aber trotz vieler UFO-Berichte können wir feststellen, dass bisher keine ETIs die Erde besucht haben.

Fazit: Die Annahme des indirekten Beweises ist falsch. Es gibt daher außer uns nicht viele andere ETI-Zivilisationen in unserer Milchstraße.

Ein Wort zur Unbestimmtheit von f_{life}. Interessanterweise sind es gerade die Biologen, die wegen dieses biologischen Faktors der Existenz von ETIs kaum eine Chance geben. Dies jedenfalls ist die einvernehmliche Meinung fast aller großen Evolutionsbiologen wie Ernst Mayr (1904–2005), Theodosius Dobzhansky (1900–1975) oder George G. Simpson (1902–1984). Die Gründe dafür sind sogenannte „kritische Evolutionsschritte", deren Einzelwahrscheinlichkeiten selbst über das Alter unserer Erde hinweg gesehen gegen Null tendieren. Wie viele es davon gibt, ist strittig. Es scheinen mindestens fünf zu sein, manche Biologen führen mehrere Dutzend an. Ein kritischer Schritt beispielsweise ist der Übergang aus unbelebter anorganischer Materie zu ersten komplexen protobiontischen Lebensformen.

α-Amino-gruppe

COO$^-$ α-Carboxylgruppe

$H_3\overset{+}{N}-\overset{|}{\underset{|}{C}}-H$

R variabler Rest

Formel der Aminosäuren.

Das Problem liegt dabei im Informationssprung, den der Übergang von den einfachen Aminosäuren zu den komplexen Reproduktionsstrukturen ausmacht. Nehmen wir eine der einfachsten bekannten autonomen Reproduktionsmechanismen, das Bakterium *Escherichia coli*. Es enthält mit seinen etwa 2 500 Genen eine Informationsmenge von etwa sechs Millionen Bits. Um eine solche Informationsmenge durch Zufall aus Aminosäurenbasen der irdischen Ursuppe zusammenzubauen, wären etwa $10^{1\,800\,000}$ Jahre notwendig gewesen. Um sich diese unvorstellbar große Zahl zu vergegenwärtigen, nehmen wir an, dieser Prozess wäre auf jeweils einem Planeten aller im sichtbaren Teil unseres Universums enthaltenen Sterne, das sind etwa 10^{22} Sterne, gleichzeitig abgelaufen. Dann würde es immer noch $10^{1\,799\,978}$ Jahre dauern, bis auf irgendeinem dieser Planeten durch Zufall ein Bakterium *E. coli* entstanden wäre. Auch primitivere, nichtautonome Lebensformen, wie etwa Viren mit nur 50 Genen, bräuchten immer noch etwa $10^{36\,000}$ Jahre und änderten im Prinzip nichts an diesem Faktum. Mit anderen Worten, es ist praktisch ausgeschlossen, dass durch einen solchen Prozess die DNA eines ersten primitiven, sich selbst reproduzierenden Lebewesens direkt entstand. Und falls es doch so war, dann können wir angesichts dieser überwältigenden Unwahrscheinlichkeit mit Gewissheit sagen, dass die Erde der einzige Planet im Universum ist, auf dem dieser Prozess je stattgefunden hat.

Ein weiterer kritischer Evolutionsschritt ist der Übergang von höherentwickelten Lebensformen zu intelligenten. Es gibt, so der Evolutionsbiologe Stephen Jay Gould, in der Natur anscheinend nicht nur keine eingebaute Entwicklung zu höherer Komplexität, sondern erst recht keine zur Intelligenz. Nirgendwo in der DNA irgendwelcher Lebewesen ist die Entwicklung zu irgendeiner Intelligenz vorgegeben. Tatsächlich scheint sie sogar außerordentlich unwahrscheinlich zu sein. Ernst Mayr wies darauf hin, dass es im Tierreich wenigstens 40 unabhängige Entwicklungen zu Augen gegeben hat, dass aber unter den mehr als Milliarden verschiedenen Tierarten, die alle auf einem Planeten leben, der für Intelligenz geschaffen scheint, nur eine einzige es geschafft hat, höhere Intelligenz zu entwickeln. „Daher", so Mayr, „ist im Gegensatz zu Augen die Entwicklung von Intelligenz unwahrscheinlich." Unter den führenden Evolutionsbiologen gibt es den Konsens, dass die Entwicklung zu einer dem Menschen vergleichbaren Intelligenz so unwahrscheinlich ist, dass sie kaum auf einem zweiten Planeten in unserem sichtbaren Universum stattgefunden hat.

> „Das Universum geht nicht schwanger mit Leben, noch die Biosphäre mit Menschen."

Jacques Monod in *Zufall und Notwendigkeit*

Nicht nur die kritischen Evolutionsschritte lassen die Existenz außerirdischer Intelligenz äußerst zweifelhaft erscheinen, sondern auch die vielen unkritischen Evolutionsschritte, die sich trotz ihrer hohen Einzelwahrscheinlichkeit zu einer sehr geringen Gesamtwahrscheinlichkeit aufmultiplizieren. So betrüge sie bei 300 angenommenen Schritten zu je 90 % Einzelwahrscheinlichkeit ganze 10^{-14}. Die Wahrscheinlichkeit zur Evolution einer menschlichen Rasse mit genau diesen uns vertrauten Eigenschaften wäre demnach sehr klein und würde sich sonst nirgendwo in unserer Milchstraße wiederholen. Der Evolutionsbiologe John Maynard Smith beschrieb diese Unwahrscheinlichkeit der Evolution zu menschlichem Leben einmal so: „Wenn es möglich wäre, die gesamte Evolution zu Tieren zu wiederholen, beginnend bei den Anfängen im Kambrium, dann gibt es keine Garantie – tatsächlich keine Wahrscheinlichkeit – dass das Ergebnis dasselbe wäre. Es gäbe keine Eroberung des Landes, kein Auftreten von Säugetieren und sicherlich keine Menschen."

Mit anderen Worten, die Entwicklung vom ersten replizierenden Einzeller bis hin zum Menschen ist nicht nur extrem unwahrscheinlich, sondern wären die Voraussetzungen am Anfang der Entwicklung

Porträt

Mayr, *Ernst*, deutsch-amerikanischer Zoologe und Evolutionsbiologe, * 5.7.1904 Kempten, † 3.2.2005 Bedford (Mass.); ab 1926 am Museum für Naturkunde in Berlin, unternahm von 1928–1930 drei Expeditionen nach Neuguinea und zu den Salomoninseln, 1952–1953 Kustos am American Museum of Natural History in New York, 1953–1975 Professor an der Harvard University in Cambridge (Mass.). Einer der bedeutendsten Evolutionsforscher des 20. Jahrhunderts. Mayr arbeitete u. a. über den Artbegriff und über die Systematik und trug mit seinem Werk *Systematics and the Origin of Species* (1942) entscheidend zur Synthese der zoologischen Systematik mit der modernen Evolutionstheorie bei.

auch nur geringfügig anders gewesen, wäre die Menschheit wahrscheinlich nie entstanden. Für die Biologen ist die Entwicklung daher im wahrsten Sinne ein Wunder.

Fasst man nun alle Faktoren zusammen unter Berücksichtigung von
Best ($L = 10^{10}$) und Worst ($L = 10^2$) Case, dann ergibt sich

$$N_{heute} = 10^{-15}? - 10^6.$$

Selbst wenn die Wissenschaftler das Rätsel der Evolution von unbelebter Materie zur Intelligenz verstanden hätten, blieben noch viele
Fragen offen und die Drake-Gleichung wäre weiterhin ein unverläss-
liches Werkzeug zur quantitativen Bestimmung von ETIs. Es gibt
einfach immer noch zu viele Einflüsse, die bis heute unverstanden
sind oder bis vor kurzen nicht einmal bekannt waren. So scheint es,
dass ein großer Mond, wie ihn die Erde besitzt, unerlässlich für hoch-
entwickeltes Leben ist, da nur er eine stabile Rotationsachse und damit gleichbleibende Klimaverhältnisse auf einem Planeten garantiert. Andererseits wissen wir heute, dass die Entstehung eines großen Mondes extrem unwahrscheinlich ist, weil er in den Urzeiten unseres Sonnensystems durch die Kollision der Erde mit einem anderen
großen Planeten hervorging. Tatsächlich besitzt kein anderer Planet
im Sonnensystem einen vergleichbar großen Mond. Genauso scheint
die Existenz des großen Gasplaneten Jupiter für intelligentes Leben
auf der Erde unabdingbar. Wegen der großen Schwerkraft, die der Jupiter auf seine Umgebung ausübt, hat er wohl sehr frühzeitig einen
Großteil der umherschwirrenden Kometen aus dem Kuiper-Gürtel
eingefangen und so die Frequenz ihrer katastrophalen Kollision mit
der Erde, bei der alle höheren Lebensformen ausgelöscht werden, auf
nur etwa eine pro 10–100 Millionen Jahre begrenzt. Computersimulationen ergaben, dass ohne den „Staubsaugereffekt" des Jupiters die

Der Jupiter in einer Aufnahme
des Hubble-Weltraumteleskops.

Einschlagsrate von Kometen, die Leben zerstören können, etwa 1 000 Mal größer gewesen wäre als dies in der Erdgeschichte tatsächlich geschehen ist. Stattdessen wären diese Katastrophen also ungefähr alle zehn- bis hunderttausend Jahre eingetreten, viel zu kurz, um nachhaltig höhere Lebensformen und somit intelligentes Leben zu entwickeln. Computersimulationen zeigen aber auch umgekehrt, dass zwei Gasplaneten von der Größe Jupiters ein für kleinere Planeten gravitativ instabiles Planetensystem erzeugten, in dem sie langfristig aus dem System geschleudert würden. Ebenfalls das eindeutige Aus für Leben jeglicher Art auf diesen Planeten.

Wie man sieht, kann die Drake-Gleichung heute noch keine definitive Aussage machen, ob es ETIs in der Milchstraße gibt. Folgt man aber den meisten Biologen und hält die biologische Entwicklung zu einer intelligenten Zivilisation für extrem unwahrscheinlich ($N_{heute} = 10^{-15}$), und berücksichtigt man noch die genannten besonderen astronomischen Eigenschaften des Sonnensystems, dann ist davon auszugehen, dass es keine weiteren ETIs gibt.

Das biokosmologische Argument

Der biologische Evolutionsfaktor f_{life} spielt offensichtlich die entscheidende Rolle bei der Frage, ob es andere außerirdische Zivilisationen gibt. Das hier nun vorgestellte Argument gegen die Existenz von ETIs hängt eng mit der berühmten Carterschen Formel zusammen, die die Zeit der verbleibenden Existenz der Menschheit auf der Erde angibt. Carters Formel basiert auf der Erkenntnis, dass die Evolution des Menschen von vielen sogenannten kritischen Entwicklungsschritten abhängt, was die Evolution zu Intelligenz generell extrem unwahrscheinlich macht. In einem Beisatz bemerken John D. Barrow und F. J. Tipler in ihrem brillant geschriebenen Buch *The Anthropic Cosmological Principle* dazu: „Daher ist eine überprüfbare Vorhersage von Carters Formel die, dass wir allein in der Milchstraße sind." Wir wollen im Folgenden genau diese überprüfbare Vorhersage, die einem weiteren, eigenständigen Argument gegen die Existenz von ETIs entspricht und das ich das „biokosmologische Argument" nennen möchte, herausarbeiten.

Unbedingte Voraussetzung für Leben im Weltall ist die Existenz von weißen Sternen (Energiespender, wie etwa unsere Sonne), von denen es in unserem Weltall nachweislich sehr viele gibt, und geeigneten Planeten (Träger des Lebens), die diese Sterne umlaufen und von denen man *annimmt* (träfe diese Annahme nicht zu, gäbe es also in anderen Sternensystemen keine Planeten, dann gäbe es *mit Sicherheit* keine extraterrestrische Intelligenz), dass im Mittel jeder Stern (wahrscheinlich weniger) etwa einen besitzt. Das mittlere Alter eines

Die Erde und ihr Mond. Einzel-
bilder der Planeten, aufgenommen von der 1989 gestarteten
Planetensonde *Galileo*, ergeben
diese Gesamtansicht.

weißen Sterns beträgt ca. 10 Milliarden Jahre, danach verlöscht er.
Intelligentes Leben kann es also nur dann geben, wenn alle notwendigen Evolutionsschritte innerhalb dieser Zeitspanne durchlaufen
werden. Wie lange dauert nun im Allgemeinen die Evolution zu einem intelligenten Wesen? Dazu lässt sich nach gegenwärtigen Erkenntnissen nichts sagen, außer dass diese Entwicklungszeit sicherlich völlig unabhängig ist von der Lebensdauer seines Sterns. Demzufolge gibt es nur die drei logischen Möglichkeiten: Die Evolutionszeit ist wesentlich länger oder wesentlich kürzer als 10 Milliarden
Jahre oder sie ist genau gleich groß. Der Zufall, dass sie ebenfalls genau 10 Milliarden Jahre beträgt, ist sehr unwahrscheinlich, und wir
können ihn daher getrost vernachlässigen. Betrachten wir jetzt die
beiden anderen Fälle etwas genauer:

Die Evolutionszeit ist wesentlich kürzer als 10 Milliarden Jahre

Nehmen wir an, die Evolutionszeit sei im Mittel nur 100 Millionen Jahre oder noch kürzer. Nach dem Prinzip der Mittelmäßigkeit muss das auch für die menschliche Evolution auf der Erde gegolten haben. *Homo sapiens* hätte bereits 100 Millionen Jahre, spätestens 200 oder 500 Millionen Jahre, nachdem die Erde adäquate Lebensbedingungen bot, also vor 3,5 Milliarden Jahren, die Erde bevölkern müssen oder bereits noch früher. Das aber widerspricht der Tatsache, dass die Evolutionszeit zum *Homo sapiens* sehr viel länger, nämlich 4 Milliarden Jahre betrug, und er in heutiger Ausprägung erst seit einigen Zehntausend Jahren existiert.

Die Evolutionszeit ist wesentlich länger als 10 Milliarden Jahre

Nehmen wir an, die mittlere Evolutionszeit $t_{1/2}$ zur Intelligenz (das ist die Zeit, bei der die Entwicklungswahrscheinlichkeit genau 50 % betragen würde), sei 1 000 Milliarden Jahre oder länger und das mittlere Sternenalter sei 10 Milliarden Jahre. Die Wahrscheinlichkeit $P_i(t_E)$, mit der sich innerhalb eines gegebenen kosmischen Entwicklungszeitraumes $t_E \ll t_{1/2}$ Intelligenz ausprägt, ist stark davon abhängig, wie viele unabhängige, bedingte kritische Evolutionsschritte i (das sind Evolutionsschritte, deren Auftrittswahrscheinlichkeit klein ist im Vergleich zur mittleren Evolutionszeit, und die sich in ihrer Abfolge nacheinander bedingen) es gibt, die zu Intelligenz führen. Die Formel dazu lautet :

$$P_i(t_E) = 1/2(t_E/t_{1/2})^i, \ i \geq 1$$

Da wir von kritischen Entwicklungsschritten mit kleiner Auftrittswahrscheinlichkeit ausgegangen sind, also $t_E/t_{1/2} \ll 1$, nimmt die Wahrscheinlichkeit für die Gesamtevolution nicht nur mit abnehmender Evolutionszeit, sondern auch mit der Anzahl kritischer Entwicklungsschritte mit der i-ten Potenz ab.

Wie viele kritische Entwicklungsschritte gibt es nun? Die Biologen sind sich in ihrer Anzahl nicht ganz einig. Die Vermutungen schwanken zwischen fünf und vielleicht 20 Schritten. Barrow und Tipler geben 10 kritische Schritte an. Einer der kritischsten ist sicherlich der bereits diskutierte Schritt von unbelebter zu belebter Materie. Nehmen wir einen konservativen Wert von fünf kritischen Schritten an, dann entstünde innerhalb des Sternenalters gemäß obiger Gleichung auf im Mittel $2 \times (10^{12}/10^{10})^5 = 2 \times 10^{10}$ Lai-Planeten (Planeten, die Leben *ab initio* ermöglichen), gerade mal erst eine ETI. Da es in unserer Milchstraße aber nur 5×10^7 Lai-Planeten gibt, wäre die Wahrscheinlichkeit, dass in unserer Milchstraße innerhalb von 10 Milliarden Jahren Intelligenz auf *irgendeinem* Lai-Planeten spontan entstand, weit geringer als 2×10^{-3}. Es sollte also nirgendwo in der Milchstraße intelligentes Leben geben. Wenn wir gar nach der Wahrscheinlichkeit unserer eigenen Existenz fragen, also fragen, mit welcher Wahrscheinlichkeit Leben auf der Erde entsteht ($=P_i(t_E)$), sieht es noch düsterer aus. Sie betrüge weniger als 5×10^{-11} und wäre damit zehntausend Mal unwahrscheinlicher als sechs Richtige im Lotto zu haben, und diese Chance beträgt immerhin nur 1 zu 14 Millionen. Unsere Existenz ist also extrem unwahrscheinlich. Diese Ergebnisse sind sogar noch recht wohlwollend, da die Anzahl der kritischen Schritte wahrscheinlich größer als fünf ist (selbst wenn die angenommene mittlere Evolutionszeit nicht so groß wäre) und die mittlere Evolutionszeit sehr viel länger als 1 000 Milliarden Jahre sein könnte.

Offenbar treffen beide Szenarien nicht zu. Denn beide führen zu mittleren Evolutionszeiten, die mit der einzigen uns bekannten Evolutionszeit (unser eigenen) scheinbar nicht in Einklang zu bringen ist. Trotzdem sind wir da! Eines der beiden Szenarien muss also irgendwie gültig sein. Tatsächlich sind die beiden Fälle nicht gleich gelagert, denn nur das Letztere unterliegt dem sogenannten „schwachen anthropischen Prinzip".

Was ist eigentlich ...

anthropisches Prinzip, Ansatz der Kosmologie, der einen engen Zusammenhang zwischen den Naturgesetzen, dem Kosmos und der Möglichkeit der menschlichen Existenz postuliert. In seiner ursprünglichen Fassung als schwaches anthropisches Prinzip besagt es: Weil es im Universum Beobachter gibt, muss das Universum Eigenschaften besitzen, die diese Beobachter zulassen. Die weitergehende Formulierung von Brandon Carter (starkes anthropisches Prinzip) besagt, dass das Universum in seinen Gesetzen und in seinem Aufbau so beschaffen sein muss, dass es irgendwann unweigerlich einen Beobachter hervorbringt.

Das anthropische Prinzip hat in den letzten Jahren eine große Aufmerksamkeit in den Wissenschaften gefunden, ist aber nicht unumstritten. Lediglich das „schwache anthropische Prinzip" scheint so grundlegend, dass es keine Kritiker kennt. In seiner einfachsten Form lautet es: „Wenn wir hier in der Welt sind, sie zu beobachten, dann muss sie so sein wie sie ist!" Auf den zweiten genannten Fall angewendet könnte es auch lauten: „Wenn der seltene Zufall uns dennoch geschaffen hat, dann sollten wir uns nicht wundern, dass es uns gibt. Denn in einer Milchstraße, in der es tatsächlich keine Intelligenz gäbe, gäbe es auch keinen, der sich wundern könnte."

Wenn wir nun den 2. Fall als richtig erachten und dabei das schwache anthropische Prinzip als Erklärung für unsere außerordentliche Existenz akzeptieren, dann impliziert das aber zugleich die Nichtexistenz weiterer intelligenter Zivilisation in der Milchstraße und vielleicht auch im ganzen Universum.

Sind wir also allein?

Wir haben drei Argumente kennengelernt, die Aussagen über die Wahrscheinlichkeit außerirdischer Intelligenz in unserer Milchstraße geben. Alle drei Argumentationsketten kommen zu demselben Ergebnis: Die Menschheit ist wahrscheinlich die einzige intelligente Zivilisation in der Milchstraße. Zwei davon (der indirekte Beweis und das biokosmologische Argument) sind recht starke Argumente, während die Drake-Gleichung in Verbindung mit biologischen Erkenntnissen ebenfalls darauf hindeutet, aber trotzdem noch die Möglichkeit vieler ETIs zulässt. Alles in allem liegt die Vermutung nahe, dass wir tatsächlich die einzige technisch hochentwickelte Zivilisation in unserer Milchstraße sind und vielleicht sogar im Universum – trotz aller populären pluralistischen Argumente, die heute dagegen angeführt werden.

Grundtext aus: *Der Mensch im Kosmos III*, Peter R. Sahm (Hrsg.), Shaker Verlag GmbH, 2002.

Die Welt der anderen

Eine verwegene Vorstellung verdichtet sich in den Köpfen der Physiker: Unser Universum ist nur eines von vielen. In fernen Welten sollen sogar exakte Kopien jedes Menschen leben. Die Idee löst viele Rätsel der Kosmologie. Aber ist sie auch überprüfbar?

Tobias Hürter und Max Rauner

Gratulation! Sie haben sechs Richtige im Lotto. Sie haben gar nicht gespielt? Doch, haben Sie. Wenn nicht in diesem Universum, dann in einem anderen. Denn neben unserer Welt gibt es unzählige weitere. In einigen davon sind Sie bei der letzten Lottoziehung um ein paar Millionen Euro reicher geworden. In anderen ist James Dean noch am Leben und glücklich mit Marilyn Monroe verheiratet. Alles, was man sich denken kann, geschieht in irgendeiner Welt. Willkommen im Multiversum!

Eine fantastische Idee, die für Normalsterbliche kaum zu fassen ist. Sie hat sich nicht nur in den Köpfen von Philosophen festgesetzt, sondern auch in denen von Naturwissenschaftlern: Unser Universum ist nur eines von unendlich vielen. Alle Universen bilden gemeinsam das Multiversum, eine unüberschaubare Vielfalt fremder Welten, einen Ozean mit unzähligen bewohnten und unbewohnten Inseln. Einige gleichen unserem Universum bis aufs Atom, mit Doppelgängern der Milchstraße, des Sonnensystems, der Erde – und jedes Menschen.

Nach dieser Vorstellung nimmt jede erdenkliche Geschichte ihren Lauf. Es gibt Universen, in denen die Doppelgänger-Erde von Dinosauriern bevölkert ist, die inzwischen große Autos fahren, behauptet etwa der Kosmologe Alexander Vilenkin. Es gibt Universen, in denen Hansa Rostock und nicht der VfB Stuttgart im vergangenen Jahr Deutscher Meister wurde, und solche, in de-

nen eine Ausgabe von *ZEIT Wissen* wegen eines Druckerstreiks nie erschienen ist. Und es gibt Universen, in denen die Nazis den Zweiten Weltkrieg nicht verloren, sondern die Weltherrschaft übernommen haben – „leider", sagt Vilenkin, der gerade ein neues Buch über *Kosmische Doppelgänger* veröffentlicht hat. „Alles existiert, was nicht von den Naturgesetzen verboten ist."

Früher galten Viel-Welten-Fantasien als Science Fiction

Zwar spuken die Fantasien von vielen Welten schon seit Jahrzehnten durch die Köpfe einiger Querdenker. Jetzt aber werden sie auch in angesehenen Fachzeitschriften publiziert und von geachteten Physikern verteidigt. Noch sind nicht alle bereit, gleich an menschliche Doppelgänger zu glauben, und statt einer mathematisch ausgefeilten Theorie des Multiversums diskutieren die Experten zahlreiche mehr oder weniger vage Konzepte. Doch der Plural des Wortes Universum geht seriösen Wissenschaftlern immer leichter über die Lippen.

Es ist nicht unwahrscheinlich, dass eine Theorie des Multiversums zum allgemein akzeptierten Weltbild – oder Weltenbild – wird. Dies würde das Selbstverständnis des Menschen umkrempeln wie die Kopernikanische Revolution im 16. Jahrhundert. Damals schuf Nikolaus Kopernikus das heliozentrische Weltbild, in dem nicht mehr die Erde der Mittelpunkt des Kosmos war, sondern die Sonne. Viele Beobachtungen ließen sich so einfacher erklären. Heute steht die Einzigartigkeit des ganzen Universums zur Debatte. Und die Physik vor einer Zerreißprobe. Die einen bezweifeln, ob die Theorien der vielen Welten jemals durch Beobachtungen überprüft werden können. Die anderen hoffen, das Multiversum könne viele Rätsel lösen, mit denen sie sich herumplagen.

Die Idee sammelt Punkte in den unterschiedlichsten Expertenzirkeln: unter Quantenphysikern, die schon in den 1950er-Jahren über Theorien vieler Welten grübelten. Unter Stringtheoretikern, die seit Jahrzehnten vergebens nach einer Theorie für alles suchen. Und unter Kosmologen, die über den Ursprung und die Zukunft des Universums nachdenken. Aus welcher Richtung auch immer Physiker die Welt erklären wollen, das Multiversum kommt ihnen gelegen.

Zu den kniffligsten Fragen der Kosmologen gehört jene nach dem Ursprung und der Beschaffenheit unseres Universums. Als gesichert gilt, dass es vor rund 14 Milliarden Jahren in einem heißen Feuerball geboren wurde: dem Urknall. Dafür spricht, dass die Sterne sich voneinander wegbewegen, das Weltall dehnt sich aus. Es muss demnach, wenn man die Zeit zurückdreht, in der Vergangenheit aus einem einzigen Punkt hervorgegangen sein. Außerdem messen Teleskope am gesamten Himmel eine gleichmäßige Mikrowellenstrahlung, das Echo des Urknalls.

Die Gleichförmigkeit der Mikrowellenstrahlung lässt sich allerdings nur dann plausibel erklären, wenn man die Urknalltheorie um einen kühnen Gedanken erweitert. Die Grundidee stammt aus den 1980er-Jahren und besagt, dass unser Universum sich nach dem Urknall für kurze Zeit explosionsartig aufblähte. In Sekundenbruchteilen wuchs es dank dieser abstoßenden Kraft um das Googolfache – ein Googol ist eine 1 mit 100 Nullen – von einem winzigen Punkt auf die Größe einer Pampelmuse. Kosmolo-

gen sprechen von einer Phase der Inflation (aus dem Englischen für Aufblähung). Innerhalb weniger Jahre wurde die Inflation als fester Bestandteil der Urknalltheorie akzeptiert. Sie erklärt, warum unser Universum in allen Richtungen weitgehend gleich aussieht.

„Es ist wie mit einem Berg, den man in alle Richtungen auseinanderzieht", sagt Andrei Linde von der Stanford University, einer der Vordenker der Inflationstheorie, „danach ist er ziemlich platt." Die Inflation löst damit ein wichtiges Rätsel, sie hat aber einen hohen Preis: Angetrieben wird die Aufblähung durch eine Energie, die dem Vakuum entspringt und den ganzen Raum erfüllt, eine Art Antigravitation, die nach der Aufblähung in unserem Universum weitgehend verschwindet. „Eine seltsame Energie, aber keine Science-Fiction", versichert Linde, „es ist Physik." Und hier kommt das Multiversum ins Spiel.

Die Unendlichkeit ist eine Täuschung

Als Andrei Linde und Alexander Vilenkin die Eigenschaften der Antigravitation berechneten, stellten sie fest, dass die Aufblähung außerhalb unseres Universums andauern muss. Aus der Binnenperspektive erscheint uns das Universum zwar unendlich, das ist aber nur eine Täuschung. Aus einer globalen Perspektive ist der Raum jenseits unseres Universums weiterhin mit der seltsamen Vakuumenergie erfüllt, und darin bilden sich ständig neue Blasen wie in einem Schaumbad. Jede Blase ist ein Urknall, aus dem ein neues Universum entsteht, eben so wie einst unser Universum.

„Der Urknall, den wir in unserem Teil des Multiversums hatten, war kein einzigartiges Ereignis, wie wir bisher dachten", sagt Alexander Vilenkin. „Es gibt unzählige Urknalle an entfernten Orten, viele in der Vergangenheit, aber auch viele in der Zukunft. Aus ihnen gehen Regionen hervor, die zum Teil unserem Universum gleichen, zum Teil aber auch ganz anders aussehen. Dieser Prozess hört nie auf." Vilenkin redet von der „ewigen Inflation", und die Blasen nennt er „Insel-Universen im inflationär expandierenden Ozean". Früher herrschte nach Vilenkins Vorträgen schon mal betretenes Schweigen. Heute applaudieren die Zuhörer. Auch gestandene Experimentalphysiker wie Günther Hasinger gehören dazu, ein grundsolider Röntgenastronom vom Max-Planck-Institut für extraterrestrische Physik in Garching. „Ich stelle es mir vor wie einen Topf mit kochendem Wasser", sagt er zur Theorie der ewigen Inflation. „Jede Blase ein Universum. Das heiße Wasser ist das Energiefeld, das die Entstehung der Blasen antreibt."

Nun sind Kosmologen berüchtigt für tollkühne Ideen. Amerikanische Professoren fragten sich unlängst in einem Fachartikel, ob astronomische Beobachtungen die Lebensdauer unseres Universums verkürzen könnten. Andere spekulierten, eine sternenarme Region am Nachthimmel deute auf die Existenz eines Nachbaruniversums hin, das mit unserem Universum kurz nach dem Urknall in Verbindung stand. Dass ein paar Kosmologen an andere Universen glauben, wäre also noch keine Überraschung. Als jedoch vor einigen Jahren plötzlich auch Stringtheoretiker vom Multiversum redeten, war das eine kleine Sensation.

Die Stringtheorie galt lange Zeit als aussichtsreichster Kandidat dafür, eine „Theorie für alles" zu liefern, eine Theorie, die sowohl die Bahnen der Planeten als auch die Kräfte im Innern von Atomen beschreiben kann, den Makrokosmos und den Mikrokosmos. Die Stringtheoretiker zogen aus, die Weltformel zu finden. Mit einer Gleichung, die auf ein T-Shirt passt, wollten sie das Universum erklären, ein Projekt, an dem sich Albert Einstein dreißig Jahre lang vergeblich abgemüht hatte. Der hatte zwar mit $E = mc^2$ die Relativitätstheorie gefunden, aber die beruht auf anderen Konzepten von Raum und Zeit als die Quantenphysik. Beide zu einer einzigen Theorie zu vereinigen – das Projekt „Weltformel" – ist seit Einstein das große Ziel der Physik.

Vor acht Jahren mussten einige Stringtheoretiker jedoch feststellen, dass ihr Werk nicht etwa nur eine Lösung hervorbringt, die genau unser Universum beschreibt, sondern 10^{500} Lösungen. Wahrscheinlich – genau weiß man es noch nicht – passt nur eine von ihnen auf unser Universum. Statt einer Weltformel hätten die Stringtheoretiker somit viele gefunden.

Gibt es 10^{500} verschiedene Weltformeln?

Leonard Susskind, einer der Väter der Stringtheorie, nahm das Ergebnis sehr ernst. Jede der 10^{500} Lösungen beschreibt ihm zufolge ein anderes Universum, ein Universum mit anderen Naturgesetzen, Konstanten und Elementarteilchen. In einigen Universen sei die Gravitationskraft so stark, dass sie innerhalb kurzer Zeit wieder in sich zusammenstürzten, in anderen werde es niemals Atome geben, die Welten blieben leer und langweilig. Und Universen wie unseres seien so beschaffen, dass sie die Existenz von Sternen, Galaxien, Planeten und letztlich auch Leben ermöglichten, biophile Nischen in einem gigantischen Multiversum.

Susskinds Szenario ähnelt frappierend dem Blasen-Multiversum der Kosmologen. „In hundert Jahren werden Philosophen und Physiker wehmütig auf die heutige Gegenwart zurückblicken", sagt der Physikprofessor von der Stanford University. „Sie werden sich an ein goldenes Zeitalter erinnern, in dem die kleinbürgerlich enge Vorstellung vom Universum des 20. Jahrhunderts einem größeren und besseren Megaversum mit einer Landschaft von schwindelerregenden Ausmaßen Platz machte."

Die Multiversum-Theorie würde endlich jene Frage Albert Einsteins beantworten, die die Physiker von jeher umtreibt: „Hatte

Gott eine Wahl, als er das Universum schuf?" Einstein wollte wissen: Warum sind die Naturgesetze und Naturkonstanten – die Masse der Elementarteilchen zum Beispiel oder die Stärke der Gravitationskraft – gerade so, wie wir sie vorfinden? Sind auch andere Naturkonstanten und Naturgesetze denkbar? Kurzum: Warum ist das Universum so, wie es ist?

Wer nur an ein einziges Universum glaubt und nicht den Schöpfergott bemühen möchte, steht vor einem Rätsel. Die Theorie des Multiversums dagegen liefert eine profane Erklärung: Die Eigenschaften jedes Universums hängen von zufälligen Ereignissen – sogenannten Quantenfluktuationen – in der frühen Phase seines Urknalls ab. Unter 10^{500} Universen in einem Multiversum sind dann eben auch einige dabei, in denen die Naturkonstanten so eingestellt sind, dass sie die Entstehung von Sternen und letztlich auch intelligentem Leben ermöglichen. Es ist reine Statistik, keine Absicht.

In einer Welt ist die Katze tot. In einer anderen lebt sie

Mit solchen Vorstellungen rennen Kosmologen und Stringtheoretiker bei ihren Kollegen aus der Quantenphysik offene Türen ein. Quantenphysiker waren die Ersten, die auf die Idee vieler Welten kamen – beim Versuch, ihre eigenen Theorien zu verstehen. Wie schwierig das ist, illustrierte Erwin Schrödinger Mitte der 1930er-Jahre mit einem Gedankenexperiment. Darin ist eine Katze, in einer Kiste mit einem gemeinen Tötungsmechanismus eingesperrt, zugleich tot und lebendig. Jedenfalls wenn man die Quantentheorie konsequent auch außerhalb der Mikrowelt anwendet.

Denn die Theorie ordnet jedem möglichen Ereignis eine mathematische Funktion zu und beschreibt die Situation dann mit einer Formel, in der all diese Schicksale zugleich enthalten sind – in diesem Fall: Katze stirbt, Katze lebt. Ein Beobachter, so die

Quantenphysik, sieht zwar nur entweder die tote oder die lebendige Katze. Aber solange die Kiste zu ist, sind beide Möglichkeiten in der Formel vorhanden.

Schrödinger war ratlos. Existierte das halbtote Wesen wirklich? In den 1950er-Jahren löste der britische Physiker Hugh Everett, damals noch Student, das Rätsel mit der Viele-Welten-Interpretation der Quantentheorie. Everett deutete die Theorie so, dass die Welt sich ständig aufs Neue in Parallelwelten verzweigt. Dann ist Schrödingers Katze plötzlich gar nicht mehr rätselhaft: In der einen Welt ist sie lebendig, in der anderen tot.

Es ist wie in dem Film *Lola rennt,* der drei mögliche Schicksale einer jungen Frau erzählt, drei Mal die gleichen 20 Minuten ihres Lebens, die wegen eines kurzen Remplers im Treppenhaus allerdings jeweils einen ganz anderen Verlauf nehmen. Der Film erzählt die Geschichten hintereinander, in der einen wird Lola am Ende erschossen, in der anderen von einem Krankenwagen überfahren, in der dritten gibt es ein Happy End. Im Multiversum der Quantenphysik sind alle Geschichten gleich real, nur ist für jede eine eigene Welt reserviert.

Wer über Multiversen nachdenkt, muss nicht zwangsläufig weltfremd sein. Der englische Physiker David Deutsch machte den Vorschlag, einen Computer zu bauen, der in vielen Parallelwelten zugleich rechnet. Seitdem versuchen mehrere Forschergruppen, Deutschs Quantencomputer zu verwirklichen. Ein paar simple Prototypen gibt es auch schon. Dass die Computer während des Rechnens wirklich einen Ausflug in andere Universen unternehmen, ist damit jedoch nicht bewiesen. Die Viele-Welten-Theorie ist nur eine Interpretation der quantenphysikalischen Formeln, die Mathematik bleibt die Gleiche.

Die Viele-Welten-Interpretation sei „die einzig logische Deutung der Quantenphysik", sagt Viatcheslav Mukhanov, Theoretischer Physiker an der Universität München.

Sie mag unsere Vorstellungskraft arg strapazieren. „Aber letztlich sind unsere Vorstellungen von der Welt immer Behelfskonstruktionen."

Philosophen haben mit dem Multiversum traditionell die wenigsten Probleme. Schon im 17. Jahrhundert hielt der deutsche Universalgelehrte Gottfried Wilhelm Leibniz unsere Welt nur für „die beste aller möglichen Welten". Im 20. Jahrhundert dachte der amerikanische Philosoph David Lewis diesen Weltenpluralismus weiter. Nur in einem Multiversum könne man unsere alltägliche Rede über Existenz, Möglichkeit, Ursache und Wirkung verstehen, meinte er.

Schon in einem Satz wie „Einhörner existieren nicht" will Lewis einen Hinweis auf andere Welten erkennen. Damit dieser Satz überhaupt sinnvoll sei, müsse sich der Ausdruck „Einhörner" auf irgendetwas beziehen. Irgendwo müsse es also Einhörner geben, wenn nicht in unserer Welt, dann in anderen. Schlechthin alles, was möglich ist, geschieht irgendwo in Lewis' Weltenvielfalt. So weit entspricht sein Weltpluralismus noch den Vorstellungen heutiger Physiker. Aber der 2001 verstorbene Philosoph ging noch weiter. Manche seiner Welten sind so fremdartig, dass sie nicht einmal mit unserer Sprache zu beschreiben sind. Lewis' Theorie ist so radikal, dass sie auch vielen seiner Fachkollegen nicht behagte. Über die Gemeinde der Philosophen hinaus wurde sie kaum bekannt.

Die Menschheit musste ihr Weltbild schon oft umkrempeln

Der Reiz des Multiversums ist für Physiker und Philosophen indes der Gleiche: Als eine von vielen sieht unsere Welt viel einfacher aus, als wenn man sie für ein Unikat hält. Das Problem: Die Viele-Welten-Konzepte vertragen sich nicht ohne Weiteres miteinander. Das Multiversum der Kosmologen ist ein riesiges Raum-Zeit-Gefüge, in dem die Teiluniversen zwar weit voneinander

entfernt sind, aber zusammenhängen. Die Welten der Quantenmechanik sind getrennt voneinander, beeinflussen einander jedoch auf subtile Weise – eben nach den Regeln der Quantentheorie. Die möglichen Welten des Philosophen Lewis wiederum verbindet gar nichts außer der Logik.

Wie passt das alles zusammen? Wenn es ganz kompliziert kommt, sind die Welten ineinander verschachtelt. Das gesamte Multiversum der Kosmologen wäre dann nur ein einziger Weltenzweig der Quantenmechanik. Und alle Welten der Quantenmechanik zusammengenommen wären nur eine der unendlich vielen möglichen Welten, die David Lewis postuliert. Zugegeben, das klingt absurd. Aber schien nicht auch einst die Vorstellung absurd, die Erde sei rund und würde sich drehen?

Die Menschheit musste ihr Weltbild schon oft umkrempeln. Für die alten Griechen stand die Erde im Mittelpunkt des Universums. Kopernikus setzte an diese Stelle die Sonne. Später stellten Astronomen fest, dass die Sonne nur ein unbedeutender Stern am Rande der Milchstraße ist. Also rückte man die Milchstraße ins kosmische Zentrum – bis Hubble 1925 erkannte, dass auch die Milchstraße nur eine Galaxie von Milliarden anderen in einem gigantischen Universum ist.

Mit dem Konzept des Multiversums verliert das Universum selbst seine Einzigartigkeit. Das kosmozentrische Weltbild wankt. „Mit der Herabstufung der Menschheit auf vollkommene kosmische Bedeutungslosigkeit ist unser Abstieg vom Mittelpunkt des Universums endgültig vollzogen", sagt Alexander Vilenkin. Auch wenn die Vorstellung des Multiversums nicht unseren Alltag revolutioniert, unser Selbstverständnis wird sie berühren.

In der Alltagskultur ist die Idee schon angekommen. Die Autorin Juli Zeh hat vor Kurzem einen Kriminalroman geschrieben, dessen Protagonist an die Viele-Welten-Theorie glaubt. Und im Kino läuft seit ein paar Wochen das Fantasy-Epos *Golden Compass,* dessen Kulisse Parallelwelten sind. Hauptdarstellerin: Nicole Kidman.

So schnell sind die Physiker dann doch nicht. Die Anhänger des Multiversums brauchen erst noch bessere Argumente. Als Nächstes müssten sie aus einer Theorie des Multiversums überprüfbare Vorhersagen ableiten. Denn so funktioniert das Geschäft: Theoretiker denken sich eine Theorie aus, leiten daraus Vorhersagen ab, und Astronomen überprüfen die Vorhersagen mit Teleskopen. Je mehr Vorhersagen sie bestätigen, umso stärker das Vertrauen in die Theorie. Die Quantenphysik und die Relativitätstheorie etwa sind seltsame Theorien mit bizarren Konzepten von Raum, Zeit und Materie. Doch weil ihre Vorhersagen ein ums andere Mal im Experiment bestätigt wurden, werden sie akzeptiert.

Ist die Theorie vom Multiversum überhaupt noch Physik?

Für Multiversum-Theoretiker jedoch kann dieses Geschäftsmodell nicht funktionieren. Denn sie gehen meist davon aus, dass wir niemals über den Horizont unseres eigenen Universums schauen können. Ist das überhaupt noch Physik oder nur noch bloße Spekulation? Darüber tobt nun ein Grundsatzstreit, den die Wissenschaftler in Aufsätzen, Büchern, Weblogs und sogar auf den Meinungsseiten der *New York Times* austragen, wo ein Physiker seinen Kollegen vor Kurzem vorwarf, ihre Theorien seien von religiösem Glauben nicht weit entfernt.

„Wenn man eine Theorie hat, die weder etwas erklärt noch etwas vorhersagt, dann hört man auf, Wissenschaft zu machen", lästerte der Anti-Stringtheoretiker Lee Smolin, der gerade ein 400-seitiges Buch über die Krise der Physik geschrieben hat. Der Stringtheoretiker und Nobelpreisträger David Gross bezeichnet die Multiversum-Theorien als „bizarre Wissenschaft" und „ein gefährliches Geschäft". Er will um jeden Preis weiter nach einer Weltformel suchen, die unser – und nur unser – Universum beschreibt. „Niemals, niemals, niemals, niemals aufgeben", sagt Gross. Und Paul Steinhardt, Kosmologe an der Princeton University, prophezeit für den Fall, dass die Multiversum-Anhänger sich durchsetzen werden: „Die Wissenschaft käme an ein deprimierendes Ende."

Zum Glück nur in unserer Welt.

Aus: ZEIT-Wissen 2/2008

Naturwissenschaftler weisen gern nach, dass weithin für un-möglich gehaltene Dinge in Wirklichkeit ohne Weiteres möglich sind", sagt **John D. Barrow**. „Philosophen neigen im Gegenteil mehr dazu, uns zu beweisen, dass durchaus für mög-lich gehaltene Dinge in Wirklichkeit unmöglich sind. Paradoxerwei-se ist die Naturwissenschaft jedoch nur möglich, weil bestimmte Dinge unmöglich sind. Die unwiderlegbare Tatsache, dass die Na-tur von verlässlichen Gesetzen regiert wird, versetzt uns in die La-ge, Mögliches von Unmöglichem zu trennen."

So formuliert der britische Mathematiker die Grundlage aller Wis-senschaften, auch jener, die sich mit längst vergangenen oder weit in der Zukunft liegenden Dingen und Vorgängen befassen, mit dem im Wortsinn Unbegreifbaren. Barrow wird am 29. November 1952 in London geboren. Nach dem Studium der Mathematik in Durham promoviert er in Oxford über Astrophysik. Seit 1999 ist Barrow Professor für angewandte Mathematik und theoretische Physik an der Universität Cambridge. Davor war er Direktor des as-tronomischen Zentrums an der University of Sussex in Brighton.

Barrow wird als Forscher vielfach ausgezeichnet. Die Liste seiner Ehrungen verzeichnet mehr als 30 Positionen. Aber er wendet sich auch an ein breites Publikum. Als Leiter des Millennium Mathema-tics Project will er zum besseren Verständnis der Mathematik in der breiten Öffentlichkeit beitragen. Sein Theaterstück *Infinities* hat 2002 in Mailand Premiere und gewinnt den italienischen Theater-preis Premi Ubu. Seine populärwissenschaftlichen Bücher sind sehr erfolgreich.

Aber was geschieht, wenn die moderne Naturwissenschaft an Grenzen der Erkenntnis stößt? Sind diese Grenzen prinzipieller Natur? Können sie durch neue Entdeckungen überwunden wer-den? Barrow warnt vor Denkfehlern im Streit um die Reichweite un-seres Erkenntnisvermögens: „Manche halten die Idee, das Verste-hen des Universums oder der wissen-schaftliche Fortschritt könnte Grenzen ha-ben, für ausgesprochen gefährlich, weil sie in ihren Augen das Vertrauen in die Wissenschaft untergräbt. Ähnlich unkri-tisch denken aber auch diejenigen, die der These von den Grenzen der Wissen-schaft begeistert zustimmen, weil sie die ungehemmte Erforschung des Unbekann-ten als gefährlich betrachten und dahinter unlautere Motive vermuten."

John D. Barrow

Kosmologische Grenzen

Von John D. Barrow

> Eines der Probleme hat mit der Lichtgeschwindigkeit zu tun und mit
> den Schwierigkeiten, vor denen man steht, wenn man sie zu übertref-
> fen versucht. Das geht nämlich nicht. Nichts ist schneller als die
> Lichtgeschwindigkeit, vielleicht mit Ausnahme schlechter Nach-
> richten, die ihre eigenen Gesetze haben.

Douglas N. Adams, englischer Schriftsteller (1952–2001)

Der letzte Horizont

Kosmologie ist eine sehr spezielle Wissenschaft: Ihre Themen sind
genauso einzigartig wie ihr Gegenstand und ihre Methoden. Kein
Wissenschaftszweig extrapoliert so weit in unbekannte Bereiche hinein, und kein anderer Forschungsbereich muss mit ähnlich großen
Beschränkungen verschiedenster Art fertig werden. Der Kosmologe
muss zum Beispiel die technische Schwierigkeit überwinden, dass er
es mit weit entfernten und kaum erkennbaren Objekten zu tun hat,
und er muss weithin ohne die üblichen Hilfsmittel aus dem Arsenal
der Naturwissenschaftler auskommen.

Leider können wir im Universum nicht experimentieren, sondern
müssen uns damit begnügen zu beobachten, was das Universum unseren Blicken darbietet. Wenn wir astronomische Objekte, zum Beispiel Sterne und Planeten, betrachten, können wir dabei den Standpunkt eines außenstehenden Beobachters einnehmen, doch wenn es
um das Universum als Ganzes geht, sind wir selbst betroffen und
werden zu einem Teil des Systems, das wir beschreiben wollen. Unser astronomisches Wissen hat riesige Fortschritte gemacht. Dank
der Erfindungsgabe der Techniker verfügen wir heute über Lichtdetektoren von ungeahnter Empfindlichkeit. Raumfahrtbehörden haben Satelliten gestartet, die das Universum über das gesamte elektromagnetische Spektrum hinweg beobachten können. Der Höhepunkt
dieses ganzen Programms – der Start des Hubble-Weltraumteleskops – machte es möglich, Planeten, Sterne und Galaxien mit erstaunlich hoher Auflösung zu betrachten. Die Unschärfe infolge der
Lichtstreuung an den Molekülen der Erdatmosphäre – dieselbe
Streuung, die auch das Flimmern der Sterne bewirkt – war auf den
vom Hubble-Teleskop aufgenommenen Bildern verschwunden. Ver-
traute astronomische Objekte zeigten mit einem Mal so scharfe Kon-
turen, dass sich die unterschiedlichsten neuen Strukturen erkennen

„Deep Field"-Aufnahme des Hubble-Weltraumteleskops: die Belichtung mit der größten Tiefe, die jemals vom optisch sichtbaren Universum gemacht wurde.

und neue Einblicke in die Entstehung von Sternen und Galaxien gewinnen ließen. Am aufregendsten war jedoch, dass wir nun Dinge sehen konnten, die weiter entfernt waren als alles, was uns bisher bekannt war.

Bei der Betrachtung ferner Galaxien mithilfe eines Instruments wie des Hubble-Teleskops müssen wir stets das wichtigste Faktum unserer Erkenntnis des Universums im Auge behalten, die Tatsache nämlich, dass sich Licht mit endlicher Geschwindigkeit bewegt. Was wir heute als ferne Galaxie „erblicken", entspricht nicht deren heutigem Zustand, sondern der Situation, die herrschte, als das Licht jene Galaxie verließ. Das Universum stellt uns die einfachste Form einer Zeitmaschine zur Verfügung, eine Maschine, mit der wir durch bloßes Hinsehen in die ferne Vergangenheit zurückblicken können. Die am weitesten entfernten Objekte, die wir sehen können, sind Milliar-

---

■ Der Begriff „Theorie" ■

In der Alltagssprache hat das Wort „Theorie" oft eine negative Nebendeutung im Sinne von „ungehemmt spekulativ, unsicher" oder gar „verrückt". In der Naturwissenschaft wird damit ein aus Kernaussagen oder mathematischen Gleichungen bestehendes System bezeichnet. Solche Systeme sind alle in dem Sinne vorläufig, dass sie unter Umständen irgendwann experimentell widerlegt (falsifiziert) werden können. Einige dieser Theorien, so zum Beispiel Einsteins Allgemeine Relativitätstheorie, enthalten jedoch Voraussagen, die sich in erstaunlichem Umfang bestätigt haben. Werden erfolgreiche Theorien durch neue abgelöst, dann zumeist in der Weise, dass sie sich als Grenzfall einer allgemeineren Erklärung erweisen. So ist zum Beispiel Newtons Theorie ein Grenzfall der Einsteinschen Theorien, denn sie gilt nur für Geschwindigkeiten weit unterhalb der Lichtgeschwindigkeit und für schwache Gravitationsfelder.

---

den Lichtjahre von uns entfernt, das heißt, ihr Licht hat Milliarden Jahre gebraucht, um zu uns zu gelangen. Sie entsprechen jüngeren Stadien von Galaxien, wie etwa unserer Milchstraße, die wir in unserer Nähe in einem späteren Entwicklungsstadium beobachten. Manche Leute zerbrechen sich den Kopf darüber, wie wir etwas über den Zustand des Universums vor Milliarden von Jahren erfahren können. Das eigentliche Problem besteht jedoch darin, seinen jetzigen Zustand zu erkennen.

Die aufregenden Entdeckungen der letzten Jahre haben eine Flut populärwissenschaftlicher Darstellungen über das heutige Universum hervorgebracht, und auch neue Theorien über dessen Entstehung und mögliche künftige Entwicklung zutage gefördert. Solche Extrapolationen unserer heutigen Beobachtungen sind nur möglich, weil wir über eine Theorie dafür verfügen, wie sich das Universum im Laufe der Zeit verändert. Wichtigstes Hilfsmittel bei solchen Untersuchungen ist Albert Einsteins Allgemeine Relativitätstheorie. Sie bietet Gleichungen dafür an, wie sich ein Universum aus Materie und Strahlung unter dem Einfluss der Schwerkraft im Laufe der Zeit entwickelt. Im Gegensatz zu Isaac Newtons Mechanik ist sie auch auf Bewegungen anwendbar, die sich annähernd oder genau mit Lichtgeschwindigkeit vollziehen und unter dem Einfluss sehr starker Gravitationsfelder stehen. Mithilfe der Einsteinschen Gleichungen können wir die Geschichte des Universums rekonstruieren und somit auch herausfinden, welche Art von Vergangenheit zum gegenwärtigen Zustand geführt haben kann. Hier taucht ein besonderes Problem auf. Da das Universum expandiert, stoßen wir beim Rückblick auf Zeiten, in denen der Kosmos heißer und dichter war als heute. Wir blicken sukzessive auf Phasen zurück, in denen es noch keine Galaxien, noch keine Sterne, noch keine Moleküle oder Atome, noch keine Kernelemente, vielleicht noch nicht einmal Protonen und Neutronen, sondern nur eine primordiale Suppe aus elementarsten Materieteilchen und Strahlung gab. Bisher verstehen wir recht gut, wie das Universum ungefähr nach der ersten Sekunde seiner Entstehung aussah. Um etwas über den Augenblick davor sagen zu können, müssen wir je-

Was ist eigentlich ...

Lichtgeschwindigkeit, die Ausbreitungsgeschwindigkeit elektromagnetischer Wellen, wie beispielsweise Licht. Sie ist eine der wichtigsten Grundkonstanten der Physik. Im Rahmen des SI-Systems ist die Lichtgeschwindigkeit als $c = 299\,792\,458$ m/s definiert. Die Spezielle Relativitätstheorie postuliert die Lichtgeschwindigkeit als universelle Konstante, d. h. Licht bewegt sich in allen beliebig gegeneinander bewegten Bezugssystemen gleich schnell. Im Gegensatz zur Schallgeschwindigkeit entzieht sich die Lichtgeschwindigkeit durch ihre Größe einer unmittelbaren Messung. Erst 1675/76 konnte ein endlicher Wert für die Lichtgeschwindigkeit bestimmt werden.

Was ist eigentlich ...

Gravitation, die durch das Gravitationsgesetz beherrschte Erscheinung der gegenseitigen Massenanziehung. Alle Massen führen zur Entstehung von Gravitationsfeldern. Die Allgemeine Relativitätstheorie ist eine Feldtheorie der Gravitation, in ihr wird das Gravitationsfeld auf die Geometrie der Raumzeit zurückgeführt. Nach den Einstein-Gleichungen breiten sich Störungen des Gravitationsfeldes als Gravitationswellen aus.

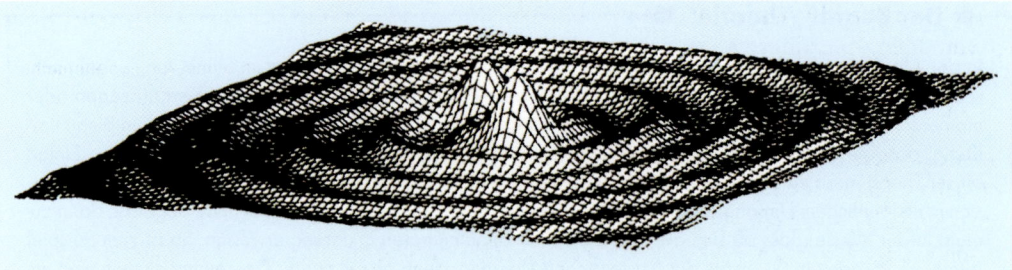

Allgemeine Relativitätstheorie: Zweidimensionale Darstellung der Raum-Zeit-Lösung der Einstein-Gleichungen in der Nähe eines Doppelsterns, der Gravitationswellen aussendet. Die Feldgleichungen der Allgemeinen Relativitätstheorie bestimmen die Geometrie der Raumzeit in Abhängigkeit von der Verteilung der Materie, d. h. wie die Raumzeit bei einer bestimmten Energie- und Masseverteilung gekrümmt ist.

doch noch mehr über die elementaren Materieteilchen wissen, als dies derzeit der Fall ist. Die physikalischen Bedingungen, mit denen wir es hier zu tun haben, sind viel extremer als alle Bedingungen, die wir auf der Erde mit Teilchenbeschleunigern künstlich herstellen können, und deshalb steht über der Rekonstruktion des frühen Universums ein großes Fragezeichen.

Gegenwärtig scheint die Expansion des Universums extrem gleichförmig voranzuschreiten. Sie vollzieht sich in jeder Richtung im gleichen Tempo, und zwar mit größerer Genauigkeit als 1 zu einer Million. Radiowellen aus einer Zeit, als das Universum ungefähr 1 Million Jahre alt war, zeigen, dass es auch damals überall vollkommen gleich geformt war. Erst später, als es Milliarden Jahre alt war, zog sich die Materie ungleichförmig zusammen und bildete leuchtende Ansammlungen von Sternen und Galaxien. Die Kosmologen entscheiden sich daher für die einfachste Lösung und gehen von der Hypothese aus, dass das Universum von Anfang an gleichförmig war und dass die universelle Gleichförmigkeit der Expansion nur sehr kleine Abweichungen kennt. Diese Abweichungen haben dennoch gravierende Folgen. Orte,

---

■ Was ist eigentlich ... ■

Expansion, die Ausdehnung des Universums. Die Theorie des expandierenden Universums basiert historisch auf zwei Befunden: 1) 1929 entdeckte Edwin P. Hubble (1889–1953), dass die Spektrallinien in den Spektren von Galaxien eine Rotverschiebung aufweisen. Bis in nicht allzu große Entfernungen wächst die Rotverschiebung proportional mit der Entfernung an, wobei die Proportionalitätskonstante die Hubble-Konstante ist. Dieser Effekt der Galaxienflucht wurde später so gedeutet, dass die Galaxien sich deshalb voneinander entfernen, weil sich der Raum ausdehnt. Der Mathematiker Georges Lemaître (1894–1966) leitete aus der Galaxienflucht die Hypothese des Urknalls ab, die lange Zeit umstritten blieb. 2) Aus den Feldgleichungen der Allgemeinen Relativitätstheorie hergeleitete Lösungen führen generell auf ein nichtstatisches Universum. Dies wurde schon 1917 von Willem de Sitter (1872–1934) und 1922 von Aleksandr A. Friedmann (1888–1925) bemerkt. Auch Einstein selbst stieß auf diese Tatsache. Da zur damaligen Zeit jedoch fast alle Kosmologen an ein statisches Universum glaubten, fügte Einstein seiner Lösung der Feldgleichungen die kosmologische Konstante hinzu. Für einen bestimmten Wert schien sie ein statisches Universum zu ermöglichen. Genaue Rechnungen zeigten jedoch später, dass dies nicht der Fall ist.

wo sich überdurchschnittlich viel Materie ansammelte, zogen auf Kosten von Orten mit geringerer Konzentration noch mehr Materie an sich. Mit der Zeit entwickelten sich diese überdurchschnittlich dichten Zonen zu Galaxien, Sternen und ... Menschen.

Eines der Ziele der Kosmologen besteht darin, über diese einfache und sehr globale Beschreibung hinauszukommen. Es gilt beispielsweise zu zeigen, dass der gegenwärtige Zustand des Universums eine notwendige Folge der Einsteinschen Aussagen über expandierende Universen sowie des Verhaltens der Materie bei sehr hohen Temperaturen ist. Ein weiteres Ziel sind realistische Computersimulationen der vollständigen Ereigniskette, in deren Verlauf sich die überdurchschnittlich dichten Zonen in Strukturen verwandeln, die in der Realität als Galaxien aus Sternen, als Gas, Staub oder andere nichtleuchtende Stoffe erscheinen.

Wie bereits gesagt, wird in erster Annäherung angenommen, dass das Universum überall gleich aussieht und im gleichen Tempo in jeder Richtung expandiert. Die Expansion kann danach mithilfe einer einzigen Größe, dem sogenannten Skalenfaktor, beschrieben werden. Dieser Faktor gibt die Entfernung zwischen zwei beliebigen Referenzpunkten an. Sein tatsächlicher Wert ist physikalisch bedeutungslos, es kommt allein auf das Verhältnis zwischen den für verschiedene Zeitpunkte gültigen Werten an. Aus diesem Verhältnis erfahren wir etwas darüber, wieweit die Expansion fortgeschritten ist. Der Skalenfaktor (manchmal – ziemlich ungenau – auch als „Radius des Universums" bezeichnet) kann, wie in der folgenden Abbildung gezeigt wird, auf zwei verschiedene Arten variieren. Er kann ständig ansteigen („offenes Universum"), oder er kann bis zu einem Maximum ansteigen und dann sinken (gelegentlich als „geschlossenes

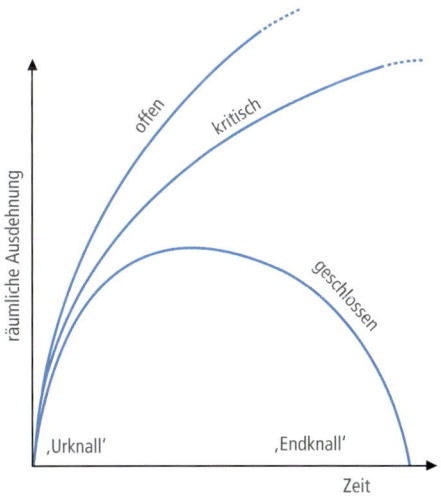

Größenveränderungen bei expandierenden Universen in Abhängigkeit von der Zeit. Drei Modelle sind zu unterscheiden: ein „unendliches", ein „kritisches" und ein „endliches" Universum.

Universum" bezeichnet). Dazwischen liegt ein (auch „flach" oder „kritisch" genanntes) Universum, das sich gerade schnell genug ausdehnt, dass die Expansion ins Unendliche weitergeht. Hier befindet sich die kosmische Trennlinie zwischen dem offenen und dem geschlossenen Universum.

Unter all den einfachen Vorstellungen über das expandierende Universum ist eine simplifizierende Annahme besonders wichtig: die des überall gleich aussehenden Universums. Dies hat zur Folge, dass wir die Ausdehnung des Universums nur mit einem einzigen Wert beschreiben, statt mit einem unterschiedlichen Wert für jeden Ort des Universums. Allzu leicht gehen wir davon aus, dass unsere Beobachtungen für das gesamte Universum gelten und nicht nur für den Teil, den wir sehen können. Dieses Problem wollen wir nun ein wenig genauer betrachten.

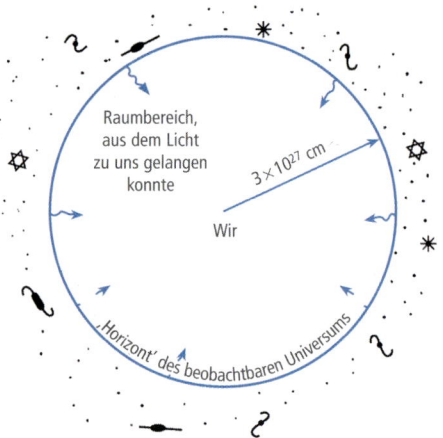

Das sichtbare Universum ist definiert als begrenzter sphärischer Raum, dessen Radius der Entfernung entspricht, die das Licht vom Beginn der Expansion an zurücklegen kann.

Zunächst ist zwischen zwei Bedeutungen des Begriffs „Universum" zu unterscheiden. Das „große Universum" umfasst alles, was überhaupt existiert; es kann endlich oder unendlich sein. Daneben gibt es das „sichtbare Universum", das wir als einen sphärischen Raum mit uns selbst als Mittelpunkt ansehen, innerhalb dessen das Licht seit der Entstehung des Universums genug Zeit hatte, um bis zu uns zu gelangen. Da sich Licht im Vakuum mit endlicher Geschwindigkeit ausbreitet (und nichts schneller ist als Licht), ist auch der Umfang des sichtbaren Universums endlich. Zu ihm gehört alles, was wir mit den uns zur verfügung stehenden Messinstrumenten im Prinzip sehen könnten. Die Grenze unseres sichtbaren Universums wird als Horizont bezeichnet und bildet die natürliche Grenze der Beobachtungswissenschaften. Er erweitert sich stetig, da immer mehr Licht Zeit hat, uns zu erreichen; seine Größe entspricht der

Lichtgeschwindigkeit, multipliziert mit der bisher vergangenen Expansionszeit.

Diese einfachen Tatsachen lehren uns zunächst einmal, dass die Astronomie nur über die Struktur der sichtbaren Welt Aussagen machen kann. Was jenseits dieses Horizonts liegt, bleibt uns verschlossen. So können wir zwar beurteilen, ob das sichtbare Universum gewisse Eigenschaften aufweist, doch wie das Universum insgesamt aussieht, darüber können wir nur etwas sagen, wenn wir stillschweigend unterstellen, dass das Universum jenseits unseres Horizonts dieselbe oder wenigstens annähernd dieselbe Gestalt hat wie das innerhalb unseres Horizonts liegende sichtbare Universum. Dies anzuerkennen bewahrt uns davor, irgendwelche verifizierbaren Aussagen über die anfängliche Struktur oder den Beginn des ganzen Universums zu machen.

Ist das Universum endlich, dann muss auch das sichtbare Universum ein endlicher Teil des Ganzen sein. Ist es in seinem Umfang dagegen unendlich, dann können unsere Beobachtungen immer nur einen winzig kleinen Ausschnitt des Ganzen erfassen. Welche dieser beiden Möglichkeiten auf uns zutrifft, wird uns immer unbekannt bleiben.

Die Gesamtheit von Raum und Zeit lässt sich bildhaft in einem sogenannten Raum-Zeit-Diagramm darstellen. In der folgenden Abbildung bildet der Zeitverlauf in Richtung Zukunft die vertikale Achse, während die drei Raumdimensionen als horizontale Achse wiedergegeben sind. Verharrt man räumlich am selben Ort, bewegt man sich im Diagramm längs einer nach oben führenden Linie. Wer sich auf einer Kreisbahn befindet (was bei einem Bewohner der Erde der Fall ist), bewegt sich dagegen in einer Aufwärtsspirale. Die Ausbreitung eines Lichtstrahls entspräche in diesem Diagramm den beiden schrägen Linien in der Abbildung auf der folgenden Seite (eine für die Bewegung von links nach rechts, die andere für die Gegenrichtung).

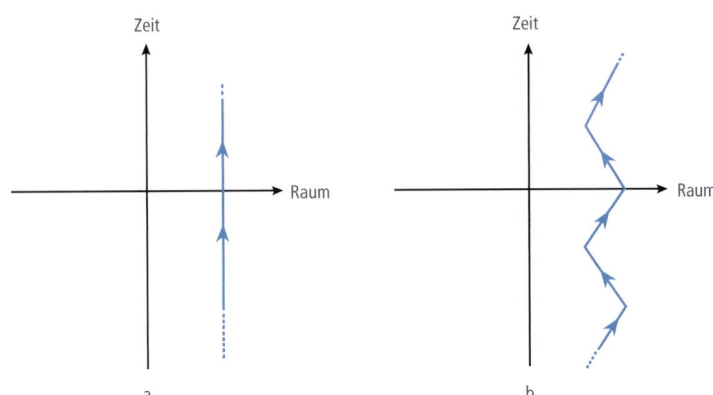

Der Weg eines Punktes durch Raum und Zeit, a) wenn der Punkt bei fortschreitender Zeit am selben Ort bleibt, b) wenn er sich bei fortschreitender Zeit im Raum vor- und zurückbewegt.

Der Weg hier und jetzt empfangener Lichtstrahlen in einem Raum-Zeit-Diagramm.

Bestimmen wir nun unseren eigenen Platz „hier und jetzt" im Raum-Zeit-Diagramm. Wir können den räumlichen und zeitlichen Bereich eingrenzen, innerhalb dessen wir aufgrund von Lichtstrahlen oder anderen, sich langsamer bewegenden Signalen unsere Beobachtungen ausführen können. Dieser Bereich umfasst die blau markierte Zone, die man auch als Vergangenheits-Lichtkegel bezeichnet. Die Lichtstrahlen, die die Astronomen empfangen – gleichgültig, ob es sich dabei um Strahlen im optischen, Röntgen-, Infrarot-, Ultraviolett- oder Radiowellenbereich handelt –, enthalten Informationen über die Struktur des Kegelrands. Je weiter ihre Quelle entfernt, also je älter diese ist, desto weiter unten im Kegel liegt der Bereich, den wir erforschen können.

Wenn massive Teilchen, wie zum Beispiel kosmische Strahlen oder Meteoriten, in unser Blickfeld kommen, die sich unterhalb der Lichtgeschwindigkeit fortbewegen, dann informieren sie uns über den Innenbereich des Lichtkegels der erreichbaren Vergangenheit. Genauso erfahren wir übrigens etwas über das Universum innerhalb des Kegels, wenn wir Fossilien oder das Erdinnere untersuchen.

Markieren wir den Bereich, über den wir direkte Informationen besitzen, dann erscheint dieser überraschend klein. Was jenseits des Lichtkegels, also außerhalb unseres Horizonts liegt, ist uns vollkommen unzugänglich. Der größte Teil unseres Wissens bezieht sich auf ältere Strukturen innerhalb des Vergangenheitskegels. Wären wir im Besitz der mathematischen Theorie, die den sukzessiven Veränderungen des Universums zugrunde liegt, könnten wir mit ihrer Hilfe innerhalb und auch außerhalb des Kegels Berechnungen vornehmen. Innerhalb des Kegels könnten wir dabei unsere Voraussagen überprüfen. Außerhalb wäre dies jedoch unmöglich.

Aus den Beobachtungen des NASA-Satelliten COBE (Cosmic Background Explorer) erfahren wir einiges darüber, wie die Struktur des Lichtkegels unserer erreichbaren Vergangenheit aussah, als das sichtbare Universum ungefähr tausendmal kleiner war als heute. Seit Beginn der Expansion waren damals etwa 300 000 Jahre vergangen. Damals hatte sich das Universum so weit ausgedehnt und die Strahlung dabei so weit abgekühlt, dass keine Wechselwirkung zwischen Strahlung und Elektronen mehr stattfand. Von da an setzte die Strahlung ihren Weg durch Raum und Zeit bis zu uns ungehindert fort. COBE offenbarte, dass das sichtbare Universum zu jenem Zeitpunkt in jeder Richtung extrem gleichförmig war. Davor war das Universum allerdings für Photonen undurchsichtig; wegen der Streuung der Photonen durch Elektronen können wir nicht noch weiter zurückblicken. Gelänge es uns irgendwann, Neutrinos aus der Frühzeit des Universums nachzuweisen, dann wären wir imstande, bis zum Zeitpunkt eine Sekunde nach Beginn der Expansion zurückzublicken, als der Bereich, der unser gegenwärtig sichtbares Universum ausmacht,

Was ist eigentlich ...

Photon, Lichtquant, Strahlungsquant, Quant des elektromagnetischen Feldes. Das Photon bildet eine Familie der Elementarteilchen für sich.

Die Milchstraße im Infrarotlicht, aufgenommen durch den NASA-Satelliten COBE bei seiner Forschungsreise auf der Erdumlaufbahn.

zehnmilliardenmal kleiner war als heute. In der Zeit davor war das Universum auch für Neutrinos undurchsichtig. Die einzige Möglichkeit, zu direkten Beobachtungsdaten zu kommen, liegt für diese Phase in der Gravitationsstrahlung. Im Prinzip könnte es uns gelingen, bis zu einem Zeitpunkt zurückzublicken, als das Universum 10^{32} Mal kleiner war als heute. Wir stehen hier vor großen technischen Schwierigkeiten, die wir allenfalls in ferner Zukunft lösen können.

Glücklicherweise können wir auch mit der heutigen Technik etwas über den Zustand des Universums erfahren, als die Expansion gerade eine Sekunde alt war. Wir müssen dazu die Häufigkeit der leichtesten chemischen Elemente im Universum messen. Elemente wie Helium und Lithium sowie Wasserstoffisotope wie das Deuterium entstanden bei Kernreaktionen am Ende eines sensiblen Prozesses, der begann, als das Universum gerade eine Sekunde alt war, und endete, als es einige Minuten alt war. Wenn wir diese Häufigkeiten der leichten Elemente messen und mit den Vorhersagen vergleichen, die unser Modell des Universums für den Zeitpunkt macht, als dieses eine Sekunde alt war, dann können wir unser Modell überprüfen. Für die Zeit davor eignet sich dieses Verfahren leider nicht, denn wir haben bisher keine „fossilen" Überreste aus der ersten Sekunde der Geschichte des Kosmos. Wir können das Verfahren aber auch umkehren. Es gibt sehr viele Modelle für die Struktur des Universums während jener ersten Sekunde, einschließlich der verschiedenen Theorien über das Verhalten elementarer Materieteilchen bei hoher Energie, und einige dieser Theorien und Modelle können *ad acta* gelegt werden, weil sie Dinge vorhersagen, die wir so nicht beobachten.

Wie gravierend ist diese absolute Begrenzung unserer Fähigkeit, die Struktur des Universums zu beschreiben? Bis etwa 1980 hat man einen Unterschied zwischen dem sichtbaren Universum und dem Universum insgesamt ignoriert, da es seitens der Kosmologen keinen Grund gab, eine andere Struktur des Universums jenseits unseres Horizonts anzunehmen. Von einem Unterschied auszugehen, hatte etwas Antikopernikanisches an sich, weil dadurch unsere sichtbare Welt zu etwas Besonderem und Atypischem wurde. In den 1980er-Jahren änderte sich diese Auffassung. Eine neue Version der Urknalltheorie lässt jedoch vemuten, dass das Universum innerhalb unseres Horizonts ganz anders aussieht als außerhalb.

Inflation – nach all den vielen Jahren immer noch gleich verrückt

Seit 1980 schließt die bevorzugte Theorie der frühesten Phase des Universums eine „Inflation" als Zwischenspiel ein. Sie ergänzt die einfache Vorstellung eines im Urknall expandierenden Universums um einen kleinen Zusatz – doch dieser Zusatz hat ungeheure Auswirkungen. Das seit den 1920er-Jahren bestehende Standardmodell des expandierenden Universums weist eine Besonderheit auf: die Expansion verlangsamt sich. Gleichgültig, ob sich das Universum ewig ausdehnt oder in einem Endknall kollabiert, verlangsamt sich die Expansion wegen der Massenanziehung, die die im Universum angesammelte Materie hervorruft. Die Verlangsamung ist eine schlichte Konsequenz der gravitationsbedingten Massenanziehung.

Man hatte immer angenommen, dass Materie und Energie aufgrund der Schwerkraft andere Formen von Materie und Energie anziehen. Doch in den 1970er-Jahren entdeckten Teilchenphysiker, dass in ihren Theorien über das Verhalten der Materie bei hohen Energien und Temperaturen Materiefelder vorkamen, sogenannte Skalarfelder, bei denen der Gravitationseffekt eine Abstoßung bewirken konnte. Falls solche Felder in der Frühphase des Universums irgendwann für dessen Dichte ausschlaggebend gewesen sein sollten, dann muss in dieser Phase anstatt einer Verlangsamung eine Beschleunigung der Expansion stattgefunden haben. Darüberhinaus schienen Skalarfelder – wenn es sie denn gab – eindeutig die einflussreichsten Komponenten des Universums darzustellen. Ihr Einfluss nimmt erst dann ab, wenn sie sich in normale Materie und Energie verwandeln.

Die Inflationstheorie des Universums besagt schlicht, dass es in der frühesten Phase der Geschichte des Kosmos eine kurze Beschleunigungsphase der Expansion gab, weil vielleicht eines jener allgegenwärtigen Skalarfelder bestimmenden Einfluss auf die Dichte der Materie erlangte. Ein solches Feld musste dann relativ rasch wieder zusammenbrechen, sodass sich die Expansion dann wie gewohnt verlangsamt. Das klingt alles ganz harmlos, doch bietet eine sehr kurze Beschleunigungsphase für viele hartnäckige Probleme der Kosmologie eine Lösung.

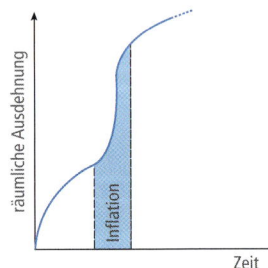

Die zeitliche Veränderung der räumlichen Ausdehnung in einem inflationären Universum. Die Expansion des Universums beschleunigt sich in einer frühen Inflationsphase, in der sich das Universum rasch aufbläht.

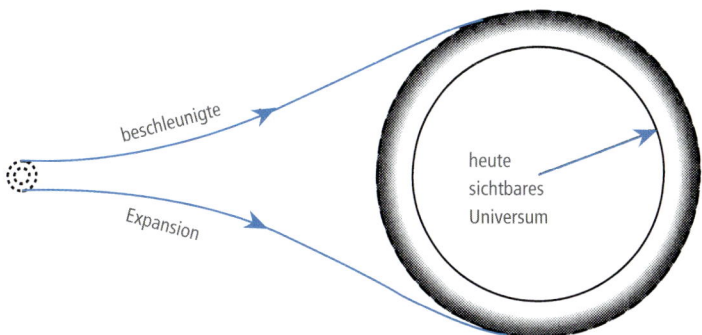

beschleunigte

Expansion

heute
sichtbares
Universum

Inflation einer kleinen Zone des
sehr frühen Universums. Diese
Zone ist so klein, dass sie das
Licht problemloser durchqueren
kann als im heute sichtbaren
Universum.

Nimmt man eine Beschleunigung der Expansion an, dann kann unser gesamtes sichtbares Universum aus der Expansion einer Zone entstanden sein, die so klein ist, dass Lichtsignale sie zu einem sehr frühen Zeitpunkt durchqueren konnten. Diese Lichtausbreitung sorgt innerhalb der Ursprungszone für gleichförmige Bedingungen, weil Inhomogenitäten sehr schnell geglättet werden. In der älteren, nicht-inflationären Urknalltheorie war die Lage ganz anders. Unser sichtbares Universum musste sich hier aus einer Zone entwickeln, die viel zu groß war, als dass Lichtstrahlen sie hätten koordinieren und glätten können. Es blieb daher rätselhaft, wie es dazu kommen konnte, dass – wie Beobachtungen zeigen – unser sichtbares Universum in jeder Himmelsrichtung so gleich aussieht, mit einer Genauigkeit im Verhältnis 1 : 100 000. Wegen der großen Entfernungen hätte das an einer Stelle des Universums ausgestrahlte Licht nicht alle anderen Stellen erreichen können.

In Bezug auf die Ursprünge des Weltalls befinden sich die Kosmologen von jeher in einem Dilemma. Wenn die heutige Struktur des Universums etwas damit zu tun hat, wie es begann (und ob es tatsächlich einen Anfang hatte), dann geben astronomische Beobachtungen in der Tat über den Anfangszustand des sichtbaren Teils des Kosmos Auskunft. Doch diese Annahme hat auch ihre Kehrseite. Sie bedeutet nämlich, dass jede „Erklärung" des heutigen Zustands des Universums letztlich bloß eine Aussage über seinen Ausgangszustand darstellt. Da jedoch gegenwärtig keine neuen Erkenntnisse über diesen Anfang zu erwarten sind, suchte man nach einem anderen kosmologischen Erklärungsansatz. Gelänge es zu zeigen, dass die wesentlichen Eigenschaften des beobachtbaren Universums von irgendwelchen Entstehungsbedingungen unabhängig sind und nur die Expansion lange genug dauern musste, dann ließe sich die heutige Struktur des Universums auch ohne genaue Kenntnis seines Anfangszustands erklären.

Die Idee der Inflation hat viele Vorzüge für denjenigen, der nach einer Erklärung für die Entstehung von Galaxien sucht oder der begreifen will, warum das sichtbare Universum in allen Richtungen so gleichartig aussieht. Andererseits hat sie verheerende Folgen, wenn es darum geht, etwas über die Gestalt des Universums vor Einsetzen der Inflation (grob gesagt früher als 10^{-35} Sekunden) zu sagen oder darüber, ob das sichtbare Universum einen Anfang hatte, oder auch wenn man sich bemüht, Überreste des sehr frühen Universums zu finden, die über das physikalische Verhalten der Elementarteilchen bei Energien über 10^{15} GeV (eV = Elektronenvolt) Auskunft geben können.

Unserer Fähigkeit, das Verhalten der Materie unter dem Einfluss von Ultrahochenergie zu erforschen, sind also wirtschaftlich wie auch kosmologisch Grenzen gesetzt. Da die Erzeugung hoher Energien auf der Erde ungeheuer kostspielig ist, hofften Teilchenphysiker lange Zeit, dass die Kosmologie ein billiges Laboratorium zur Entwicklung von „Theorien für Alles" bereitstellen würde. Aber genauso, wie der Lichtkegel unserer beobachtbaren Vergangenheit zu schmal ist, um Schlüsse auf die Struktur und den Beginn des Universums insgesamt ziehen zu können, so löscht Inflation alle jene Informationen im sichtbaren Universum, die wir benötigen, um die grundlegenden Gesetze der Hochenergiephysik aufzudecken.

Inflation wirkt als kosmologischer Filter. Sie schiebt die Informationen über den Anfangszustand des Universums über den Rand unseres beobachtbaren Horizonts hinaus und überschreibt dann diesen für uns sichtbaren Bereich mit neuen Informationen. Dadurch wird sie zum obersten kosmischen Zensor.

Chaotische Inflation

There was a young man of Cadiz
Who inferred that life is what it is,
For he early had learnt,
If it were what it weren't,
It could not be that which it is.

Anonymus

Bevor die Idee der Inflation ins Spiel kam, ging man allgemein davon aus, dass das Weltall diesseits und jenseits unseres Horizonts ziemlich gleich aussieht. Die gegenteilige Auffassung hätte bedeutet, dem Menschen eine Sonderstellung im Kosmos einzuräumen – eine Unterstellung, gegen die wir seit Kopernikus gefeit sein sollten. Auch wenn man die Möglichkeit eines Irrtums nicht ausschließen konnte, hielt man diesen Standpunkt für ziemlich engstirnig positi-

Nikolaus Kopernikus
(1473–1543) forscht in
Frauenburg.

vistisch. Diese Grundeinstellung hat sich gewandelt. Das Prinzip inflationärer Universen macht deutlich, dass wir mit einem zeitlich wie
räumlich weitaus eigenwilliger strukturierten Universum rechnen
müssen, als wir bisher angenommen hatten.

Das neue Modell geht davon aus, dass einige Zonen des anfangs in
einem chaotischen und unregelmäßigen Zustand befindlichen Universums eine inflationäre Entwicklung erlebten. Die Inflationsrate
dieser Zonen sollte dabei unterschiedlich gewesen sein, sodass sich
je nach Ort ein ganz anders geartetes postinflationäres Universum ergab. Jede aufgeblähte Zone wird als Blase gedacht, in der einheitliche Bedingungen herrschen (je stärker die Inflation, desto einheitli-
cher), von Blase zu Blase aber immer unterschiedliche. Unsere eigene
Blase muss inzwischen größer als unser Horizont sein, während sich
außerhalb andere Blasen mit anderer Ausdehnung befinden, in denen
andere Bedingungen als in unserer eigenen herrschen. Die Abbildung
auf der folgenden Seite stellt diese Entwicklung schematisch dar.

Die genauere Untersuchung dieses Szenarios ergab, dass noch viele
andere Eigenschaften von Blase zu Blase verschieden sein können.
So könnten einige der Größen, die wir physikalische Konstanten
nennen – Schwerkraft, die Massen der Elementarteilchen oder sogar
die Anzahl der Raumdimensionen – jeweils unterschiedlich sein. Im
Gegensatz dazu haben astronomische Beobachtungen beliebiger Orte innerhalb unseres sichtbaren Horizonts für die Naturkonstanten erstaunlich identische Werte ergeben. Das entspricht genau den Erwartungen, mögen diese Werte auch sonst im Universum von Ort zu Ort
verschieden sein. Bei jeder inflationär expandierenden Zone stellen
alle in ihr auftauchenden Beobachter notwendig mit größter Exakt-
heit die gleichen Werte für die Naturkonstanten fest, denn sie haben
seit langem den gleichen inflationären Entwicklungsweg hinter sich.

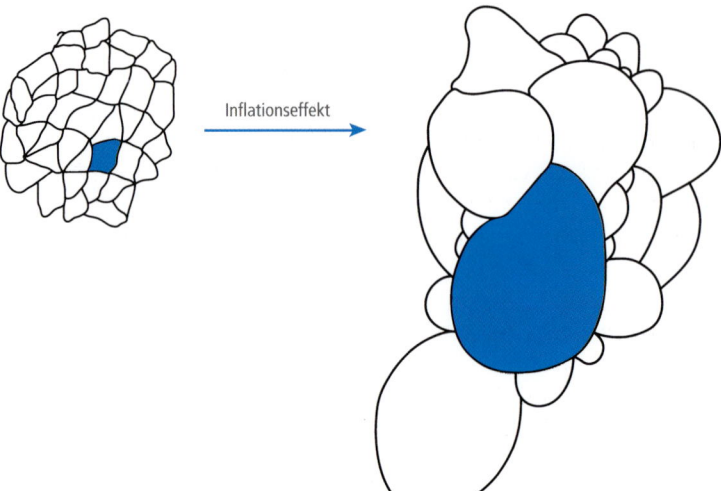

Inflationseffekt

Die Raumstruktur eines chaotischen inflationären Universums. Die Inflation betrifft nicht alle Bereiche in gleichem Maße. Nach diesem Modell würden wir selbst in einem der großen glatten Inflationsbereiche (blau markiert) leben. Jenseits unseres Horizonts dürften aufgrund unterschiedlicher Inflationsraten andere Bereiche mit anderer Dichte und Expansionsrate existieren.

Durch das beschriebene Szenario erweitert sich das Bild der möglichen räumlichen Komplexität des Universums ganz beträchtlich. Leider ist diese Komplexität so groß, dass sie die Reichweite der Wissenschaft überschreitet. Vielleicht werden Astronomen in ferner Zukunft Signale von einer direkt benachbarten Blase erkennen, doch sie werden nie erfahren, was alles noch jenseits davon liegt.

Ist das Universum offen oder geschlossen?

„Ich maße mir nicht an, den Kosmos zu verstehen – er ist einiges größer als ich."
(Thomas Carlyle, 1795–1881, schottischer Schriftsteller, Historiker und Philosoph)

Eines der widerspenstigsten Probleme des Urknallmodells ist die Frage, ob sich unser Universum ewig ausdehnen wird oder ob es dazu bestimmt ist, irgendwann in der Zukunft in einem „Endknall" zu kollabieren. Zwischen diesen beiden Möglichkeiten liegt das kritische Universum. Bei einem kritischen Universum sind Expansionsenergie und Gravitationskraft genau im Gleichgewicht. Bei offenen Universen übersteigt die Expansionsenergie die Gravitationswirkung, während bei geschlossenen die Schwerkraft dominiert. Wir könnten vielleicht hoffen herauszufinden, ob nun die Expansion oder die Schwerkraft die Oberhand behält, indem wir die Expansionsrate des Universums messen und alle Materie addieren, die unsere Teleskope ausfindig machen können. Leider ist dies nicht so einfach. Die Astronomie hat es mit dem Nachweis von Licht zu tun, doch der größte Teil der Materie des Universums ist nun einmal dunkel. Das leuchtende Material reicht bei weitem nicht aus, um das sichtbare Universum abzuschließen, doch zwischen den Galaxien könnte es durchaus genügend Dunkle Materie geben.

Die Expansion verläuft – wie bereits gesagt – ziemlich genau entsprechend der kritischen Scheidelinie zwischen offenen und geschlossenen Universen. Bisher sind unsere Beobachtungen nicht genau genug, um entscheiden zu können, ob die Expansionsrate eher auf der einen oder der anderen Seite dieser Grenze liegt. Das Inflationsmodell sagt voraus, dass die Expansion einer beliebigen Zone des Universums, die groß genug ist, dass unser sichtbares Universum darin Platz fände, mit einer Genauigkeit von 1:100 000 der kritischen Expansionsrate entspricht. Es sagt allerdings nichts darüber aus, auf welcher Seite wir uns befinden. Astronomische Beobachtungen werden voraussichtlich nie genau genug sein, um in diesem Punkt Klarheit zu verschaffen. Und selbst wenn sie es wären, könnten wir die Frage trotzdem nicht beantworten. Der von inflationären Modellen vorhergesagte Unterschied zwischen der Dichte des sichtbaren Universums einerseits und dem für ein inflationäres Universum vorhergesagten kritischen Wert andererseits liegt nämlich in der gleichen Größenordnung (oder darunter) wie die Dichteschwankungen, die die Inflation verursacht. Es ist damit zu rechnen, dass die Dichteschwankungen im Universum jenseits des sichtbaren Horizonts mindestens ebenso groß sind. Selbst wenn wir also mit perfekten Instrumenten die gesamte Materie des sichtbaren Universums präzise erfassen könnten und herausfänden, dass diese im Verhältnis 1:100 000 geringer wäre als die kritische Dichte, dann heißt das noch lange nicht, dass das Universum offen ist und ewig expandiert. Denn einer derartigen Schlussfolgerung liegt die Annahme zugrunde, dass das Universum innerhalb und außerhalb unseres Horizonts völlig identisch ist.

Die Skalen sind sehr fein aufeinander abgestimmt. Die Expansionsrate unsres sichtbaren Universums entspricht ziemlich genau dem kritischen Wert. Kleine Dichteschwankungen können über das globale Gleichgewicht zwischen Expansionsenergie und Schwerkraft entscheiden. Das sichtbare Universum könnte eine unterdurchschnittlich dichte, offene Blase in einem überdurchschnittlich dichten, geschlossenen Universum sein; und ebensogut könnte es eine geschlossene Blase innerhalb eines offenen Universums sein. Die beobachtende Astronomie wird uns nie sagen können, ob das gesamte Universum ewig expandieren wird oder ob es endlich oder unendlich ist. Selbst wenn es im Endknall in sich zusammenfiele, wüssten wir damit noch nicht, ob das übrige Universum dasselbe Schicksal erleidet.

Was ist eigentlich ...

Dunkle Materie, unsichtbare, nicht leuchtende oder strahlungsabsorbierende kosmische Materie, die sich nur durch ihre Gravitationswirkung bemerkbar macht. Ihre Existenz wird aufgrund dynamischer Untersuchungen im Milchstraßensystem, in anderen Sternsystemen und in Galaxienhaufen vermutet, da sich bestimmte Beobachtungen mit der sichtbar in Erscheinung tretenden Materie nicht erklären lassen. Um den Widerspruch zwischen sichtbarer und dynamisch wirksamer Masse zu lösen, wird das Vorhandensein Dunkler Materie postuliert. Sie leistet einen wesentlichen Beitrag zur Gesamtmasse im Weltall, doch ist ihre physische Beschaffenheit bisher noch völlig unbekannt. Da nach den gegenwärtigen Erkenntnissen Dunkle Materie wesentlich häufiger als leuchtende Materie im Weltall ist, hat dies auch weitreichende Folgen für das Expansionsverhalten des Weltalls.

Ewige Inflation

Die komplizierten räumlichen Unterschiede, die chaotische Inflation im frühen Universum hervorgerufen haben dürfte, sind noch nicht alles. Andrei D. Linde entdeckte, dass Inflation sich tendenziell selbst reproduziert. Es hat den Anschein, als ob die von der Inflation verursachten Schwankungen in den Teilzonen der bereits produzierten Blasen unvermeidlich neue inflationäre Prozesse auslösen. Inflation wird dadurch zu einem potenziell unendlichen, sich selbst reproduzierenden, kurz: epidemischen Vorgang. Jede dabei irgendwo in Raum und Zeit produzierte Blase kann in bezug auf viele Naturkonstanten unterschiedliche Werte und dementsprechend jeweils andere physikalische Strukturen aufweisen. Die Entwicklungsgeschichte des Universums und die Variationen in seiner Raumstruktur werden dadurch viel, viel komplizierter, als wir früher gedacht hatten.

Bisher haben unsere mathematischen Überlegungen ergeben, dass der Multiplikationsprozess der Inflation kein Ende hat, auch wenn einzelne Blasen – also Universen –, die dicht genug sind, kollabieren mögen. Doch wenn wir diese seltsame Evolution in ihrem historischen Ablauf zu rekonstruieren versuchen, sind längst nicht alle Einzelschritte klar. So muss offen bleiben, ob diese Entwicklung einen zeitlichen Anfang hatte oder nicht. Wahrscheinlich brauchte das ganze sich selbst reproduzierende Netzwerk aufgeblähter Blasenuniversen keinen Anfang, doch bei einzelnen Blasen mag ein Anfang erkennbar werden, wenn man ihre Geschichte zurückverfolgt. Dieser Anfang hing vielleicht mit ortsabhängigen quantenmechanischen

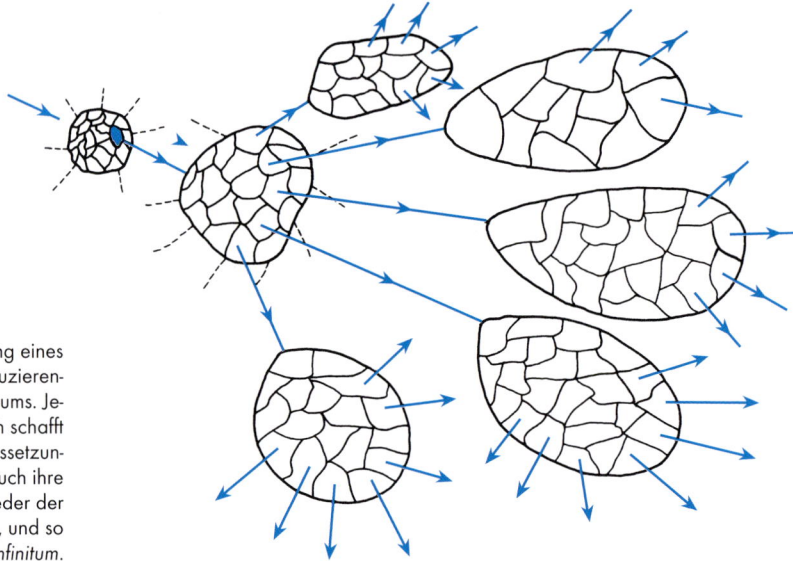

Schematische Darstellung eines sich endlos selbst reproduzierenden inflationären Universums. Jeder aufgeblähte Bereich schafft von sich aus die Voraussetzungen dafür, dass auch ihre eigenen Teilbereiche wieder der Inflation unterliegen, und so weiter ad infinitum.

Schwankungen zusammen und könnte mit gewisser Wahrscheinlichkeit ab und zu spontan stattgefunden haben.

Unser eigener Platz in dieser fantastischen unendlichen Geschichte wirft viele Fragen auf. Wir leben innerhalb der endlos erscheinenden Folge inflationärer Schübe in einer bestimmten Entwicklungsphase, und zwar in einer ganz bestimmten Blase mit einer bestimmten Reihe physikalischer Konstanten. Wir wissen nur, dass unsere Blase lang genug expandiert haben muss, um so groß zu werden, damit die Sterne die Elemente schaffen konnten, auf denen alle Formen von Leben und Komplexität beruhen. Wir können uns kein Urteil darüber erlauben, wie typisch oder untypisch eine solch große Blase ist oder mit welcher Wahrscheinlichkeit die hier geltenden Naturkonstanten lebensfreundliche Werte annehmen. Ja, wir werden niemals wissen können, ob dieses sich selbst reproduzierende Universum in all seiner barocken Komplexität überhaupt existiert oder nicht. Unser Einblick in den Kosmos ist wegen der Endlichkeit der Lichtgeschwindigkeit notwendigerweise begrenzt.

Es gibt heute also gute Gründe anzunehmen, dass das Universum in allen räumlichen und zeitlichen Dimensionen strukturell extrem kompliziert ist und dass sein für uns sichtbarer Teil in wichtigen Aspekten atypisch ist. Aufgrund der Beschränkung durch die Endlichkeit der Lichtgeschwindigkeit werden wir niemals in der Lage sein, unsere Hypothesen über die Struktur des Universums jenseits unseres Horizonts zu überprüfen. Infolgedessen können wir auch das umfassende inflationäre Weltmodell nicht an Beobachtungen überprüfen, so wie wir verifizieren können, ob wir in einer Blase leben, die in der Vergangenheit einen Inflationsprozess durchgemacht hat – indem wir nämlich die kleinen Temperaturschwankungen der uns umgebenden kosmischen Strahlung genau unter die Lupe nehmen. Die ganze Problematik wird die Kosmologen sicher noch lange beschäftigen.

Wenn Satelliten, die in den nächsten Jahren in den Weltraum geschossen werden, den klaren Beweis erbringen, dass unser sichtbares Universum keine Spuren früherer Inflation trägt, wird die Theorie der endlosen Inflation sicher ihre Attraktivität einbüßen. Wir könnten uns zwar sagen, dass wir zufällig in einer seltsamen, nicht der Inflation unterworfenen Blase leben, doch diese *ad hoc*-Lösung wäre wohl keine ausreichende Stütze für den Glauben an eine Welt von Welten jenseits des Horizonts. Würden die Satelliten dagegen eine inflationäre Vergangenheit bestätigen, ermutigte dies zu weiteren Spekulationen über jene Welten hinter dem Horizont, selbst wenn sich darüber keine Daten gewinnen lassen.

Trotz dieser Beschränktheit unserer kosmologischen Erkenntnismöglichkeiten ist die Theorie der ewigen Inflation als plausibles kos-

misches Szenario dennoch von großer Bedeutung. Sie verdeutlicht, dass unsere astronomischen Beobachtungen auf unseren eigenen Horizont beschränkt sind und somit unsere Erkenntnis über die Gesamtstruktur des Universums entschieden begrenzt ist. Jenseits unseres Horizonts ist das Universum vielleicht ein ganz anders. Abschließende Antworten auf die Frage nach dessen Anfang und Ende sind deshalb unmöglich.

Die Theorie des unaufhörlich inflationären Universums wird oft mit der seit langem überholten Steady-State-Theorie des Universums verglichen, die Hermann Bondi, Thomas Gold und Fred Hoyle für ein Universum mit einem stationären Zustand 1948 erstmals formuliert haben. Ihre Theorie des expandierenden Universums kennt keinen Urknall. Vielmehr wird angenommen, dass durch ständige Erzeugung neuer Materie die Dichte des Universums allzeit konstant gehalten wird. Das vorgeschlagene Modell wurde aufgegeben, weil es zahlreichen Beobachtungen widerspricht. Man erkannte, dass kosmische Objekte wie Radiogalaxien und Quasare je nach kosmischem Zeitalter verschiedene Erzeugungsgeschwindigkeiten zeigten. Das entscheidende Ereignis war jedoch 1965 die Entdeckung der Mikrowellenhintergrundstrahlung. Sie bewies, dass das Universum früher heißer und dichter war als heute.

Topologie

Wir wüssten natürlich gerne, welche Topologie unser Universum hat, doch Einsteins Gleichungen, mit deren Hilfe wir – im Prinzip jedenfalls – die Krümmung von Raum und Zeit für jede Verteilung von Materie und Energie berechnen können, schweigen sich darüber aus. Sie sagen uns, wie wir aus der Verteilung von Sternen und Galaxien die Geometrie des Universums bestimmen können, aber seine Topologie lassen sie offen. Bei einem kritischen oder offenen Universum, so nehmen die Astronomen der Einfachheit halber an, entspricht die Topologie der eines endlosen flachen Tuches, und dies nennen sie die „natürliche" Topologie. Diese Annahme erleichtert zwar den Astronomen das Leben, doch gibt es keinen Grund, weshalb der Raum so und nicht anders beschaffen sein soll. Wäre er in allen drei Richtungen zylinderförmig zusammengefügt, dann wäre sein Volumen begrenzt, auch wenn die Expansion wie bei einem kritischen oder offenen Universum verliefe.

Da die Möglichkeit, dass die Topologie des Universums nicht natürlich, sondern „unnatürlich" ist, bei weitem größer ist, lässt sich sogar die Meinung vertreten, dass eine unnatürliche Topologie wahrscheinlicher sei. In jüngster Zeit haben einige Astronomen überlegt, was bei einer unnatürlichen Topologie mit der aus der Frühzeit der Expansion stammenden Hintergrundstrahlung geschähe. Es stellte sich heraus, dass die vom Satelliten COBE gemessenen astronomischen Daten ganz anders aussähen, wenn das Universum bis zu einer Grenze von etwa 15 Milliarden Lichtjahren eine andere Topologie hätte als ein flaches Tuch. Ist die Topologie des Universums tatsächlich ungewöhnlich, dann scheinen die entsprechenden Merkmale heute jenseits unseres beobachtbaren Horizonts versteckt zu sein.

Die Informationen, die für eine Gesamtcharakteristik der Topologie des Universums benötigt werden, sind uns unzugänglich. Wir können kleinere Bereiche auswählen, um darin nach Hinweisen und möglichen Rückschlüssen zu suchen, aber Beobachtungen, die ein Gesamtbild ermöglichen, sind uns versperrt. Das ist sehr bedauerlich, denn ob es der Physik gelingen wird zu zeigen, ob und wie ein Universum aus dem „Nichts" geschaffen werden kann, hängt sehr stark von der Topologie des zu schaffenden Universums ab. Nicht alle Topologien dürften gleich wahrscheinlich sein. Und wenn wir die Topologie unseres Universums nicht kennen, fehlt uns unter Umständen ein wesentliches Element in unserem kosmischen Puzzlespiel.

Hatte das Universum einen Anfang?

Wir haben gesehen, dass die beobachtenden Wissenschaften keine Antwort auf die Frage geben können, ob das Universum einen Anfang hatte. Doch es bleibt uns immer noch die bescheidenere Frage, ob unser sichtbares Universum einen Anfang hatte. Die Frage nach den Ursprüngen des Kosmos ist schwer von überkommenen religiösen Vorurteilen zu trennen. Naturwissenschaftlern geht es nicht um die Bestätigung oder Verwerfung von religiösen und mythologischen Schilderungen jener Ursprünge, doch sind sie zweifellos davon beeinflusst. Sie sind in bestimmten Gegenwartskulturen aufgewachsen und haben hier traditionelle Spekulationen und Dogmen kennengelernt. Die darin enthaltenen Erzählungen weisen auf Ansatzmöglichkeiten für kosmologische Theorien hin.

Was ist eigentlich …

Topologie, mathematische Disziplin, die Begriffe wie Umgebung, Konvergenz, Zusammenhang etc. untersucht und Punktmengen mithilfe dieser Eigenschaften studiert und klassifiziert. Zentraler Begriff ist der topologische Raum. Ziel der Topologie ist es, Klassen topologisch äquivalenter Mengen zu finden und deren Repräsentanten mithilfe bestimmter Eigenschaften, den topologischen Invarianten, zu beschreiben. Die Topologie liefert Grundlagen für viele mathematische Gebiete, z. B. für die Analysis, die Funktionentheorie oder die Differentialgeometrie.

„Am Anfang war nichts. Und Gott sprach: ‚Es werde Licht', und da war immer noch nichts, aber jetzt konnte man es sehen." (Terry Pratchett, englischer Fantasy-Schriftsteller).

Westliche Kulturen kennen mehrere religiöse Überlieferungen, die von einem Weltanfang berichten. Tausend Jahre lang haben Theologen über die Interpretation jener Schilderungen und über die Bedeutung der Idee eines Weltanfangs gestritten, einschließlich des subtilen Problems, ob mit der Welt auch die Zeit geschaffen wurde oder nicht. Deshalb hat die Idee der Schöpfung des Universums aus dem Nichts etwas Vertrautes, und vielen Menschen – ob Naturwissenschaftler oder nicht – erscheint sie ganz natürlich. Das bedeutet nicht, dass sie auch verstanden würde oder logisch schlüssig und widerspruchsfrei wäre (ich kann sehr gut mit der Vorstellung leben, es gäbe Einhörner), sondern nur, dass sich diese Idee sozusagen aufdrängt.

Dieser kulturelle Hintergrund bildete geradezu einen Nährboden für die Vorstellung von einem expandierenden Universum. Er stützt die Idee, die Welt habe vor endlicher Zeit zu existieren begonnen. Ein statisches Universum wäre mit dieser traditionellen Auffassung viel schwerer zu vereinbaren gewesen.

Unsere überkommenen religiösen Anschauungen (oder Abwehrgefühle dagegen) könnten unter Umständen unsere Neigung verstärken, der modernen mathematischen Kosmologie eine bestimmte Richtung zu geben. Manche Kosmologen suchen nach Modellen mit einem Anfang und bemühen sich, diesen mathematisch darzustellen. Andere betrachten die Vorhersage eines Anfangs als Zeichen, dass die betreffende Theorie unter extremen Bedingungen versagt, und versuchen, dies durch eine Modifikation der Gravitationstheorie zu vermeiden. Für diese Wissenschaftler stellt eine modifizierte Theorie, die jene besondere Situation am Anfang der Zeit beseitigt, eine Verbesserung dar. Andererseits gibt es Physiker wie Roger Penrose, die den Anfang des Universums gerade als eines seiner wesentlichen Merkmale sehen.

Letztlich ist die Singularität der Frühzeit des Kosmos nicht mehr zu beweisen, wenn wir von der Richtigkeit der Inflationstheorie überzeugt sind. Die Verletzung der Bedingung, dass alle Materie Massenanziehung ausübt, bedeutet nicht, dass es keine Anfangssingularität gegeben haben könnte, sondern nur, dass wir darüber nichts Eindeutiges sagen können. Wir haben ja gesehen, dass ewige Inflation zu der komplizierten Vorstellung eines „Multiversums" führt, das neue „Baby-Universen" gebiert, von denen manche sich zu Universen in der Größe unseres sichtbaren Universums aufblähen, während andere einfach kollabieren und sich in eine Wolke aus Raum und Zeit auflösen. Dieser Prozess scheint endlos weiterzugehen. Ob er jedoch auch einen Anfang hatte, diese Frage können wir noch nicht beantworten.

Was ist eigentlich ...

Schöpfung aus (dem) Nichts, [lateinisch *Creatio ex nihilo*], in der frühchristlichen Theologie entstandener Begriff, der besagt, dass die Schöpfung der Welt als Werk des (aus der jüdischen Theologie übernommenen) Schöpfergottes absolut voraussetzungslos ist. Er hängt somit eng zusammen mit dem Begriff Gottes als Ur-Anfang, Schöpfer, mit dessen Attributen der Allmacht und Freiheit. Er artikuliert eine Position gegen bestimmte Strömungen der griechischen Philosophie: die platonische, die Schöpfung als Übergang aus ungewordenem, ewigem und ungeordnetem Stoff (Chaos) in den geordneten Kosmos auffasst; gegen Aristoteles' Lehre von der Ewigkeit der Welt; gegen die von Melissos u. a. vertretene Aussage, dass Seiendes nur aus Seiendem und nicht aus Nichtseiendem entstehen könne (*ex nihilo nihil fit*). Die Annahme eines vorweltlich ungeordneten Stoffes entspricht einer Grundstruktur in der Religionsgeschichte weltweit auffindbarer mythischen Kosmogonie.

Niemand zweifelt daran, dass solche zeitlichen Extrapolationen in die Vergangenheit letztlich daran scheitern, dass unsere Kenntnisse im Bereich der Hochenergiephysik noch lückenhaft oder auch nicht überprüfbar sind. Wir müssen davon ausgehen, dass wir zu einigen Informationen nie einen Zugang haben werden, die wir brauchen, um darüber entscheiden zu können, ob der für uns sichtbare Teil des Weltalls einen Anfang hatte oder nicht.

Nackte Singularitäten: die äußerste Grenze

Nach Singularitäten kann man nicht nur in der Geschichte des Kosmos suchen. Wenn ein Stern mit einer Masse, die mehr als dreimal so groß ist wie die der Sonne, seinen Kernbrennstoff verbraucht hat und sich unter dem Druck seiner eigenen Schwerkraft zusammenzuziehen beginnt, kann sich eine Singularität bilden. Genau auf diesen Fall hatte Roger Penrose auch das erste Singularitätstheorem angewendet. Auf den ersten Blick könnte man annehmen, dass diese Situation eine Möglichkeit bietet zu beobachten, was sehr nahe an einer Singularität vor sich geht, und besser zu verstehen, was in der Vergangenheit in der Nähe der kosmischen Singularität vorgegangen sein könnte.

> „Das Ausmaß an Exzentrizität einer Gesellschaft war schon immer proportional zu dem Ausmaß an Genie, materieller Stärke und moralischer Kraft, über das sie verfügt. (John Locke, 1632–1704, englischer Philosoph)

Dies scheint leider unmöglich zu sein. Wenn große Materieansammlungen kollabieren, dann wird die ganze riesige Masse schließlich durch die hohe Eigengravitation auf engstem Raum zusammengepresst, und nichts – nicht einmal das Licht – kann diesem Gravitationsdruck dann mehr entkommen. Es gibt eine unüberwindbare Schranke – man nennt sie „Ereignishorizont" –, die verhindert, dass etwas nach außen gelangt. Was innerhalb dieses Horizonts verborgen liegt, bezeichnet man als Schwarzes Loch. Die Astronomen glauben, einige solcher Löcher entdeckt zu haben. Wenn ein Schwarzes Loch nun einen normalen Stern umkreist, zieht es von seinem Begleiter auf spezifische Weise Materie ab, und diese Materieströme erzeugen Röntgenstrahlen mit charakteristischen Schwankungen, die Rückschlüsse auf Größe und Gravitationswirkung des Schwarzen Loches erlauben.

Wenn sich erst einmal ein Ereignishorizont um ein Schwarzes Loch gebildet hat, stellen außenstehende Beobachter eine sich nicht verändernde starke Gravitationsanziehung zum Loch hin fest. Die Mathematik lehrt uns jedoch, dass innerhalb des Horizonts weiterhin Materie ins Zentrum fällt, sodass dort die Dichte ständig zunimmt. Letztlich sagen die Gleichungen eine Singularität mit unendlicher Dichte vorher, bei der Raum und Zeit verschwinden – es sei denn, dass neue physikalische Gesetze ins Spiel gebracht werden, die Gravitation und Quantenunschärfe vereinheitlichen, ganz wie im Fall der

Was ist eigentlich …

Ereignishorizont, die ein Gebiet der Raumzeit umgebende lichtartige Fläche, von der aus keine lichtartigen Geodäten mehr ins Unendliche gelangen können. Diese Definition im Rahmen der Allgemeinen Relativitätstheorie besagt, dass es sich dabei um einen nichtlokalen Begriff handelt, da Ereignisse in der fernen Zukunft inbegriffen sind, und dass ein Ereignishorizont nur in einer asymptotisch flachen Raumzeit wohldefiniert ist. Ein Schwarzes Loch ist „schwarz", weil es immer von einem Ereignishorizont umgeben ist: Licht, das innerhalb des Horizonts abgestrahlt wird, kann dem Gravitationsfeld des Schwarzen Lochs nicht mehr entweichen. In der Kosmologie ist der Begriff des Ereignishorizonts eines Bobachters von Bedeutung, also die Fläche, von der aus Lichtsignale nicht in endlicher Zeit beim Beobachter ankommen.

Stern im Schwarzen Loch. Ein Stern wird durch die Gezeitenwirkung eines Schwarzen Loches zerrissen (oberes Bild). Ein Teil der stellaren Trümmer wird dann von dem Schwarzen Loch aufgesogen (mittleres Bild) und heizt sich dabei stark auf. Dies führt zu einem gigantischen Strahlungsausbruch, der mit der Zeit wieder abklingt (unteres Bild).

beginnenden Expansion des Universums. Der Freie Fall ins Zentrum eines Schwarzen Loches ähnelt dabei der Annäherung an den Endknall eines geschlossenen Universums.

Diese Überlegungen illustrieren eine seltsame Eigenschaft des Universums. Es ermöglicht einerseits Singularitäten, die sich in den aus kollabierenden Sternen gebildeten Schwarzen Löchern entwickeln können, umgibt diese Singularitäten allerdings mit Ereignishorizonten und hindert sie so daran, auf das Universum außerhalb des Ereignishorizonts irgendwelchen Einfluss auszuüben. Dies mag zunächst als ärgerliche Einschränkung unserer Fähigkeit erscheinen, Phänomene im Umfeld einer Singularität zu erkunden. Andererseits mag es im Sinne einer rationalen Selbstkonsistenz des Universums notwendig sein. Singularitäten sind *per definitionem* Bereiche, wo die Gesetze der Physik keine Gültigkeit mehr besitzen. Aus einer Singularität kann alles Mögliche herauskommen – Fernsehapparate, Zeitmaschinen, sogar ganze Universen –, niemand kennt dafür irgendwelche Regeln. Befände sich in unserer Nähe eine solche Singularität, könnten wir nicht mithilfe der Naturgesetze die Zukunft vorhersagen. Schwarze Löcher sind insofern ein Schutzschild: Sie schützen uns durch die Bildung von Ereignishorizonten vor den völlig unvorhersehbaren Folgen lokaler Singularitäten, die bei jedem kollabierenden Stern unserer Galaxie entstehen können. Science-Fiction-Filme stellen den Ereignishorizont immer als bedrohliche kosmische Venusfliegenfalle dar; in Wirklichkeit ist er ein Schutzschild gegen Einflüsse, die andernfalls auf das Universum einwirken würden.

Zum Weiterlesen ...

Luminet, Jean-Pierre, *Schwarze Löcher* (Braunschweig 1997).

Die echte und bedrohliche Venusfliegenfalle.

Dimensionen

Die Erforschung der Struktur unseres sichtbaren Universums gleicht dem Auseinandernehmen einer russischen Puppe. Bei jedem Schritt zurück in die Vergangenheit begegnen wir neuen Grenzen, die uns Schwierigkeiten machen, wenn wir noch weiter zurückblicken wollen. Zunächst handelt es sich hauptsächlich um Unannehmlichkeiten. Da das frühe Universum für Photonen undurchdringlich ist, müssen wir nach Kernfusionsprodukten Ausschau halten, für die es durchsichtig ist. Inflation stellt demgegenüber eine unüberwindliche Hürde dar. Sollte sich Inflation als eine jener wunderbar einfachen Ideen erweisen, die in den Plänen des Architekten des Universums gar nicht vorgesehen sind, dann könnten wir vielleicht durch die Beobachtung jener Gravitonen weiterkommen, die durch Raum und Zeit ungehindert zu uns fliegen. Aber die Superstring-Theorie hält eine neue Büchse der Pandora mit Problemen bereit. Wohl sind Superstring-Theorien heute die einzigen physikalischen Theorien, die nicht zu inneren Widersprüchen führen oder die Vorhersage liefern,

„Das erste, was man in Bezug auf parallele Universen einsehen muss . . . ist, dass sie nicht parallel sind. Ebenso ist es wichtig, einzusehen, dass es, genau genommen, überhaupt keine Universen sind, aber das gelingt ganz problemlos, sofern man es einzusehen versucht, nachdem man erst einmal eingesehen hat, dass alles, was man bisher eingesehen hat, falsch ist." (Douglas Adams, 1952–2001, britischer Schriftsteller) dass messbare Eigenschaften unendliche Werte annehmen, wenn sich die Gravitation mit anderen Grundkräften der Natur vereinigt. Doch scheinen diese konsistenten Theorien der Grundkräfte andererseits Universen vorauszusetzen, die viel mehr Raumdimensionen aufweisen als die drei uns vertrauten Raumdimensionen. Die ersten Stringtheorien verlangten ein Universum mit 9 oder 25 Dimensionen! Da wir nur drei Dimensionen kennen, müssen wir entweder folgern, dass jene Theorien falsch sind, dass Dimensionen etwas anderes sind, als wir gewöhnlich annehmen, oder dass zahlreiche Raumdimensionen unseren Blicken verborgen bleiben. Die beiden ersten Möglichkeiten sind zwar nicht auszuschließen, doch scheint nach allgemeiner Auffassung die dritte des Rätsels Lösung zu sein. Es gilt, einen Prozess zu entdecken, durch den drei (und nur drei) aus der Vielzahl der Raumdimensionen sehr stark anwachsen, während die Größe der übrigen unterhalb der Planck-Länge bleibt, sodass wir ihre Auswirkungen nicht erkennen. Genauer betrachtet, müsste diese Grenze eigentlich für *alle* Dimensionen gelten. Rätselhaft ist, warum gerade drei Dimensionen so viel größer sind, nämlich 10^{60}-mal so groß wie die Planck-Länge. Es ist also ein Prozess zu finden, der zur Inflation von lediglich drei Dimensionen führt. Ein derartiger selektiver Prozess ist heute nicht bekannt. Er könnte zufallsbedingt sein, das heißt die Auswahl jener drei Dimensionen muss nichts mit physikalischen Gesetzen zu tun haben. Die Alternative wäre, dass es tiefere Gründe dafür gibt, dass sich gerade drei und nur drei Dimensionen aufgebläht haben. Man kann sich Universen ausdenken, in denen die Inflation an verschiedenen Orten eine unterschiedliche Anzahl von Dimensionen erfasst, doch solche Universen erscheinen ziemlich künstlich und wirken bisher nicht sehr überzeugend.

Die selektive Inflation hat tatsächlich etwas sehr Rätselhaftes. Die wahren Naturkonstanten und Naturgesetze gelten für neun oder 25 oder eine andere Anzahl von Raumdimensionen. Durch einen komplizierten physikalischen Prozess expandieren nur drei davon und konstituieren das uns umgebende astronomische Universum. Die von uns als Naturkonstanten bezeichneten Größen sind nur dreidimensionale Schatten der wahren Konstanten für die volle Anzahl von Dimensionen. Wenn nun jene zusätzlichen Dimensionen existieren und

Die Entstehung von Raum und Zeit mithilfe der Stringtheorie: Das Universum, hier als Kugel dargestellt, ist kurz nach dem Urknall sehr klein und sehr heiß, Raum und Zeit sind aufgrund von Quanteneffekten unscharf. Mit zunehmender Größe wird das Universum sehr schnell glatt und lässt sich mit der Relativitätstheorie beschreiben.

Zeit

im selben Maße expandieren würden wie der dreidimensionale Teil unseres Universums, dann würden sich auch unsere bisherigen Naturkonstanten im selben Umfang ändern.

Die Möglichkeit, dass unser Universum mehr als die drei Raumdimensionen enthält, die durch die Planck-Länge jedoch unterschlagen werden, bedeutet, dass unserer Erkenntnis der Gesamtstruktur des Universums vielleicht noch engere Grenzen gezogen sind als bisher angenommen.

„So geht auch die exakte Naturwissenschaft davon aus, dass es schließlich immer, auch in jedem neuen Erfahrungsbereich, möglich sein werde, die Natur zu verstehen; dass aber dabei gar nicht von vornherein ausgemacht sei, was das Wort ‚verstehen' bedeutet." (Werner K. Heisenberg, 1901–1976)

Resümee

Wenn in einem unvorstellbaren komplexen Kosmos ein Wesen mehrere Handlungsmöglichkeiten hatte, nahm es diese alle wahr und schuf dadurch viele verschiedene zeitliche Dimensionen und Entwicklungsgeschichten. Da es in jeder Entwicklungsphase des Kosmos sehr viele solche Wesen gab, von denen jedes viele Handlungsmöglichkeiten hatte, und da außerdem zahllose Kombinationen zwischen diesen Möglichkeiten existierten, entstand in diesem Kosmos innerhalb jeder Phase in jedem Augenblick eine unendliche Zahl verschiedener Universen.

Olaf Stapleton (1886–1950), britischer Philosoph

Trotz der Fortschritte, die Albert Einsteins Theorie der Schwerkraft bei der Beschreibung des für uns sichtbaren Universums mit sich brachte, ist klar, dass es bei der Erforschung des Weltraums fundamentale Grenzen gibt. Aufgrund der Endlichkeit der Lichtgeschwindigkeit zerfällt das Universum in Teile, zwischen denen es keinen Kausalzusammenhang geben kann. Informationen können wir nur über den Teil sammeln, der innerhalb unseres von der Lichtgeschwindigkeit festgelegten Horizonts liegt. Deshalb ist es ausgeschlossen, dass wir die Frage nach dem Ursprung der Gesamtstruktur des Universums jemals beantworten können. Wir werden nie feststellen können, ob es endlich oder unendlich ist, ob es einen zeitlichen Anfang hatte oder ob es offen oder geschlossen ist. Unsere Beobachtungen betreffen immer nur den sichtbaren Teil des Universums. Im Gegensatz zu früher glaubt man heute nicht mehr, dass diese Einschränkung für unser Wissen über das Universum unwesentlich sei. Die Theorie des inflationären Universums mit all ihren Konsequenzen lehrt uns, dass das Universum in seiner räumlichen Struktur wie in seiner zeitlichen Entwicklung komplex sein dürfte. Wir selbst befinden uns vermutlich in einer eigenen expandierenden Blase und können über die Möglichkeit eines jenseits unseres Horizonts existierenden hochentwickelten und unendlich komplexen Universums nichts Genaueres in Erfahrung bringen. Künftige Satellitenbeobachtungen werden zeigen, ob wir tatsächlich in einer Blase leben, die früher einmal eine Inflation durchgemacht hat; aber über andere Blasen jenseits unseres Horizonts werden wir auch dann nichts erfahren. Sodann haben wir gesehen, dass das Phänomen der Inflation zwar einige Eigenschaften des heute beobachtbaren Universums erklären hilft, dass es uns aber daran hindert, Erkenntnisse über frühere Ereignisse zu gewinnen, die vor der Inflation stattfanden. Selbst der Anfang des für uns sichtbaren Teils des Kosmos bleibt uns verborgen. Allerdings geben uns große Theorien wie die Relativitätstheorie und die Quantenmechanik Informationen über das sichtbare Universum, die unabhängig von seinem Anfang gültig sind. Aber wir bezahlen dieses unerwartete Geschenk damit, dass wir nichts darüber wissen, ob der Kosmos einen Anfang hatte, wie dieser aussah und welche Eigenschaften die Welt jenseits unseres Horizonts besitzt. Das Universum ist größer, als wir wissen und jemals wissen können.

Grundtext aus: John D. Barrow *Die Entdeckung des Unmöglichen*; Spektrum Akademischer Verlag (englische Originalausgabe: *Impossibility. The Limits of Science and the Science of Limits*; Oxford University Press Inc.; übersetzt von Heiner Must).

Höllenschauer am Pampahimmel

Das größte Teleskop der Welt späht in der argentinischen Pampa nach ultraharter kosmischer Strahlung. Ein Ausflug zu den Grenzen der Physik

Hans Schuh

Der alte, klapprige Kleinbus rumpelt im Konvoi durch die Pampa und taucht immer wieder in Staubwolken ein, die vorausfahrende Vehikel von der Schotterpiste hochwirbeln. Bei freiem Blick schaukelt eine grauschwarze flache Einöde vorbei. Mal ist sie wüst und leer, mal ist ihr dunkler Boden weiß gefleckt vom Salz ausgetrockneter Seen, mal sumpfig und mit Gras bewachsen. Meist dominiert baumlose Steppe, nur teilweise bedeckt von Vegetation, aus der hie und da verwilderte Pferde und zottige Rinder aufblicken. Sie finden jetzt frisches Futter, es ist Frühling auf der Südhalbkugel. Büsche und Stauden blühen in leuchtendem Gelb. *Pampa amarilla*, gelbe Steppe, heißt diese einsame Hochebene in der Provinz Mendoza, rund tausend Kilometer westlich von Buenos Aires. Die schneebedeckten Anden türmen sich hinter dem Hochplateau zu einer majestätischen Kulisse empor. Hier, in knapp 1 500 Meter Höhe, steht das größte Teleskop der Welt – und zu dessen Inbetriebnahme rattert eine Hundertschaft neugieriger Wissenschaftler, Politiker und Journalisten quer durch die Anlage. Das dauert zwei Busstunden. Denn das Observatorium erstreckt sich über 3 000 Quadratkilometer, das ist etwa die Fläche des Saarlandes.

Mit dem gigantischen Gerät wollen Astrophysiker die energiereichsten Teilchen der kosmischen Strahlung beobachten und so die Grenzen der Physik ausloten. Insbesondere möchten sie herausfinden, aus welcher Himmelsrichtung die wuchtigsten Geschosse der Höhenstrahlung auf die Erde

krachen. Diese bestehen aus Atomkernen (meist Protonen, aber auch Eisenatome) und kommen mit unvorstellbarer Energie angedonnert: fast exakt so schnell wie das Licht, aber hundert Trillionen (1 020) mal so energetisch wie sichtbares Licht. Selbst die Strahlung aus einem Kernkraftwerk verblasst dagegen zu einem schlappen Glimmen, schafft nur ein Zehnbillionstel (10^{-13}) davon. Jeder einzelne Atomkern der extremen Höhenstrahlung knallt mit der Wucht eines professionell aufgeschlagenen Tennisballs in die Erdatmosphäre – und wird dort ausgebremst.

Astronomen sehen mit himmelsnahen Messgeräten schärfer

Das setzt eine Lawine in Gang. Blitzschnell wird aus der bremsenden Luft ein Schauer von Teilchen herausgeschlagen, der sich kegelförmig nach unten ausbreitet. Am Erdboden prasselt dann ein etwa meterdicker Teppich aus Milliarden Partikeln herab, auf einer Fläche von vielen Quadratkilometern. Diesen höllischen Hagel wollen die Astrophysiker nachweisen und vermessen. Allerdings mit möglichst geringem Aufwand.

Deshalb rumpeln wir durch die Pampa. Die hat astronomische Vorteile, liegt mit etwa 1 500 Metern über Normalnull höher als die deutschen Mittelgebirge. Astronomen sehen mit himmelsnahen Messgeräten schärfer. Sie lieben trockene, klare Bergluft und meiden Städte, deren Streulicht und Funksignale nur stören. Hier quasselt kein Gaucho auf dem Handy, jede SMS verschwände im Funkloch; keine Disko lasert am Himmel herum.

Just das betreiben die Astrophysiker selbst: viel funken und lasern. Unser erster Stopp in der Steppe gilt dem geographischen Zentrum des Observatoriums. Dort steht die Central Laser Facility. Die Anlage besteht aus einem schlichten Stahlcontainer. Daneben wächst Dornengestrüpp, an dem Ziegen knabbern. Sie beäugen aus der Ferne die Invasion der Zweibeiner, von denen bereits ein Dutzend auf dem Containerdach herumturnt. Durch ein Rohr kommt von unten der Laserstrahl hoch, er lässt sich über eine schwenkbare Optik in alle Richtungen des Himmels drehen. Ein französischer Wissenschaftler – am Observatorium arbeiten 350 Forscher aus 16 Nationen – erklärt den Sinn: „Wir sehen die kosmische Strahlung nicht direkt, sondern nur den ausgelösten Partikelregen in der Luft. Die Eigenschaften der Luft können sich ändern: Druck, Temperatur, Feuchtigkeit oder Bewölkung. Das wiederum beeinflusst den Partikelregen." Genaue Messungen kosmischer Strahlung erfordern eben auch genaue Kenntnisse der Luft. Die Laserstrahlen tasten sie ab.

Zu sehen ist davon nichts. Der Laser strahlt mit geringer Leistung unsichtbares Ultraviolettlicht (UV) in den Himmel, sehr empfindliche UV-Teleskope am Rand der Observatoriumsfläche registrieren von den Wolken, Aerosolen, Stäuben und anderen Luftbestandteilen reflektiertes UV-Laserlicht. Wenn ein besonders energiereicher kosmischer Strahl die Atmosphäre getroffen hat, lassen die Wissenschaftler zusätzlich einen Wetterballon aufsteigen, um ihre Daten zu kalibrieren. Nur etwa 30-mal im Jahr schlagen solch wuchtige Himmelsgeschosse ein, eines pro 100 Quadratkilometer. Deshalb ist auch eine so riesige Nachweisfläche erforderlich.

Die Kernstücke des Observatoriums sind 1 600 Wassertanks aus zentimeterdickem Kunststoff. Sie sind jeweils im Abstand von 1 500 Metern schachbrettartig über die 3 000 Quadratkilometer der Pampa verteilt. Zwar sind erst zwei Drittel der Tanks aufgestellt, dennoch laufen die Messungen schon. Ein solch „aktiver" Messtank steht auch hier neben dem Lasercontainer. Das beigefarbene Fass ist etwa dreieinhalb Meter dick und anderthalb Meter hoch. Obendrauf glänzen eine mannshohe Antenne und eine Solarzelle, in deren Schatten ein Vogel sein Nest gebaut hat.

Im Fass lagern 12 000 Liter reines Wasser. Prasselt ein Teilchenregen vom Himmel, wird er im Wasser gebremst. „Ähnlich einem Flugzeug, das mit Überschallgeschwindigkeit in der Luft einen Knall erzeugt, produzieren überlichtschnelle Teilchen im Wasser blaue Lichtblitze", erklärt Hans Blümer, Kernphysiker vom Forschungszentrum Karlsruhe und einer der Sprecher des Observatoriums. „Diese sogenannte Tscherenkow-Strahlung weisen wir mit drei empfindlichen Lichtdetektoren in den Tanks nach."

Jede Nacht durchschlagen uns eine Million Teilchen

Die Kunststoffbehälter sind innen pechschwarz eingefärbt. Dennoch blitzt es häufig im Tank. Auch weniger energiereiche Höhenstrahlung durchdringt den Kunststoff spielend. Sie besteht überwiegend aus Elektronen und ihren schweren Geschwistern, den Myonen. Als Teil der natürlichen Radioaktivität jagen Partikel ständig auch durch unseren Körper, in jeder Nacht etwa eine Million Teilchen. Der Franzose Pierre Auger hat als Erster entdeckt, dass solche Teilchen manchmal in gewaltigen Schauern herabprasseln, als er zwei Geigerzähler getrennt aufstellte. Deshalb wurde das Observatorium nach ihm benannt.

Munter werden die Astronomen, wenn es in mehreren Tanks gleichzeitig tüchtig blitzt. Dann hat es in der Atmosphäre heftig gekracht, ein großer Partikelschauer ist herabgehagelt. „Wir registrieren nur Stichproben mit unseren Tanks", erklärt Hans Blümer. Und sein Kollege Ralph Engel ergänzt: „Wir würden die Tanks gern viel dichter aufstellen. Aber das wäre unbezahlbar."

Das größte Observatorium der Welt durfte nicht mehr als 55 Millionen Dollar kosten – ein Klacks im Vergleich zu den milliardenteuren Teilchenschleudern wie dem CERN in Genf oder dem DESY in Hamburg. Die geistigen Väter des Pierre-Auger-Observatoriums, Alan Watson (University of Leeds) und der Physik-Nobelpreisträger Jim Cronin (University of Chicago), mussten jahrelang Klinken putzen, bis sie die erste Million für das 1995 entwickelte Projekt beisammen hatten. Im Jahr 2000 war endlich Baubeginn. Bald danach schlidderte der Hauptgeldgeber Argentinien in die Wirtschaftskrise.

Inzwischen läuft alles wieder rund, im nächsten Jahr soll der Ausbau beendet sein. Vor allem zeigen die Messdaten: Das Auger-Teleskop funktioniert besser als erwartet. Mit viel Beifall und Schulterklopfen werden Watson und Cronin während ihres Besuchs gefeiert. Freudetrunken spazieren die alten Herren durch die Pampa – seid umschlungen, Myonen!

Doch so leicht macht es die Natur den Kosmologen nicht. So mussten sie das Design ihrer Wassertanks ändern, weil Rindviecher die frei stehenden Antennenmasten als Scheuerbäume missbrauchten und flachlegten. Vögel benutzten die Antennen als Ausguck – und kleckerten die Solarzellen voll. Mit Rindern und Vögeln haben sich die Forscher inzwischen arrangiert. Andere Probleme bleiben. Fast überall fehlen Wege, die wenigen verschwinden bei Regen in rückgebildeten Salzseen oder werden zu sumpfigen Fallen. Der zentrale Lasercontainer ist deshalb auch als Notunterkunft für mehrere Tage eingerichtet. Überall wachsen Dornenbüsche, deren eisenharte Stacheln in den Reifen abbrechen und dann durch das Walken nach innen wandern. Platte Pneus

gehören zur Pampa, deshalb fahren die Einheimischen gern im Konvoi und helfen sich bei Pannen.

So lehrt die Pampa eines: Nutze möglichst robuste, energieautarke, wartungsarme und angepasste Technik. Darum speisen sturmfeste Solarzellen dicke Batterien; Messdaten werden per einfacher und vielfach erprobter Handytechnik über das eigene Netz an die Zentrale des Observatoriums im Städtchen Malargüe gefunkt. Die Tanks fallen im Pampagestrüpp kaum auf, können ruhig auch mal längere Zeit im Wasser stehen, kein Bulle oder Ziegenbock kann den Zwölftonnern etwas anhaben. Und damit Schießwütige keine Löcher reinballern, bekam jeder Tank einen Namen von den Schulkindern in Malargüe und Umgebung. Wer wird schon Juanito oder Evita die Kugel geben? Inzwischen sind auch Albert Einstein, Beethoven, Hillary, oder Moulin Rouge, Atomico und Big Bang dabei. Das Experiment soll noch 15 Jahre dauern.

Irgendwo am Himmel muss die Hölle los sein

Besonders gründlich haben die Deutschen die Techniklektion lernen müssen. Sie stellen hier etwa ein Fünftel der Mittel und Forscher, vor allem aus Wuppertal, Bonn und Karlsruhe. „Wenn etwas Wichtiges kaputtgeht, dann brauchen wir 30 Stunden, bis der Spezialist aus Deutschland eingeflogen ist", sagt Hartmut Gemmeke vom Forschungszentrum Karlsruhe. Deutschland ist maßgeblich an den Ultraviolett-Teleskopen beteiligt, die von Anhöhen am Rand der Observatoriumsfläche den Pampa-Himmel beobachten. Einem solchen Teleskop gilt unser letzter Stopp.

Den Karlsruhern geht es hier neben der Bestimmung der Luftverhältnisse mittels Laserlicht vor allem um eine weitere Methode zur Beobachtung der Teilchenschauer. Ähnlich wie das Wasser der Tanks bringt der Partikelhagel auch die Luft zum Leuchten, wenn er mit deren Molekülen kollidiert. Dabei entsteht schwache UV-Strahlung. In jedem Teleskop sammeln je sechs riesige Spiegel das UV-Licht und projizieren es auf sehr empfindliche Detektoren. „Wir könnten damit eine 50-Watt-Birne in 30 Kilometern Entfernung messen, die sich mit Lichtgeschwindigkeit bewegt", sagt Gemmeke.

Die empfindlichen Superaugen dürfen allerdings nur in finsterer Nacht spähen, selbst der Mond strahlt zu hell für sie. Als ein Forscher morgens vergaß, die Schutzblende zu schließen, da verwandelte sich der große Sammelspiegel in einen Solarkocher – und verbrannte das Auge. Auch die schnelle, programmierbare Elektronik erfordert viel Pflege, für die die Deutschen nicht immer wieder anreisen wollen. „Wir möchten bald das gesamte Teleskop von Karlsruhe aus steuern und warten können", sagt Gemmeke.

Teleskope und Tanks ermöglichen es, die Himmelsrichtungen zu bestimmen, aus der die energiereichen Partikel gezischt kommen. Darauf sind die Physiker besonders scharf. Denn wie und wo sich die Teilchen bis an die Grenze des Erlaubten mit Energie voll getankt haben, das weiß bisher nur der Teufel. Als Quellen verdächtigt werden ex-

plodierende Riesensterne (Hypernova), Defekte in der Raumzeit, Dunkle Materie, supermassive Schwarze Löcher mit Milliarden Sonnenmassen, kollidierende Galaxien. Fest steht nur: Irgendwo am Himmel muss die Hölle los sein. Und in diese Teufelsküche wollen die Physiker nun blicken.

„Wer schmeißt diese Knödel?" Hartmut Gemmeke stellt die zentrale Frage nach dem kosmischen Koch zwar mit deutschem Küchenkolorit, aber beileibe nicht allein. Die Neugierde auf die Knödel-Quelle beschäftigt weltweit die Astrophysiker. Stellte sie sich als punktförmig heraus, dann könnten Vergleiche mit bekannten Himmelsbildern von optischen, infraroten, Röntgen- oder Gammateleskopen verraten, ob ein gewaltiges Schwarzes Loch oder ein anderes bekanntes Gebilde dahintersteckt.

Aber auch exotischere Physik könnte das Auger-Teleskop entdecken, etwa Dunkle Materie. Oder gar eine Korrektur an Einsteins Spezieller Relativitätstheorie erzwingen. Der Physik-Nobelpreisträger Sheldon Glashow hat hier bereits Besserungsbedarf angemeldet. Die Pampa dürfte den Physikern noch manche Überraschung bescheren.

Aus: DIE ZEIT, Nr. 48, 24. November 2005

Nachwort:
Weltall und Naturgesetz

Von Rudolf Kippenhahn

Unser Wissen vom Weltall ruht auf zwei Säulen: der astronomischen Beobachtungstechnik und unserer Kenntnis der Naturgesetze. Seine Erforschung begann im Altertum mit der Vermessung des Sternhimmels, vor allem mit der Bestimmung der Himmelsrichtung und der Höhe eines Sterns über dem Horizont. Die Erfindung des Fernrohrs im 15. Jahrhundert ließ die Astronomie zur modernen Wissenschaft werden, die auf Theoriebildung und sehr genauer Beobachtung beruht.

Die Entwicklung der Beobachtungstechnik rückt das All näher heran – und lässt die Astronomie zu einer präzise beobachtenden Wissenschaft werden

Die lange Technikgeschichte der Himmelsbeobachtung lieferte im ersten Drittel des 20. Jahrhunderts vor allem mit neuen großen Teleskopen neue Erkenntnisse. Je größer die Linsen oder Spiegel wurden, umso mehr Licht konnten sie sammeln und noch die schwächsten Lichtpunkte und Nebelflecken sichtbar machen. Sie zeigten uns, dass die Sonne mit ihren Planeten zusammen mit etwa hundert Milliarden anderen Sternen sich um den Mittelpunkt eines gewaltigen scheibenförmigen Sternsystems bewegen, des *Milchstraßensystems*, das man nach dem griechischen Wort für Milch auch *Galaxis* nennt.

Große Teleskope verrieten uns auch, dass unsere Galaxis nicht das einzige Sternsystem ist, dass das Weltall vielmehr aus zahllosen Galaxien besteht, die im sonst nahezu leeren Raum schweben. Diese Entdeckung gelang dem amerikanischen Astronomen Edwin P. Hubble mit den damals größten Teleskopen der Welt, allen voran dem großen Spiegelteleskop auf dem Mount Wilson in Kalifornien, nördlich von Los Angeles. Hubble erkannte, dass alle Galaxien voneinander wegfliegen – und damit das Weltall als Ganzes expandiert.

Aber auch das unermüdliche Spähen durch kleinere Teleskope hat bis in die jüngste Vergangenheit hinein die Astronomen immer wieder in Aufregung versetzt. Im November 1995 meldeten die Schweizer Astronomen Michael Mayor und Didier Queloz, dass um einen Stern im Sternbild Pegasus ein Planet kreist. Etwa fünf Tage benötigt er für einen Umlauf. Mehr als ein Jahr lang hatten Mayor und Queloz nach ihm gesucht. Wir können ihn allerdings nicht sehen, da sein Licht von dem seiner Sonne überstrahlt wird. Er macht sich bemerkbar, weil er bei seinem Umlauf seine Sonne taumeln lässt. Endlich hatten die Astronomen gefunden, was sie schon lange vermutet hatten: Nicht nur um die Sonne, auch um andere Sterne kreisen Planeten. Seither hat man Hunderte solcher *Exoplaneten* gefunden.

Die Teleskope liefern uns fast ausschließlich Informationen, die im sichtbaren Licht aus dem Weltall zu uns gelangen. Aber schon im Jahre 1932 bemerkte der tschechische Funkingenieur Karl Jansky in den USA, dass das Zentrum des Milchstraßensystems Radiowellen aussendet. Diese Entdeckung war die Geburt der *Radioastronomie*. Wie das sichtbare Licht können auch Radiowellen die Erdatmosphäre nahezu ungehindert durchdringen. Heute wissen wir, dass der Weltraum aus allen Richtungen von Radiowellen aller Frequenzen durchlaufen wird. Von der Sonne, von den Zentren vieler Galaxien und von Gaswolken zwischen den Sternen treffen Radiowellen auf unsere Teleskope. Neutronensterne, die manchmal übrig bleiben, wenn Sterne explodieren, senden regelmäßige Radiopulse im Abstand von Sekunden oder Millisekunden aus.

Radiostrahlung von Wellenlängen im Bereich von mehreren Millimetern heißt *Mikrowellenstrahlung*. Ihre Entdeckung bescherte den amerikanischen Radioastronomen Arno Penzias und Robert W. Wilson 1978 den Nobelpreis. Beim Versuch, ein neues Radioteleskop zu justieren, bemerkten die beiden Forscher, dass ihr Empfänger eine schwache Strahlung registrierte, die aus allen Richtungen des Himmels auf die Erde trifft. Erst später erfuhren sie, dass diese Strahlung bereits 16 Jahre zuvor vorhergesagt worden war, als der in den USA arbeitende russische Physiker George Gamow sich über die Entstehung des Weltalls Gedanken machte. Er war überzeugt, dass das Weltall in einer Explosion, dem sogenannten *Urknall,* geboren wurde. Die heiße Strahlung dieser Explosion müsste sich während der Ausdehnung des Weltalls abgekühlt haben, meinte er, und heute im Mikrowellenbereich liegen. Penzias und Wilson hatten sie per Zufall entdeckt.

Wellen an den beiden Grenzen der sichtbaren Strahlung, also im ultravioletten und infraroten Bereich, dringen nur stark geschwächt durch die Atmosphäre. Sie können vor allem in großen Höhen vom Ballon aus untersucht werden. Die kosmische Infrarotstrahlung dringt auch durch dichte Wolken kosmischen Staubes, die im Raum zwischen den Sternen stehen. Nur in diesem Strahlungsbereich können wir bis zum Zentrum unserer Milchstraße blicken, bis zu dem Punkt, um den sich alles dreht. Sterne, die sich dort bewegen, verraten uns, dass im Zentrum des Milchstraßensystems ein unsichtbarer Körper steht, der etwa das Viermillionenfache der Masse unserer Sonne in sich vereinigt, ein *Schwarzes Loch*.

Raumsonden können jenseits unserer schützenden Atmosphäre Strahlung in allen Frequenzen des elektromagnetischen Spektrums empfangen, neben dem sichtbaren Licht auch Strahlung kürzerer Wellenlängen wie Ultraviolett- und Röntgenstrahlung, ja sogar die energetischen Teilchen der Gammastrahlung, die sonst in der Erdatmosphäre stecken bleiben und die Erdoberfläche nicht erreichen.

Raumsonden erlauben den Astronomen, den Schild der schützenden Erdatmosphäre zu überwinden und bis ins Zentrum der Milchstraße zu blicken

Die kosmische Gammastrahlung wurde aber nicht bei der Erforschung des Weltalls entdeckt, sondern bei der Fahndung nach Schurkenstaaten, die heimlich Atombomben zünden. 1963 einigten sich Großbritannien, die USA und die Sowjetunion auf ein Kernwaffenverbot im Weltraum. Bei Kernexplosionen werden schlagartig Gammastrahlen frei. Deshalb brachten die USA ihre VELA-Satelliten in Umlaufbahnen in etwa 100 000 Kilometern Höhe. Sie trugen Gammastrahlen-Empfänger, die eventuelle Verstöße gegen das Abkommen registrieren sollten. Alles war höchst geheim, und so wurde erst zehn Jahre später – 1973 – bekannt, dass die Satelliten Gammastrahlen registriert hatten, die keine irdischen Ursachen hatten, sondern aus dem All drangen. Ihre Ursprünge, gewaltige Ausbrüche, die in fernen Galaxien stattfinden, sind die energiereichsten Explosionen im Weltall. Man vermutet, dass sie die Bildung eines Schwarzen Loches begleiten.

Die Kenntnis der Naturgesetze macht genaue Vorhersagen und ihre gezielte Überprüfung möglich. So wurden unbekannte Planeten und die Fusionsreaktionen im Inneren der Sonne entdeckt

Die zweite Säule, auf der unser Wissen vom Weltall ruht, ist unsere Kenntnis der Naturgesetze. Im 17. Jahrhundert begannen die Gelehrten, am Himmel beobachtete Erscheinungen durch Gesetzmäßigkeiten zu erklären, die sie von der Erde kannten. Zaghafte Versuche in dieser Richtung gab es allerdings auch schon bei den griechischen Philosophen. In England erkannte Isaac Newton an der Bewegung der Planeten die Gesetze der Mechanik und der Gravitation. Ihre große Bewährungsprobe kam im Jahre 1846. Es gelang, mit den von Newton gefundenen Naturgesetzen aus Unregelmäßigkeiten der Bewegung des kurz zuvor entdeckten Planeten Uranus die Existenz eines bis dahin unbekannten Planeten vorherzusagen, der mit seiner Schwerkraft die Bewegung des Uranus stört. Der Franzose Leverrier konnte sogar den Ort am Himmel angeben, wo man nach ihm suchen müsste. Tatsächlich fanden Berliner Astronomen an der angegebenen Stelle den Planeten Neptun. Die Herleitung von Naturgesetzen aus der Beobachtung hatte es gestattet, einen bis dahin unbekannten Planeten zu entdecken.

Die Entdeckung des Neptun zeigt wie kaum ein anderes Beispiel der Wissenschaftsgeschichte: Astronomen nutzen die physikalischen Naturgesetze – und bestätigen mit ihren Entdeckungen gleichzeitig deren Gültigkeit.

Manchmal aber weisen sie auch auf Lücken im Weltbild der Physiker hin. Die Quelle der Energie der Sonne, die die Erde schon seit Jahrmilliarden wärmt, war bis in die 20er-Jahre des vergangenen Jahrhunderts ein großes Rätsel. Erst dann erkannten Forscher, dass nur Kernenergie, vor allem die Fusion des im Weltall häufigsten chemischen Elements Wasserstoffs zum Element Helium, die Sonne über so lange Zeit strahlen lassen konnte. Als der englische Astrophysiker Arthur Eddington damals versuchte, die Temperatur im Sonneninneren abzuschätzen, kam er jedoch nur auf Werte von etwa

40 000 Grad Celsius. Nach den Gesetzen der klassischen Physik ist das ist nicht heiß genug für eine Fusionsreaktion; die Atome in der Sonne bewegen sich bei dieser Temperatur zu langsam, um die gegenseitige Abstoßung ihrer positiv geladenen Kerne überwinden zu können und zu verschmelzen. Eddington aber hielt hartnäckig an der Fusion als Energiequelle der Sterne fest. Wenige Jahre danach wurde die Quantenmechanik geboren, nach der – anders als in der klassischen Mechanik – die Atome in der Sonne sehr wohl verschmelzen können. Die Sonne ist eben doch ein Kernreaktor – und hat uns als solcher eine Lücke im Weltmodell der klassischen Physik aufgezeigt.

Sonnenbeobachtungen streuten in den 1960er-Jahren neue Zweifel in ein anderes Teilgebiet der Physik. Nachdem die Kernreaktionen im Inneren der Sonne genauer untersucht worden waren, konnte man sie im Computer recht genau simulieren. Die Sonnenmodelle im Computer hatten die gleiche chemische Zusammensetzung wie die Sonne, die gleiche Masse, dasselbe Alter und denselben Radius wie die beobachtete Sonne, und sie strahlten mit der gleichen Stärke. Die Welt der Sonnenphysiker schien in Ordnung zu sein. Da war nur noch ein kleiner Schönheitsfehler: Bei den Kernprozessen, die die Energie der Sonne liefern, entstehen im tiefen Inneren der Sonne auch Teilchen, sogenannte *Neutrinos*, die, von den darüber liegenden Schichten nicht gehindert, vom Ort ihres Entstehens geradlinig in den Raum fliegen. Sie dringen vom Zentralgebiet der Sonne ungehindert nach außen und treffen auch auf die Erde. Tagsüber treffen sie uns von oben, nachts dringen sie ungehindert durch den Erdkörper und kommen von unten aus dem Boden. Die Sonnenmodelle der Astrophysiker sagen voraus, mit welcher Stärke der Strom der Sonnenneutrinos bei uns eintrifft. Da sie von den Atomen der Materie praktisch nie eingefangen werden und sich auch sonst nicht bemerkbar machen, erscheint es unmöglich, die von der Sonne kommenden Neutrinos nachzuweisen.

Wer trotzdem nach ihnen suchen will, steht vor einer schweren Aufgabe. Die Teilchen lassen sich weder von Linsen noch von Spiegeln sammeln, denn sie gehen einfach durch sie hindurch. Wie sollen sie dann in den Messgeräten der Physiker Spuren hinterlassen? Glücklicherweise gibt es einige Elemente, die – wenn auch sehr selten – mit Neutrinos reagieren. Dazu gehören die Atome der chemischen Elemente Chlor und Gallium. Werden sie von einem Neutrino getroffen, wandeln sie sich in das Atom eines anderen Elements um, aus Chlor wird Argon, aus Gallium Germanium. In jeder Sekunde treffen zwar 66 Milliarden Sonnenneutrinos pro Quadratzentimeter auf die Erde, doch nur selten reagiert eines davon mit einem irdischen Atom. Der amerikanische Physiker Raymond Davis setzte daher Chlor, das in 460 000 Litern Perchlorethylen enthalten war, in einer aufgelassenen Goldmine 1500 Meter unter der Erdoberfläche den alles durchdringenden Sonnenneutrinos aus.

Neutrinos sind die wohl rätselhaftesten Teilchen im All. Sie durchdringen jede Materie und lassen sich weder durch Spiegel noch durch Linsen fangen

Wenn die Sonnenmodelle der Astrophysiker richtig sind, müsste im Mittel in sechs Tagen ein Chloratom in ein Argonatom umgewandelt werden. Das Ergebnis aber war überraschend: Es findet nur ein Drittel der erwarteten Umwandlungen statt. Auch bei einem später in einem Tunnel in den Abruzzen durchgeführten Experiment mit 30 Tonnen Gallium entstanden weniger Germaniumatome als erwartet. Als man dem Rätsel der fehlenden Sonnenneutrinos nachging, merkte man, dass die Neutrinos sich auf dem etwa acht Minuten während Weg von der Sonne zur Erde sporadisch in verschiedene Neutrinosorten umwandeln. Nur ein Drittel der ankommenden Neutrinos ist von der Art, auf die die Experimente ansprechen. So hat uns die Sonne etwas über die Physik der Neutrinos gelehrt.

Es gibt so viel über die Fortschritte der letzten Zeit zu berichten. In welche Richtung wird es weitergehen? Vor hundert Jahren glaubten wir noch, unser Milchstraßensystem wäre die einzige Galaxie in einem sonst leeren Raum. Nur wenige Astronomen nahmen Immanuel Kants Vermutung aus dem Jahre 1755 ernst, wonach viele der im Fernrohr erkennbaren schwachen Nebelflecken Milchstraßensysteme sein sollen wie das unsere. Niemand ahnte vor einem Jahrhundert, wie lange die Sonne schon so strahlt wie heute. Niemand wusste, dass es Neutronensterne gibt, die Strahlen aussenden, wie sie der Würzburger Professor Conrad Wilhelm Röntgen in seinem Labor entdeckt hatte. Niemand ahnte, dass es Schwarze Löcher gibt und dass aus dem Weltall Wellen von der Art kommen wie die, mit denen der Italiener Guglielmo Marconi damals ein Funksignal von Europa nach Amerika gesendet hatte. Wer mag da voraussagen, wie unser Bild vom Weltall in 100 Jahren aussehen wird?

So unsicher ich mich auch fühle, über die zukünftige Entwicklung der Astronomie zu spekulieren, so bin ich mir doch sicher, was ich mir an zukünftigen Erkenntnissen wünsche, obwohl ich sie mit großer Wahrscheinlichkeit nicht mehr erleben werde.

Ist Einsteins Relativitätstheorie wirklich allgemeingültig? Die präzise Vermessung der Bahn des Planeten Merkur kann vielleicht die Antwort geben

Die Vorgänge im Weltall werden ganz wesentlich von der Schwerkraft gesteuert. Sie sorgt dafür, dass die Gasmassen der Sterne nicht einfach verpuffen, sie bindet die Erde an die wärmende Sonne, hält die Sterne der Galaxien beieinander. Bis heute hat sie alle Tests bestanden, sogar die durch die Relativitätstheorie zur klassischen Theorie hinzukommenden Erscheinungen. Beispiel Merkur. Er umrundet die Sonne nicht einfach in einer Ellipsenbahn, wie es die klassische Mechanik verlangt; vielmehr dreht sich seine Bahnellipse geringfügig, sodass der Planet bei jedem Umlauf eine etwas andere Bahn durchläuft als beim vorangegangenen Umlauf. Das widerspricht der klassischen Mechanik. So genau wir von der Erde aus messen können, sagt aber die Relativitätstheorie diese Bewegung richtig voraus. Doch die klassische Theorie wurde durch Einstein nicht falsch, sie ist lediglich eine Näherung von Einsteins genauerer Theorie, brauchbar nur für schwache Schwerefelder. Aber soll die Relativitätstheorie die absolute Wahrheit sein? Bewegt sich Merkur exakt so, wie es die Relativitätstheorie verlangt? Neuere Messungen der kosmischen Expansion deuten auf zusätzliche, bisher unbekannte Kräfte hin, die die Bewegungen der Galaxien und die Expansion des ganzen Weltalls beeinflussen und heutzutage etwas vage als Dunkle Materie und Dunkle Energie bezeichnet werden. Folgen auch sie aus Einsteins Gleichungen? Dazu könnten wir vielleicht aus der Bewegung des Merkur etwas lernen, wenn wir sie genauer messen. Von der Erde aus können wir seine Position nur auf einige Kilometer genau bestimmen. Im Jahre 2013 wird die europäisch-japanische Merkursonde *BepiColombo* zum Merkur starten. Eine ihrer Aufgaben wird es sein, die Bewegung des Planeten zu vermessen und seine Position auf 10 cm genau zu bestimmen. Folgt Merkur der Relativitätstheorie auch bis zu dieser Genauigkeit? Oder weicht er von der Bahn, die er nach Einstein zu durchlaufen hat, geringfügig ab und sagt uns, dass Einsteins Relativitätstheorie noch nicht das letzte Wort ist? Ist sie nur die Näherung einer noch allgemeineren Theorie, so wie die klassische Mechanik nur eine Näherung der Relativitätstheorie ist?

So konkret mein erster Wunsch nach mehr Erkenntnis ist, so vage kommt mir meine zweite Frage vor: Irgendwann entstand auf der Erde Leben. Wir wissen nicht, wie das im Detail vor sich ging, aber die Bedingungen waren nicht irgendwie außergewöhnlich. Es entstand auf einem Planeten, der von seiner Sonne über Milliarden Jahre warm gehalten wurde und auf dem Wasser in flüssiger Form existierte. Es entstand aus den Stoffen, die wir auch heute auf der Erde finden. Das aber ist in unserem Milchstraßensystem keine Ausnahmesituation. Die Stoffe, die es auf der Erde gibt, findet man überall im Weltall, nicht nur in den Sternen unserer Galaxis, sondern auch in den Galaxien in den entferntesten Winkeln des Weltalls. Wir wissen, dass auch andere Sterne von Planeten umkreist werden. Auf vielen von ihnen herrschen wahrscheinlich die gleichen Bedingungen wie auf der Erde vor Milliarden Jahren, als hier das Leben begann. Wenn die gleichen Stoffe wie auf der Erde unter den damaligen Bedingungen zusammenkommen, entsteht dann nach einiger Zeit notwendigerweise Leben?

Doch entstand das Leben überhaupt auf der Erde oder kam es aus den Weiten des Raumes? Schon am Anfang des 20. Jahrhunderts vermutete der schwedische Chemiker Svante Arrhenius, mikroskopische Lebenskeime könnten sich durch den Weltraum verbreiten und so Leben von einem Planeten zum anderen tragen. Doch wie sollen die durch den Raum vagabundierenden Lebenskeime die Ultraviolettstrahlung der Sterne überleben? Vielleicht kommen sie mit einem Schutzpanzer. Wenn ein großer Meteorit auf einen Planeten einschlägt, spritzt Materie nach oben. Ein Teil wird in den Raum geschleudert und irrt vielleicht Millionen Jahre lang durch das Sonnen-

Gibt es außerirdisches Leben? Existiert Gott? Woher kommen die Naturgesetze? Diese Fragen hinterlassen uns noch immer ratlos

Rudolf Kippenhahn ist seit 1991 als freier Autor und Essayist in Göttingen tätig. Von 1965 bis 1975 lehrte er Astronomie und Astrophysik in Göttingen. Von 1975 bis 1991 war er Direktor des Max-Planck-Instituts für Astrophysik in Garching bei München. Kippenhahn hat mit großem Erfolg zahlreiche populärwissenschaftliche Bücher über Astronomie und andere Themen wie Kryptologie und Atomphysik veröffentlicht. 2005 ehrte ihn die Royal Astronomical Society mit der Eddington-Medaille für seine wissenschaftlichen Verdienste in der Berechnung des Sternaufbaus und der Sternentwicklung.

system. Lebenskeime im Inneren von solchen kleineren Meteoriten könnten dann, abgeschirmt vor den ultravioletten Todesstrahlen, überleben. Wird der Meteorit von einem Planeten aufgefangen, könnten die Lebenskeime dort weiterleben und sich entwickeln. Auf der Erde fand man mehrere Meteoriten, die offensichtlich vom Mars gekommen sind. Haben einige von ihnen auch Lebenskeime mitgebracht?

Viele meiner Kollegen lehnen die Frage, ob es im Weltall außerhalb der Erde Leben gibt, als unseriös ab. Das läge doch zu nahe bei der Science-Fiction-Literatur. Das mag ja so sein – aber trotzdem würde ich es gerne wissen.

Meine dritte Frage wird wahrscheinlich niemals jemand beantworten. Es ist die Frage nach Gott, die Gretchenfrage, die vielen Astronomen immer wieder gestellt wird. Die alten Germanen konnten die Erscheinungen eines Gewitters nicht verstehen, also schufen sie sich Götter, die den Menschen mit Blitz und Donner schrecken. Als man die Gewitter auf Naturgesetze zurückführen konnte, wurde der Donnergott überflüssig. So hat die Naturwissenschaft in der Vergangenheit Gott immer weiter zurückgedrängt. Biologen und Mediziner können die Vorgänge in unseren Körpern, viele Krankheiten und den Tod mithilfe der Naturgesetze erklären. Vielleicht wird der Mensch einmal so weit kommen, dass er auch die Entstehung des Lebens aus unbelebter Materie im Rahmen der Naturgesetze versteht. Wäre dann kein Gott mehr nötig, weil alles erklärt ist? Aber woher kommen die Naturgesetze? Sind sie am Ende doch gottgegeben? Sind sie wie in einem Gesetzbuch gesammelt, dessen einzelne Paragraphen wir im Laufe der Zeit begreifen lernen? Oder schaffen wir uns die Naturgesetze selbst, um uns in einer chaotisch erscheinenden Welt einigermaßen zurechtzufinden?

Vor den Naturgesetzen stehen wir genauso ratlos wie der alte Germane vor dem Gewitter.

Bild- und Textnachweise

Bildnachweise:

S. X:	© Bibliographisches Institut & F.A. Brockhaus AG, Mannheim
S. 2:	links © Gianni Dagli Orti/CORBIS; rechts Wikipedia
S. 8:	NASA/WMAP Science Team
S. 9:	Wikipedia
S. 14:	© Andrea Fantoni/Morguefile
S. 19:	© Steffen Kugler, picture alliance
S. 23:	ESA/NASA unnd Felix Mirabel
S. 24:	25: NASA
S. 35:	Robert Grendler
S. 36:	Mario Lehwald
S. 37:	NASA
S. 39:	M 81 – Giovanni Benintende; NGC 4565 und M 87 – Robert Gendler; NGC 1313 – Henri Boffin (ESO)
S. 40:	NASA, N. Benitez (JHU), T. Broadhurst (Racah Insitute of Physics/The Hebrew University), H. Ford (JHU), M. Clampin and G. Hartig(STScI), G. Illingworth (UCO/Lick Observatory), ACS Science Team und ESA
S. 41:	Jörg M. Colberg & the VIRGO Consortium
S. 56:	Mit freundlicher Genehmigung von Dana Berry
S. 60:	Nolan Walborn, R. Barba, NASA/AURA/STScI
S. 61:	SOHO
S. 62:	SOHO/GSFC/NASA/ESA
S. 64:	NASA/JPL/Magellan
S. 65, 68, 69, 70, 77:	NASA
S. 90:	Dennis di Cicco/Corbis
S. 91:	aus: Johann Bayers *Uranometria* (1661); courtesy of the United States Naval Observatory Library
S. 92:	© Booarong Publications und Queensland Aboriginal Creations, Australien
S. 97:	NASA
S. 103:	W. Schlosser, Astronomisches Institut, Ruhr-Universität, Bochum
S. 105:	W. Haslam, MPI Radioastronomie, Bonn
S. 106:	C. Jones, C. Stern, W. Forman, California Institute of Technology
S. 108:	JPL/IPAC
S. 109 oben:	NASA
S. 109 unten:	MPI Extraterrestrische Physik, München
S. 110:	ESO
S. 119:	NASA/ESA
S. 120:	Davide de Martin (ESA/Hubble und Digitized Sky Survey 2)
S. 121:	Danny LaCrue und ESA/NASA/ESO
S. 122:	NASA/ESA, P. Challis und R. Kirshner (Harvard Smithsonian Center for Astrophysics)
S. 123:	nach: Orangeowl/Wikipedia
S. 125:	NASA/JPL-Caltech, P. Barmby (Harvard-Smithsonian Center for Astrophysics)
S. 126 links oben:	NASA/JPL-Caltech, P. Barmby (Harvard-Smithsonian Center for Astrophysics)
S. 126 links Mitte:	NASA/ESA
S. 126 links unten:	NASA/ESA und das Hubble Heritage Team STScI/AURA
S. 139:	nach: weltderphysik.de
S. 154:	Wikipedia

S. 166:	Max-Planck-Institut für Radioastronomie Bonn / NRAO
S. 168:	Cnes 2005 – Distribution Spot Image
S. 169 und S. 171:	rechts oben: NASA
S.172:	ESA – D. Ducros
S. 174:	ESA/NASA
S. 175:	NASA
S. 184:	NASA, ESA, and the Hubble Heritage Team STScI/AURA)-ESA/Hubble Collaboration. Acknowledgement: B. Whitmore (Space Telescope Science Institute) and James Long (ESA/Hubble)
S. 191:	NASA und das Hubble Heritage Team
S. 192:	NASA/JPL-Caltech
S. 194:	NASA/JPL/ASU/J. BELL
S. 195:	NASA/JPL/MSSS
S. 196:	NASA/JPL/MAAS DIGITAL
S. 197:	© Daniel Maas & MPI für Chemie
S. 198/199:	NASA/JPL/CORNELL
S. 199 unten:	© Daniel Maas & MPI für Chemie
S. 200:	NASA
S. 202 oben:	NASA/JPL/Cornell/NMMNH
S. 202 unten:	NASA/JPL
S. 203:	NASA/JPL/CORNELL
S. 217:	Wikipedia
S. 219:	© Bettmann/Corbis
S. 220:	© picture alliance
S. 224:	NASA
S. 232:	NASA/ESA
S. 234:	NASA/JPL
S. 253:	NASA
S. 257:	© Bettmann/Corbis
S. 266:	© NASA/CXC/MPI für extraterrestrische Physik
S. 267:	© Neill Miller; Papilio/Corbis
S. 268:	© MPI für Physik, München

Textnachweise:

Was ist … Relativitätstheorie, S.6; Portrait Planck, S. 10,: Was ist … Entropie, S. 15;
Was ist … Astronomische Längeneinheiten, S. 34; Was ist … Vakuumenergie, S. 138;
Was ist … Unschärferelation, S. 149; Was ist … Keplersche Gesetze, S. 183; Was ist … Dunkle
Materie, S. 259; Was ist … Schöpfung aus (dem) Nichts, S. 264 aus: Brockhaus Enzyklopädie.
Bibliographisches Institut & F.A. Brockhaus AG, 2006; Was ist … Das Orrery, S. 176,
Quelle: www.planetariumsclub.de

Buchbeiträge aus:

Al-Khalili, *Schwarze Löcher, Wurmlöcher und Zeitmaschinen* (2004), Kapitel 5; Hetznecker,
Expansionsgeschichte des Universums (2007), Kapitel 1; Berry, *Der neue Kosmos* (2005), Kapitel 2;
Feitzinger, *Die Milchstraße* (2002), Kapitel 1 und 5; Rowan-Robinson, *Das Universum der Sterne*
(1998), Kapitel 15 und 16; Vilenkin, *Kosmische Doppelgänger* (2008), Kapitel 5 und 17;
Seymour/Bacon, *Das Ticken des Kosmos* (2004), Kapitel 13; Bell, *Postkarten vom Mars* (2007),
Exzerpt aus Teil II; Walter, *Der Mensch im Kosmos* (2002); Barrow, *Die Entdeckung des Unmöglichen*
(1999), Kapitel 6.

Index

Kursive Seitenzahlen verweisen auf Zusatzelemente (Randspaltentexte, Exkurse, Bilder), steile Seitenzahlen auf den Grundtext.